教育部高等学校化工类专业教学指导委员会推荐教材

荣获中国石油和化学工业优秀出版物奖·教材奖

化工原理（下册）

（第二版）

钟　理　易聪华　曾朝霞　主编

化学工业出版社

·北京·

内 容 提 要

《化工原理》(上、下册,第二版)是根据教育部制定的普通高等学校本科专业类教学质量国家标准中化工类专业知识体系和核心课程体系建议而编写。本书以单元操作为主线,以工程应用为背景,借鉴美国的 *Unit Operations of Chemical Engineering* 教材,以及国内同类教材编写,强调理论联系实际,注重培养学生的知识综合运用能力和工程观。

《化工原理》(上、下册,第二版)重点介绍化工及相近工业中常用的单元操作基本原理、"三传"过程、计算方法及典型单元设备,并简单介绍了近年来发展起来的新型分离技术基本原理及工业应用。教材分为上、下两册,上册包括:绪论、流体流动、流体输送机械、非均相物系分离、传热与换热设备、蒸发和附录;下册包括:蒸馏、吸收、塔式气液传质设备、液-液萃取、干燥。

本书可作为高等学校化工、石油、材料、生物、制药、轻工、食品、环境等专业本科生教材,也可供化工及相关专业工程技术人员参考。

图书在版编目(CIP)数据

化工原理. 下册/钟理,易聪华,曾朝霞主编. —2 版.
—北京:化学工业出版社,2020.8(2024.6 重印)
教育部高等学校化工类专业教学指导委员会推荐教材
ISBN 978-7-122-36807-2

Ⅰ. ①化… Ⅱ. ①钟…②易…③曾… Ⅲ. ①化工原理-高等学校-教材 Ⅳ. ①TQ02

中国版本图书馆 CIP 数据核字(2020)第 079143 号

责任编辑:徐雅妮 丁建华 孙凤英 装帧设计:关 飞
责任校对:王素芹

出版发行:化学工业出版社(北京市东城区青年湖南街 13 号 邮政编码 100011)
印 装:北京科印技术咨询服务有限公司数码印刷分部
787mm×1092mm 1/16 印张 16 字数 406 千字 2024 年 6 月北京第 2 版第 3 次印刷

购书咨询:010-64518888 售后服务:010-64518899
网 址:http://www.cip.com.cn
凡购买本书,如有缺损质量问题,本社销售中心负责调换。

定 价:45.00 元

前言

化工原理作为化学工程学科最重要的核心课程之一，已有近一个世纪的历史。化工原理是以 1923 年问世的 *Unit Operations of Chemical Engineering*（化工单元操作）理论为基础发展起来的，具有很强的理论与工程实践性。随着 20 世纪 70 年代化学工程学与其他学科的交叉渗透，出现了许多新的学科和边缘学科，涉及单元操作的化工原理课程与其他学科如生物工程、食品工程、材料科学与工程、制药工程、环境工程、能源工程、精细化工及应用化学等领域相互重叠，成为大化工类最重要的学科基础课程之一。为了适应 21 世纪高层次化工技术人才的培养，我们根据普通高等学校本科专业教学质量国家标准中化工类专业知识体系和核心课程体系建议，并兼顾不同学科的发展需要，对本书进行修订。在编写过程中力求达到系统完整，注重理论与工程实际相联系。

本书第一版自 2008 年出版以来获得了较好的反响。在这十多年间，新的化工操作和单元设备不断被开发出来。为了适应新工科教学改革形势，我们在总结十多年教材使用经验的基础上，对教材进行了全面的修订，对教材中原有的疏漏之处进行了订正；结合国内外教学现状，对教材顺序进行了适当调整，增加了新的单元操作设备，删去了新分离技术一章，并对思考题和习题进行了必要的调整和补充，以适应新时期教改要求。

全书分上、下两册出版，由华南理工大学组织编写。上册第一版由钟理、伍钦、马四朋主编，其中钟理编写了流体流动、传热与换热设备和附录，伍钦编写了绪论与蒸发，马四朋编写了流体输送机械，赖万东和钟理编写了非均相物系分离。下册第一版由钟理、伍钦、曾朝霞主编，其中钟理编写了蒸馏，伍钦编写了干燥及新分离技术，曾朝霞编写了吸收、塔式气液传质设备及液-液萃取，华南理工大学研究生张腾云、谢伟立、朱斌参加了资料收集和文字整理工作。

本书第二版也分上、下两册，上册主要由钟理和郑大锋修订，下册主要由钟理和易聪华修订，全书由钟理统稿。

本书修订过程中得到了华南理工大学教务处、化学与化工学院及化学工业出版社的大力支持，谨在此一并表示衷心感谢。

鉴于编者水平所限，书中不妥之处，希望读者不吝指正。

编者

2020 年 3 月

第一版前言

化工原理作为化学工程学科最重要的核心课程之一，已有近一个世纪的历史。化工原理是以 1923 年问世的 *Unit Operations of Chemical Engineering*（化工单元操作）理论为基础发展起来的，具有很强的理论与工程实践性。随着 20 世纪 70 年代化学工程学与其他学科的交叉渗透，出现了许多新的学科和边缘学科，涉及单元操作的化工原理课程越来越与其他学科如生物工程、食品工程、材料科学与工程、制药工程、环境工程、能源工程、精细化工及应用化学等领域相互重叠，成为大化工类最重要的学科基础课程之一。为了适应 21 世纪高层次化工技术人才的培养，本书根据化工类专业人才培养方案及教学内容体系要求和不同学科发展需要，在编写过程中力求使系统完整，注重理论与工程实际相联系。

本书的编写以化学工程应用为背景，以化工单元操作为主线，将动量、热量与质量传递的原理融合到化工原理及单元操作过程，参考与借鉴不同版本的化工原理教材和第七版的 *Unit Operations of Chemical Engineering* 著作，突出工程观点和分析方法的同时，本书还增加了反映化工过程发展的新单元操作和新分离技术内容，并对传统的单元操作与新的强化技术耦合进行了介绍。

为了便于学生的学习，各章末附有习题与思考题，并给出答案以便自学。除了少数习题需用计算机求解外，几乎所有的习题都可以用计算器求解。

本书可作为化学工程、石油化工、生物工程、食品工程、环境工程、制药工程、材料、纺织、冶金、化工装备及控制工程、应用化学、精细化工、轻工造纸等学科化工原理课程的教材，也可供从事化学工程及相关领域的教学、科研、设计和生产单位的工程技术人员参考。

全书分上下两册出版，由华南理工大学编写。

上册由钟理、伍钦、马四朋任主编，其中钟理编写第 1 章流体流动、第 4 章传热与换热设备，伍钦编写绪论与第 5 章蒸发，马四朋编写第 2 章流体输送机械，赖万东和钟理编写第 3 章非均相物系分离。

下册由钟理、伍钦、曾朝霞任主编，其中钟理编写第 1 章蒸馏，伍钦编写第 5 章干燥及第 6 章新分离技术，曾朝霞编写第 2 章吸收、第 3 章塔式气液传质设备及第 4 章液-液萃取。全书由钟理统稿。

本书在编写过程中得到了华南理工大学教务处以及化学工业出版社的大力支持，编者的同事们给予了热情的关心和支持，华南理工大学研究生张腾云、谢伟立、朱斌参加了资料收集和文字整理工作，谨在此一并表示衷心感谢。

鉴于编者水平所限，书中可能出现错漏，希望读者不吝指正，使本教材在使用过程中不断得到改进和完善。

编者

2008 年元月于广州

目录

第1章 蒸馏 /1

第2章 吸收 / 64

第 3 章 塔式气液传质设备 / 110

第 4 章 液-液萃取 / 154

第 5 章 干燥 / 192

第1章 蒸馏

1.1 概述

在化工、生物、食品、制药等生产过程中，所处理的原料、中间产物、粗产品等几乎都是由若干组分所组成的液体混合物，通常需进行液体混合物的分离提纯。蒸馏或精馏是分离均相液体混合物最常用单元操作之一。液体混合物各组分具有不同的挥发能力，将其进行加热使之部分汽化生成的汽相组成和液相组成有差别。容易挥发的组分在汽相中增浓，难挥发的组分在液相中增浓。可见，蒸馏操作是根据液体混合物中各组分挥发能力的不同实现分离目的的。

例如，加热乙醇与水的混合液，使之部分汽化，由于乙醇与水的挥发能力不同，乙醇的挥发能力比水的高，因此，乙醇易于从液体混合物中汽化分离出来。若把所汽化的蒸气全部冷凝下来，就可得乙醇含量比原混合液高的产物，从而使乙醇和水得以分离提纯。所以，可以采用蒸馏的方法使它们分离。

蒸馏操作过程及流程较简单且可以直接得到所需要的产品。其不足之处是为了创造汽、液两相系统需要加入或取出热量，而汽、液间的相变热较大，因此，蒸馏是一种高能耗的单元操作。在选择分离过程时，能耗的大小往往是决定因素。采用各种强化传热传质元件，降低蒸馏过程的能耗是改进蒸馏过程的主要方面。此外，为了建立汽、液两相系统，有时需要高压、真空、高温或低温等特殊条件，这些条件导致采用蒸馏过程技术或工艺方面的困难，是不适宜采用蒸馏分离液体混合物的原因。

由于待分离的液体混合物中各组分挥发度的差别及生产上要求分离的程度差异，而蒸馏操作条件如温度、压强等不同，故蒸馏方法也有多种，具体可分为以下几类。

(1) 简单蒸馏和平衡蒸馏

当混合液中各组分的挥发度差别很大，同时生产过程对组分分离要求（最终的纯度）不是很高时，可以采用简单蒸馏或平衡蒸馏。它们是最简单的蒸馏方法。

(2) 精馏

当待分离的液体混合物各组分的挥发度差别不是很大，同时生产过程对组分分离纯度要求较高时，宜采用精馏。当混合液中各组分挥发度非常接近或形成共沸物时，采用普通精馏方法无法达到所要求的分离纯度，则需采用特殊精馏。它包括萃取精馏、恒沸精馏、加盐精馏和反应精馏等。工业生产过程中以精馏的应用最广。

(3) 双组分精馏和多组分精馏

待分离的混合液由两组分构成的精馏，称为双组分精馏。混合液的组分多于两种组分的精馏称为多组分精馏。实际工业生产过程中，待分离的混合液组分大多超过两组分，如石油炼制过程，石油不同组分的分离是最常见的多组分精馏。多组分混合液的汽、液两相平衡关系较复杂，因此多组分混合液的精馏也比较复杂，但其精馏原理、计算原则等方面与双组分精馏并无本质区别。

(4) 间歇和连续蒸馏

它们是根据不同的操作流程来划分的。多数蒸馏过程既可连续又可间歇进行。对于大批量生产过程，是以连续蒸馏为主，它是一种定态的操作过程。间歇蒸馏主要应用在小规模生产或某些特殊要求的场合，如系统开车和调试等，它是非定态操作过程。

(5) 常压、加压和减压蒸馏

对于混合液的沸点在室温到150℃范围，多采用常压精馏。若在常压下，不能进行分离或达不到分离要求的，例如在常压下为气态混合物，则可采用加压蒸馏。又如沸点较高且又是热敏性混合物的，则可采用减压蒸馏以降低操作温度。此外，对热稳定性很差的混合液提纯，还可采用分子蒸馏。

本章将着重介绍常压下两组分连续精馏，对其他蒸馏过程和多组分精馏只作简单介绍。

1.2 双组分溶液的汽液平衡关系

1.2.1 双组分汽液平衡时的自由度

根据相律，双组分汽液平衡物系的自由度可由式(1-1) 表示：

$$F=C-\phi+2 \tag{1-1}$$

式中，F 为自由度数；C 为独立组分数；ϕ 为相数；数字 2 表示外界温度和压强两个条件影响物系的平衡。

影响汽、液两相平衡物系的参数涉及温度、压强与汽、液两相组成。一般组成用汽、液的摩尔分数表示。对双组分物系，某一相中的某一组分的摩尔分数一旦确定，另一组分的摩尔分数也就随之确定，故汽、液组成可用单参数表示。例如，温度、压强或组成（汽相或液相组成）三个变量中任意指定两个，则物系的状态将被确定唯一，余下的参数也就不能随意选择。若再固定某个变量如双组分恒压精馏（压强固定），根据式(1-1)，则 $F=1$，即物系的自由度为 1，物系只有 1 个变量，其他变量都是它的函数。上述观点对精馏过程分析及如何表示两相平衡关系非常重要。

1.2.2 双组分理想物系汽液平衡

1.2.2.1 拉乌尔（Raoult）定律

如果溶液中不同组分分子之间作用力相同，则称为理想溶液。实际上，真正的理想溶液是不存在的，由性质近似的组分（例如苯与甲苯）或分子结构相似的组分（如甲醇与乙醇）所构成的溶液可视为理想溶液。由实验发现，理想溶液的汽液平衡关系服从拉乌尔定律，对双组分理想溶液系统，可表达为：

$$p_A=p_A^\circ x_A \tag{1-2}$$

$$p_B=p_B^\circ x_B=p_B^\circ(1-x_A) \tag{1-3}$$

式中，x_A，x_B为溶液中组分 A、B 的摩尔分数；p_A，p_B为溶液上方组分 A、B 的平衡分压，Pa；p_A°，p_B°为纯组分 A、B 的饱和蒸气压，Pa。

纯组分的饱和蒸气压可由有关手册或以下的经验公式求得：

$$\lg p^{\circ}=A-\frac{B}{T+C} \tag{1-4}$$

式(1-4) 称为安托因 (Antoine) 方程，p°为纯组分的饱和蒸气压，Pa；T 为平衡体系温度，K；A、B、C 为该组分的安托因常数，可从手册查得。

1.2.2.2　双组分汽液平衡组成的关系

当汽、液两相平衡时，溶液上方各组分的蒸气分压之和等于总压 p，即：

$$p=p_{\mathrm{A}}+p_{\mathrm{B}} \tag{1-5}$$

联立式(1-2)、式(1-3) 和式(1-5)，可得：

$$x_{\mathrm{A}}=\frac{p-p_{\mathrm{B}}^{\circ}}{p_{\mathrm{A}}^{\circ}-p_{\mathrm{B}}^{\circ}} \tag{1-6}$$

如式(1-4) 所示，p_{A}°与 p_{B}°是温度的函数，所以式(1-6) 表示汽液平衡时液相组成与平衡温度的关系，也称为泡点方程。

若平衡的汽相可视为理想气体混合物，则由道尔顿分压定律得：

$$y_{\mathrm{A}}=\frac{p_{\mathrm{A}}}{p}=\frac{p_{\mathrm{A}}^{\circ}x_{\mathrm{A}}}{p} \tag{1-7}$$

联立式(1-6) 和式(1-7) 得：

$$y_{\mathrm{A}}=\frac{p_{\mathrm{A}}^{\circ}}{p}\times\frac{p-p_{\mathrm{B}}^{\circ}}{p_{\mathrm{A}}^{\circ}-p_{\mathrm{B}}^{\circ}} \tag{1-8}$$

式(1-8) 表示汽液平衡时汽相组成与平衡温度的关系，也称为露点方程。若引入相平衡常数 K，式(1-7) 可写成：

$$y_{\mathrm{A}}=Kx_{\mathrm{A}} \tag{1-9}$$

$$K=\frac{p_{\mathrm{A}}^{\circ}}{p} \tag{1-10}$$

由式(1-10) 可知，相平衡常数 K 并不是常数，当总压 p 一定时，K 随组分 A 的饱和蒸气压 p_{A}°变化，即 K 随温度而变。当混合液组成变化，必导致泡点变化，因此相平衡常数 K 不可能保持不变。一般平衡常数 K 既是温度又是总压的函数。

对非理想体系，可根据组分在汽相与液相中的化学位与逸度来确定汽液平衡关系。

1.2.2.3　汽液平衡关系与相对挥发度

为了更好地说明混合液中各组分的挥发能力，引入“挥发度”的概念。组分的挥发度是组分挥发能力大小的标志。纯组分的挥发度可用它的蒸气压表示，蒸气压愈大，则挥发能力也愈大；混合液中组分的挥发度定义为它在汽相中的平衡分压与其在液相中的摩尔分数之比，即：

$$\nu_{\mathrm{A}}=\frac{p_{\mathrm{A}}}{x_{\mathrm{A}}} \tag{1-11}$$

$$\nu_{\mathrm{B}}=\frac{p_{\mathrm{B}}}{x_{\mathrm{B}}} \tag{1-12}$$

式中，ν_{A}和 ν_{B}分别为溶液中 A、B 组分的挥发度。

将式(1-2) 和式(1-3) 代入式(1-11) 和式(1-12) 得：

$$\nu_{\mathrm{A}}=\frac{p_{\mathrm{A}}}{x_{\mathrm{A}}}=\frac{p_{\mathrm{A}}^{\circ}x_{\mathrm{A}}}{x_{\mathrm{A}}}=p_{\mathrm{A}}^{\circ} \tag{1-13}$$

$$\nu_B=\frac{p_B}{x_B}=\frac{p_B^\circ x_B}{x_B}=p_B^\circ \tag{1-14}$$

式(1-13) 和式(1-14) 表明，理想溶液各组分的挥发度等于其饱和蒸气压，挥发度随温度而变。

溶液中两组分挥发度之比，称为相对挥发度，以 α 表示，习惯上以易挥发组分的挥发度为分子，利用挥发度定义式(1-11) 和式(1-12)，则相对挥发度为：

$$\alpha=\frac{\nu_A}{\nu_B}=\frac{p_A/x_A}{p_B/x_B} \tag{1-15}$$

设气体为理想气体混合物，则：

$$\alpha=\frac{p_A/x_A}{p_A/x_B}=\frac{py_A/x_A}{py_B/x_B}=\frac{y_A/x_A}{y_B/x_B} \tag{1-16}$$

式(1-16) 能很方便地表示平衡时两组分在汽、液相中的组成关系。相对挥发度 α 的数值一般由实验测定，对于理想溶液可由组分的饱和蒸气压计算，将式(1-13) 和式(1-14) 代入式(1-15)，并整理得：

$$\alpha=\frac{p_A^\circ}{p_B^\circ} \tag{1-17}$$

可见在理想溶液中，相对挥发度等于同温度下纯组分 A 和纯组分 B 的饱和蒸气压之比。由式(1-17) 可见，α 随纯组分饱和蒸气压 p_A° 及 p_B° 而变，即随温度而变，但它是一相对值，p_A° 与 p_B° 之间的比值变化通常不大，因此当温度变化不大时，可认为是常数或取其平均值。压强提高，一般 α 值变小。

对于双组分混合体系　　$x_B=1-x_A$　，　$y_B=1-y_A$

将以上关系代入式(1-16)，并整理得：

$$\frac{y_A}{1-y_A}=\frac{\alpha x_A}{1-x_A} \tag{1-18}$$

由式(1-18) 解出 y_A，并略去下标得：

$$y=\frac{\alpha x}{1+(\alpha-1)x} \tag{1-19}$$

当两组分的相对挥发度 α 已知，可按式(1-19) 求得相平衡 y-x 关系，故式(1-19) 称为汽液平衡方程。对于恒沸体系，平衡时汽、液两相的组成相同，即 $y=x$，由式(1-19) 得 $\alpha=1$，表明不能用普通蒸馏方法分离。若 $\alpha>1$，则 $y>x$，α 愈大，则两相中组成 y 与 x 的相对含量差别愈多，混合液容易用蒸馏的方法将两组分分开。故根据溶液相对挥发度的大小，可以判断混合液能否用蒸馏方法分离以及分离的难易程度。

1.2.3 双组分理想物系汽液平衡相图

汽液平衡关系除了用公式表示外，还可用相图表示。相图表达比较直观、清晰，应用于蒸馏过程分析及讨论更方便。下面仅介绍蒸馏分析和计算中应用较多的蒸气压-组成（p-x）图、温度-组成（t-x-y）图和汽液组成（y-x）图。

1.2.3.1 蒸气压-组成（p-x）图

由相律知，当温度一定时，汽、液两相平衡时的自由度为1，因此可以用蒸气压与组分的组成关系图表示汽液平衡。图1-1是苯-甲苯溶液的p-x图。图的纵坐标为蒸气压，横坐标为液相组成（摩尔分数）。图中1、2、3线分别表示溶液中苯（易挥发组分）、甲苯（难挥发组分）、溶液的蒸气总压与液相组成的关系。因它们的混合液可视为理想溶液，可近似用式(1-2)和式(1-3)表示。

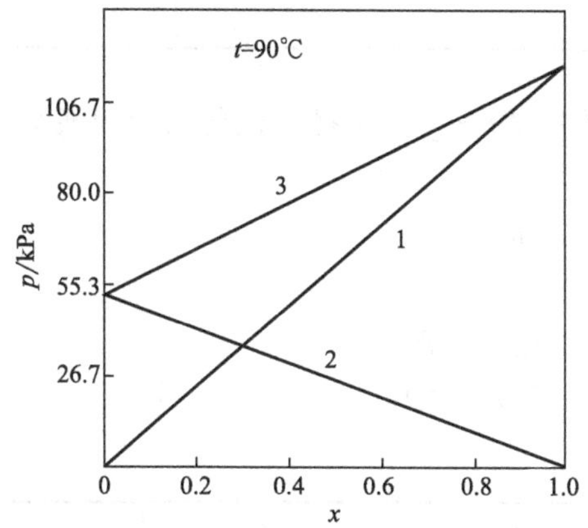

图1-1 苯-甲苯溶液的蒸气压-组成（p-x）图

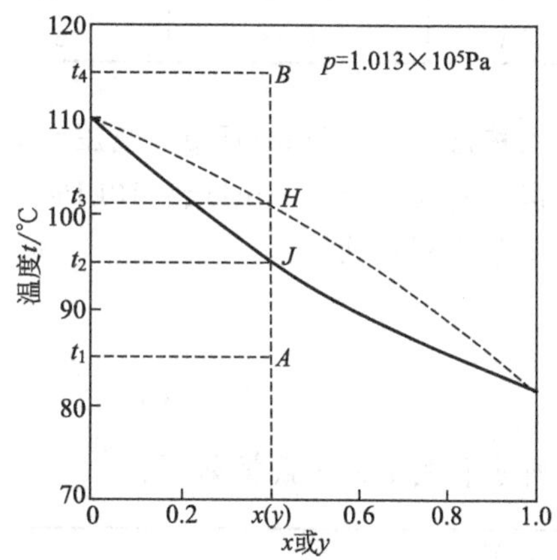

图1-2 苯-甲苯溶液的t-x-y图

1.2.3.2 温度-组成（t-x-y）图

当总压p一定时，汽、液两相的组成与温度的关系可用t-x-y图表示。蒸馏操作多在一定外压下进行，且在操作过程中，溶液温度随其组成而变，故恒压下的t-x-y图是蒸馏分析与计算过程中的基础。在101.33kPa下，苯-甲苯的t-x-y图可表示成图1-2，它以温度t为纵坐标，苯的液相组成x或苯的汽相组成y为横坐标（如不标明x或y是哪一种组分时，总是指易挥发组分的摩尔分数，本章即遵循这一惯例）。图1-2中从$x(y)=0$和$x(y)=1$对应的纵坐标可分别读出甲苯和苯的沸点，分别为110.6℃和80.2℃。图中的两条曲线，下曲线表示平衡时液相组成与温度的关系，简称饱和液体线；上曲线表示平衡时汽相组成与温度的关系，简称饱和蒸汽线。两条曲线将整个t-x-y图分成三个区域，液相线以下代表尚未沸腾的液体，称为液相区。汽相线以上代表过热的蒸气，称为过热蒸气区。介于汽相线与液相线的区域表示二者同时存在，称为汽液共存区。

若将温度为t_1、组成为x（图1-2中A点）的溶液恒压加热，当温度达到t_2（J点）时，溶液开始沸腾，产生第一个气泡，相应的温度称为泡点，故饱和液体线又称为泡点线。同样，若将温度为t_4，组成为y（B点）的过热蒸气恒压冷却，当温度达到t_3（H点）时，混合气体开始产生第一个液滴，相应的温度称为露点，故饱和蒸汽线又称为露点线。从图中还可见，当汽、液两相平衡时，两相温度相同，汽相组成大于液相组成。若汽、液两相组成相同，由于露点线在泡点线上面，故汽相露点总是大于液相的泡点。

t-x-y关系数据常由实验测得，对理想溶液可用纯组分的饱和蒸气压数据按拉乌尔定律和道尔顿分压定律计算，如例1-1所示。

【例1-1】 苯酚(C_6H_5OH)(A)和对甲酚[$C_6H_4(CH_3)OH$](B)的饱和蒸气压数据如表1-1所示。

表 1-1 苯酚 (C_6H_5OH)(A) 和对甲酚 [$C_6H_4(CH_3)OH$] (B) 的饱和蒸气压

温度 t /℃	苯酚蒸气压 p_A°/kPa	对甲酚蒸气压 p_B°/kPa	温度 t /℃	苯酚蒸气压 p_A°/kPa	对甲酚蒸气压 p_B°/kPa
113.7	10.0	7.70	117.8	11.99	9.06
114.6	10.4	7.94	118.6	12.43	9.39
115.4	10.8	8.2	119.4	12.85	9.70
116.3	11.19	8.5	120.0	13.26	10.0
117.0	11.58	8.76			

试按总压 p=75mmHg（绝压）计算该物系的"t-x-y"数据，此物系为理想体系。

解 总压 p=75mmHg=10kPa

由拉乌尔定律得出

$$p_A^\circ x_A + p_B^\circ x_B = p$$

所以

$$x_A = \frac{p - p_B^\circ}{p_A^\circ - p_B^\circ};\quad y_A = \frac{p_A^\circ}{p}\frac{p - p_B^\circ}{p_A^\circ - p_B^\circ}$$

因此所求得的 t-x-y 数据如下：

t/℃	x	y	t/℃	x	y
113.7	1.000	1.000	117.8	0.321	0.385
114.6	0.837	0.871	118.6	0.201	0.249
115.4	0.692	0.748	119.4	0.095	0.122
116.3	0.558	0.624	120.0	0.000	0.000
117.0	0.440	0.509			

1.2.3.3 汽液组成 (y-x) 图

蒸馏计算中，经常要用到汽液组成（y-x）图，将互成平衡的汽、液组成在总压不变时，以液相组成 x 为横坐标，汽相组成 y 为纵坐标作图，可得 y-x 图。图 1-3 为 101.3kPa 下正庚烷和正辛烷的 y-x 图。图中 D 点表示组成为 x_1 的液相与组成为 y_1 的汽相互为平衡。图中对角线为参考线，其方程式为 $x=y$。对于多数溶液，达到平衡时，汽相中易挥发组分总大于液相的易挥发组分，故其平衡线位于对角线上方。平衡线离对角线越远，表示该溶液越容易分离。

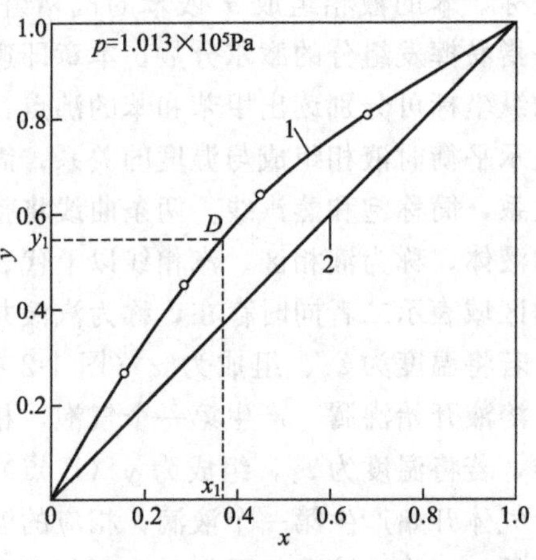

图 1-3 正庚烷和正辛烷溶液的 x-y 图

1—平衡线；2—对角线

应指出，总压对于 t-x-y 关系的影响较大，蒸馏操作的压强提高，混合液的泡点随之升高，各组分的挥发度差异减小，相对挥发度下降，分离较为困难。但是总压对于 y-x 关系的影响就没有这么大，一般总压变化不超过 30%时，y-x 关系的变化小于 2%。故总压变化不大时，总压对于 y-x 关系的影响可以忽略不计，但是对于 t-x-y 的影响则不能忽略。

【例 1-2】 利用例 1-1 的各组数据计算

(1) 在 $x=0$ 至 $x=1$ 范围内各点的相对挥发度 α_i，取各 α_i 的算术平均值为 α，算出 α 对 α_i 的最大相对误差；(2) 以算术平均值 α 作为常数代入平衡方程式算出各点的“y-x”关系，算出由此法得出的各组 y_i 值的最大相对误差。

解 (1) 对理想物系，有 $\alpha=\dfrac{p_A^\circ}{p_B^\circ}$。所以可得出

t/℃	113.7	114.6	115.4	116.3	117.0	117.8	118.6	119.4	120.0
α_i	1.299	1.310	1.317	1.316	1.322	1.323	1.324	1.325	1.326

算术平均值 $\alpha=\dfrac{\sum\alpha_i}{9}=1.318$。

α 对 α_i 的最大相对误差

$$\frac{\alpha-\alpha_i}{\alpha_i}=\frac{1.318-1.299}{1.299}\times100\%=1.46\%。$$

(2) 由 $y=\dfrac{\alpha x}{1+(\alpha-1)x}=\dfrac{1.318x}{1+0.318x}$得出如下数据：

t/℃	113.7	114.6	115.4	116.3	117.0	117.8	118.6	119.4	120.0
x	1	0.837	0.692	0.558	0.440	0.321	0.201	0.095	0
y	1	0.872	0.748	0.624	0.508	0.384	0.249	0.122	0

各组 y_i 值的最大相对误差$=\dfrac{(\nabla y)_{max}}{y_i}=0.3\%$。

1.3 平衡蒸馏和简单蒸馏

在工业生产过程中，当待分离的料液组分之间的挥发度差别大，且分离提纯程度要求不高，可采用平衡蒸馏或简单蒸馏进行分离提纯，下面简述其原理与计算。

1.3.1 平衡蒸馏

1.3.1.1 平衡蒸馏过程

平衡蒸馏又称闪蒸，它是一种单级蒸馏操作，图 1-4 是平衡蒸馏的流程。将进料的混合液经换热器加热至高于分离器压强下的泡点以上，经过减压阀节流后进入分离器（闪蒸罐），这时混合液部分汽化，形成汽液平衡的两相，汽相从分离器上部导出，经冷凝后得到比进料含易挥发组分更高的产品；液相从分离器底部排出，得到比进料含难挥发组分更高的产品。混合液在分离器有足够的停留时间，使平衡的汽、液两相在分离器中得到分离。平衡蒸馏是一次汽化过

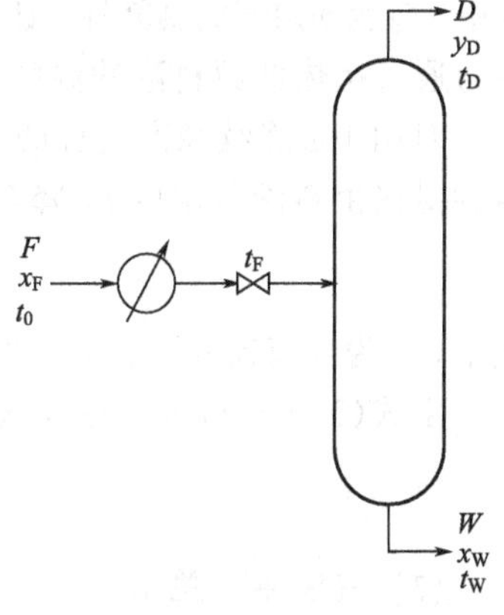

图 1-4 平衡蒸馏流程示意图

程，既可以连续又可以间歇操作。

1.3.1.2 平衡蒸馏的计算

平衡蒸馏的计算是根据待分离的混合液量、组成及生产上规定平衡蒸馏后的汽化量和液相量，计算出换热器的操作温度、闪蒸后的汽、液两相组成；或者规定闪蒸后的汽、液两相组成，计算出换热器的操作温度、闪蒸后的汽、液量。要完成上述的计算，需要应用质量守恒（物料衡算）定律、能量守恒（热量衡算）定律和汽液平衡关系建立数学模型，反映与描述蒸馏过程，现分述如下。

(1) 物料衡算

如图 1-4 所示，对连续稳态过程的物料衡算。

总物料衡算：
$$F=D+W \tag{1-20}$$

易挥发组分的物料衡算：
$$Fx_F=Dy_D+Wx_W \tag{1-21}$$

式中，F 为原料液摩尔流量，$kmol \cdot h^{-1}$ 或 $kmol \cdot s^{-1}$；D 为分离器顶部汽相摩尔流量，$kmol \cdot h^{-1}$ 或 $kmol \cdot s^{-1}$；W 为分离器底部液相摩尔流量，$kmol \cdot h^{-1}$ 或 $kmol \cdot s^{-1}$；x_F 为原料液中易挥发组分的摩尔分数；y_D 为分离器顶部汽相易挥发组分的摩尔分数；x_W 为分离器底部液相易挥发组分的摩尔分数。

联立式(1-20) 和式(1-21)，得：

$$y_D=\left(1-\frac{F}{D}\right)x_W+\frac{F}{D}x_F \tag{1-22}$$

令 $q=\frac{W}{F}$，称为液化率，则 $1-q=\frac{D}{F}$，称为汽化率，代入上式得：

$$y_D=\frac{q}{q-1}x_W-\frac{x_F}{q-1} \tag{1-23}$$

式(1-23) 表示闪蒸过程中汽、液两相组成的关系。若液化率 q 恒定，则式(1-23) 为一直线方程。在 y-x 图上表示一经过（x_F，x_F）点，斜率为 $\frac{q}{q-1}$，截距为 $-\frac{x_F}{q-1}$ 的一直线。

(2) 热量衡算

如图 1-4 所示，对连续稳态过程的换热器热量衡算，忽略换热器的热损失，可得加热原料液到温度 t_F 所需的热量为：

$$Q=FC_p(t_F-t_0) \tag{1-24}$$

式中，Q 为换热器的热负荷，$kJ \cdot h^{-1}$ 或 kW；C_p 为原料液的平均定压比热容，$kJ \cdot kmol^{-1} \cdot ℃^{-1}$；$t_F$ 为通过换热器原料液的温度，℃；t_0 为进换热器前原料液的温度，℃。

对图 1-4 连续稳态过程的分离器热量衡算，忽略分离器的热损失，此时料液部分汽化所需的潜热由料液从温度 t_F 降至分离器两相平衡温度 t_e 所放出的显热提供，即：

$$FC_p(t_F-t_e)=D\gamma=(1-q)F\gamma \tag{1-25}$$

式中，t_e 为分离器的汽、液两相的平衡温度，℃；γ 为料液平均摩尔汽化潜热，$kJ \cdot kmol^{-1}$。

由式(1-25) 可求出原料液离开换热器的温度 t_F 与液化率 q 及平衡温度 t_e 的关系为：

$$t_F=t_e+\frac{1-q}{C_p}\gamma \tag{1-26}$$

(3) 汽液平衡关系

在平衡蒸馏过程中，离开分离器的汽、液两相互呈平衡，故 y_D 与 x_W 之间存在一定的关系，对理想溶液，可用式(1-27) 表示：

$$y_D=\frac{\alpha x_W}{1+(\alpha-1)x_W} \tag{1-27}$$

及

$$t_e=f(x_W) \tag{1-28}$$

此外，y_D与x_W之间还可由 y-x 图、t-x-y 图表示。

应用物料衡算、热量衡算和汽液平衡关系，可以进行平衡蒸馏的各种计算。

1.3.2 简单蒸馏原理及其计算

简单蒸馏也称为微分蒸馏，其流程如图 1-5 所示。简单蒸馏将组成为 x_1 的待分离混合液一次加入蒸馏釜 1 中，然后将其加热至泡点部分汽化，汽化产生的蒸气从顶部引入冷凝-冷却器 2 中冷却至一定温度，进入产品收集器。有时在蒸馏釜上方装一分凝器，如图 1-6 所示，蒸气在其中部分冷凝，使剩余蒸气中易挥发组分含量再提高，从而使馏出液中易挥发组分增多。由分凝器冷凝下的液体直接回流到蒸馏釜 1 中。控制回流量可以改变馏出液的组成，简单蒸馏通常以间歇方式进行，是单级非定态操作。随着操作的进行，釜液中易挥发组分摩尔分数不断下降，使与之相平衡的汽相组成（馏出液）也随之减少，釜液的温度不断升高。当馏出液组成或釜液的组成降低到规定值后，停止操作。

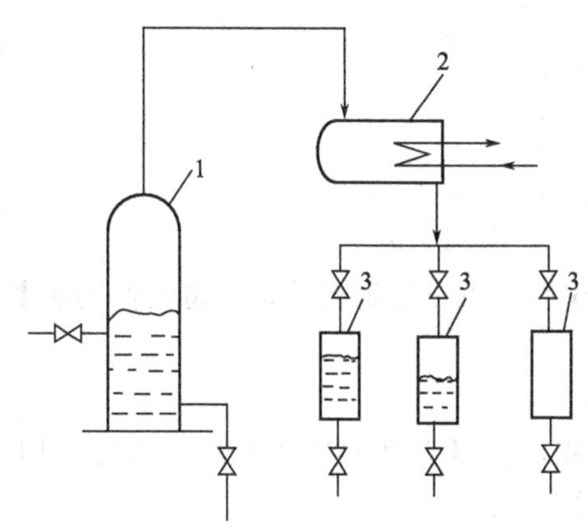

图 1-5 简单蒸馏装置

1—蒸馏釜；2—冷凝-冷却器；3—产品收集器

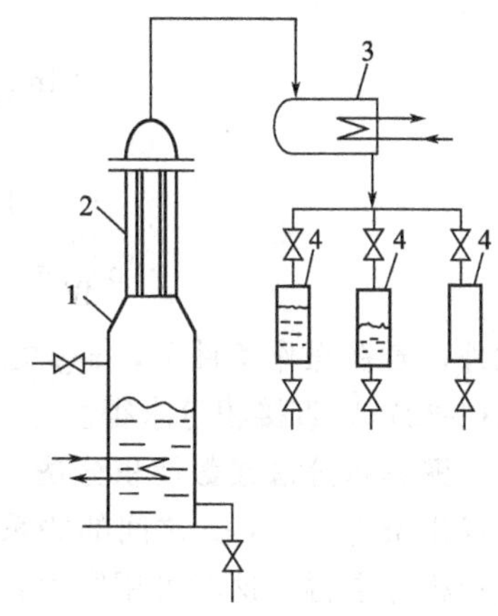

图 1-6 具有分凝器的简单蒸馏装置

1—蒸馏釜；2—分凝器；3—冷凝-冷却器；4—产品收集器

简单蒸馏的平衡关系、物料衡算及热量衡算过程与平衡蒸馏并无本质区别，但由于简单蒸馏是间歇非定态操作，馏出液和釜液的量与组成随时间而变，汽相与釜液的平衡关系也与时间有关，因此，计算应采用微分衡算。

假设：L 为任一瞬间蒸馏釜中釜液量，kmol；F 和 W 为最初和最终的釜中溶液量，kmol；x_1 和 x_2 为釜液的最初和最终组成，摩尔分数；x 为任一瞬间蒸馏釜中釜液的组成，摩尔分数；y 为任一瞬间与釜液成平衡的蒸气组成，摩尔分数。

设经过时间 $d\tau$ 后，混合液的汽化量为 dD，组成为 y，则釜液量减少到 $(L-dL)$，组成降到 $(x-dx)$，y 与 x 呈平衡，在 $d\tau$ 时间内，对该时间微元作物料衡算。

总物料衡算：

$$dD=dL \tag{1-29}$$

易挥发组分物料衡算： $Lx=(L-\mathrm{d}L)(x-\mathrm{d}x)+y\mathrm{d}D$ (1-30)

整理上式并略去二阶无穷小的 $\mathrm{d}L$、$\mathrm{d}x$ 项，得：

$$\frac{\mathrm{d}L}{L}=\frac{\mathrm{d}x}{y-x} \tag{1-31}$$

将上式积分，积分限为：

$$L=F, x=x_F$$

$$L=W, x=x_W$$

即

$$\ln\frac{F}{W}=\int_{x_W}^{x_F}\frac{\mathrm{d}x}{y-x} \tag{1-32}$$

式(1-32) 表示简单蒸馏釜液（馏出液）组成和量与残釜液组成和量的关系。求解式(1-32) 需要知道汽液平衡的关系。针对不同的体系如理想溶液或非理想溶液，可采用不同的方法求解，通常有以下两种方法。

(1) 解析法

当溶液为理想溶液，则 y 和 x 的关系可用式(1-19) 表示，且相对挥发度可视为常数。将式(1-19) 代入式(1-32)，积分后得：

$$\ln\frac{F}{W}=\frac{\ln\dfrac{x_F}{x_W}+\alpha\ln\dfrac{1-x_W}{1-x_F}}{\alpha-1} \tag{1-33}$$

或

$$\ln\frac{F}{W}=\frac{\ln\left[\dfrac{x_F(1-x_W)}{x_W(1-x_F)}\right]}{\alpha-1}+\ln\frac{1-x_W}{1-x_F} \tag{1-34}$$

此外，若在操作条件下，x-y 之间的关系为线性，也可用解析法，可将它们的函数关系代入式(1-32) 后直接积分求得。

(2) 图解积分法或数值积分法

在操作条件下，y-x 之间的关系为非线性函数，或以表格的形式给出，不能利用式(1-32) 直接积分求得，这时可用图解积分法或数值积分法。

简单蒸馏的馏出液（汽相产物）的平均组成$\overline{x}_D$可以通过对分离器的物料衡算求出。

总物料衡算： $F=D+W$ (1-35)

易挥发组分物料衡算： $Fx_F=D\overline{x}_D+Wx_W$ (1-36)

由以上两式可求得馏出液的平均组成： $\overline{x}_D=\dfrac{Fx_F-Wx_W}{F-W}$ (1-37)

【例 1-3】 常压下将含苯（A）60%、甲苯（B）40%（均指摩尔分数）的混合液闪蒸（即平衡蒸馏），得平衡汽、液两相，汽相物质的量占总物质的量的分率：汽化率 $(1-q)$ 为 0.30。物系相对挥发度 $\alpha=2.47$，试求：(1) 闪蒸所得汽、液相的浓度；(2) 若改用简单蒸馏，令残液浓度与闪蒸的液相浓度相同，问馏出物中苯的平均浓度为多少？

解 (1) 闪蒸

$$y_D=\frac{q}{q-1}x_W-\frac{x_F}{q-1}=-\frac{7}{3}x_W+2$$

且由式(1-27) 得 $$y_D=\frac{2.47x_W}{1+1.47x_W}$$

联解方程得 $x_W=0.539$，$y_D=0.742$

(2) 简单蒸馏

$$\ln\frac{F}{W}=\frac{1}{\alpha-1}\left(\ln\frac{x_F}{x_W}+\alpha\ln\frac{1-x_W}{1-x_F}\right)=\frac{1}{2.47-1}\times\left(\ln\frac{0.6}{0.539}+2.47\times\ln\frac{1-0.539}{1-0.6}\right)$$
$$=0.311$$
$$\frac{F}{W}=1.365$$
$$\bar{x}_D=\frac{Fx_F-Wx_W}{F-W}=\frac{0.6\times1.365-0.539}{1.365-1}=0.767$$

从计算结果可以看出，平衡蒸馏和简单蒸馏虽可一定程度地分离组分，但分离程度不高。要实现组分较高程度的分离，一般应采用精馏方法。

1.4 精馏原理与流程

1.4.1 精馏原理

前述的简单蒸馏和平衡蒸馏是单级分离过程，仅仅对混合液进行一次部分汽化，无法获得纯度高的产品，因此对混合液进行较完全分离以获得几乎纯的产品，必须采用多次部分汽化和部分冷凝的精馏过程，在工业生产过程，多次部分汽化和部分冷凝分离过程是在精馏塔中完成的。

精馏过程的原理可以用汽液平衡的 t-x-y 图说明。如图 1-7 的 t-x-y 中，若将沸点以下组成为 x_F 的苯和甲苯混合溶液从点 A 加热到泡点以上的 t_g（g 点）时，则产生平衡的汽、液两相，其汽、液组成分别为 y_G(G'点) 和 x_G(G 点)，由图可见，$y_G>x_F>x_G$。汽、液两相的量可由杠杆规则确定。若将混合液再升温到露点 t_h(H'点)，溶液全部汽化，汽相组成为 y_H，与最初液相组成 x_F相同，液相在消失之前其组成为 x_H。若再加热到 H'点以上(譬如 B 点)，蒸气变为过热蒸气，温度升高而组成不变。

在上述加热过程，自 F 点向上至 H'点以前的阶段，称为部分汽化过程。若加热到 H'点及 H'点以上，则称为全部汽化过程；反之，如自 H'点开始冷凝，直至 F 点以前的阶段称为部分冷凝过程。自 F 点及 F 点以下，称为全部冷凝过程。部分冷凝及部分汽化过程，实际就是溶液的一种分离过程。因为在这个过程中，可以获得一定数量而且组成有相当差别的汽相和液相，如图中 $y_G>x_G$。若将 G'点的汽相和 G 点的液相分开，则可以得到易挥发组分浓度较高的蒸汽和易挥发组分浓度较低的液体。

由图 1-7 可以看出，用上述方法分离 A 点的溶液，所得出的馏出液，其组成最高不会超过 y_F(F'点)，而当汽相组成为 y_F 时，蒸气量是非常小的。要改善这种情况，可以将组成为 x_F 的溶液加到如图 1-8 所示的蒸馏釜中进行部分汽化，则产生相互平衡的组成为 y_3 的蒸气和组成为 x_3 的液体。然后将组成为 y_3 的蒸气引入分凝器 2 中进行部分冷凝，则产生新的相互平衡的汽、液相，其组成分别为 y_2 和 x_2，再将组成为 y_2 的汽相引入分凝器 3 再进行部分冷凝，在新的平衡条件下，获得组成为 y_1 的汽相和组成为 x_1 的液相，最后将组

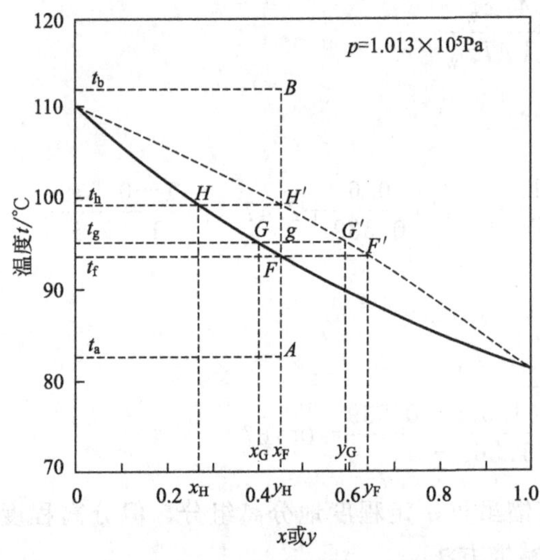

图 1-7 苯-甲苯蒸馏原理 t-x-y 图

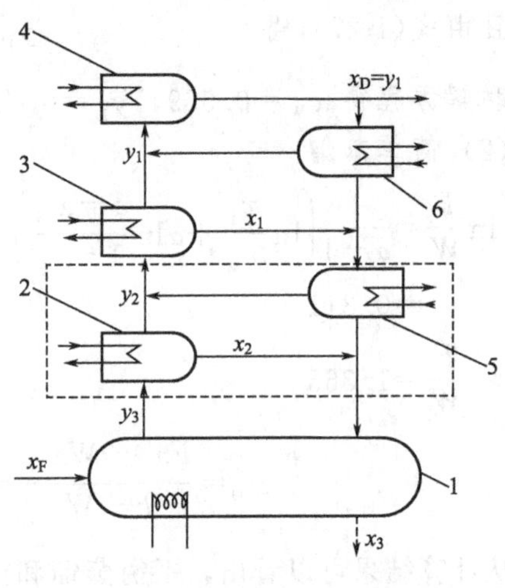

图 1-8 多次部分汽化和多次部分冷凝蒸馏示意图

1—蒸馏釜；2,3—分凝器；4—全凝器；5,6—汽化器

成为 y_1 的汽相引入全凝器 4 中全部冷凝，获得组成为 $x_D(y_1)$ 的馏出产品。汽相经过两次部分冷凝，易挥发组成纯度依次提高，即 $y_1>y_2>y_3$。显然，这种操作流程的汽相经过次数足够多的部分冷凝，最后可以获得要求的高纯度产品。但是，汽相每经过一次部分冷凝就有一部分蒸气变为液体，若经过多次部分冷凝，最后的气体量会愈来愈少，使操作无法继续或只剩下很少一点作为馏出产品了。为此，可使部分冷凝产生的液体再部分汽化，产生的汽相与原来的汽相汇合，以弥补因冷凝而减少的量。例如将分凝器 3 的汽相汇合，产生的液相则与分凝器 2 产生的液相汇合送回蒸馏釜 1 再进行部分汽化。若将汽化器 5 的温度控制得当，能使产生的汽、液组成等于或接近 y_2 或 x_2。这样，由于汽相得到补充，引入分凝器 3 中的汽相量可以做到几乎等于进入分凝器 2 中的汽相量。同理，若将一部分馏出液引入汽化器（再沸器）6，使其产生的蒸气弥补分凝器 3 中因冷凝而减少的量。这种送回汽化器 6 的馏出液称为“回流”。

1.4.2 精馏塔和精馏操作流程

1.4.2.1 精馏塔

为了节省投资和占地面积，化工生产的精馏操作是在直立圆形的精馏塔内进行的，如图 1-9 为筛板塔。每一分离器和汽化器用塔内的一块塔板代替。汽、液两相在塔板上进行部分汽化和部分冷凝，塔板作为混合物热量与质量交换的场所。为了进一步说明精馏操作过程，以图 1-9 所示的筛板塔中第 n 层板上的操作情况为例。筛板塔是在塔板上开有许多小孔，由下一层板（如第 $n+1$ 层板）上升的蒸气通过板上的小孔上升，而上一层板（如第 $n-1$ 层板）上的液体通过降液管下降到第 n 层板上。设进入第 n 层板上的汽相的摩尔分数和温度分别为 y_{n+1} 和 t_{n+1}，液相的摩尔分数和温度分别为 x_{n-1} 和 t_{n-1}，二者相互不平衡，即 $t_{n+1}>t_{n-1}$，液相中易挥发组分的摩尔分数 x_{n-1} 大于与 y_{n+1} 成平衡的液相摩尔分数 x_{n+1}，当组成为 y_{n+1} 的汽相与 x_{n-1} 的液相在第 n 层

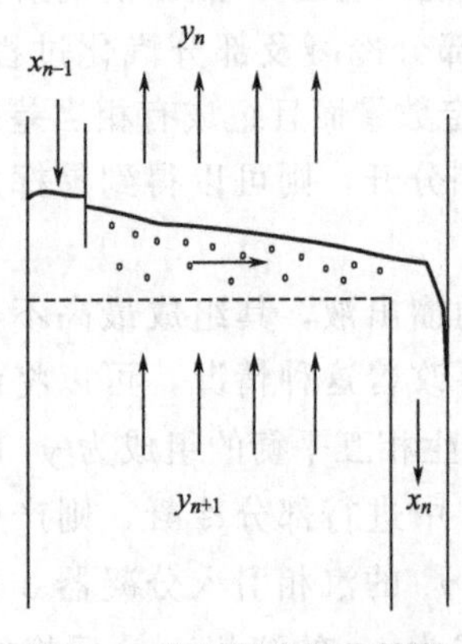

图 1-9 筛板塔的操作情况

板上接触时，由于存在温度差和摩尔分数差，汽相就要进行部分冷凝，使其中部分难挥发组分转入液相中；而汽相冷凝时放出的潜热传给液相，使液相部分汽化，其中的部分易挥发组分转入汽相中，故在第 n 层板上两相发生热量传递的同时，又发生质量传递。总的结果致使离开第 n 层板的液相中易挥发组分摩尔分数较进入该板时的降低，而离开的汽相中易挥发组分摩尔分数又较进入时的增高，即 $x_n < x_{n-1}$，$y_n > y_{n+1}$。精馏塔的每层板上都进行着与上述类似的过程，当塔内只要有足够多的塔板层数，在塔顶和塔底就可以达到指定的分离要求。若汽、液两相在板上接触时间长，且板上液相组成均匀，那么离开该板的汽、液两相在传热与传质方面相互平衡，即 x_n 与 y_n 满足相平衡关系，且两相的温度相等，通常将这种板称为理论板。实际过程汽、液两相在塔板上的接触时间有限，离开塔板的两相难以达到平衡，即实际板的分离效果要小于理论板。精馏是汽、液两相在塔内进行部分汽化和部分冷凝的传质单元操作，要维持操作的稳定，还必须将塔釜的液体部分汽化产生的汽相以及将塔顶冷凝器部分冷凝产生的液相回流入塔内。塔底蒸气的回流和塔顶液体的回流是保证精馏稳定操作的必要条件。

精馏塔内除装有若干层塔板外，还可填充一定高度的填料。塔板的形式和填料的种类很多，但是它们的作用都是为汽、液两相提供热、质传递的场所，有关它们的详细类型及作用等将在后面章节讨论。

1.4.2.2 精馏操作流程

精馏操作可分为连续精馏与间歇精馏。根据精馏原理可知，不论是连续过程还是间歇过程，精馏操作除了包括精馏塔外，还必须同时在塔底设置再沸器和在塔顶设置冷凝器，有时还要配有原料预热器、回流液泵等附属设备，才能实现整个操作。塔底再沸器的作用是提供一定量的上升蒸气回流入塔内，塔顶冷凝器的作用是获得液相产品及保证有一定的液相回流，只有这样才能保证精馏能连续稳定的进行。

连续精馏流程如图1-10所示。由图可见，原料液经预热器加热到一定的温度后，进入精馏塔中部的进料板，料液在进料板上与自塔上部下降的回流液体汇合后，再逐板下流，最

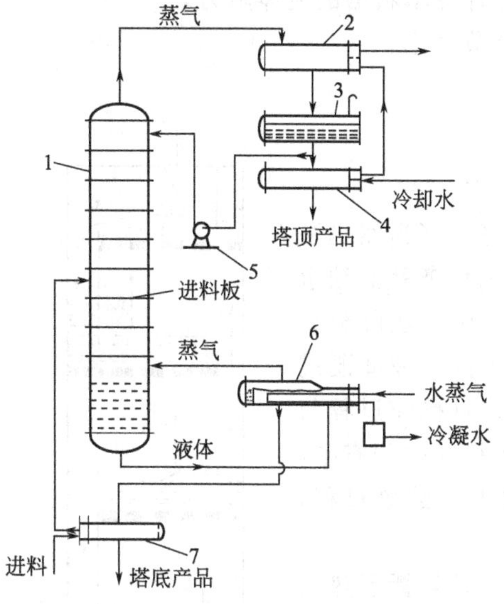

图1-10 连续精馏流程

1—精馏塔；2—全凝器；3—储槽；4—冷却器；5—回流液泵；6—再沸器；7—原料预热器

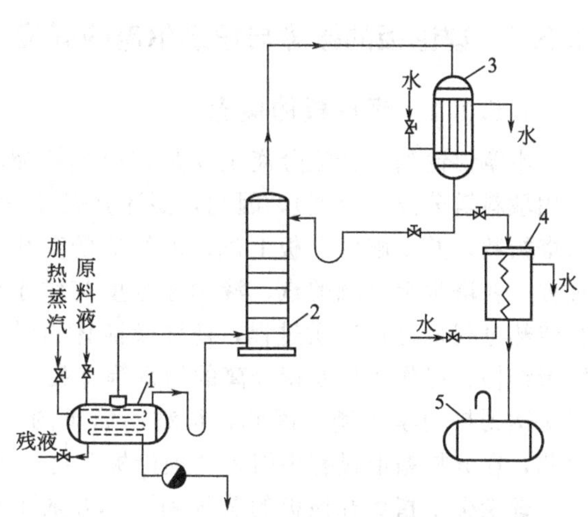

图1-11 间歇精馏操作流程

1—再沸器；2—精馏塔；3—塔顶冷凝器；4—塔顶产品冷却器；5—塔顶产品储罐

后流入塔底再沸器中。液体在逐板下降的同时，它与上升的蒸气在每层塔板上相互接触，同时进行部分汽化和部分冷凝的热量和质量的传递过程。操作时，连续从再沸器中取出部分液体作为塔底产品（釜残液），部分液体汽化，产生上升蒸气，从塔底回流入塔内。出塔顶蒸气进入冷凝器中被冷凝成液体，并将部分冷凝液用泵送回塔顶作为回流液体，其余部分经冷却器后被送出作为塔顶产品（馏出液）。习惯上将原料液进入的那层塔板称为加料板，加料板以上的塔段称为精馏段，加料板以下的塔段（包括加料板）称为提馏段。对于某些操作过程，有时直接将蛇管或其他加热器安装在塔底，以代替图 1-10 中的再沸器，塔顶回流液也可以利用重力作用直接流入塔内而省去回流液泵。

图 1-11 为间隙精馏操作流程，它与连续操作的不同之处是原料液一次加入塔釜，且只有塔顶的液相回流，所以间歇精馏操作只有精馏段没有提馏段。此外，间歇过程釜液组成不断发生变化，塔顶组成也随之变化。当釜液组成达到生产上的规定时，精馏操作则停止。另外，若直接从塔顶液相进料，且只有塔釜的汽相回流，该操作则只有提馏段而没有精馏段，它是用来提纯混合液中难挥发组分的。

1.5 双组分混合液连续精馏计算

双组分连续精馏的工艺计算主要包括以下内容：

① 确定产品的流量和组成。

② 适宜操作条件的选择和确定，包括操作压强、进料热状况和回流比等。

③ 确定精馏塔的类型，如选择板式塔或填料塔。根据塔型，求算理论板层数和填料层高度。

④ 精馏装置的热量衡算，计算冷凝器、再沸器及原料预热器等的热负荷，并确定其类型和尺寸。

⑤ 确定塔高和塔径以及塔的其他结构，对板式塔，进行塔板结构尺寸的计算及塔板流体力学验算；对填料塔，需确定填料类型及尺寸，并计算填料塔的流体阻力。

本章主要讨论前 4 项，第 5 项将在本书的其他章节讨论。

1.5.1 理论板的概念与恒摩尔流的假设

1.5.1.1 理论板的概念

本章讨论的混合液分离主要是在板式精馏塔中完成（当然也可以用填料塔分离混合液），因此，要计算完成一定分离任务就必须求出塔板数，并了解各层板上汽、液组成的变化规律。由于实际分离过程，在塔板上接触的汽、液两相温度与摩尔分数不同，彼此既进行传热过程也进行传质过程，还涉及流体力学问题，且操作过程与塔板结构、操作条件及待分离的物系等有关，且两相接触时间有限，无法达到热力学平衡。因此，很难用简单的数学模型描述该过程，为此，在分析精馏过程中引入“理论板”这一概念。

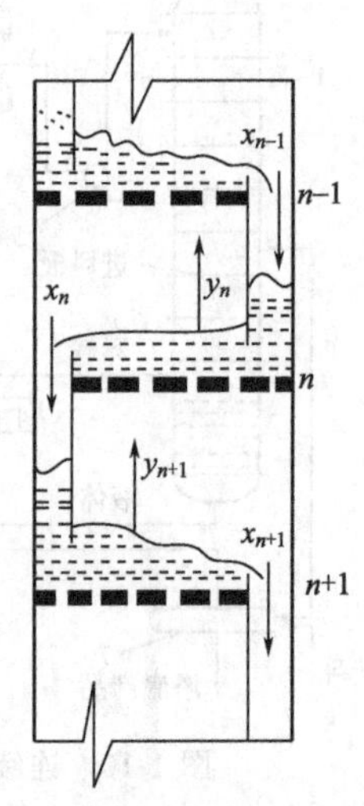

图 1-12 理论板上的两相组成示意图

理论板是指离开该板的蒸气和液体互成平衡，这里包括了热力学相平衡和传热平衡。如图 1-12 上的第 n 层理论板，组成为 y_n 的蒸气与组成为 x_n 的液体两相互为平衡，温度相同。要达到相平衡，汽、液两相必须充分混合，且接触时间无限长，而实际上在任何形式的塔板上，两相接触面都是有限的，接触时间也很短暂，板上汽、液两相很难达到平衡。故一般情况下理论板并不存在，但它可以作为衡量实际塔板分离效果的标准。在设计中，求得理论塔板数后，通过板效率校正就可以得出实际塔板数。

1.5.1.2　恒摩尔流假设

为简化精馏过程的计算，引入恒摩尔流的假设。

(1) 恒摩尔流气流（化）

精馏段内，每层塔板上升的蒸气摩尔流量均相等；提馏段内也是一样，其数学表达式为：

$$V_1=V_2=V_3=\cdots=V_n=V=定值 \tag{1-38}$$

$$V_1'=V_2'=V_3'=\cdots=V_n'=V'=定值 \tag{1-38a}$$

式中，V 为精馏段上升蒸气的摩尔流量，$kmol \cdot h^{-1}$；V' 为提馏段上升蒸气的摩尔流量，$kmol \cdot h^{-1}$。

下标表示塔板的序号，排序从上往下。

两段上升蒸气的摩尔流量不一定相等。

(2) 恒摩尔流液（溢）流

精馏段内，每层塔板溢流的液体摩尔流量皆相等；提馏段内也是一样，其数学表达式为：

$$L_1=L_2=\cdots=L_n=L=定值 \tag{1-39}$$

$$L_1'=L_2'=\cdots=L_n'=L'=定值 \tag{1-39a}$$

式中，L 为精馏段内液体的摩尔流量，$kmol \cdot h^{-1}$；L'为提馏段内液体的摩尔流量，$kmol \cdot h^{-1}$。

下标表示塔板的序号，排序从下往上。

两段下降液体的摩尔流量一般不相等。恒摩尔气流与恒摩尔液流统称为恒摩尔流假设。

上述假设满足下列条件时成立：①各组分的摩尔汽化潜热相等；②汽、液两相接触时，因两相温度不同而交换的显热可以忽略；③塔设备保温良好，热损失可以忽略不计。

1.5.2　物料衡算和操作线方程

1.5.2.1　全塔物料衡算

对连续稳定的精馏过程，通过全塔物料衡算，可以求出精馏产品的流量、组成和进料流量、组成之间的关系。由图 1-13 所示的流程，塔顶设置全凝器，泡点回流，塔釜采用间接水蒸气加热方式，对图中虚线框内物料衡算。

总物料衡算：　$F=D+W$　(1-40)

易挥发组分衡算：

$$Fx_F=Dx_D+Wx_W \tag{1-41}$$

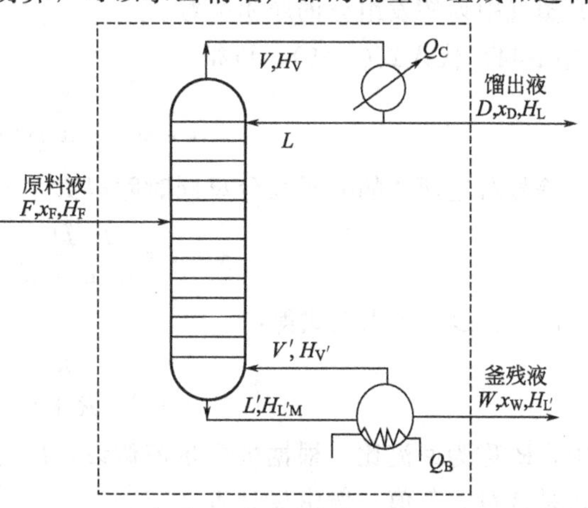

图 1-13　精馏塔的物料衡算

式中，F 为原料液摩尔流量，$kmol \cdot h^{-1}$；D 为塔顶产品摩尔流量，$kmol \cdot h^{-1}$；W 为塔釜产品摩尔流量，$kmol \cdot h^{-1}$；x_F 为原料液中易挥发组分的摩尔分数；x_D 为馏出液中易挥发组分的摩尔分数；x_W

为釜残液中易挥发组分的摩尔分数。

式(1-40)、式(1-41) 表示精馏过程各股物料的摩尔流量与组成的关系，共有六个独立变量，若已知四个量，其余两个量则可求出。通过联立式(1-40)、式(1-41)，可分别求出塔顶馏出液和塔釜液的采出率为：

$$\frac{D}{F}=\frac{x_F-x_W}{x_D-x_W} \tag{1-42}$$

$$\frac{W}{F}=\frac{x_D-x_F}{x_D-x_W} \tag{1-42a}$$

在精馏操作过程，通常原料液的量和组成由生产上给定，当分离要求规定后，精馏操作必须满足全塔物料衡算方程。例如，规定了馏出液 x_D 与釜液 x_W，则馏出液与塔釜液的采出率也可确定。若规定了釜液量 W 和 x_W，馏出液量 D 和 x_D 也就确定，不能随意改变。

在精馏计算中，分离程度除用两种产品的摩尔分数表示外，有时还用回收率 η 表示。

塔顶易挥发组分的回收率：

$$\eta_D=\frac{Dx_D}{Fx_F}\times 100\% \tag{1-43}$$

塔釜难挥发组分的回收率：

$$\eta_W=\frac{W(1-x_W)}{F(1-x_F)}\times 100\% \tag{1-43a}$$

1.5.2.2 精馏段物料衡算和操作线方程

在连续精馏塔中，若某一塔板的汽液平衡关系 x_n 和 y_n 已知，如再能得到该板溢流到下一板的液体组成 x_n 与下一层塔板上升到该板的蒸气组成 y_{n+1} 的关系，就可以对离开板的蒸气或液体进行逐板计算，从而决定达到分离要求的理论板数。而 x_n 和 y_{n+1} 之间的关系由物料衡算决定，这种关系称为操作关系。由于精馏过程的原料液不断的进入塔内，故精馏段和提馏段的操作关系是不同的，应予以分别讨论。

在图 1-14 虚线范围（包括精馏段的第 $n+1$ 层板以上塔段及冷凝器）作物料衡算。

总物料衡算：

$$V=L+D \tag{1-44}$$

易挥发组分物料衡算：

$$Vy_{n+1}=Lx_n+Dx_D \tag{1-45}$$

式中，x_n 为精馏段第 n 层板下降液体中易挥发组分的摩尔分数；y_{n+1} 为精馏段第 $n+1$ 层板上升蒸气中易挥发组分的摩尔分数。

将式(1-44) 代入式(1-45)，可得：

$$y_{n+1}=\frac{L}{L+D}x_n+\frac{D}{L+D}x_D \tag{1-46}$$

上式等号右边两项的分子及分母同时除以 D，则：

$$y_{n+1}=\frac{L/D}{L/D+1}x_n+\frac{1}{L/D+1}x_D$$

令 $R=L/D$，代入上式得：

$$y_{n+1}=\frac{R}{R+1}x_n+\frac{1}{R+1}x_D \tag{1-47}$$

式中，R 称为回流比。根据恒摩尔流假设，L 为定值，且在稳定操作时 D 及 x_D 为定值，故 R 也是常量，其值一般由设计者选定。

式(1-46) 与式(1-47) 均称为精馏段操作线方程。此二式表示在一定操作条件下，精馏

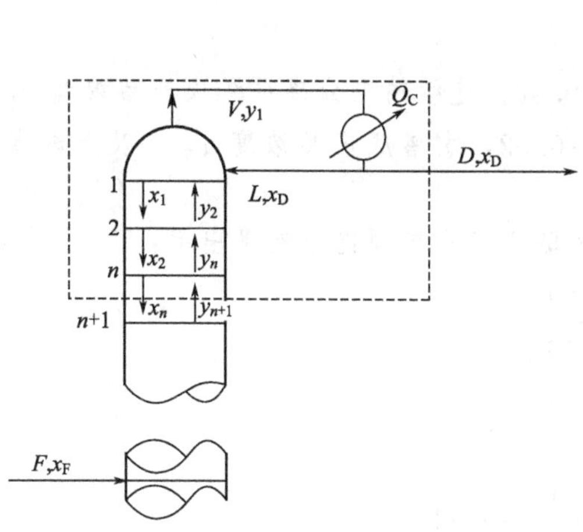

图 1-14　精馏段操作线方程式的推导

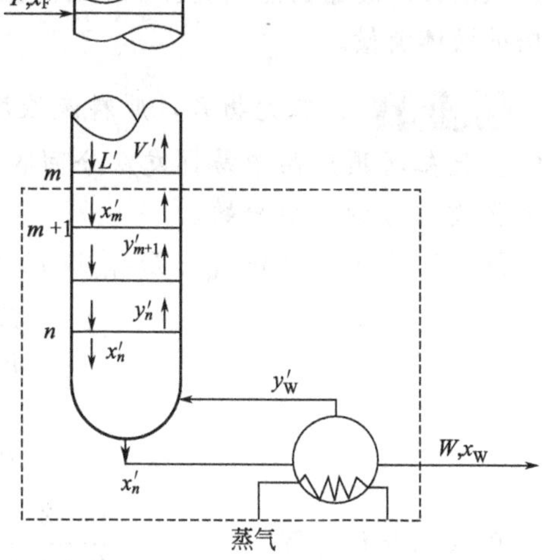

图 1-15　提馏段操作线方程式的推导

段内自任意第 n 层板下降的液相组成 x_n 与其相邻的下一层板（第 $n+1$ 层板）上升的汽相组成 y_{n+1} 之间的关系。该式在 x-y 直角坐标图上为直线，其斜率为 $\frac{R}{R+1}$，y 轴上截距为 $\frac{x_D}{R+1}$。

应予指出，若待分离物系不符合恒摩尔流假设，则操作线不是直线，这种情况可参阅有关蒸馏方面的专著。

1.5.2.3　提馏段物料衡算与操作线方程

在图 1-15 虚线范围（包括提馏段第 m 层板以下塔段及再沸器）作物料衡算，可得：

总物料衡算：
$$L'=V'+W \tag{1-48}$$

易挥发组分物料衡算：
$$L'x'_m=V'y'_{m+1}+Wx_W \tag{1-49}$$

式中，x'_m 为提馏段第 m 层板下降液体中易挥发组分的摩尔分数；y'_{m+1} 为提馏段第 $m+1$ 层板上升蒸气中易挥发组分的摩尔分数。

将式(1-48) 代入式(1-49)，并整理可得：

$$y'_{m+1}=\frac{L'}{L'-W}x'_m-\frac{W}{L'-W}x_W \tag{1-50}$$

或

$$y'_{m+1}=\frac{L'}{V'}x'_m-\frac{W}{V'}x_W \tag{1-50a}$$

式(1-50) 或式(1-50a) 称为提馏段操作线方程。此式表示在一定操作条件下，提馏段内自任意第 m 层板下降液体组成 x'_m 与其相邻的下层板（第 $m+1$ 层）上升蒸气组成 y'_{m+1} 之间的关系。根据恒摩尔流假定，L'为定值，在稳定操作时，W 和 x_W 也为定值，在 x-y 图上也是直线。直线的斜率为 L'/V'，在 y 轴上的截距为 $-Wx_W/V'$，且直线经过对角线的 (x_W, x_W) 点，并与精馏段操作线相交。应予指出，提馏段的液体流量 L'除了与精馏段的液体流量 L 有关外，还与进料量 F 及进料热状况有关。与精馏段一样，对不符合恒摩尔流的物系，提馏段操作线方程式(1-50) 和式(1-50a) 也不是直线方程。

由上述两操作线方程可知，精馏段操作线斜率小于 1，而提馏段操作线斜率大于 1。此外，若回流液温度低于泡点，离开精馏段第一块板的蒸气会部分冷凝加热回流液到泡点，此时进入塔顶冷凝器的蒸气量会小于塔内上升的蒸气量，而精馏段塔内的液体流量会大于回流入塔的液体流量。

【例 1-4】 某二元物系，原料液浓度 $x_F=0.42$，连续精馏分离得塔顶产品浓度 $x_D=0.95$。已知塔顶产品中易挥发组分回收率 $\eta_D=0.92$，求塔底产品浓度 x_W。以上浓度均为易挥发组分的摩尔分数。

解 联立 $Fx_F=Wx_W+Dx_D$ 和 $F=D+W$ 联立求出塔顶馏出液采出率：

$$\frac{D}{F}=\frac{x_F-x_W}{x_D-x_W}$$

且

$$\eta_D=\frac{Dx_D}{Fx_F}=0.92$$

代入已知数据得

$$\frac{0.42-x_W}{0.95-x_W}\times\frac{0.95}{0.42}=0.92$$

解得

$$x_W=0.056$$

1.5.3 进料热状况的影响与 q 线方程

精馏过程中待分离原料液是由塔外经加料板引入，从加料板进入原料液流量和热状况将对精馏段上升的蒸气量 V 和提馏段下降的液体量 L' 有影响。引入加料板的原料液的热状况可归纳为 5 种：①温度低于泡点的冷液体进料；②温度等于泡点的饱和液体进料；③温度介于泡点和露点之间的汽、液混合物进料；④温度等于露点的饱和蒸气进料；⑤温度高于露点的过热蒸气进料。

1.5.3.1 进料热状况

通过对加料板的物料和热量衡算，讨论进料热状况对精馏过程的影响。对图 1-16 所示的虚线范围内进行物料与热量衡算。

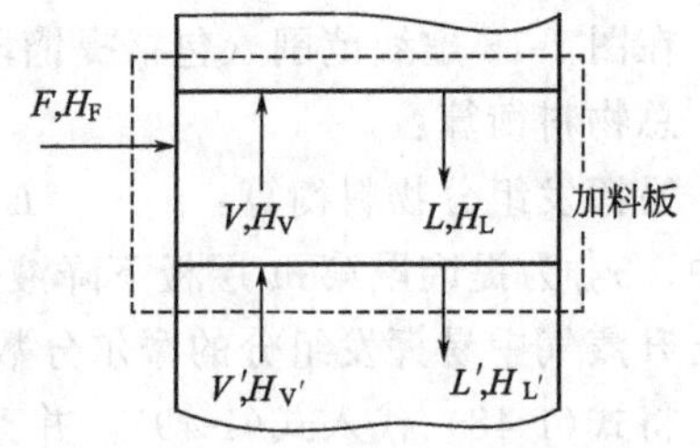

图 1-16 进料板上的物料与热量衡算

物料衡算：

$$F+V'+L=V+L' \tag{1-51}$$

热量衡算：

$$FH_F+V'H_{V'}+LH_L=VH_V+L'H_{L'} \tag{1-52}$$

式中，H_F为原料的焓，kJ·kmol^{-1}；H_V和 $H_{V'}$分别为进入和离开进料板饱和蒸气的焓，kJ·kmol^{-1}；H_L和 $H_{L'}$分别为进入与离开进料板的饱和液相的焓，kJ·kmol^{-1}。

根据恒摩尔流假设，$H_L=H_{L'}$，$H_V=H_{V'}$，则式(1-52) 可改写为：

$$FH_F+V'H_V+LH_L=VH_V+L'H_L \tag{1-53}$$

联立式(1-51) 和式(1-53) 得：

$$\frac{H_V-H_F}{H_V-H_L}=\frac{L'-L}{F} \tag{1-54}$$

令

$$q=\frac{H_V-H_F}{H_V-H_L}=\frac{\text{每千摩尔原料变成饱和蒸气所需的热量}}{\text{原料的每千摩尔汽化热}} \tag{1-55}$$

将 q 代回式(1-54) 并结合式(1-51) 得：

$$L'=L+qF \tag{1-56}$$

$$V=V'+(1-q)F \tag{1-57}$$

式中，q 称为精馏操作过程的进料热状况参数。q 值随不同的进料热状况不同而异，它对精馏段和提馏段汽、液两相的流量的影响如式(1-56) 和式(1-57) 所示。

下面讨论 5 种不同进料热状况时的 q 值。

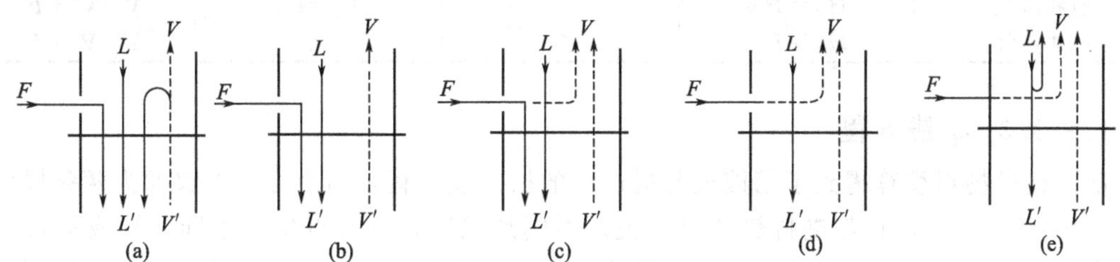

图 1-17　进料热状况对精馏段、提馏段汽、液两相流的影响

(1) 低于泡点的冷液体进料

进料温度低于加料板上的泡点，$H_F<H_L$，由式(1-55) 可知，$q>1$。原料进塔与蒸气接触后温度升至泡点温度，这就需要将提馏段上升的一部分蒸气冷凝下来，如图 1-17(a) 所示。由式(1-56) 可知，$L'>L+F$，由式(1-57) 可知，$V<V'$。

(2) 饱和液体进料

由于进料的组成与加料板的组成大致相等或可认为相同，因此处于泡点的原料液与加料板上液体的温度相同或相近，$H_F=H_L$，由式(1-55) 可知，$q=1$。原料液加入后不会在板上产生汽化或冷凝，如图 1-17(b) 所示，全部进料与来自精馏段的溢流相汇合而进入提馏段，作为提馏段的回流，同时两段上升蒸气量相同。由式(1-56) 可知，$L'=L+F$，由式(1-57) 可知，$V=V'$。

(3) 汽、液混合物进料

进料为汽、液混合物，且汽、液两相处于平衡状态，$H_V>H_F>H_L$，由式(1-55) 可知，$0<q<1$。进塔后，汽相部分与提馏段上升的蒸气汇合进入精馏段，液相部分与精馏段回流相汇合进入提馏段。由式(1-56) 可知，$L+F>L'>L$，由式(1-57) 可知，$V>V'$，如图 1-17(c) 所示。

(4) 饱和蒸气进料

进料为饱和蒸气，$H_F=H_V$，由式(1-55) 可知，$q=0$。进料没有液体，原料进塔后与提馏段上升的蒸气 V'汇合进入精馏段，由式(1-57) 得，$V=V'+F$，由式(1-56) 得，$L'=L$，如图 1-17(d) 所示。

(5) 过热蒸气进料

此情况与冷液进料相反，进料温度高于加料板上的泡点，$H_F>H_V$，由式(1-55) 可知，$q<0$。原料进塔后与进料板液体接触后降至平衡温度（露点），放出的热量使精馏段溢流到进料板的液体中有一部分被汽化，故提馏段溢流量为精馏段溢流量减去额外汽化量，由式(1-57) 得，$V>V'+F$，由式(1-56) 得，$L'<L$，如图 1-17(e) 所示。

5 种不同热状况的 q 值大小与精馏段和提馏段汽、液两相流率关系概括为表 1-2。

表 1-2　不同热状况的 q 值对精馏段和提馏段汽、液两相流率的影响

进料热状况	进料焓	q	L 与 L'关系	V 与 V'关系
冷液体	$H_F<H_L$	>1	$L'>L+F$	$V'>V$

续表

进料热状况	进料焓	q	L 与 L' 关系	V 与 V' 关系
饱和液体	$H_F=H_L$	1	$L'=L+F$	$V'=V$
汽、液混合物	$H_L<H_F<H_V$	$0<q<1$	$L+F>L'>L$	$V'<V$
饱和蒸气	$H_F=H_V$	0	$L'=L$	$V=V'+F$
过热蒸气	$H_F>H_V$	<0	$L>L'$	$V>V'+F$

1.5.3.2　q 线方程

前面通过物料衡算得到了精馏段与提馏段的操作线方程，两个方程的解即为两条操作线的交点坐标（x,y），它与进料热状况有关。不同热状况，其交点坐标不同，形成的轨迹方程称为 q 线方程。因此，q 线方程可以通过联立求解精馏段与提馏段的操作线方程得到。交点（x,y）同时满足精馏段与提馏段的操作线方程，故可略去两方程的 x 和 y 下标。

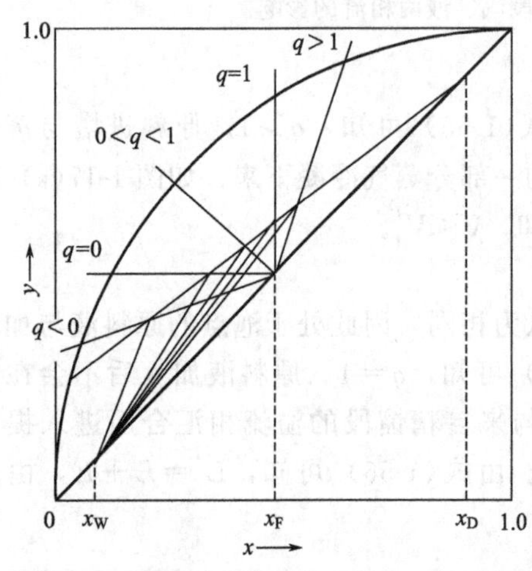

图 1-18　不同进料热状况对操作线的影响

精馏段与提馏段易挥发组分的物料衡算：

$$Vy=Lx+Dx_D \tag{1-58}$$

$$V'y=L'x-Wx_W \tag{1-59}$$

联立求解式(1-56)、式(1-57)、式(1-58) 和式(1-59) 得：

$$y=\frac{q}{q-1}x-\frac{x_F}{q-1} \tag{1-60}$$

式(1-60) 称为 q 线方程，当进料热状况（q）及进料组成 x_F 一定，则上式为一直线方程，其斜率为 $q/(q-1)$，截距为 $-x_F/(q-1)$，且经过（x_F，x_F）点。进料热状况（q）不同，q 线的斜率也不同，表 1-3 和图 1-18 给出不同 q 值的影响及 q 线在 x-y 上的相对位置。

表 1-3　进料热状况对 q 值及 q 线的影响

进料热状况	进料焓 H_F	q 值	q 线的斜率 $q/(q-1)$
冷液体	$H_F<H_L$	>1	+
饱和液体	$H_F=H_L$	1	∞
汽、液混合物	$H_L<H_F<H_V$	$0<q<1$	−
饱和蒸气	$H_F=H_V$	0	0
过热蒸气	$H_F>H_V$	<0	+

引入 q 值后，便可以得到提馏段方程（1-50）的另一表达方式：

$$y'_m=\frac{L+qF}{L+qF-W}x'_m-\frac{W}{L+qF-W}x_W \tag{1-61}$$

1.5.4　理论板数的求法

双组分连续精馏过程的理论板数的求法一般分为逐板计算法、图解法、简捷法和焓-浓法等，本课程只介绍前三种计算方法，有关焓-浓法可参考有关资料和文献。

1.5.4.1　逐板计算法

逐板计算法求理论塔板数是根据生产任务，如待分离的混合液流量、组成和规定的分离要求如塔顶或塔釜产品量和产品组成，选择合适的操作条件，如操作回流比、进料热状况和操作压强等，再利用操作线方程和汽液平衡方程进行逐板计算求理论板数。

参见图 1-19，对指定的生产任务和分离要求，假设塔釜采用间接水蒸气加热；塔顶采用全凝器，且泡点回流，故从塔顶最上层板（第一层板）上升的蒸气进入冷凝器中被全部冷凝，因此塔顶馏出液组成及回流液组成均与第 1 层板的上升蒸气组成相同，即：

$$y_1 = x_D = \text{已知值}$$

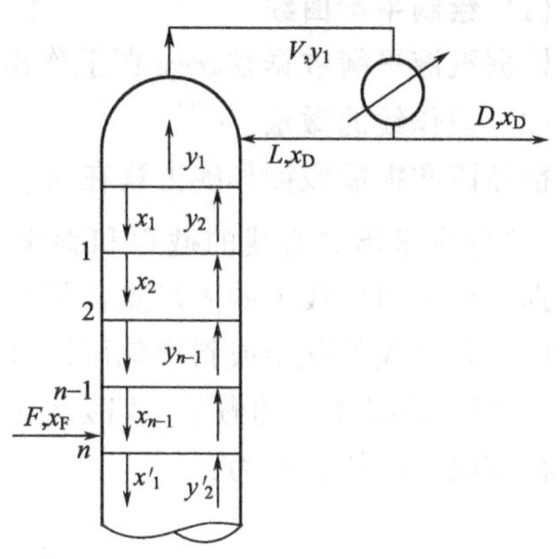

图 1-19　逐板计算法示意图

由于离开每层理论板的汽、液两相组成是互成平衡的，故可由 y_1 用汽液平衡方程$\left[\text{对理想溶液，平衡方程为 } y_1=\dfrac{\alpha x_1}{1+(\alpha-1)x_1}\right]$求得 x_1。由于从下一层（第 2 层）板的上升蒸气组成 y_2 与 x_1 符合精馏段操作线关系，故用精馏段操作线方程可由 x_1 求得 y_2，即：

$$y_2=\frac{R}{R+1}x_1+\frac{1}{R+1}x_D$$

同理，y_2 与 x_2 互成平衡，即可用平衡方程由 y_2 求得 x_2，有了第二层塔板下降的液相组成 x_2 后，再通过精馏段操作线方程由 x_2 求得 y_3，如此重复计算，直至计算到 $x_n \leqslant x_F$（饱和液体进料）或 $x_n < x_q$（x_q 可由两操作线方程联解计算得到）时为止，说明第 n 层理论板是加料板，因此精馏段所需理论板层数为 $n-1$。习惯上将加料板以上定义为精馏段，以下（含加料板）定义为提馏段。应予注意，在计算过程中，每使用一次平衡关系，表示需要一层理论板。

此后，当 $x_n < x_q$ 时，可采用提馏段操作线方程，继续用与上述相同的方法求提馏段的理论板层数。因为 $x_1' = x_n = \text{已知值}$，故可用提馏段操作线方程求 y_2'，即：

$$y_2'=\frac{L+qF}{L+qF-W}x_1'-\frac{W}{L+qF-W}x_W \tag{1-62}$$

再利用汽液平衡方程由 y_2' 求 x_2'，如此重复计算，直至计算到 $x_m' < x_W$ 或 $x_m' = x_W$ 为止。对于间接水蒸气加热，再沸器内汽、液两相互成平衡，故它相当于一层理论板，所以提馏段所需的理论板数为 $m-1$。

精馏塔所需要的理论塔板数为精馏段和提馏段理论板数之和。

逐板计算法是求算理论板层数的基本方法，计算结果比较准确，且可同时求得各层板上的汽、液相组成。尤其是目前计算机技术的进步，逐板计算已经越来越普遍并成为精馏塔设计过程的一种简捷可靠的理论板求法。

1.5.4.2　图解法

图解法最初由麦克布-蒂利（McCabe-Thiele）提出，故也简称之为 M-T 法。它的求算理论板数基本原理与逐板计算法的完全相同，只不过是用平衡曲线和操作线分别代替平衡方程和操作线方程，用图解法代替逐板计算而已。图解法中以直角梯级图解法最为常用，具体确定理论塔板数的步骤如下。

(1) 绘制平衡曲线

根据汽液平衡数据在 x-y 图上作出平衡曲线，并绘出对角线。

(2) 操作线的做法

精馏段和提馏段操作线方程在 x-y 图上均为直线。根据已知操作条件如 x_D、x_W、x_F、R、q 等分别求出二直线的截距和斜率，便可绘出这两条操作线。但实际作图还可以简化，即分别找出该两直线上的固定点，例如，操作线与对角线的交点及两操作线的交点等，然后由这些点及各线的截距或斜率就可以分别作出两条操作线。

① 精馏段操作线的做法　略去精馏段操作线方程式中变量的下标。

精馏段操作线方程为：

$$y=\frac{R}{R+1}x+\frac{1}{R+1}x_D$$

对角线方程为：$y=x$

上两式联立求解，可得到精馏段操作线与对角线的交点，即交点的坐标为 $x=x_D$、$y=x_D$，如图 1-20 中的点 a 所示；再根据已知的 R 及 x_D，算出精馏段操作线的截距为 $x_D/(R+1)$，依此定出该线在 y 轴的截距，如图 1-20 上点 b 所示。直线 ab 即为精馏段操作线。此外也可以从点 a 作斜率为 $R/(R+1)$ 的直线 ab，得到精馏段操作线。

② 提馏段操作线的做法　略去提馏段操作线中变量的上下标。

提馏段操作线方程式为：

$$y=\frac{L+qF}{L+qF-W}x-\frac{Wx_W}{L+qF-W}$$

上式与对角线方程联立，得到该操作线与对角线的交点坐标为 $x=x_W$、$y=x_W$，如图 1-20 上点 c 所示。从点 c 作斜率为 $L+qF/(L+qF-W)$ 的直线即可。实际绘图过程中，由于提馏段操作线截距的数值往往很小，交点 $c(x_W, x_W)$ 与代表截距的点离得很近，作图不易准确，而且也不易在图上直接反映出进料热状况的影响。因此，习惯的做法是先通过找出提馏段操作线与对角线的交点 $c(x_W, x_W)$，然后再找出提馏段操作线与精馏段操作线的交点 d，此交点也与 q 线相交，将 c 与 d 相连，即可得到提馏段操作线。d 点的求法通常是由进料热状况方程、对角线与精馏段操作线获得。具体做法如下。

将 q 线方程 $y=\frac{q}{q-1}x-\frac{x_F}{q-1}$ 与对角线方程 $y=x$ 联立，解得交点坐标为 $x=x_F$、$y=x_F$，如图 1-20 上的点 e 点所示。再从点 e 作斜率为 $q/(q-1)$ 的直线，如图上的 ef 线，该线与 ab 线交于点 d，点 d 即为两操作线的交点。连接 cd，cd 即为提馏段操作线。

(3) 图解法求理论板数

参见图 1-21，从点 a 开始，在精馏段操作线与平衡线之间绘由水平线及铅垂线组成的梯级，直到梯级跨过点 d 时，所得的梯级数即为精馏段理论塔板数。跨过 d 点处的梯级为进料板。在进料板处则改在提馏段操作线与平衡线之间绘梯级，直到某梯级的铅垂线达到或小于 x_W 为止。每一个梯级代表一层理论板。进料板以下的梯级数为提馏段理论塔板数（包括进料板和再沸器）。应予指出，也可从点 c 开始往上绘梯级，结果相同。

在图 1-21 中，梯级总数为 8，表示共需 8 层理论板。第 4 层跨过 d，即第 4 层为加料板，故精馏段层数为 3；如前所述，再沸器内汽、液两相一般可视为互成平衡，相当于一层理论板，故提馏段层数为 4。

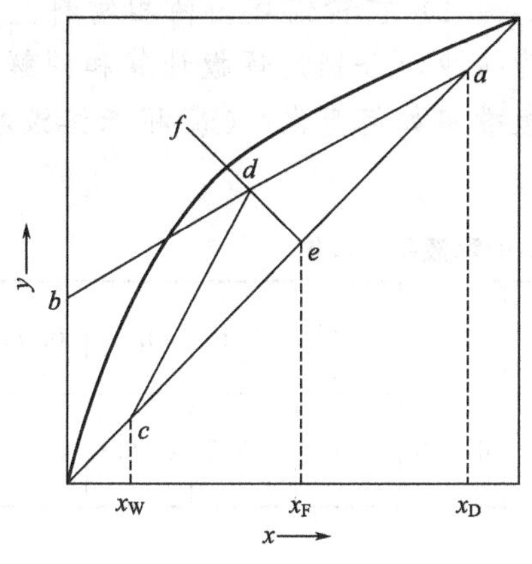

图 1-20 操作线的做法

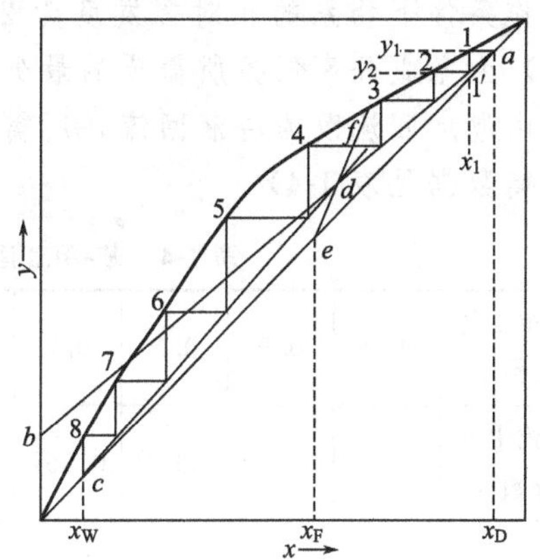

图 1-21 求理论板层数的图解法

有时从塔顶出来的蒸气先在分凝器中部分冷凝，冷凝液作为回流，未冷凝的蒸气再在全凝器冷凝，凝液作为塔顶产品。因为离开分凝器的汽相与液相互成平衡，故分凝器相当于一层理论板。此时精馏段的理论板层数应比梯级数少 1。

1.5.4.3 适宜的进料位置

如前所述，图解过程中当某梯级跨过两操作线交点时，应更换操作线。跨过交点的梯级即代表适宜的加料板（逐板计算时也相同），这是因为对一定的分离任务而言，如此作图所需的理论板层数为最少。

如图 1-22(a) 所示，若梯级已跨过两操作线的交点 e，而仍在精馏段操作线和平衡线之间绘梯级，由于交点 e 以后精馏段操作线与平衡线的距离较提馏段操作线与平衡线之间的距离来得近，故所需理论板层数较多。反之，如还没有跨过交点，而过早地更换操作线，也同样会使理论板层数增加，如图 1-22(b) 所示。由此可见，当梯级跨过两操作线交点后便更换操作线作图，所定出的加料板位置为适宜的位置，如图 1-22(c) 所示。此时，进料组成与该板上的汽相或液相组成最接近，进料后造成的返混（不同浓度溶液之间的混合）最小，塔板分离效率最高。

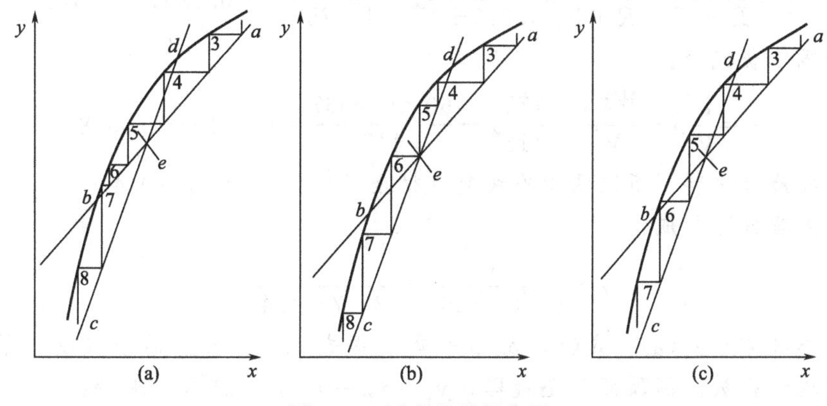

图 1-22 适宜的进料位置

【例 1-5】 苯与甲苯混合物含苯 40%，流量为 $100\text{kmol}\cdot\text{h}^{-1}$，拟采用精馏操作在常压下加以分离，要求塔顶产品含量为 0.9（摩尔分数），苯的回收率不低于 90%，原料预热至泡点加入塔内，塔顶设有全凝器，液体在泡点下进行回流，回流比为 1.875。已知在操作条件下物系的相对挥发度为 2.47，试求：(1) 在精馏塔内两相物料流量为多少？(2) 为完成分离任务所需要的最少理论板数为多少（分别用逐板计算和图解法求)？(3) 若由泡点回流改为冷液回流，所需的理论塔板数将如何变化？(苯-甲苯溶液在 1atm 下的平衡数据见表 1-4)

表 1-4 苯-甲苯溶液在 1atm 下的汽液平衡数据

苯在液相中的摩尔分数 x	1.0	0.9	0.8	0.7	0.6	0.5	0.4	0.3	0.2	0.1	0.05	0
苯在汽相中的摩尔分数 y	1.0	0.959	0.912	0.857	0.791	0.713	0.619	0.507	0.372	0.208	0.112	0

解 (1) 由苯的回收率可求出塔顶产品的流量为：

$$D=\frac{\eta F x_{\rm F}}{x_{\rm D}}=\frac{0.9\times100\times0.4}{0.9}=40\text{kmol}\cdot\text{h}^{-1}$$

由物料衡算式可得塔底产品的物流与组成为：

$$W=F-D=100-40=60\text{kmol}\cdot\text{h}^{-1}$$

$$x_{\rm W}=\frac{Fx_{\rm F}-Dx_{\rm D}}{W}=\frac{100\times0.4-40\times0.9}{60}=0.0667$$

因是泡点回流，精馏段两相流量各为：

$$L=RD=1.875\times40=75\text{kmol}\cdot\text{h}^{-1}$$

$$V=L+D=75+40=115\text{kmol}\cdot\text{h}^{-1}$$

因料液是饱和液体进料，$q=1$，提馏段两相流量各为：

$$L'=L+qF=L+F=75+100=175\text{kmol}\cdot\text{h}^{-1}$$

$$V'=V-(1-q)F=V=D+L=115\text{kmol}\cdot\text{h}^{-1}$$

(2) 求理论板数

① 逐板计算 精馏段操作线方程式为：

$$y=\frac{R}{R+1}x+\frac{x_{\rm D}}{R+1}=\frac{1.875}{1.875+1}x+\frac{0.9}{1.875+1}=0.625x+0.313 \tag{a}$$

提馏段操作线方程式为：

$$y=\frac{L'}{V'}x-\frac{Wx_{\rm W}}{V'}=\frac{175}{115}x-\frac{60\times0.0667}{115}=1.522x-0.0348 \tag{b}$$

因为饱和液体进料，所以两操作线交点横坐标值为 $x_{\rm q}=x_{\rm F}=0.4$

相平衡方程式可写成：

$$x=\frac{y}{\alpha-(\alpha-1)y}=\frac{y}{2.47-1.47y} \tag{c}$$

利用操作线方程式(a)、式(b) 及相平衡方程式(c) 可自上而下（或自下而上）逐板计算所需理论板数。因顶部为全凝器，$y_1=x_{\rm D}=0.9$，由式(c) 求得：

$$x_1=\frac{0.9}{2.47-1.47\times0.9}=0.785$$

由式(a) 求得： $y_2=0.652\times0.785+0.313=0.825$

交替使用式(c)、式(a) 两式可求得：$x_2=0.656$；$y_3=0.741$，$x_3=0.537$；$y_4=$

0.663，$x_4=0.443$；$y_5=0.602$，$x_5=0.380<0.4$

因 x_5 已低于两操作线交点的横坐标 x_q，为使板数最少，原料由第5块板加入。以下计算应以提馏段方程式(b) 代替精馏段方程式(a)，即：$y_6=0.544$，$x_6=0.326$；$y_7=0.461$，$x_7=0.257$；$y_8=0.356$，$x_8=0.183$；$y_9=0.244$，$x_9=0.116$；$y_{10}=0.142$，$x_{10}=0.063<0.0667$。

因 $x_{10}<x_W$，故此精馏过程需10块理论板（包括再沸器），加料板为第5块板。

② 图解法求理论塔板数　利用已知平衡数据作 x-y 平衡曲线（见图1-23），依 $x_D=0.9$、$x_F=0.4$、$x_W=0.0667$ 分别做垂线交对角线于 a、e、b 三点。精馏段操作线的截距 $=\dfrac{x_D}{R+1}=\dfrac{0.9}{1.875+1}=0.313$，在 y 轴上定出 c 点，连 ac 得精馏段操作线。由进料组成 $x_F=0.4$，过 e 作垂直于 x 轴的进料线 eq，与精馏段操作线相连交于点 q，连接 qb 即得提馏段操作线方程。

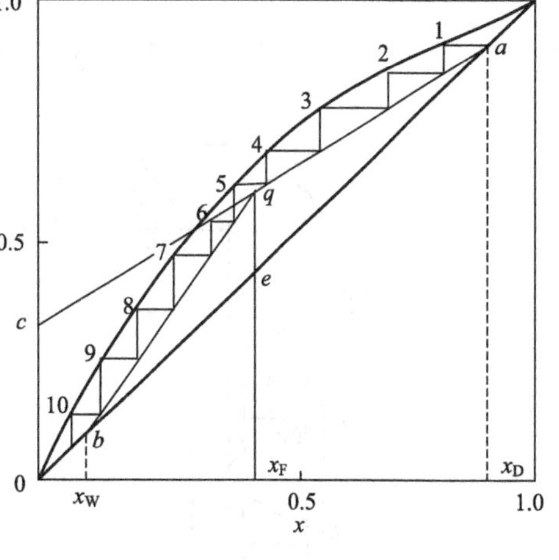

图1-23　例1-5附图

从 a 点起在平衡线与精馏段操作线之间做梯级，第5个梯级跨过 q 点，此后在提馏段操作线与平衡线之间做梯级，直到第10个梯级与 x_W 垂线相交为止。故共需10层理论塔板，精馏段为4层，提馏段为6层（包括再沸器）。加料板为从塔顶数起的第5层。

用图解法求塔板数时，若塔顶及塔底的纯度要求很高，而在 x_D 及 x_W 附近的平衡线又与操作线很接近，以致难以较准确地用前述作图法作梯级。此时可将 x-y 图两端的坐标刻度在辅助图上放大后做梯级。

(3) 由泡点回流改为冷液回流时，冷液回流至塔顶时，会冷凝一部分蒸汽，放出的潜热把冷液加热至第一块板的饱和温度，冷凝部分使汽相易挥发组分进一步增浓，塔顶产品浓度增大，同时在塔顶回流比不变的条件下增加了塔内的内回流，有利于分离，所需理论板数减少。

1.5.5 几种特殊情况时理论板层数的计算

1.5.5.1 直接水蒸气加热

若待分离混合液的其中一种组分是水，且水是难挥发的组分，即馏出液为非水组分、釜液近于纯水。为提高加热水蒸气的热利用率和降低设备的投资，这时可采用直接加热方式，以省掉再沸器。

直接水蒸气加热时理论板层数的求法，原则上与上述的方法相同。精馏段的操作情况与常规塔的没有区别，故其操作线不变。q 线的做法也与常规的作法相同。但由于釜中增加了一股水蒸气，故提馏段操作线方程应予改变。

对图1-24所示的虚线范围作物料衡算。

总物料衡算：$L'+V_0=V'+W$

易挥发组分衡算：$L'x'_m+V_0y_0=V'y'_{m+1}+Wx_W$

式中，V_0 为直接加热水蒸气的流量，$kmol \cdot h^{-1}$；y_0 为加热水蒸气中易挥发组分的摩尔分数，对纯水蒸气，不含易挥发组分，则 $y_0=0$。

若恒摩尔流假定仍能适用，即：$V'=V_0$，$L'=W$，则上式可改写为：

$$Wx'_m=V_0y'_{m+1}+Wx_W$$

或
$$y'_{m+1}=\frac{W}{V_0}x'_m-\frac{W}{V_0}x_W \tag{1-63}$$

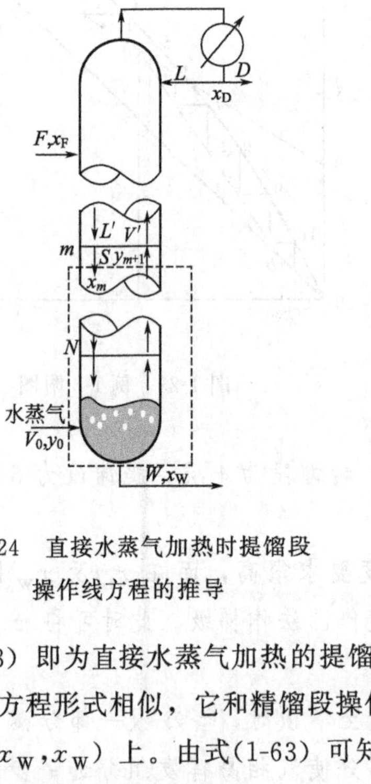

图 1-24 直接水蒸气加热时提馏段操作线方程的推导

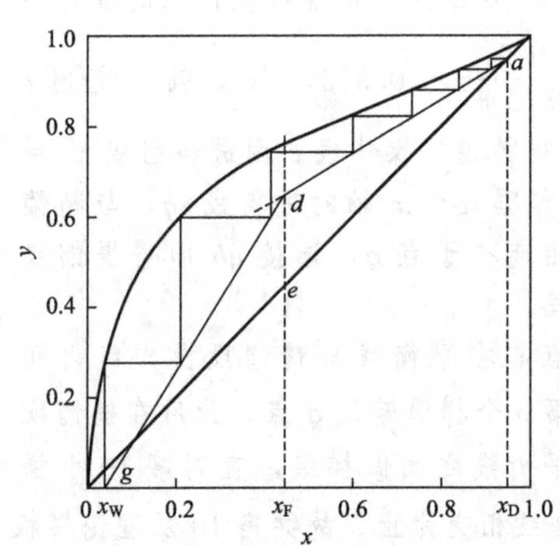

图 1-25 直接水蒸气加热时理论板层数的图解法

式(1-63) 即为直接水蒸气加热的提馏段操作线方程式。该式与间接水蒸气加热时的提馏段操作线方程形式相似，它和精馏段操作线的交点轨迹方程仍然是 q 线，但与对角线的交点不在点 (x_W, x_W) 上。由式(1-63) 可知，当 $y'_{m+1}=0$ 时，$x'=x_W$，因此直接水蒸气加热的提馏段操作线通过横轴上的 $x=x_W$ 点，即图 1-25 中的点 g，连 gd，即得提馏段操作线。与间接水蒸气加热的图解法求理论板类似，可从点 a 开始绘梯级，直至 $x'_m \leqslant x_W$ 为止，如图 1-25 所示。

对于同一种进料组成、相同的操作参数和回流比时，若希望得到相同的馏出液组成及回收率时，采用直接水蒸气加热时所需的理论板数要稍多些，这是因为水蒸气直接通入塔釜，对釜液有稀释作用，塔釜液的组成 x_W 会比直接水蒸气加热时低，故需增加塔板层数来回收易挥发组分。

【例 1-6】 在常压下用精馏方法分离甲醇和水混合液，混合液中含甲醇 30%（摩尔分数，下同），要求塔顶产品组成含甲醇为 0.9，甲醇回收率为 90%，所用操作回流比为 2.0。原料液在过冷状态下入塔，$q=1.2$，试分别计算按以下两种供热方式所需的理论板数：(1) 间接水蒸气加热；(2) 直接水蒸气加热。

解 (1) 间接水蒸气加热 馏出液占原料液的百分数为：

$$\frac{D}{F}=\frac{\eta x_F}{x_D}=\frac{0.9\times 0.3}{0.9}=0.3$$

塔底产品的含量：$x_W=\dfrac{Fx_F-Dx_D}{F-D}=\dfrac{x_F-\dfrac{D}{F}x_D}{1-\dfrac{D}{F}}=\dfrac{0.3-0.3\times 0.9}{1-0.3}=0.0429$

根据 $x_D=0.9$、$R=2.0$、$q=1.2$ 及 $x_W=0.0429$ 可作出操作线（见图 1-26），然后自上而下作梯级求得理论板 $N_T=5$（包括再沸器），加料板为从塔顶往下数第 4 块板。

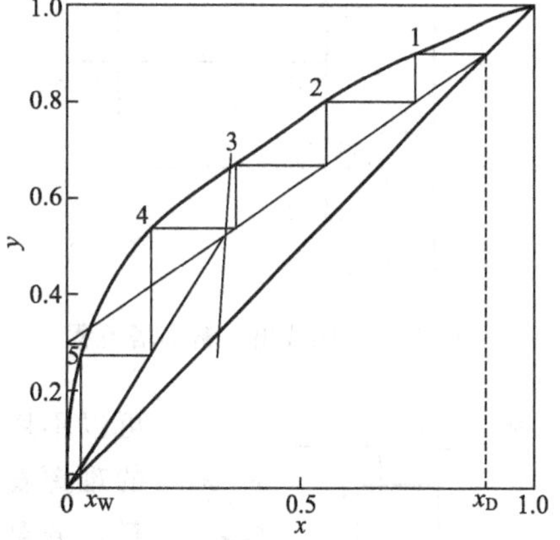

图 1-26　例 1-6 附图求理论塔板数

(2) 采用直接水蒸气加热，馏出液与原料液的比值 $D/F=0.3$ 不变，回流比不变，故精馏段与提馏段上升蒸气量 V 及 V' 与间接加热时相同。根据恒摩尔流假定，直接水蒸气通入量应为：

$$S=V'=(R+1)D-(1-q)F$$

塔底产品量：$W=L'=RD+qF$

取 $F=1\text{kmol}\cdot\text{s}^{-1}$ 为基准，则：

$$V'=(2+1)\times 0.3-(1-1.2)\times 1=1.1\text{kmol}\cdot\text{s}^{-1}$$

$$W=2\times 0.3+1.2\times 1=1.8\text{kmol}\cdot\text{s}^{-1}$$

塔底产品含量：

$$x_W=\frac{(1-\eta)Fx_F}{W}=\frac{(1-0.9)\times 1\times 0.3}{1.8}=0.0167$$

在 x_D、η（即 D/F）、R 及进料热状况（q）被指定的条件下，采用直接水蒸气加热与间接水蒸气加热两种情况的操作线位置相同，直接水蒸气加热的提馏段操作线只是将间接水蒸气加热的提馏段操作线延长至 $y=0$ 即可。由本题的附图（图 1-26）可知，只要在对角线上点（0.0429，0.0429）再向下作一块理论板即可满足要求，即 $N_T=6$，加料板为第 4 块。与间接水蒸气加热相比，直接水蒸气加热所需的理论板稍多些，但塔釜残液中易挥发组分的组成也低些。

1.5.5.2　多侧线塔

在工业生产中，有时要求获得不同规格的精馏产品，此时可根据所需的产品组成在精馏段（或提馏段）不同位置上开设侧线出料口，如图 1-27 的两股侧线出料，侧线产品既可以是塔板上的饱和液体，也可以是饱和蒸气；有时为分离不同组成的原料，则宜在不同塔板位置上开设侧线进料口，如图 1-28 的两股侧线进料。同理进料可以是液相，也可以是汽相或汽、液混合物。上述情况均构成多侧线的塔，或称为复杂精馏塔。若精馏塔中共有 i 个侧线（进料口亦计入），则计算时应将全塔分成 $i+1$ 段。通过每段的物料衡算，分别写出相应的操作线方程式。图解法求侧线塔的理论板层数的原则与前述的相同，下面以精馏塔中有两股出料的情况为例，予以说明。

1.5.5.3　回收分离塔

若待分离混合液在低浓度下的相对挥发度较大时，分离过程主要是该低浓度组分的提浓，

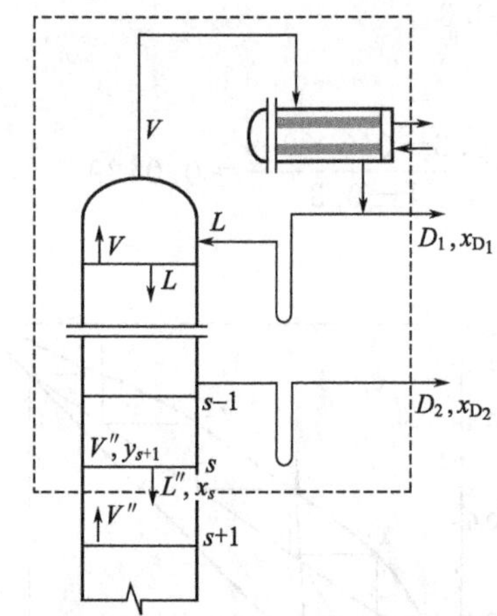

图 1-27　侧线出料精馏塔流程

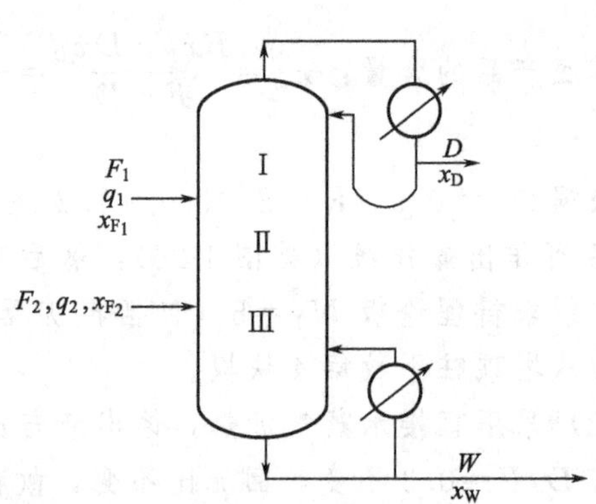

图 1-28　侧线进料精馏塔流程

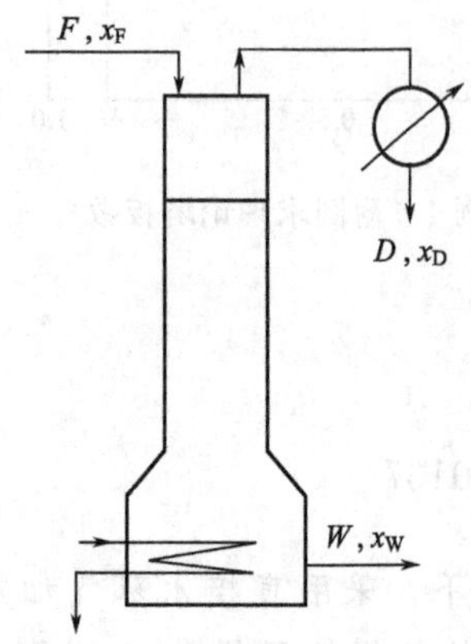

图 1-29　无精馏段的分离塔

可以不用精馏段也达到分离要求，或分离过程是回收稀溶液中的难挥发组分且分离程度要求不高，这时物料可以从塔顶进料，分离过程变成没有精馏段的分离塔，如图 1-29 所示。由于没有精馏段，则操作线方程为：

$$y'_{m+1}=\frac{L'}{V'}x'_m-\frac{Wx_W}{V'} \tag{1-64}$$

操作线的斜率为 L'/V'，截距为 $-Wx_W/V'$，且通过点(x_F,x_D)和点(x_W,x_W)。

若泡点进料，$L'=F, V'=D$，则式(1-64) 变为：

$$y'_{m+1}=\frac{F}{D}x'_m-\frac{Wx_W}{D} \tag{1-65}$$

当待分离混合液组分之间的沸点差较大，分离操作主要是为了回收稀溶液中的易挥发组分且分离要求不是很高，这时物料可以从塔釜进料，分离过程变成只有精馏段的分离塔，如图 1-30 所示，这时的操作线方程为：

$$y_{n+1}=\frac{L}{V}x_n+\frac{Dx_D}{V} \tag{1-66}$$

若露点进料，$V=F$，$F=D+L$，操作线的斜率为 $L/V=L/F$，截距为 $Dx_D/V=Dx_D/F$，且通过点(x_D,x_D)。

对于回收塔，在精馏操作过程，若汽、液两相的平衡关系为直线（在很低浓度混合物分离时），如图 1-31 所示，即：

$$y^*=Kx^* \tag{1-67}$$

式中，K 为平衡常数。则所需的理论板数可由公式(1-68) 计算。

$$N=\frac{\ln[(y_a-y_a^*)/(y_b-y_b^*)]}{\ln[(y_b^*-y_a^*)/(y_b-y_a)]} \tag{1-68}$$

式中，y_a、y_b 分别为离开塔顶和从塔釜回流入塔的汽相组成；y_a^*、y_b^* 分别为塔顶和塔釜与液相成平衡的汽相组成。

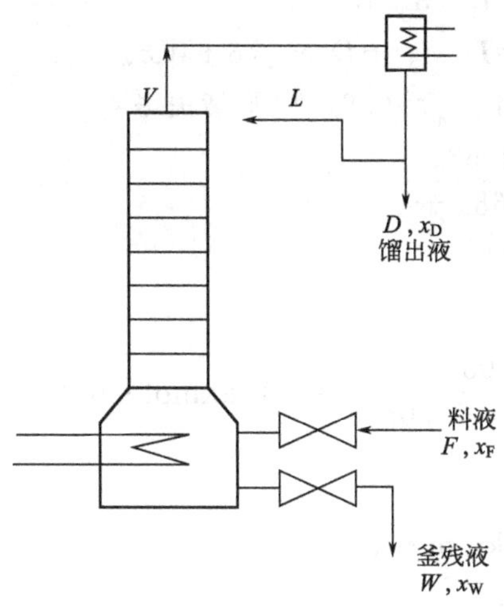

图 1-30 无提馏段的分离塔

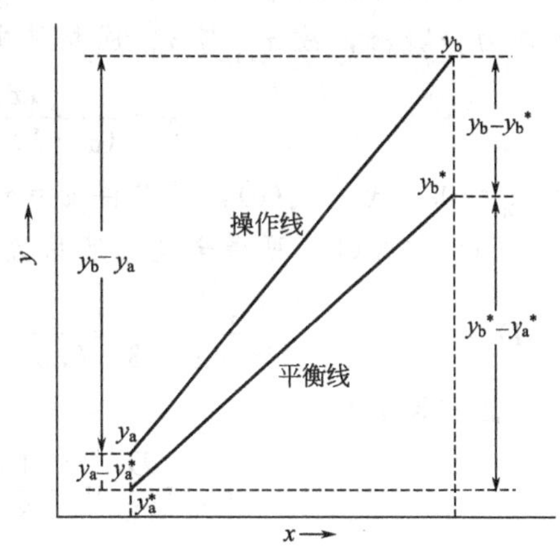

图 1-31 平衡线为直线

1.5.5.4 塔顶采用分凝器

当塔顶热负荷较大，塔顶流出的蒸气不在一个全凝器中全部冷凝，而是先经过一个分凝器部分冷凝，其冷凝液回流。从分凝器出来的蒸气进入全凝器，其冷凝液作为产品。如图 1-32 所示。离开分凝器的汽、液两相呈平衡，故分凝器相当于一块理论板。与前面讨论塔顶采用全凝器的流程完全不同，离开塔顶的汽相组成 y_1 与回流液组成 x_D 不相等，它们之间服从精馏段操作线关系，回流液组成 x_D 与离开分馏器的汽相组成相同。该流程的精馏段与提馏段的操作线方程没有变化。

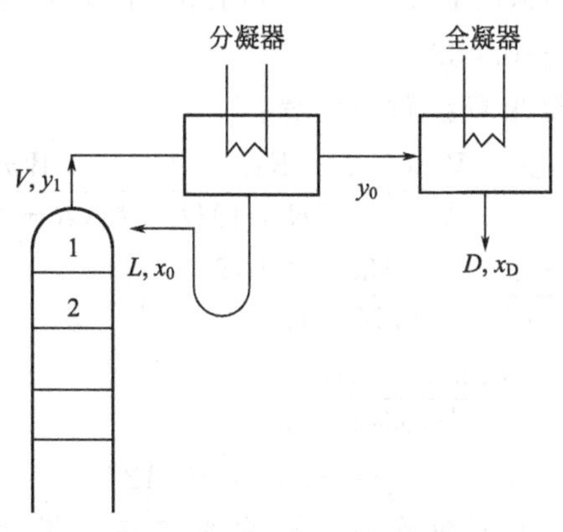

图 1-32 塔顶设分凝器的流程

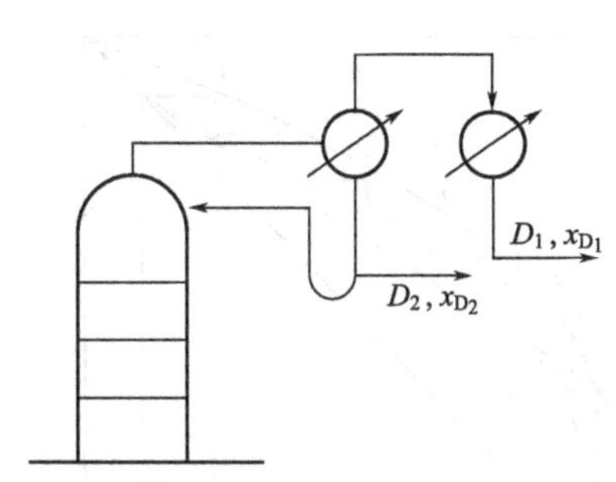

图 1-33 例 1-7 附图 1

【例 1-7】 用精馏操作分离含甲醛 20%（摩尔分数，下同）的水与甲醛混合液，精馏塔顶部设有分冷凝器（见图 1-33），未冷凝的气体继续冷凝得到液体产品 D_1，冷凝液部分回流入塔，其余部分 D_2 作为产品，其数量为 D_1 的 1/3。要求塔顶产品 D_1 含甲醛为 0.9，塔底残液含甲醛为 0.05，进料 $F=1\text{kmol}\cdot\text{h}^{-1}$，在泡点下入塔。以产品 D_1 计的回流比为 1.5，在操作条件下物系的平均相对挥发度 $\alpha=2.68$。试求：(1) 塔顶产品流率及塔釜残液流率；(2) 操作线方程；(3) 该精馏过程的理论塔板数。

解 (1) 作总物料衡算：$F=D_1+D_2+W$

$$1=D_1+D_1/3+W=4D_1/3+W \tag{a}$$

对甲醇作衡算：$Fx_F=D_1x_{D_1}+D_2x_{D_2}+Wx_W=D_1x_{D_1}+D_1x_{D_2}/3+Wx_W$　(b)

塔顶为分凝器，故 x_{D_1} 与 x_{D_2} 成相平衡关系。因 $x_{D_1}=0.9$，由平衡关系：

$$y=\frac{\alpha x}{(\alpha-1)x+1}=\frac{2.68x}{1.68x+1} \tag{c}$$

将 $y=x_{D_1}=0.9$ 代入式(c)，可求得 $x=x_{D_2}=0.77$。

由式(a) 和式(b) 可得全凝器产品流量 D_1 为：

$$D_1=\frac{x_F-x_W}{x_{D_1}+x_{D_2}/3-4x_W/3}=\frac{0.2-0.05}{0.9+0.77/3-4\times0.05/3}=0.138\text{kmol}\cdot\text{h}^{-1}$$

分凝器产品流量 D_2 为：

$$D_2=\frac{D_1}{3}=\frac{0.138}{3}=0.046\text{kmol}\cdot\text{h}^{-1}$$

塔顶产品总流率为：$D=D_1+D_2=0.184\text{kmol}\cdot\text{h}^{-1}$

塔釜残液流率：$W=F-\dfrac{4D_1}{3}=1-\dfrac{4\times0.138}{3}=0.816\text{kmol}\cdot\text{h}^{-1}$

(2) 分冷凝器相当于一块理论板，故产品 D_2 实际上是侧线出料，此时精馏塔有三段操作线，其中精馏段第一段操作线：

$$y=\frac{R}{R+1}x+\frac{x_{D_1}}{R+1}=\frac{1.5}{1.5+1}x+\frac{0.9}{1.5+1}=0.6x+0.36 \tag{d}$$

精馏段第二段操作线：

$$y=\frac{RD_1-D_2}{(R+1)D_1}x+\frac{Dx_{D_1}+D_2x_{D_2}}{(R+1)D_1}=\frac{1.5\times0.138-0.046}{(1.5+1)\times0.138}x+\frac{0.138\times0.9+0.046\times0.77}{(1.5+1)\times0.138}$$

解得

$$y=0.467x+0.463 \tag{e}$$

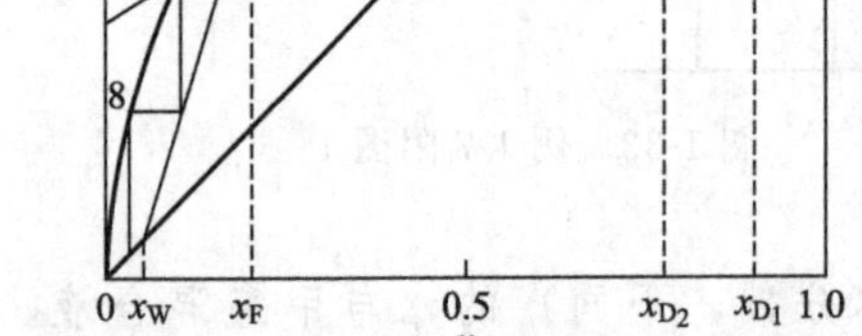

图 1-34　例 1-7 附图 2

提馏段操作线方程：

$$y=\frac{L'x}{V'}-\frac{Wx_W}{V'}=\frac{F+RD_1-D_2}{(R+1)D_1}-\frac{Wx_W}{(R+1)D_1}$$

$$=\frac{1+1.5\times0.138-0.046}{(1.5+1)\times0.138}x-\frac{0.816\times0.05}{(1.5+1)\times0.138}$$

解得

$$y=3.37x-0.12 \tag{f}$$

(3) 根据式(c) 绘出平衡线，根据式(d)、式(e) 和式(f) 及进料热状况 ($q=1$) 在 x-y 图上绘出操作线，利用操作线与平衡线自上而下作梯级，因部分冷凝器相当于一块板，求得 $N=8$（包括蒸馏釜），加料板为从塔顶自上而下第 5 块，如图 1-34 所示。

1.5.6 回流比的影响及其选择

从前面讨论的精馏原理与塔的计算可知，回流是塔连续操作并实现分离的必要条件之一。前面列举的计算例子都是将回流比当作任意给定值，实际上回流比是精馏操作过程最重要的参数之一，它直接影响塔的分离效果、塔设备及附属设备的尺寸、再沸器和塔顶冷凝冷却器的操作费用等的一个重要因素。当进料的组成及热状况已给定（即 q 线位置一定），对一定的分离要求，增大回流比，既增大了精馏段的液汽比 L/V，精馏段操作线的斜率增大，同时减小了提馏段的液汽比 L'/V'，提馏段操作线斜率均减小，两操作线与平衡线之间的距离均增大，此时用图解法求理论板数的每一梯级的垂直线段及水平线段都增长，说明每层理论板的分离程度加大，塔内汽、液两相离平衡状态越远，两相间的传质推动力越大，越有利于精馏过程的传质，为达到一定分离要求程度所需的理论板数就会减少，塔设备投资降低，这是有利的一方面。但是在另一方面，对于获得同样的塔顶馏出液 D 和塔釜液 W，回流比增大，塔内汽、液循环量增大，塔顶冷凝器和塔底再沸器的负荷等都随之增大，换热设备投资费用及能耗均增大，是不利的一面。若操作回流比减小，情况则相反。因此，操作过程的回流比选择是一个经济问题，即应在操作费用（能耗）和设备投资费用（塔板数、塔釜再沸器及塔顶冷凝器的换热面积等）作出适宜选择。从回流比的定义式可知，回流比可以在 0～+∞之间变化，前者对应于无回流，后者对应于全回流。实际精馏操作过程，对于指定的分离要求，回流比不能小于某一下限，否则即使有无限多块理论板也无法实现规定的分离任务，回流比的这一下限称为最小回流比。

1.5.6.1　全回流和最少理论板层数

全回流流程如图 1-35 所示，当塔顶上升蒸气经冷凝后，全部回流至塔内，称为全回流。此时，塔顶馏出液 D 为 0，通常进料 F 及釜液流量 W 也均为 0，也就是既不向塔内进料，亦不从塔内取出产品。全塔也就无精馏段和提馏段之分，两段的操作线合二为一。

全回流时的回流比为：　　$R=L/D=L/0=\infty$

因此，精馏段操作线的斜率 $R/(R+1)=1$，在 y 轴上的截距为零。此时在 x-y 图上操作线与对角线相重合，如图 1-36 所示，操作线方程式为 $y_{n+1}=x_n$。显然，此时操作线和平衡线的距离为最大，因此达到给定分离程度所需的理论板层数为最少，以 $N_{\min}$ 表示。应予指出，全回流是回流比的上限。由于在这种情况得不到精馏产品，即生产能力为 0，因此对正常生产无实际意义。但是在精馏开车阶段调试或实验研究时，多采用全回流操作，以便于过程的稳定或控制。在塔的设计过程，理论塔板数不可能小于 $N_{\min}$，$N_{\min}$ 既可以用图解法求出，

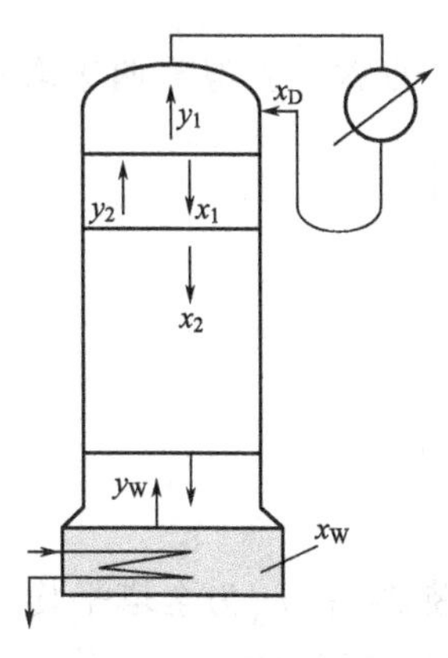

图 1-35　全回流流程

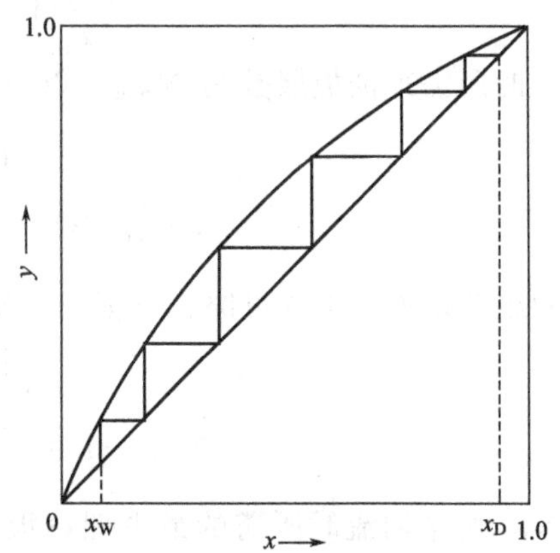

图 1-36　全回流时的理论板数

如在 y-x 图上的平衡线和对角线间直接图解求得，参见图 1-36；也可以通过解析法求取，如利用芬斯克（Fenske）方程式计算得到。该式的推导过程如下。

全回流时，求算理论板层数的公式可由平衡方程和操作线方程导出。

设混合物系为理想体系，故任一块理论板上的汽液平衡关系可由式(1-16) 得出：

$$\left(\frac{y_A}{y_B}\right)_n=\alpha_n\left(\frac{x_A}{x_B}\right)_n$$

式中，下标 n 表示第 n 块理论板。

全回流时操作线方程式为：$y_{n+1}=x_n$

若塔顶采用全凝器，则：　$y_1=x_D$

或
$$\left(\frac{y_A}{y_B}\right)_1=\left(\frac{x_A}{x_B}\right)_D \tag{1-69}$$

离开第 1 块板的汽液平衡关系为：

$$\left(\frac{y_A}{y_B}\right)_1=\alpha_1\left(\frac{x_A}{x_B}\right)_1=\left(\frac{x_A}{x_B}\right)_D \tag{1-70}$$

在第 1 块板和第 2 块板间的操作关系为：

$$y_{A_2}=x_{A_1} \text{ 及 } y_{B_2}=x_{B_1}$$

或
$$\left(\frac{y_A}{y_B}\right)_2=\left(\frac{x_A}{x_B}\right)_1 \tag{1-71}$$

所以
$$\left(\frac{x_A}{x_B}\right)_D=\alpha_1\left(\frac{y_A}{y_B}\right)_2 \tag{1-72}$$

第 2 块板的汽、液组成满足平衡关系：$\left(\frac{y_A}{y_B}\right)_2=\alpha_2\left(\frac{x_A}{x_B}\right)_2$　(1-73)

将式(1-73) 代入式(1-72) 得：

$$\left(\frac{x_A}{x_B}\right)_D=\alpha_1\alpha_2\left(\frac{x_A}{x_B}\right)_2 \tag{1-74}$$

若将再沸器视为第 $N+1$ 层理论板，重复上述的计算过程，推至再沸器止，可得：

$$\left(\frac{x_A}{x_B}\right)_D=\alpha_1\alpha_2\cdots\alpha_{N+1}\left(\frac{x_A}{x_B}\right)_W \tag{1-75}$$

若相对挥发度取不同板上的几何平均值，即 $\alpha_m=\sqrt[N+1]{\alpha_1\alpha_2\cdots\alpha_{N+1}}$，则式(1-75) 可改写为：

$$\left(\frac{x_A}{x_B}\right)_D=\alpha_m^{N+1}\left(\frac{x_A}{x_B}\right)_W \tag{1-76}$$

因全回流时所需理论板层数为 N_{min}，以 N_{min} 代替式(1-76) 的 N，且等号两边取对数，整理得：

$$N_{min}+1=\frac{\lg\left[\left(\frac{x_A}{x_B}\right)_D\left(\frac{x_B}{x_A}\right)_W\right]}{\lg\alpha_m} \tag{1-77}$$

对双组分溶液，上式可略去下标 A、B 而写为：

$$N_{min}+1=\frac{\lg\left[\left(\frac{x_D}{1-x_D}\right)\left(\frac{1-x_W}{x_W}\right)\right]}{\lg\alpha_m} \tag{1-77a}$$

式中，N_{min} 为全回流时所需的最少理论板层数（不包括再沸器）；α_m 为全塔平均相对挥发度，当 α 变化不大时，如对于理想溶液，可取塔顶和塔底的几何平均值 $\alpha_m=\sqrt{\alpha_1\alpha_W}$。

式(1-77) 及式(1-77a) 称为芬斯克公式，用以计算全回流及塔顶采用全凝器时的最少理论板层数。若将式中 x_W 换成进料组成 x_F，α 取为塔顶和进料处的几何平均值 $\alpha_m=\sqrt{\alpha_1\alpha_F}$，则该式也可用以计算精馏段的理论板层数及加料板位置。

1.5.6.2　最小回流比

在精馏操作过程，若选用较小的回流比，如当回流从全回流逐渐减小时，精馏段操作线的截距随之逐渐增大，两操作线的位置将向平衡线移动，要达到指定的分离程度时（x_D,x_W），所需的理论板层数亦逐渐增多。当回流比进一步减少到使两操作线交点正好落在平衡线，如图 1-37 上点 d 所示时，所需理论板层数为无穷多。这是因为在点 d 前后各板之间（进料板上、下区域），汽、液两相组成基本上不变化，即无增浓作用，故这个区域称为恒浓区（或称为挟紧区），点 d 称为挟紧点。此时若在平衡线和操作线之间绘梯级，就需要无限多梯级才能达到 d 点，这种情况下回流比称为最小回流比，以 R_{min} 表示。最小回流比是回流比的下限。当回流比比 R_{min} 还要低时，操作线和 q 线的交点落在平衡线之外，精馏操作达不到分离目的。但若回流比比 R_{min} 稍高一点，就可以进行实际操作，不过所需塔板层数很多。

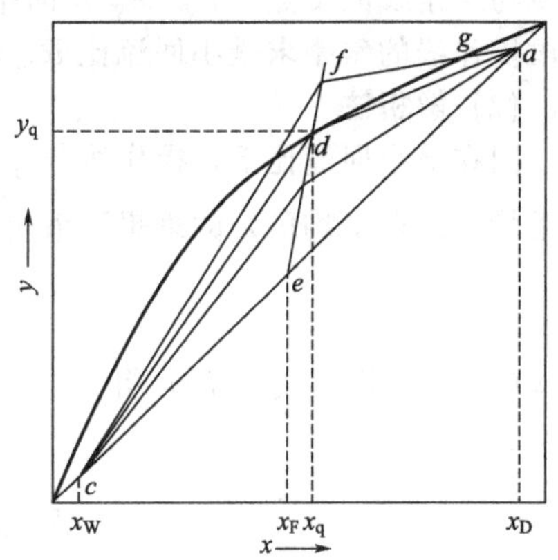

图 1-37　最小回流比的确定

求最小回流比 R_{min} 也有图解法和解析法两种，下面分别介绍。

（1）图解法

依据平衡曲线形状不同，作图解法有所不同。对于正常的平衡曲线（见图 1-37），由精馏段操作线斜率知：

$$\frac{R_{min}}{R_{min}+1}=\frac{x_D-y_q}{x_D-x_q} \tag{1-78}$$

将上式整理得：

$$R_{min}=\frac{x_D-y_q}{y_q-x_q} \tag{1-79}$$

式中，x_q、y_q 为 q 线与平衡线的交点坐标，可由图中读得。

某些不同的平衡曲线，如图 1-38 所示，具有下凹或上凹的部分。在操作线与 q 线的交点尚未落到平衡线上之前，操作线已与平衡线相切，如图 1-38(a) 中点 e 所示，此时恒浓区出现在点 e 附近，对应的回流比为最小回流比。要跨过 e 点，需要无穷多块理论板。对于这

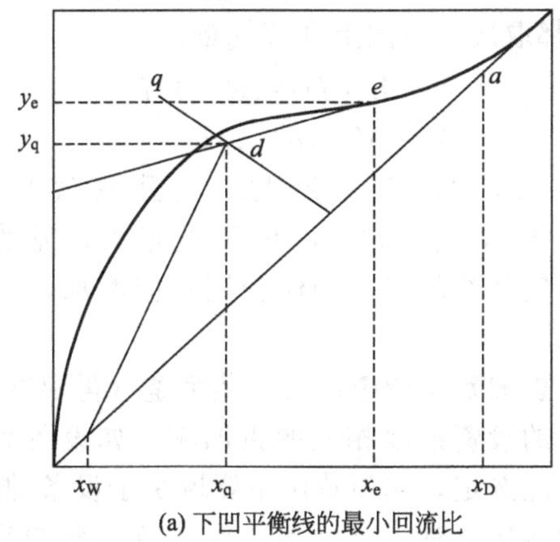

(a) 下凹平衡线的最小回流比

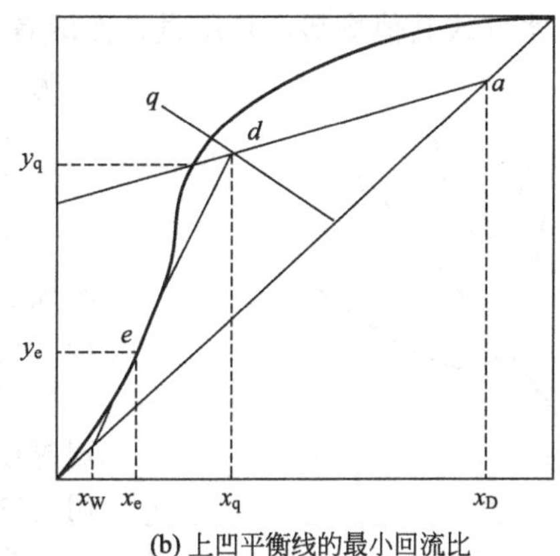

(b) 上凹平衡线的最小回流比

图 1-38　不同平衡曲线的最小回流比的确定

种情况下$R_{\min}$的求法是对于下凹平衡线，如图1-38(a) 所示，由点a（x_D,x_D）向平衡线作切线，再由切线的截距或斜率求$R_{\min}$。对于上凹平衡线，如图1-38(b) 所示，过提馏段操作线与对角线的交点（x_W,x_W）向平衡线作切线，与精馏段操作线交于点d，然后根据精馏段操作线的斜率求最小回流比$R_{\min}$。

(2) 解析法

因在最小回流比下，操作线与q线交点坐标（x_q,y_q）位于平衡线上，对于相对挥发度为常量（或取平均值）的理想溶液可用式(1-19) 表示，即：

$$y_q=\frac{\alpha x_q}{1+(\alpha-1)x_q} \tag{1-19a}$$

将式(1-19a) 代入式(1-79) 得：

$$R_{\min}=\frac{x_D-\dfrac{\alpha x_q}{1+(\alpha-1)x_q}}{\dfrac{\alpha x_q}{1+(\alpha-1)x_q}-x_q}$$

简化上式得：

$$R_{\min}=\frac{1}{\alpha-1}\left[\frac{x_D}{x_q}-\frac{\alpha(1-x_D)}{1-x_q}\right] \tag{1-80}$$

对于某些进料热状况，上式可进一步简化。

饱和液体进料时，$x_q=x_F$，故：

$$R_{\min}=\frac{1}{\alpha-1}\left[\frac{x_D}{x_F}-\frac{\alpha(1-x_D)}{1-x_F}\right] \tag{1-81}$$

饱和蒸气进料时，$y_q=y_F$，联立式(1-19a) 和式(1-79) 得：

$$R_{\min}=\frac{1}{\alpha-1}\left[\frac{\alpha x_D}{y_F}-\frac{1-x_D}{1-y_F}\right]-1 \tag{1-82}$$

式中，y_F为饱和蒸气原料中易挥发组分的摩尔分数。

1.5.6.3 回流比的选择

无穷大回流比（即全回流比）和最小回流比，都不为生产所采用，是两个极限值，实际回流比介于两者之间。回流比的选择既要考虑分离效果，又要考虑操作费用等。因此，应通过经济权衡，以期达到满足分离效果的同时，操作费用及设备折旧费的总和为最小。

精馏塔的操作费用主要取决于塔底蒸馏釜的加热蒸气（或其他载热体）用量及塔顶冷凝器的冷却水（或其他冷却剂）用量，而两者又都取决于塔内上升蒸气量。

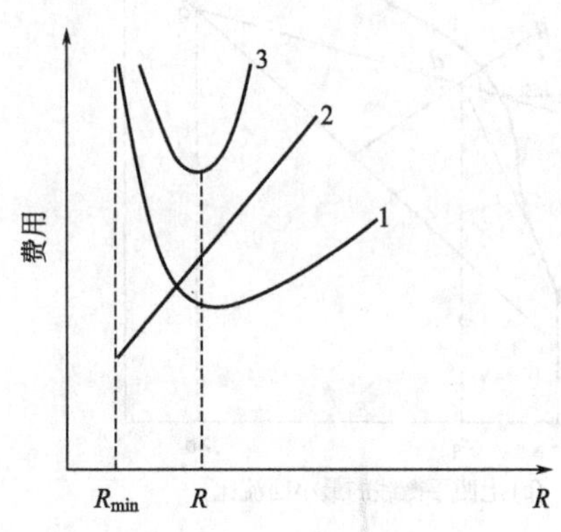

图1-39 回流比的选择

因为 $V=L+D=(R+1)D$

$V'=V+(q-1)F$

当塔顶产量D一定时，上升蒸气量正比于$(R+1)$，故R增大时，V和V'均增大，需消耗较多的加热蒸气及冷却水，操作费用相应增加，如图1-39线2所示。

设备折旧费是指精馏塔、蒸馏釜（再沸器）、冷凝器等设备的投资乘以相应的折旧率。如设备类型及所用材料已经选定，此项费用主要取决于设备的尺寸。

当$R=R_{\min}$时，板数$N=\infty$，故设备费为∞。但R稍大于$R_{\min}$，板数便从无穷锐减至某一有限值，设备费亦随之锐减。当 R 继续增加时，板数固然随之减小，但已较缓慢。另一方面由于 R 的增加，上升蒸气量随之增加，从而使塔径及蒸馏釜、冷凝器等的尺寸相应增大。故 R 增大到一定值时，设备费用又回升，如图 1-39 中的曲线 1 所示。

总费用是指操作费和设备折旧费之和，如图 1-39 中曲线 3 所示，其最小值对应的回流比就是最经济的回流比。在通常情况下，根据试验总结，此回流比约为 R_{min} 的 1.1～2 倍。

值得注意的是，不应被“总费用最小”这个原则所束缚，必须对具体情况具体分析，才能确定出最适宜的回流比。例如为了节省某种合金材料，应着眼于能使设备所耗金属量为最小的回流比；又如为了节省加热蒸气（或燃料），就应该采用较小的回流比；另外，对较难分离的混合，则应选择较大的回流比以提高汽、液两相之间的传质推动力。

以上分析主要是从设计角度来考虑的，即在给定的分离任务下（F、x_F、q、x_W、x 均给定，从而 D 和 W 可以算出），考虑 R 对设备的投资费用和操作费用的影响而对 R 加以选择，但是在生产中却是另一种情况。设备都已安装好，塔板数、再沸器和冷凝冷却器的传热面积都已固定，这时就应该从操作状况等影响来考虑回流比。例如：当精馏塔的塔板数已固定，若原料的组成及其热状况一定，则加大 R 可以提高产品的纯度（操作线改变），但由于塔釜的负荷一定（即上升蒸气流率 V 一定），此时加大 R 会使塔顶产量降低[因 $V=(R+1)D$]；反之，减小回流比情况正好相反。

【例 1-8】 某二元理想溶液，在连续精馏塔中精馏。原料液组成为 50%（摩尔分数），饱和蒸气进料。原料处理量为每小时 1000kmol，塔顶、塔底产品量各为 500kmol·h^{-1}，已知精馏段操作线方程为 $y=0.86x+0.12$，塔釜用间接蒸气加热，塔顶采用全凝器，泡点回流。试求：

（1）回流比 R 及塔顶、塔底产品组成（用摩尔分数表示）；

（2）精馏段上升的蒸气量 V 及提馏段下降的液体量 L'；

（3）提馏段操作线方程；

（4）若相对挥发度 $\alpha=2.4$，求回流比与最小回流比的比值 $\dfrac{R}{R_{min}}$。

解　（1）由精馏段操作线方程得

$$y=\frac{R}{R+1}x+\frac{1}{R+1}x_D=0.86x+0.12$$

解得 $R=6.14$，$x_D=0.857$

由塔顶馏出液采出率得

$$\frac{D}{F}=\frac{x_F-x_W}{x_D-x_W}=\frac{500}{1000}=\frac{1}{2}$$

将 $x_F=0.5$，$x_D=0.857$ 代入上式得 $x_W=0.143$

（2）精馏段上升蒸汽量

$$V=(R+1)D=(6.14+1)\times500=3570\text{kmol}\cdot\text{h}^{-1}$$

提馏段下降的液体量

$$L'=L=RD=6.14\times500=3070\text{kmol}\cdot\text{h}^{-1}$$

（3）提馏段操作线方程

$$y'=\frac{L+qF}{L+qF-W}x-\frac{Wx_W}{L+qF-W}$$

由饱和蒸汽进料可知 $q=0$

将已知条件代入得

$$y'=\frac{3070}{3070-500}x-\frac{500\times0.143}{3070-500}=1.19x-0.03$$

(4) 设在最小回流比下，平衡线和进料线交点坐标为 (x_q，y_q)，由饱和蒸汽进料可知 $y_q=x_F=0.5$，代入平衡线方程

$$y_q=\frac{2.4x_q}{1+1.4x_q}$$

可得 $x_q=0.294$

最小回流比

$$R_{min}=\frac{x_D-y_q}{y_q-x_q}=\frac{0.857-0.5}{0.5-0.294}=1.733$$

回流比与最小回流比的比值

$$\frac{R}{R_{min}}=\frac{6.14}{1.733}=3.54$$

1.5.7 理论板层数简捷法求算

在精馏过程中，理论塔板数除了可以用前述的逐板计算法和图解法求算外，还可以采用简捷法求算。目前应用较广的是吉利兰（Gilliland）关联图。

1.5.7.1 吉利兰（Gilliland）关联图

由前面的讨论可知，精馏过程采用全回流时，精馏塔理论板层数最少，采用最小回流比时，所需的理论板层数为无限多，实际精馏塔是在全回流及最小回流比两个极限之间进行操作。也就是说，R_{min}、R、N_{min}及 N 之间存在一定的关系，吉利兰通过对一定的物系分析研究时，R_{min}、R、N_{min}及 N 四个变量的关联，整理成相应的图，称为吉利兰关联图，如图 1-40 所示。可以比较简捷地计算出所需的理论板层数。

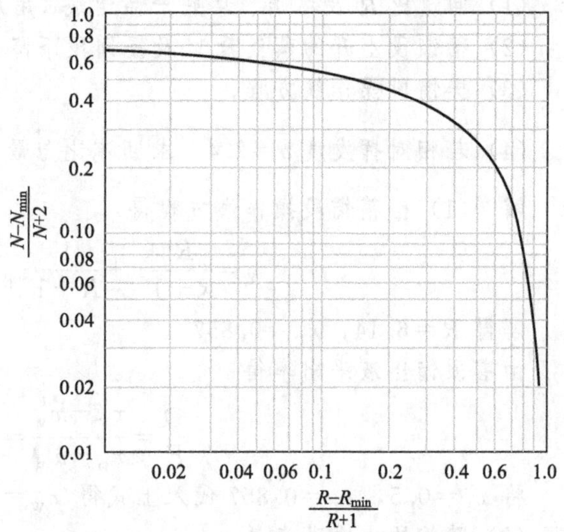

图 1-40　吉利兰（Gilliland）关联图

吉利兰关联图为双对数坐标图，横坐标表示$\frac{R-R_{min}}{R+1}$，纵坐标表示$\frac{N-N_{min}}{N+2}$。其中 N、N_{min}为不包括再沸器的理论板层数及最少理论板层数。

由图可见，曲线的两端代表两种极限情况，右端表示全回流下的操作情况，即 $R=\infty$，$\frac{R-R_{min}}{R+1}=1$，故$\frac{N-N_{min}}{N+2}=0$ 或 $N=N_{min}$，说明全回流时理论板层数为最少。曲线左端延长后表示在最小回流比下的操作情况，此时$\frac{R-R_{min}}{R+1}=0$，故$\frac{N-N_{min}}{N+2}=1$ 或 $N=\infty$，说明用最小回流比操作时理论板层数为无限多。

吉利兰图是根据八个物系在下面的精馏条件下，由逐板计算得出的结果绘制而成的。这

些条件分别为：①组分数目由 2～11；②进料热状况包括冷料至过热蒸气等五种情况；③$R_{\min}$为 0.53～7.0；④组分间相对挥发度为 1.26～4.05；⑤理论板层数为 2.4～43.1。

吉利兰图可用于双组分和多组分精馏的计算，但其条件应尽量与上述条件相近。

为了避免由吉利兰图读数引起的误差，李德（Liddle）将吉利兰的原始数据进行回归，对于常用的范围，可得以下方程式：

$$Y=0.545827-0.5911422X+\frac{0.002743}{X} \tag{1-83}$$

式中，$X=\frac{R-R_{\min}}{R+1}$，$Y=\frac{N-N_{\min}}{N+2}$。

式(1-83) 的适用条件是 $0.01<X<0.9$。

虽然简捷法求算 N 存在一定的误差，但因简便，可作为设计时的初步计算。

1.5.7.2 简捷法求理论板层数的步骤

① 应用式(1-80)～式(1-82) 算出 $R_{\min}$，并选择 R。

② 应用式(1-77) 算出 $N_{\min}$。

③ 计算$\frac{R-R_{\min}}{R+1}$值，在吉利兰图横坐标上找到相应点，由此点向上做铅垂线与曲线相交，由交点的纵坐标$\frac{N-N_{\min}}{N+2}$值，算出理论板层数 N（不包括再沸器）。

④ 确定加料板位置。

下面将举例说明如何用吉利兰图求理论板层数。

【例 1-9】 已知塔顶、塔底产品及进料组成中苯的摩尔分数分别为 $x_D=0.98$，$x_W=0.05$，$x_F=0.60$，泡点进料和回流，取回流比为最小回流比的 1.5 倍，体系的相对挥发度为 2.47。试用简捷法计算苯和甲苯体系连续精馏塔理论塔板数。

解 因为进料为泡点进料，所以进料线为 $x=x_F=0.6$，假设进料线与平衡线交点坐标为（x_q，y_q），则 $x_q=0.6$

$$y_q=\frac{2.47x_q}{1+1.47x_q}=\frac{2.47\times0.6}{1+1.47\times0.6}=0.787$$

$$R_{\min}=\frac{x_D-y_q}{y_q-x_q}=\frac{0.98-0.787}{0.787-0.6}=1.03$$

$$R=1.5R_{\min}=1.5\times1.03=1.55$$

$$\frac{R-R_{\min}}{R+1}=\frac{1.55-1.03}{1.55+1}=0.204$$

查吉利兰图得 $$\frac{N-N_{\min}}{N+2}=0.44$$

本题中 $\alpha_m=\alpha$，由芬斯克方程得：

$$N_{\min}+1=\frac{\lg\left(\frac{x_D}{1-x_D}\times\frac{1-x_W}{x_W}\right)}{\lg\alpha}=\frac{\lg\left(\frac{0.98}{1-0.98}\times\frac{1-0.05}{0.05}\right)}{\lg2.47}=7.56$$

则 $N=13.3$

因此可取 $N_T=14$（不包括再沸器）

1.5.8 板效率、实际塔板数和塔高与塔径的计算

1.5.8.1 板效率和实际塔板数

精馏塔的计算之一就是求实际塔板数，前面的计算得出的是理论板数，是假设离开塔板的汽、液两相成平衡，而实际汽、液两相在板上接触时间有限，混合不均匀，质量交换不够充分，通常无法达平衡状态，因此实际塔板层数总是比理论板层数多。理论板只是衡量实际板分离效果的标准。由于实际板和理论板在分离效果上的差异，因此，引入了“板效率”这个参数。塔板效率有多种表示方法，下面介绍两种常用的表示方法。

(1) 单板效率 E_M

单板效率又称默弗里（Murphree）效率，它是以汽相（或液相）经过实际板的组成变化值与经过理论板的组成变化值之比来表示的。如图 1-41 所示，对任意的第 n 层塔板，单板效率可分别按汽相组成及液相组成的变化来表示，即：

$$E_{MV,n}=\frac{y_n-y_{n+1}}{y_n{}^*-y_{n+1}} \tag{1-84}$$

$$E_{ML,n}=\frac{x_{n-1}-x_n}{x_{n-1}-x_n{}^*} \tag{1-84a}$$

式中，y_n^* 为与 x_n 成平衡的汽相中易挥发组分的摩尔分数；x_n^* 为与 y_n 成平衡的液相中易挥发组分的摩尔分数；$E_{MV,n}$ 为汽相默弗里效率；$E_{ML,n}$ 为液相默弗里效率。

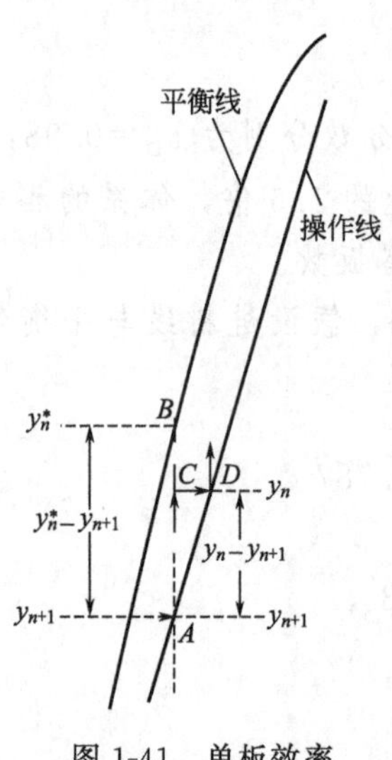

图 1-41 单板效率

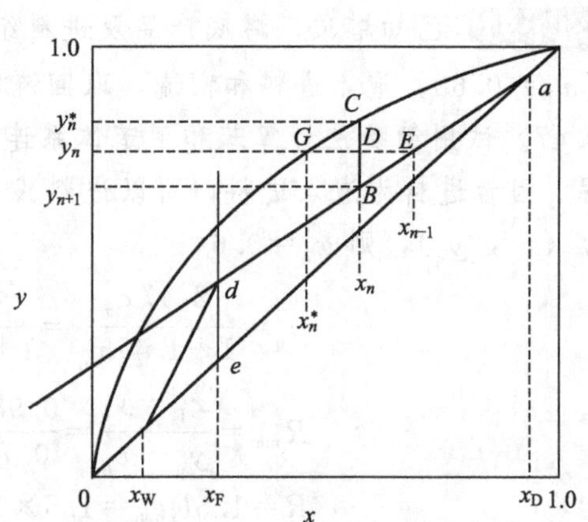

图 1-42 单板效率求解示意图

单板效率通常由实验测定。图 1-42 表示在 y-x 图中求单板效率，对于给定的操作线，线段 BC 代表理论板分离程度，线段 BD 表示实际塔板的分离程度，故以汽相表示的单板效率为 BD/BC，同理也可以用液相表示单板效率为 DE/GE。值得一提的是，单板效率是塔板上不同点的效率平均值。实际操作过程中，由于塔板不同点的汽-液接触情况、两相之间的接触面积和湍动等都不同，故同一塔板不同点的传质效果也不同，分离效率也不同。某些点的分离效率小于、等于甚至高于单板效率的平均值或高于全塔效率的平均值也是正常的。若将式(1-84) 中的 y_n 改为与流经塔板某点的液相组成 x 相接触后离开的汽相组成，y_{n+1} 为由下层塔板进入该塔板某点的汽相组成，y_n^* 为与流经塔板某点的液相组成 x 成平衡的汽

相组成，则由式(1-84) 求出的为点效率。

【例 1-10】 在连续操作的板式精馏塔中分离苯-甲苯混合液。在全回流的条件下测得相邻板上的液体组成分别为0.28、0.41和0.57，试求三层板中间那层板的单板效率。操作条件下苯-甲苯混合液的平衡资料如下。

x	0.26	0.41	0.51
y	0.45	0.63	0.72

解 由板效率定义知

$$E_{MV,n}=\frac{y_n-y_{n+1}}{y_n^*-y_{n+1}}$$

由于是全回流操作，所以 $y_{n+1}=x_n$，即

$$y_3=x_2=0.41,\quad y_2=x_1=0.57$$

由表查得 $y_2^*=0.63$，所以

$$E_{MV,2}=\frac{y_2-y_3}{y_2^*-y_3}=\frac{0.57-0.41}{0.63-0.41}=73\%$$

(2) 全塔效率 E_T

又称总板效率，一般来说，精馏塔中各层板效率并不相等，为简便起见，常用全塔效率来表示，即：

$$E_T=\frac{N_T}{N_P}\times 100\% \tag{1-85}$$

式中，N_T为理论板层数；N_P为实际板层数。

全塔效率综合反映了塔中各层塔板的平均效率，因此它是理论板层数的一个校正系数，其值恒小于1。对于一定结构的板式塔，若已知在某种操作条件下的全塔效率，便可由式(1-85) 求得实际板层数。影响板效率的因素很多，通常归为塔结构，如塔径、塔板间距、堰高、液体流动的路径；操作条件，如汽相或液相流量、汽-液比；物性参数，如密度、黏度、相对挥发度、表面张力以及混合物的组成等，且非常复杂，目前还很难准确计算出全塔的效率，也缺乏理论公式进行计算，因此，设计时一般选用经验数据，或用经验公式估算。有关经验公式可参考相关文献。

1.5.8.2 填料塔的当量高度和填料层高度计算

精馏塔既可以采用板式塔，也可以采用填料塔。对于填料塔，由于填料塔中填料是连续堆积的，上升蒸气和回流液体在塔内填料表面上进行连续逆流接触，因此两相在塔内的组成是连续变化的。为计算填料高度，引入理论板当量高度的概念。

在填料塔内，假设将填料层分为若干相等的高度单位，每一单位的作用相当于一层理论板，即汽、液两相流体通过这一填料高度单位后，上升蒸气与下降液体互成平衡，则该单位填料层高度称为理论板当量高度，简称等板高度，以 HETP 表示。理论板数乘以等板高度即可求得所需的填料层高度。

1.5.8.3 塔高的计算

对于板式精馏塔，由板效率将理论板折算成实际板层数，然后再根据实际板层数和板间距（指相邻两层实际板之间的距离，可取经验值），可计算塔高；对于填料精馏塔，则可由

理论板数和等板高度相乘即可求得填料层高度。应予注意，由上面算出的板式塔或填料塔的高度，均指精馏塔主体的有效高度，而不包括塔底蒸馏釜和塔顶空间等高度在内。

1.5.8.4　塔径的计算

精馏塔的直径，可由塔内上升蒸气的体积流量及其通过塔横截面的空塔线速度来求出。即：

$$V_s = \frac{\pi}{4}D^2 u \quad \text{或} \quad D = \sqrt{\frac{4V_s}{\pi u}} \tag{1-86}$$

式中，D 为精馏塔的内径，m；u 为空塔速度，$m \cdot s^{-1}$；V_s为塔内上升蒸气的体积流量，$m^3 \cdot s^{-1}$。

空塔速度是影响精馏操作的重要因素，适宜空塔速度的计算将在后面章节中详细讨论。

精馏段和提馏段内的上升蒸气体积流量 V_s可能不同，因此两段的 V_s及塔直径应分别计算。

(1) 精馏段 V_s的计算

$$V = L + D = (R+1)D$$

由上式求得的上升蒸气流量为摩尔流量，其单位为 $kmol \cdot h^{-1}$，需按下式换算为体积流量，$m^3 \cdot s^{-1}$。即：

$$V_s = \frac{VM_m}{3600\rho_V} \tag{1-87}$$

式中，ρ_V为在平均操作压强和温度下汽相密度，$kg \cdot m^{-3}$；M_m为摩尔质量，$kg \cdot kmol^{-1}$。

若精馏操作压强较低时，汽相可视为理想气体混合物，则：

$$V_s = \frac{22.4VTp^{\ominus}}{3600T^{\ominus}p} \tag{1-87a}$$

式中，T、$T^{\ominus}$分别为操作的平均温度和标准状况下的温度，K；p、$p^{\ominus}$分别为操作的平均压强和标准状况下的压强，Pa。

(2) 提馏段 V_s'的计算

$$V' = V - (1-q)F$$

由上式求得 V'后，可按式(1-87) 或式(1-87a) 的方法计算提馏段的体积流量 V_s'。

由于进料热状况及操作条件的不同，两段上升蒸气体积流量可能不同，故所要求的塔径也不相同。但若两段的上升蒸气体积流量相差不太大时，为使塔的结构简化，两段宜采用相同的塔径。

1.5.9　连续精馏过程再沸器和冷凝器的工艺计算

通过对连续精馏装置的再沸器和冷凝器的工艺计算，可以确定它们的热负荷以及加热介质和冷却介质的消耗量，为设计这些换热设备提供基本数据。

1.5.9.1　再沸器的热量衡算

对图 1-10 所示的再沸器作热量衡算，以单位时间为基准，即：

$$Q_B = V'H_{VW} + WH_{LW} - L'H_{Lm} + Q_L \tag{1-88}$$

式中，Q_B为再沸器的热负荷，$kJ \cdot h^{-1}$；Q_L为再沸器的热损失，$kJ \cdot h^{-1}$；H_{VW}为再沸器上升蒸气的焓，$kJ \cdot kmol^{-1}$；H_{LW}为釜残液的焓，$kJ \cdot kmol^{-1}$；H_{Lm}为提馏段底层塔板下降液体的焓，$kJ \cdot kmol^{-1}$。

若近似取 $H_{Lm} = H_{LW}$，且因 $V' = L' - W$，则：

$$Q_B = V'(H_{VW} - H_{LW}) + Q_L \tag{1-89}$$

加热介质消耗量可用下式计算，即

$$W_h=\frac{Q_B}{H_{B_1}-H_{B_2}} \tag{1-90}$$

式中，W_h 为加热介质消耗量，$kmol \cdot h^{-1}$；H_{B_1}、H_{B_2} 分别为加热介质进、出再沸器的焓，$kJ \cdot kmol^{-1}$。

若用饱和蒸气加热，且冷凝液在饱和温度下排出，则加热蒸气消耗量可按下式计算，即

$$W_h=\frac{Q_B}{r} \tag{1-91}$$

式中，r 为加热蒸汽的汽化潜热，$kJ \cdot kmol^{-1}$。

应予指出，再沸器的热负荷也可以通过对全塔的热量衡算求得。

1.5.9.2 冷凝器的热量衡算

对图 1-10 所示的全凝器作热量衡算，以单位时间为基准，并忽略热损失，则：

$$Q_C=VH_{VD}-(LH_{LD}+DH_{LD}) \tag{1-92}$$

因 $V=L+D=(R+1)D$，代入上式并整理得

$$Q_C=(R+1)D(H_{VD}-H_{LD}) \tag{1-93}$$

式中，Q_C为全凝器的热负荷，$kJ \cdot h^{-1}$；H_{VD}为塔顶上升蒸气的焓，$kJ \cdot kmol^{-1}$；H_{LD}为塔顶馏出液的焓，$kJ \cdot kmol^{-1}$。

冷却介质消耗量可按下式计算，即：

$$W_C=\frac{Q_C}{C_p(t_2-t_1)} \tag{1-94}$$

式中，W_C为冷却介质消耗量，$kmol \cdot h^{-1}$；C_p为冷却介质的定压比热容，$kJ \cdot kmol^{-1} \cdot ℃^{-1}$；$t_1$、$t_2$ 分别为冷却介质在冷凝器进、出口处的温度，℃。

1.5.9.3 精馏过程的能量分析与节能

精馏过程是通过造成汽、液两相对均相混合物进行分离。相对于其他分离过程，它是一个高能耗且能量利用率相对较低的过程。因此，降低能耗与提高能量利用率是精馏装置设计必须考虑的问题。精馏流程中，为了造成塔釜蒸气回流，设置了再沸器，消耗了大量的热量，而为了获得塔顶液体回流，塔顶设置了冷凝器，又带走大量的热量。在完成分离任务情况下，优化设计和操作参数，减少再沸器和冷凝器的热负荷，采用新的强化传热元件与节能等措施，可以降低精馏过程的能耗和提高能量利用率。具体可以采用的措施是：

① 选择适宜的回流比 R，因为回流比是决定塔内汽、液相流量大小的重要参数。选用新型的板式塔或高效填料，提高塔板或填料的分离效率可降低操作过程的回流比。

② 回收和充分利用精馏装置的余热也是降低过程能耗的有效途径之一。如利用塔顶馏出液汽相潜热或塔釜残液的显热预热进料或作为其他热源等。

③ 对蒸馏过程进行分析、优化控制，选择合适的保温材料对整个精馏装置进行保温，减小操作温度，使其在最佳工况下操作。此外，对多组分精馏，合理地选择操作流程，也可降低能耗和达到节能的目的。

④ 塔釜再沸器和塔顶冷凝器采用高效传热元件，如再沸器采用多孔表面或热管元件，冷凝器采用翅片管，降低传热过程的热阻和提高再沸器与冷凝器的传热系数，减少加热蒸气和冷却水的用量，实现节能。

目前已实现工业化的节能精馏流程有以下几种。

(1) 热泵蒸馏

热泵按工作原理可分为机械压缩式、吸收式、吸附式、化学式、蒸气喷射式和热电热泵等。热泵装置以消耗少量的电能或燃料能为代价，能将大量无用的低温热能变为有用的高温热能来实现节能的。例如，热泵蒸馏是通过将塔顶的蒸气通入热泵，使其压强增加，从而提高蒸气的温度作为塔釜再沸器的热源，回收利用塔顶蒸气的热量，同时还减少了冷却剂的用量。图 1-43(a) 是典型的压缩式热泵精馏流程，它是以塔产品为热泵工质，塔顶蒸气经热泵压缩机压缩升温后作为再沸器的热源。压缩气体本身被冷凝为液体，经节流阀减压后返回塔

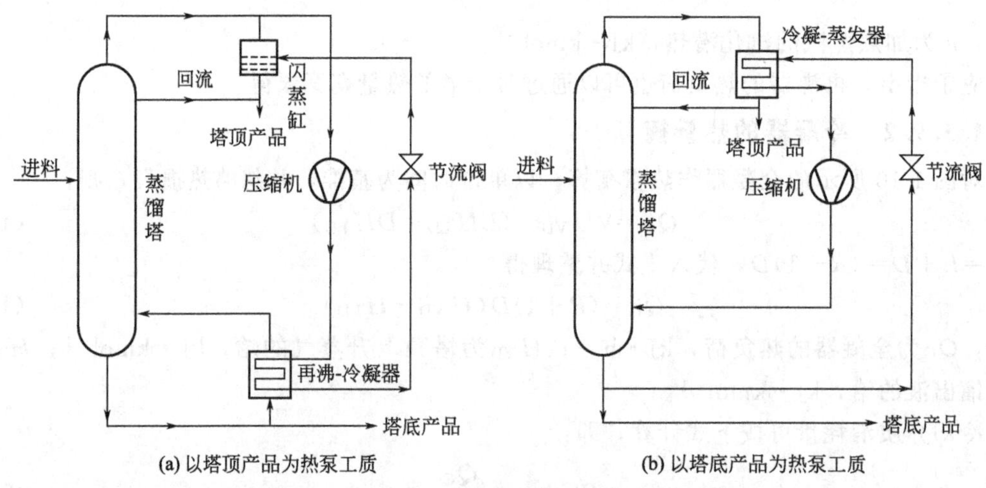

图 1-43　热泵精馏流程

顶，部分回流，其他部分作为塔顶产品。此外，热泵也可以塔底产品为工质，如图 1-43(b) 所示。若设计合理，除开车阶段外，其他时间可基本不需向再沸器提供热源。但是热泵要消耗少量的高品位能量如电能或燃料（如柴油、汽油、重油或天然气、煤气、液化石油气）能来驱动。

(2) 多效精馏

类似于多效蒸发，将前一级塔顶的蒸气作为后一级塔釜再沸器的加热蒸气，从而充分利用不同品位的热源。采用的流程是压强依次降低的多个精馏塔串联操作。由于前一级塔顶的蒸气（高压塔）在后一级塔釜再沸器中冷凝，同时作为低压塔的热源，故只需向高压塔（第一效塔）供热、末效设置塔顶冷凝器即可维持整个精馏操作进行，各效塔之间可省去塔顶冷凝器。多效精馏的进料采取并流操作，效数受第一效加热蒸气压强和末效冷却介质温度控制。

(3) 设置中间再沸器和中间冷凝器

从热力学分析可知，要减少精馏过程的能量损失，提高能量尤其是有效能的利用率，必须降低塔底与塔顶的温差。精馏塔的热量是在温度最高的塔底加入，在温度最低的塔顶将热量移走，因此，精馏塔的热力学效率就较低（有效能利用率低），导致操作费用升高。因此，为了降低操作过程的温度差，可在塔的不同部位设置多个中间再沸器与中间冷凝器，提高有效能的利用率，从而提高其热力学效率。设置的中间再沸器可利用温度相对较低的热源，而中间冷凝器可利用温度较高的冷却剂，从而减少高品位的热源和低温冷却剂的用量。但值得一提的是，采用中间再沸器和中间冷凝器会增加设备的一次性投资。这种流程适宜待分离混合物具有较大温差的系统。

【例 1-11】 苯与甲苯的混合物流量为 $100\text{kmol}\cdot\text{h}^{-1}$，苯的含量为 0.3（摩尔分数，下同），温度为 20℃，拟采用精馏操作对其进行分离，要求塔顶产品的含量为 0.9，苯的回收率为 90%，精馏塔在常压下操作，相对挥发度为 2.47，试比较以下三种工况所需要的最低能耗（包括原料预热所需要的热量）：(1) 20℃加料；(2) 预热至泡点加料；(3) 预热至饱和蒸气加料。

已知在操作条件下料液的泡点为 98℃，平均定压比热容为 $161.5\text{kJ}\cdot\text{kmol}^{-1}\cdot℃^{-1}$，汽化潜热为 $32600\text{kJ}\cdot\text{kmol}^{-1}$。

解 若忽略热损失，精馏过程总热耗包括两部分，一部分用于塔釜产生汽相回流，另一部分用于原料预热。消耗于釜底的热量与回流比的大小有关。本例计算的目的是求取最低热耗，必须分别计算三种情况的最小回流比。

三种工况所得到的塔顶产品产量相同，可根据苯的回收率求出：

$$D=\frac{\eta F x_F}{x_D}=\frac{0.9\times100\times0.3}{0.9}=30\text{kmol}\cdot\text{h}^{-1}$$

(1) 当进料温度为 20℃时，加热料状态参数：

$$q=\frac{r+C_p(t_0-t)}{r}=\frac{32600+161.5\times(98-20)}{32600}=1.386$$

在最小回流比下，q 线与操作线的交点必落在平衡线上，故联立求解以下两式 q 线方程：

$$y=\frac{q}{q-1}x-\frac{x_F}{q-1}=\frac{1.386}{1.386-1}x-\frac{0.3}{1.386-1}=3.591x-0.777$$

平衡方程 $y=\dfrac{2.47x}{1+1.47x}$

联立上面两方程得交点坐标：$x_e=0.382$，$y_e=0.595$

此时最小回流比为：

$$R_{\min}=\frac{x_D-y_e}{y_e-x_e}=\frac{0.9-0.595}{0.9-0.382}=1.433$$

塔釜所产生的蒸汽量为：

$$\begin{aligned}V'&=V-(1-q)F=(R_{\min}+1)D-(1-q)F\\&=(1.433+1)\times30+(1.386-1)\times100=111.59\text{kmol}\cdot\text{h}^{-1}\end{aligned}$$

20℃加料时，原料不预热，精馏过程需要消耗的最低能耗为：

$$Q=V'r=111.59\times32600=3.64\times10^6\text{kJ}\cdot\text{h}^{-1}$$

(2) 泡点进料时，$q=1$，在最小回流比下操作线与平衡线交点的坐标是：$x_e=x_F=0.3$

$$y_e=\frac{\alpha x_e}{1+(\alpha-1)x_e}=\frac{2.47\times0.3}{1+1.47\times0.3}=0.514$$

此时精馏段操作线的斜率及最小回流比为：

$$\frac{R_{\min}}{R_{\min}+1}=\frac{x_D-y_e}{x_D-x_e}=\frac{0.9-0.514}{0.9-0.3}=0.643$$

$$R_{\min}=1.8$$

塔釜所产生的蒸气量为：

$$V'=V=(R_{\min}+1)D=(1.8+1)\times30=84.0\text{kmol}\cdot\text{h}^{-1}$$

精馏过程的最低总能耗为：

$$Q=V'r+FC_p(t_b-t)=84.0\times 32600+100\times 161.5\times(98-20)=4.0\times 10^6\text{kJ}\cdot\text{h}^{-1}$$

(3) 饱和蒸气进料时，$q=0$，在最小回流比下，操作线与平衡线交点的坐标是：

$$y_e=x_F=0.3$$

$$x_e=\frac{y_e}{\alpha-(\alpha-1)y_e}=\frac{0.3}{2.47-(2.47-1)\times 0.3}=0.148$$

此时精馏段操作线的斜率及最小回流比为：

$$\frac{R_{min}}{R_{min}+1}=\frac{x_D-y_e}{x_D-x_e}=\frac{0.9-0.3}{0.9-0.148}=0.798$$

$$R_{min}=3.95$$

塔釜产生的蒸气量为：

$$V'=V-(1-q)F=(R_{min}+1)D-(1-q)F=(3.95+1)\times 30-100=48.5\text{kmol}\cdot\text{h}^{-1}$$

精馏过程的最低能耗为：

$$\begin{aligned}Q&=V'r+FC_p(t_b-t)+Fr\\&=48.5\times 32600+100\times 161.5\times(98-20)+100\times 32600=6.10\times 10^6\text{kJ}\cdot\text{h}^{-1}\end{aligned}$$

上述例子计算表明，为完成同样的分离任务，将料液在本来热状况下加入塔内所需要的能耗最小，任何预热都会导致总能耗增加，且预热程度越高，所需总能耗越大。但是，若考虑可利用余热或废热，如塔顶馏出液或釜液的热能，从节能和提高能量利用率，则应对原料进行预热，这样一方面可以减少高品位（温位高）热能如蒸气（有效能）的消耗量，同时还可以减少冷却剂的消耗量。

1.5.10 精馏塔操作分析

1.5.10.1 精馏塔操作过程的参数分析

在精馏塔操作过程中，由于生产过程的变动，使原料的组成、流量等发生了变化，需要用已有的塔完成指定的分离任务，此时的操作条件和参数应如何改变才能满足生产上的要求？应采取什么措施来保证产品质量？通常，对已有的精馏塔和指定的待分离物系，要保证精馏稳定操作涉及许多因素，它们包括：①进入与离开塔的物料流量和组成的稳定；②进料热状况及进料位置恒定；③操作回流比稳定；④塔顶冷凝冷却器、塔釜再沸器热稳定；⑤塔的操作压强稳定；⑥塔系统与环境的热交换稳定等。它们之间互相联系和制约，非常复杂，下面将分析讨论主要的影响因素。

(1) 精馏塔的物料平衡

维持精馏塔物料平衡是保证精馏塔稳定操作的必要条件。根据对精馏塔物料衡算可知，当进料量 F 和组成 x_F 一定时，只要确定了分离程度 x_D 和 x_W，塔顶馏出液 D 和塔釜残液 W 流量也就可确定。x_D 和 x_W 与进料组成 x_F、操作回流比 R、汽液平衡关系及塔板数有关。因此，采出率 D/F 和 W/F 只能根据 x_D 和 x_W 来确定，如式(1-42) 和式(1-42a)，不能随意改变。否则，将会导致塔内各组成发生变化，操作不稳定，无法达到预期的分离效果。此外，塔顶或塔釜产品的组成 x_D 和 x_W 还受物料平衡的限制，塔顶产品易挥发组分的组成 x_D 的最大极限值 $x_{D,max}$ 为：

$$x_{D,max}=\frac{Fx_F}{D} \tag{1-95}$$

其条件是塔釜残液组分的组成 $x_W=0$。同理，塔釜产品难挥发组分的组成 $(1-x_W)$ 的最大极限值 $(1-x_W)_{max}$ 为：

$$(1-x_W)_{max}=\frac{F(1-x_F)}{W} \tag{1-96}$$

其条件是塔顶难挥发组分的组成（$1-x_D$）$=0$（或 $x_D=1$）。此外，x_D 和（$1-x_W$）极限值还受到精馏塔的塔板数限制。对给定的精馏塔，即使回流比 R 为无穷大（全回流），x_D 和（$1-x_W$）均不能超过 $x_{D,max}$ 和（$1-x_W$）$_{max}$。

(2) 回流比 R 的影响

回流比 R 是影响精馏塔分离效果的重要因素之一，同时也是影响塔的热负荷及操作费用的主要因素。当塔顶产品流量 D 一定时，增大回流比，则增加了汽、液两相的流量，使操作线与平衡线距离增大，传质推动力增加，分离效果变好。可以提高塔顶产品组成 x_D 和降低塔釜产品组成 x_W，从而提高了回收率。当然，回流比增加，塔内的汽、液循环量增加，塔釜再沸器和塔顶冷凝冷却器的热负荷会相应提高，导致加热剂和冷却剂用量及换热设备的面积增大。

(3) 进料热状况和进料组成的影响

前面已讨论了不同进料热状况（不同 q）对进料位置及精馏段和提馏段操作线交点的影响。如图 1-18 所示，对冷液进料，则提馏段操作线与平衡线相距增大，传质推动力相对增加，对指定的分离要求 x_D 和 x_W，所需理论板数相对要减少。从例 1-11 可知，进料不预热，则精馏塔所消耗的总能耗最小，但 q 值增加，意味着进料带入精馏塔的热量减少，若回流比维持不变，则需加大塔釜供热量，从而增加了高品位热能消耗，操作费会增大。反之，若 q 值降低，进料带入精馏塔的热量增加，要保持全塔的热平衡，可减少塔釜供热量。值得一提的是，前者精馏塔的总能耗虽然小于后者，但后者消耗高品位热能要小于前者。从精馏塔的优化设计、能量综合利用率及有效能利用等因素考虑，进料的热状况 q 值的确定要视具体的操作情况确定。

对操作中的精馏塔，若进料组成改变，如 x_F 增加或减小，则会使 x_D 和 x_W 相应地增加或减小。若要维持馏出液或釜液组成不变，则需改变回流比，这样会改变塔釜和塔顶换热器的热负荷和加热剂及冷却剂的消耗量。实际生产过程中，进料组成或进料热状况不可能维持不变，因此，通常要在不同的塔板位置设置几个进料口，使得进料位置选在进料组成与塔板的汽相或液相组成最接近的位置，从而减小返混，提高塔板分离效率。此外，精馏塔设置几个进料口可以适应不同组分的多股进料。

1.5.10.2　精馏产品质量控制与调节

在精馏操作过程中，通常需要对精馏产品质量进行调节与控制。影响产品最主要的指标是馏出液或釜液组成 x_D 和 x_W。生产过程某一操作参数发生变化或波动，如进料组成 x_F、进料热状况 q、操作压强等，都会影响 x_D 和 x_W，因此必须及时进行调节与控制。进行调控前必须知道产品 x_D 和 x_W 发生了变化，因此，首先要进行成分的测量、分析及控制。一般成分控制可分为温度控制、分析仪控制和软测量推断控制。分析仪控制能直接准确地提供产品成分，但相对滞后和昂贵；软测量推断控制是近年来发展起来新的控制技术，目前仍处在研究、开发和完善阶段；产品的温度控制技术已很成熟，测温元件可靠性高，很少维修，动态滞后小，故采用温度控制达到产品的质量调控应用较广，下面重点予以介绍。

当操作压强（如塔顶压强）一定，溶液的泡点或露点与它们的组成有对应关系，因此，可以通过测量溶液的温度预测产品的浓度，从而进行质量调控。精馏塔内各塔板上的料液组成及总压并不相同，因此，塔内各塔板上的温度也不相同，从而在塔内不同板上形成了温度分布，如图 1-44(a) 给出高纯度分离时精馏塔内沿塔高的温度分布。由图可见，在塔顶或塔底内相当一个塔段中温度变化很小，这样当塔顶或塔底温度有了可觉察的变化时，产品的组成可能已明显改变，要对其调控就很难了。可见，高纯度分离一般不能用测量塔顶或塔釜温度的方法来控制产品质量。在图 1-44(a) 中，中间部分的精馏段或提馏段的某些塔板温度变化最显著，也就是说，这些塔板对外界干扰后反映最灵敏，通常将这些板称为灵敏板。若将测温元件安装在灵敏板上，可以较早察觉精馏操作所受到的外界干扰，从而进行调控，保证产品质量。图 1-44(b) 是高压或常压精馏塔各板的温度沿塔高分布，与图 1-44(a) 相比，塔板上的温度变化并不太明显，这是因为各板总压差别不大，全塔不同塔板温度差异主要是由各板上的组成不同造成的。对减压或真空精馏塔，若塔板数较多，塔顶与塔底总压降较大，可能会超过塔顶绝对压强几倍。因此，精馏塔内不同塔板组成及压强差别都是造成塔内温度差异的因素，且后一因素的影响更为显著。对高压或常压、减压或真空精馏塔，灵敏板并没有高纯度分离明显，对后两种操作，可以通过控制塔顶温度来调控产品质量。

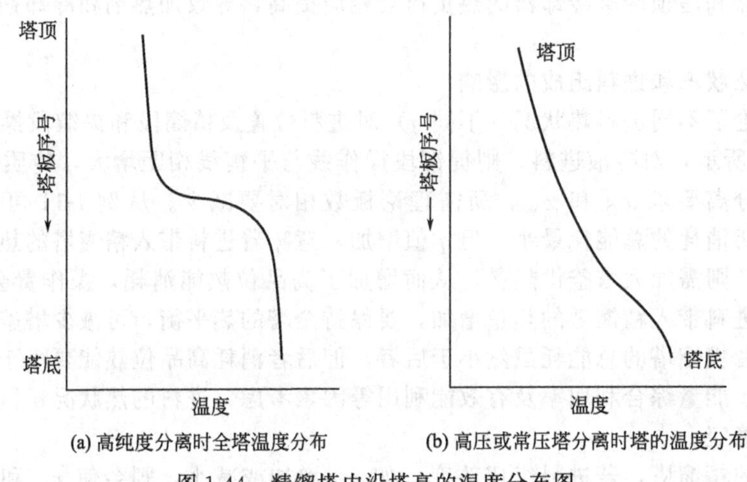

(a) 高纯度分离时全塔温度分布　　(b) 高压或常压塔分离时塔的温度分布

图 1-44　精馏塔内沿塔高的温度分布图

1.6 双组分间歇精馏

1.6.1 间歇精馏的过程与特点

间歇精馏又称分批精馏，其流程参见图 1-45。操作过程是把原料一次性加入蒸馏釜内，在操作过程中不再加料，将釜内的液体加热至沸腾，所产生的蒸气经过各块塔板到达塔顶外的冷凝器冷凝后，凝液部分回流进塔，另一部分作为塔顶产品。由于塔顶馏出液含较多易挥发组分，在精馏过程中釜液量及釜液的易挥发组分含量不断下降，当釜液组成降到生产规定值后，一次性将釜液排出，重新加料进行下一次操作。与前述的简单蒸馏比较，两者同是间歇操作，但间歇精馏有回流和多块塔板，即进行多次部分汽化和多次部分冷凝过程，属精馏操作。简单蒸馏一次部分汽化且无回流。与连续精馏相比，两者均有回流与多次部分汽化和多次部分冷凝过程，但间歇精馏具有以下特点。

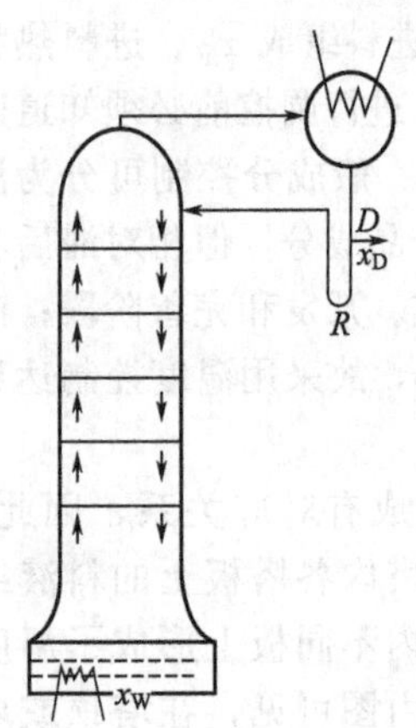

图 1-45　间歇精馏流程

(1) 间歇精馏是非稳态过程

在精馏操作过程，蒸馏釜的残液组成、塔内各塔板的组成及温度等均随时间和位置而变。

(2) 间歇精馏塔只有精馏段，没有提馏段

为了达到规定的分离程度，通常采用以下两种方式操作：

① 塔顶馏出液的组成 x_D 不变而改变操作过程的回流比 R；

② 回流比 R 恒定而塔顶馏出液组成 x_D 改变。

实际生产过程中，有时两种操作联合使用，如精馏初始阶段采用恒定馏出液组成操作，而精馏后期采用回流比恒定的操作。

间歇精馏适用于处理量小、物料品种常改变的场合，对于一种缺乏有关技术资料的物系的精馏分离开发，采用间歇精馏进行小试，操作灵活，可取得有用的数据。而化工生产过程以连续精馏为主。

1.6.2 塔顶馏出液组成 x_D 恒定的间歇精馏计算

在间歇精馏操作中，要维持塔顶馏出液组成 x_D 不变，在釜液浓度不断下降的情况下，必须不断加大回流比 R。对馏出液组成 x_D 恒定的间歇精馏进行设计的计算是：根据物系相平衡关系，进料液量 F、进料液组成 x_F、塔顶馏出液组成 x_D 以及最终釜液组成 x_W，设计计算理论板数 N_T、蒸馏釜汽化能力 V、回流比 R 变化范围及每批操作时间 τ 及能耗 E。主要计算内容如下。

1.6.2.1 理论板数 N_T 的确定

间歇精馏求理论板数的原理与连续精馏完全相同，关键是要确定回流比，因为回流比在操作过程是不断变化的。设在操作终了时，塔顶产品组成为 x_D，釜液组成为 x_W，在图 1-46 所示平衡线不出现凹状曲线的条件下，可先按下式算出最小回流比 R_{min}，计算式为：

$$R_{min}=\frac{x_D-y_W^*}{y_W^*-x_W} \tag{1-97}$$

式中，y_W^* 为与 x_W 成平衡的汽相组成，摩尔分数。

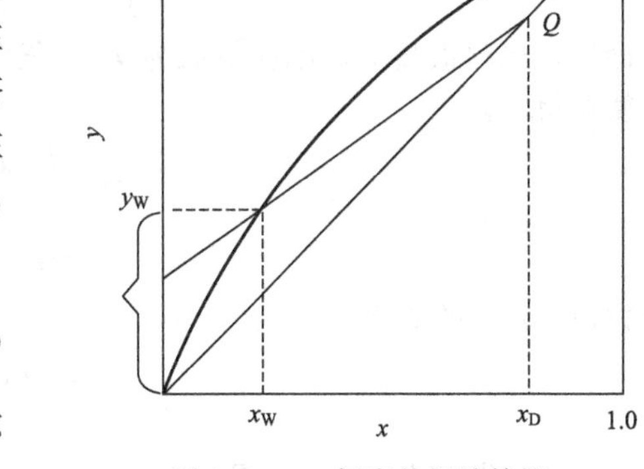

图 1-46 x_D 恒定的间歇精馏

然后由 $R=(1.1\sim2)R$ 关系确定精馏操作终了时的回流比 $R_{终}$。确定了操作终了时的回流比 $R_{终}$ 后，可作操作终了时的操作线。操作线的一端点是过对角线点 (x_D,x_D)，另一端点在 y 轴上的截距坐标为 $x_D/(R_{终}+1)$。此操作线作出后，即可在平衡线与该操作线间画梯级确定 N_T 值。同理，由上面的方法也可求出操作初始的回流比 $R_{始}$，从而获得操作过程回流比变化范围。

1.6.2.2 操作过程中不同时间 R 与 x_W 值的对应关系

在间歇精馏过程中，不同时刻的回流比 R 与塔釜残液组成 x_W 之间存在固定的对应关系。可以通过下列方法求出它们之间的关系。

① 在初始回流比 $R_{始}$ 与终了回流比 $R_{终}$ 间任意取若干个回流比的值 R_i，分别对应不同时刻。

② 通过对角线点 (x_D,x_D) 和在 y 轴上的截距坐标 $x_D/(R_i+1)$ 分别作出操作线。

③ 从对角线点 (x_D,x_D) 开始在平衡线与操作线之间绘梯级，使其等于已知的理论板数 N_T。对任意时刻来说，在操作线上最后一个梯级对应的 x 值就是该时刻的釜液组成 x_W。

由此可得到若干组（R_i，x_{W_i}）数据。如图 1-47所示，给出理论板数为 4，回流比分别为 R_1 和 R_2 相对应的残液组成为 x_{W_1} 和 x_{W_2} 的关系。

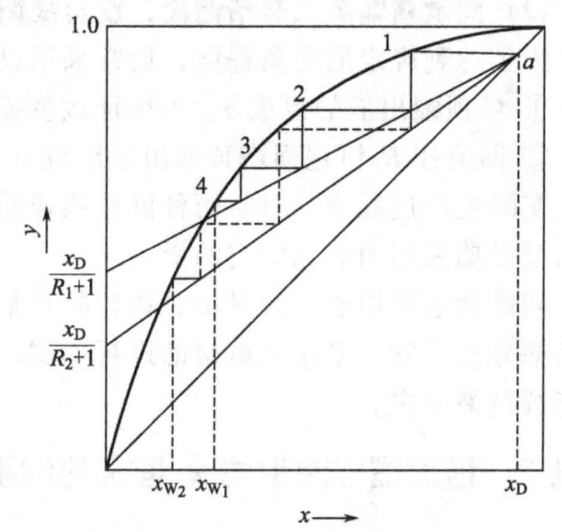

图 1-47　恒定馏出液组成时间歇精馏的 R 与 x_W 的关系

1.6.2.3　每批操作汽化量、所需时间及能耗

对于间歇精馏，馏出液组成恒定，回流比 R 和汽化量 V 均随时间而变，因此，物料衡算时采用微分衡算式。

对某一时刻塔顶冷凝器物料衡算，得：

$$dV=dL+dD \tag{1-98}$$

设瞬时回流比为 $R=dL/dD$，式(1-98）可写成：

$$dV=dL+dD=(R+1)dD \tag{1-99}$$

式中，dV、dL、dD 分别为瞬时汽化量、回流液量和馏出液量，kmol。

对上式积分可得整个间歇精馏过程的汽化量，为：

$$V=\int_0^V dV=\int_0^D (R+1)dD \tag{1-100}$$

每批操作，原料液量 F，原料组成为 x_F，釜液组成为 x_W。馏出液量和组成为 D 和 x_D，由物料衡算得：

$$D=\frac{F(x_F-x_W)}{x_D-x_W} \tag{1-101}$$

$$F=D+W \tag{1-102}$$

微分式(1-101）的值为：

$$dD=\frac{F(x_F-x_D)}{(x_D-x_W)^2}dx_W \tag{1-103}$$

将式(1-103）代入式(1-100）得：

$$V=\int_0^V dV=\int_0^D (R+1)dD=F(x_D-x_F)\int_{x_{W终}}^{x_F}\frac{R+1}{(x_D-x_W)^2}dx_W \tag{1-104}$$

式中，V 为对应塔釜残液组成 $x_{W终}$ 时的汽化量；釜液组成 x_W 与回流比 R 的对应关系可由上式最后一项求出，可用图解积分法或数值积分法求。

设塔釜液的汽化率（摩尔流量）为 q_v，kmol·s^{-1}，则每批精馏所需的时间 τ 为：

$$\tau=\frac{V}{q_v}=\frac{1}{q_v}\int_0^V dV=\frac{1}{q_v}\int_0^D (R+1)dD=\frac{F(x_D-x_F)}{q_v}\int_{x_{W终}}^{x_F}\frac{R+1}{(x_D-x_W)^2}dx_W \tag{1-105}$$

根据式(1-104）可得到 R-x_W 的对应关系，然后由式(1-105）可算出每批操作时间 τ，进而可求出每批操作所需的能耗为：

$$E=V\tau r \tag{1-106}$$

式中，r 为釜液的平均汽化潜热，J·kmol^{-1}；E 为每批操作所需的能耗，J。

1.6.3　操作回流比 R 恒定的间歇精馏计算

对给定的精馏塔，板数不变。当操作回流比恒定，馏出液组成和塔釜残液组成必同时降低。若馏出液作为产品，要使最终馏出液组成达到生产上的规定值，必须提高精馏初始阶段的馏出液组成。通常，当馏出液组成平均值或釜液的组成满足生产上的规定值，精馏操作就停止。该部分所进行的设计计算是：已知进料液量 F 及组成 x_F，塔顶馏出液平均组成 $\overline{x}_D$ 以及最终釜液组成 x_W，选择适宜的回流比求理论板数 N_T、确定操作过程不同时间 x_D 与 x_W 的关系、蒸馏釜汽化量 V、每批操作时间 τ 及能耗 E。

1.6.3.1 理论板数的计算

间歇精馏回流比 R 恒定，求理论板数 N_T 方法与连续精馏类似，不同的是馏出液和釜液组成随时间而变，故要用试差法求，具体的计算过程如下。

(1) 计算回流比

计算最小回流比 R_{min}，然后根据经验公式 $R=(1.1\sim2)R_{min}$ 来确定适宜的回流比。

以初态为基准，假设最初的馏出液组成 $x_{D始}$ 高于其平均组成 $\overline{x}_D$，釜液的初始组成 $x_{W始}=x_F$。对平衡线在操作范围内不出现凹状曲线，则最小回流比 R_{min} 可由下式计算：

$$R_{min}=\frac{x_{D始}-y_F}{y_F-x_F} \tag{1-107}$$

式中，y_F 为与 x_F 成平衡的汽相组成，摩尔分数。

操作过程的回流比为 $R=(1.1\sim2)R_{min}$。

(2) 图解法求理论板数

做平衡线 x-y，根据 R、$x_{D始}$、x_F（或 x_W）做出精馏段操作线，用图解法求所需的理论板数，如图 1-48 所示。图中所需 3 层理论板。当然，也可以用逐板计算法求理论板数，与连续精馏求解步骤相同。

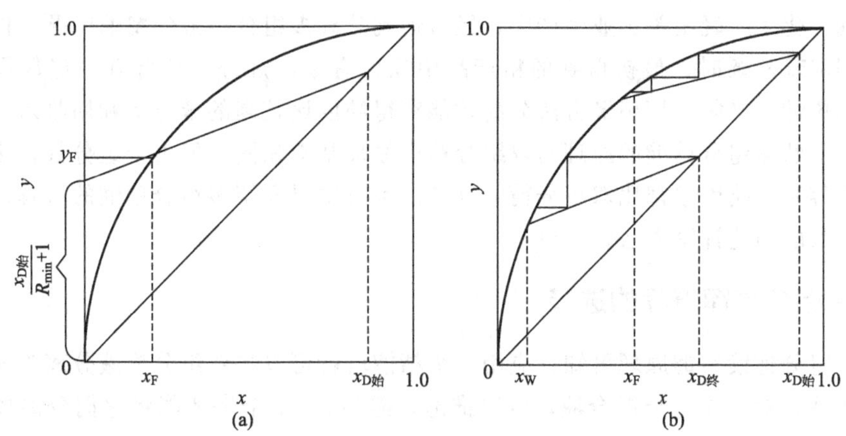

图 1-48 回流比恒定时间歇精馏理论板数确定

(3) $x_{D始}$ 的校核

$x_{D始}$ 的校核是要检验假设的 $x_{D始}$ 是否合适。校核过程是先确定操作过程不同时间时 x_D（或 x_W）与 W、D 间的关系，然后求出相对应的 W，再根据物料衡算求馏出液的平均值 $x_{D,m}$，若 $x_{D,m}\geqslant\overline{x}_D$，则假设正确，图解法或逐板计算求出的即为实际过程的理论板层数。不然，需重设 $x_{D始}$，重新进行上述计算过程，直至满足要求。

操作回流比 R 恒定间歇精馏时，x_D（或 x_W）与 W、F 间的关系可通过微分物料衡算求得，推导过程与简单蒸馏相同，即：

$$\ln\frac{F}{W}=\int_{x_W}^{x_F}\frac{dx}{x_D-x} \tag{1-108}$$

式中，W为瞬时釜液量（操作时加料量F降为残液量W），kmol；x为瞬时釜液组成，操作时由x_F降为x_W，摩尔分数。

从图1-48(b)可知，当理论板层数和回流比R一定，任一瞬间的釜液组成x_W与馏出液组成x_D必一一对应，因此，可通过图解积分或数值积分由式(1-108)求出与残液组成x_W相对应的残液量W，再由以下的物料衡算式求出馏出液的平均组成$\overline{x}_D$。

$$\overline{x}_D=\frac{Fx_F-Wx_W}{D} \tag{1-109}$$

1.6.3.2 每批操作汽化量、所需时间及能耗

设蒸馏釜汽化量为V、塔顶产品总量D、操作回流比为R，则每批操作汽化量为：

$$V=(R+1)D \tag{1-110}$$

每批操作所需要的时间为：

$$\tau=\frac{V}{q_v} \tag{1-111}$$

式中，q_v为塔釜液的汽化率（摩尔流量），kmol·s^{-1}；τ为每批间歇精馏所需要的时间，s。

每批操作所需的能耗E可用式(1-106)计算。

1.7 多组分精馏基础

在石油、化工、轻工等工业生产中，经常遇到分离多组分溶液的精馏问题。例如用乙苯脱氢方法制取苯乙烯时，最初得到的粗产品中除含有苯乙烯外，还含有一定数量的苯、甲苯、乙苯和焦油，必须再用精馏方法分离才能获得纯度比较高的苯乙烯和回收苯、甲苯、乙苯和焦油。虽然多组分精馏的原理与双组分精馏原理基本相同，但由于组分数目多，操作流程、计算内容和影响因素都比双组分精馏复杂。本节主要介绍多组分精馏的流程、汽液平衡及理论塔板数的简化计算方法。

1.7.1 多组分精馏流程的选择

根据双组分连续精馏原理可知，应用一个精馏塔就可以将双组分溶液分离为两个高纯度的单组分产品。对n个组分混合液，可以推论，需要$n-1$个塔才能将它们分离成纯度高的单组分产品。每个塔可以分离得到一个高纯度组分产品，最后一个塔可以分离得到两个高纯度组分产品。然而，若产品纯度要求不是很高，可以采用前述具有侧线出料口的塔，如石油精炼分离获得汽油、煤油、柴油等具有不同沸点的产品，这样可以减少塔数。

以三组分A、B、C混合液（其挥发度依次降低）分离为例，有如图1-49所示的两种典型流程供选择。随着分离组分增多，塔数及可供选择的流程也增多。因此，多组分精馏设计计算首先要确定适宜的流程。一般流程的选择要考虑的因素包括：①保证产品质量和满足工艺要求时，生产能力最大；②设备费用与操作费用之和最少，流程相对简单；③易于操作管理及维修。同时还要兼顾所分离混合物各组分的性质，如热敏性、聚合结焦性等。

下面简单分析讨论图1-49的两种流程。流程（a）是按组分挥发性依次递减顺序依次从

塔顶蒸出，最难挥发的组分 C 从最后一塔的塔釜分离出来。在这种流程中，组分 A 和 B 都只被汽化和冷凝各一次，而组分 C 既没有被汽化也没有被冷凝。流程图（b）则是按组分挥发性依次递增顺序，逐塔从塔釜分离出来，最易挥发组分 A 从最后一个塔的塔顶蒸出。在该流程中，组分 A 被汽化和冷凝各两次，组分 B 被汽化冷凝各一次，组分 C 没有被汽化和冷凝。比较图 1-49(a) 和（b）两种流程可知，流程（a）的汽化和冷凝量比流程（b）小，所以加热和冷却剂用量少，操作费用较低；另外，流程（a）的精馏塔径、冷凝器与再沸器的传热面积均较小，因此设备费用较低。若从节省操作费用与投资考虑一般宜选择流程(a)。但是实际生产过程还需考虑其他一些因素。例如，混合液的性质如热稳定性、聚合结焦性等，对热敏性组分应使受热时间尽量缩短，尽早将其分离出来，避免产品分解与变质。又如对某些产品质量要求高的分离，如高分子单体及有某些特殊用途的物质，由于固体杂质易残留在塔釜中，故不应选择从塔底获得这种产品的流程。

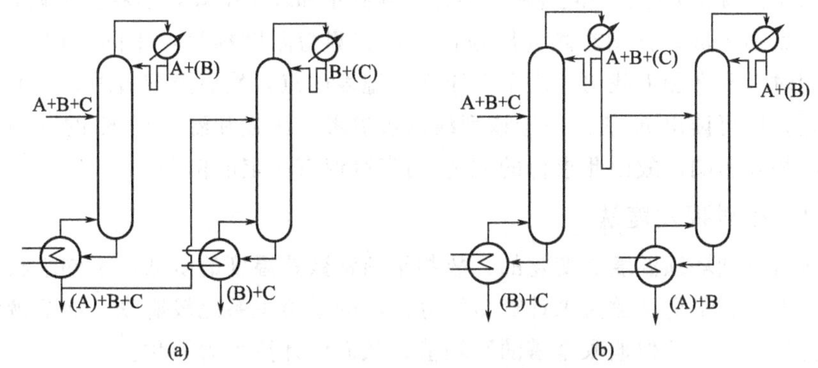

图 1-49 三组分连续精馏的流程

多组分精馏流程的选择通常涉及许多影响因素，要选择适宜的流程并非易事，通常需要初选几个流程，进行计算、分析比较后，再择优选定。

1.7.2 多组分的汽液平衡

多组分精馏系统的汽液平衡关系比双组分的要复杂得多，多组分汽液平衡关系可以采用相平衡常数法或相对挥发度法表示。

1.7.2.1 相平衡常数法

汽、液两相达到平衡时，任意组分 i 的汽相组成 y_i 与它在液相中的组成 x_i 直接的关系可由下式表示：

$$y_i = K_i x_i \tag{1-112}$$

式中，K_i 为相平衡常数。

式(1-112) 为汽液平衡关系的通式，适用于理想系统和非理想系统。

对理想溶液和理想气体系统：

$$p_i = p y_i = p_i^{\ominus} x_i \tag{1-113}$$

相平衡常数：

$$K_i = \frac{y_i}{x_i} = \frac{p_i^{\ominus}}{p} \tag{1-114}$$

对于非理想溶液和理想气体系统，用道尔顿分压定律来表示汽相分压与汽相中组分含量关系，对于液相，可用修正的拉乌尔定律表示分压与液相组分含量关系：

$$p_i = p y_i = p_i^{\ominus} x_i \gamma_i \tag{1-115}$$

式中，p_i 为汽相组分 i 的分压；p 为汽相总压；$p_i^{\ominus}$ 为系统温度下纯组分 i 的饱和蒸气压；γ_i 为液相 i 组分的活度系数。

由式(1-112) 和式(1-115) 得：

$$K_i = \frac{y_i}{x_i} = \frac{p_i^{\ominus}\gamma_i}{p} \tag{1-116}$$

对非理想溶液和非理想气体系统的相平衡常数

$$K_i = \frac{y_i}{x_i} = \frac{f_{i,\mathrm{L}}^{\ominus}\gamma_i}{f_{i,\mathrm{V}}^{\ominus}} \tag{1-117}$$

式中，$f_{i,\mathrm{L}}^{\ominus}$ 和 $f_{i,\mathrm{V}}^{\ominus}$ 分别为液相和汽相纯组分 i 在压强 p 和温度 t 时的逸度，Pa。

对于由烷烃、烯烃所构成的混合液，经过实验测定和理论推算，已将相平衡常数用 p-t-K 列线图表示，见图 1-50。该图左侧为压强标尺，右侧为温度标尺，中间各曲线为烃类的 K 值标尺，使用时只要在图上找出代表平衡压强和温度的点，然后连成直线，由此直线与某烃类曲线的交点，即可读出 K 值。由于该列线图仅参考了压强和温度对 K 的影响，而忽略了各组分之间的相互影响，故由此求得的 K 值与实测值有一定的偏差。

1.7.2.2 相对挥发度法

精馏塔从塔釜到塔顶温度是变化的，故相平衡常数是温度的函数，不同塔板上的相平衡常数非定值，若用相平衡常数法来计算多组分溶液的平衡关系比较麻烦。而溶液的相对挥发度随温度变化较小，可近似地取全塔的平均值，从而使计算大为简化。

用相对挥发度表示多组分溶液的平衡关系时，一般取较难挥发的组分 j 作基准，则任一组分 i 和基准组分 j 的相对挥发度为

$$\alpha_{ij} = \frac{y_i/x_i}{y_j/x_j} = \frac{K_i}{K_j} \tag{1-118}$$

对不同的系统，可以根据式(1-115)、式(1-116) 和式(1-117) 得到相对挥发度的表达式。

1.7.2.3 相平衡常数的应用

在多组分精馏的计算中，相平衡常数可用来计算泡点温度、露点温度和汽化率等。

(1) 泡点温度及平衡汽相组成的计算

$$y_1 + y_2 + \cdots + y_n = 1 \quad 或 \quad \sum_{i=1}^{n} y_i = 1 \tag{1-119}$$

将式(1-112) 代入上式得：

$$\sum_{i=1}^{n} K_i x_i = 1 \tag{1-119a}$$

利用式(1-119) 可计算出液体混合物的泡点温度和平衡汽相组成。计算过程是先假设泡点温度，根据已知的压强和所设的温度，求出平衡常数，再校核 $\sum y_i$ 是否等于 1。若是，即表示所设的泡点温度正确，否则应另设温度，重复上面的计算，直到 $\sum y_i \approx 1$ 为止，此时的温度和汽相组成即为所求。

若已知相对挥发度，也可通过液相组成计算平衡的汽相组成，由式(1-118) 得：

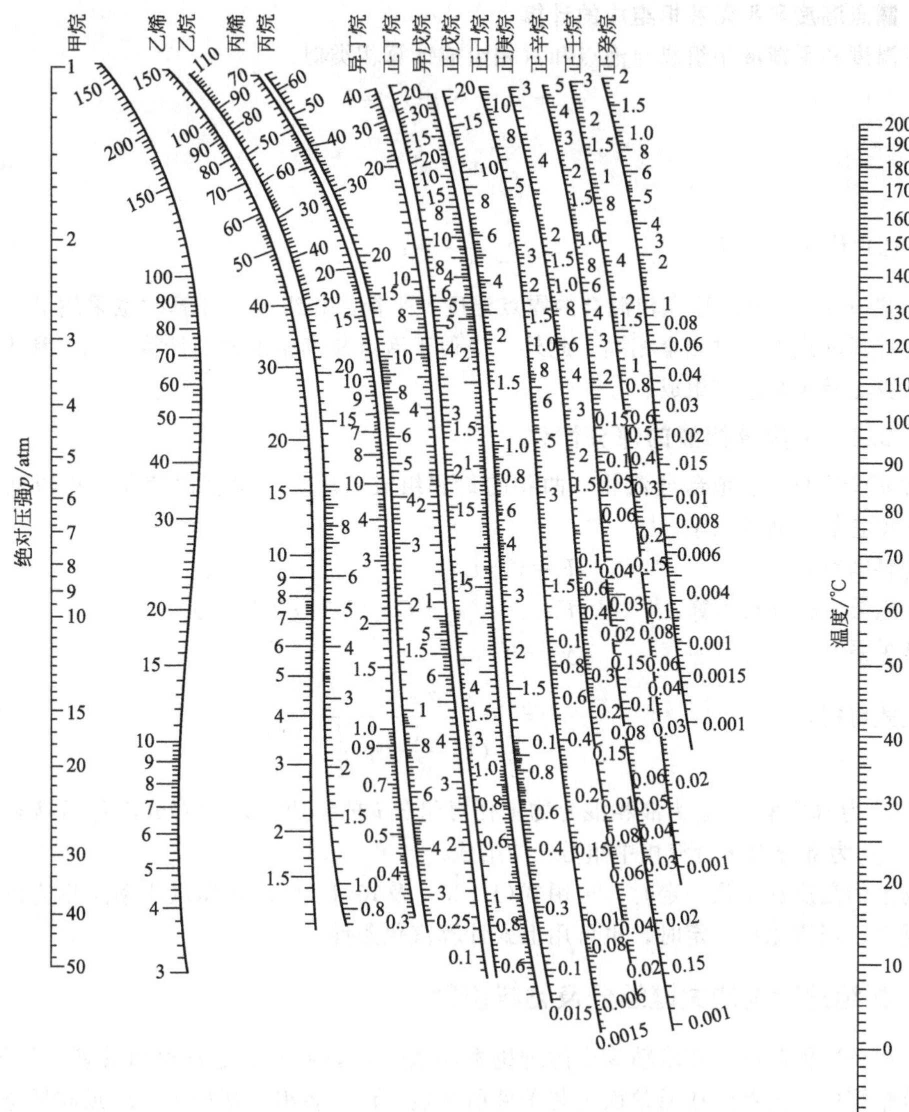

图 1-50　烃类的 p-t-K 图（高温段）

$$y_i = \alpha_{ij}(y_j/x_j)x_i \tag{1-120}$$

由式(1-119) 得：

$$\sum_{i=1}^{n} y_i = (y_j/x_j)\sum_{i=1}^{n}\alpha_{ij}x_i = 1 \tag{1-121}$$

即

$$\frac{y_j}{x_j} = \frac{1}{\sum\limits_{i=1}^{n}\alpha_{ij}x_i} \tag{1-122}$$

将上式代入式(1-120) 得：

$$y_i = \frac{\alpha_{ij}x_i}{\sum\limits_{i=1}^{n}\alpha_{ij}x_i} \tag{1-123}$$

用试差法求解，根据已知的压强和所设的温度，得到相对挥发度，再根据式(1-121) 校核是否满足$\sum y_i = 1$。然后再由式(1-123) 求出汽相组成。

(2) 露点温度和平衡液相组成的计算

露点温度和平衡液相组成与泡点和汽相组成计算相类似。

$$x_1+x_2+\cdots+x_n=1$$

或
$$\sum_{i=1}^{n} x_i=1 \tag{1-124}$$

将式(1-112) 代入上式得：
$$\sum_{i=1}^{n} \frac{y_i}{K_i}=1 \tag{1-124a}$$

利用式(1-124) 可计算汽相混合的露点温度及平衡液相组成。计算时也采用试差法。试差原则与计算泡点温度时完全相同。此外，类似于泡点和汽相组成的计算，也可利用相对挥发度法求露点及平衡液相组成。

1.7.2.4　多组分溶液的部分汽化

将含 n 个组分混合液部分汽化，两相的量和组成随压强和温度而变化，可以通过物料衡算推导出它们之间的关系。

总物料衡算：　$F=V+L$

任一组分 i 的物料衡算：　$Fx_{Fi}=Vy_i+Lx_i \quad (i=1\sim n)$

平衡关系：　$y_i=K_i x_i$

由以上三式可得：
$$y_i=\frac{x_{Fi}}{\frac{V}{F}\left(1-\frac{1}{K_i}\right)+\frac{1}{K_i}} \tag{1-125}$$

式中，V/F 为汽化率；x_{Fi} 为液相混合物中任意组分 i 的组成；x_i 为部分汽化后液相中组分 i 的组成；y_i 为部分汽化后汽相中组分 i 的组成。

当物系的温度和压强一定时，可用式(1-125) 及式(1-119) 计算汽化率及相应汽、液相组成。反之，当汽化率一定时，也可用上式计算汽化条件。

1.7.3　多组分精馏的关键组分及物料衡算

与双组分精馏相同，在求精馏塔的理论板层数时，必须先确定塔顶和塔釜产品的组成。在双组分精馏中，这些组成通常由工艺条件所规定。但在多组分精馏中，塔顶和塔釜产品各组分的组成不能全部规定，一般只能规定其中之一，如规定馏出液中某组分的含量不能高于某一限值，釜液中另一组分的含量不允许高于另一限值，两产品中其他组分的含量都不能任意规定，而要确定它们又十分困难。针对这种情况，为了简化计算，故引入关键组分的概念。

1.7.3.1　关键组分

所谓关键组分，就是在待分离的多组分溶液中，选取两个组分（通常是挥发度相邻的两个组分），它们对多组分分离起着控制作用。其中挥发度高的那个组分称为轻关键组分，为达到分离要求，规定塔底产品中轻关键组分的组成不能大于规定值；挥发度低的称为重关键组分，为达到分离要求，规定塔顶产品中重关键组分的组成不能大于规定值。

轻关键组分是指在进料中比其还要轻的组分（即挥发度更高的组分）及其自身的绝大部分进入馏出液中，而它在釜液中的组成应加以限制。重关键组分是指进料中比其还重的组分（即挥发度更低的组分）及其自身的绝大部分进入釜液中，而它在馏出液的组成应加以限制。以挥发度递减顺序排列分离由组分 A、B、C、D 和 E 所组成的混合液，根据分离要求规定

B为轻关键组分，C为重关键组分。因此，在馏出液中有组分A、B及限量的C，而比C还要重的组分（D及E）在馏出液中只有极微量或不出现。同样，在釜液中有组分E、D、C及限量的B，比B还轻的组分A在釜液中含量极微量或不出现。

此外，有时因相邻的轻、重关键组分之一的含量很低，也可选择与它们邻近的某一组分为关键组分，如上述的组分C含量若很低，就可选择B、D分别为轻、重关键组分。

1.7.3.2 组分在塔顶和塔底产品中的预分配

在多组分精馏中，一般先规定关键组分在塔顶和塔底产品中的组成或回收率，其他组分的分配通过物料衡算或近似估算得到。待求出理论板数后，再核算塔顶和塔底产品的组成。根据各组分间挥发度的差异，可按以下两种情况进行组分在产品中的预分配。

(1) 清晰分割

若选择的两关键组分的挥发度相差较大，且两者为相邻组分，同时分离要求较高，即塔顶重关键组分摩尔分数和塔釜轻关键组分摩尔分数控制的都较低时，可认为比重关键组分还重的组分全部在塔底排出，比轻关键组分还轻的组分全部在塔顶蒸出，这称为清晰分割。实际上，严格说不存在清晰分割，但是在计算中为了使问题简化，把接近清晰分割作为清晰分割处理。

清晰分割时，非关键组分在两产品中的分配可以通过物料衡算求得。

(2) 非清晰分割

若选择的两关键组分不是相邻组分，则塔顶产品含有比重关键组分还重的组分，塔底产品中含有比轻关键组分还轻的组分，这种情况称为非清晰分割。

采用非清晰分割进行计算时，组分在两产品中的分配不能用清晰分割的物料衡算求得，可用芬斯克全回流公式进行估算。估算前先做以下假设：①在任何回流比下操作时，各组分在塔顶产品中的分配情况与全回流操作时的相同；②非关键组分在产品中的分配情况与关键组分的也相同。

多组分精馏时，全回流的芬斯克方程式为：

$$N_{\min}+1=\frac{\lg\left[\left(\frac{x_{\rm l}}{x_{\rm h}}\right)_{\rm D}\left(\frac{x_{\rm h}}{x_{\rm l}}\right)_{\rm W}\right]}{\lg\alpha_{\rm lh}} \tag{1-126}$$

式中，下标l表示轻关键组分；h表示重关键组分。

因 $\left(\frac{x_{\rm l}}{x_{\rm h}}\right)_{\rm D}=\frac{D_{\rm l}}{D_{\rm h}}$ 及 $\left(\frac{x_{\rm h}}{x_{\rm l}}\right)_{\rm W}=\frac{W_{\rm h}}{W_{\rm l}}$

式中，$D_{\rm l}$、$D_{\rm h}$分别为塔顶产品中轻、重关键组分的流量，kmol·h^{-1}；$W_{\rm l}$、$W_{\rm h}$分别为釜底产品中轻、重关键组分的流量，kmol·h^{-1}。

将上两式代入式(1-124)得：

$$N_{\min}+1=\frac{\lg\left[\left(\frac{D_{\rm l}}{D_{\rm h}}\right)\left(\frac{W_{\rm h}}{W_{\rm l}}\right)\right]}{\lg\alpha_{\rm lh}}=\frac{\lg\left[\left(\frac{D}{W}\right)_{\rm l}\left(\frac{W}{D}\right)_{\rm h}\right]}{\lg\alpha_{\rm lh}} \tag{1-127}$$

式(1-127)表示全回流下轻、重关键组分在塔顶和塔底产品中的分配关系。根据前述的假设，式(1-127)也适用于任意组分i和重关键组分之间的分配，即：

$$N_{\min}+1=\frac{\lg\left[\left(\frac{D}{W}\right)_{i}\left(\frac{W}{D}\right)_{\rm h}\right]}{\lg\alpha_{i\rm h}} \tag{1-128}$$

由式(1-127) 及式(1-128) 可得：

$$\frac{\lg\left[\left(\frac{D}{W}\right)_{\mathrm{l}}\left(\frac{W}{D}\right)_{\mathrm{h}}\right]}{\lg\alpha_{\mathrm{lh}}}=\frac{\lg\left[\left(\frac{D}{W}\right)_{i}\left(\frac{W}{D}\right)_{\mathrm{h}}\right]}{\lg\alpha_{i\mathrm{h}}} \tag{1-129}$$

因 $\alpha_{\mathrm{hh}}=1$，$\lg\alpha_{\mathrm{hh}}=0$，故上式可改写为：

$$\frac{\lg\left(\frac{D}{W}\right)_{\mathrm{l}}-\lg\left(\frac{D}{W}\right)_{\mathrm{h}}}{\lg\alpha_{\mathrm{lh}}-\lg\alpha_{\mathrm{hh}}}=\frac{\lg\left(\frac{D}{W}\right)_{i}-\lg\left(\frac{D}{W}\right)_{\mathrm{h}}}{\lg\alpha_{i\mathrm{h}}-\lg\alpha_{\mathrm{hh}}} \tag{1-130}$$

式(1-130) 表示全回流下任意组分在两产品中的分配关系。根据前述的假设，式(1-130) 可用于估算任意回流比下各组分在两产品中的分配。这种估算各组分在塔顶和塔底产品中的分配方法称为亨斯特贝克（Hengstebeck）法。

1.7.4 回流比的确定

在多组分精馏计算中，回流比的确定也是先确定最小回流比，然后考虑各种经济及操作因素确定适宜的回流比。与双组分精馏最小回流比确定不同，多组分精馏过程的最小回流比确定不能用图解法简单地确定，而需要用复杂解析法才能确定。然而，用复杂解析法严格或精确的计算最小回流比非常复杂，一般多采用简化公式估算，下面介绍常用的安德伍德（Underwood）公式，包括以下两个方程：

$$\sum_{i=1}^{n}\frac{\alpha_{ij}x_{\mathrm{F}i}}{\alpha_{ij}-\theta}=1-q \tag{1-131}$$

$$R_{\min}=\sum_{i=1}^{n}\frac{\alpha_{ij}x_{\mathrm{D}i}}{\alpha_{ij}-\theta}-1 \tag{1-132}$$

式中，α_{ij} 为组分 i 对基准组分 j（常取重关键组分）的相对挥发度，可取塔顶和塔底温度下 α 的几何平均值；θ 为式(1-131) 的根，其值介于轻、重关键组分的相对挥发度之间。

若轻、重关键组分为相邻组分，则 θ 只取一个值，$R_{\min}$ 也只有一个；若两关键组分之间有 k 个中间组分，则 θ 可取（$k+1$）个值，$R_{\min}$ 也有（$k+1$）个，设计时可取其平均值作为最小回流比。在求解上述两方程时，需先用试差法由式(1-131) 求出 θ 值，然后再由式(1-132) 求 $R_{\min}$。

应用安德伍德方程的条件为：①塔内汽、液相作恒摩尔流动；②各组分的相对挥发度为常量。

1.7.5 简捷法确定理论板层数

用简捷法计算多组分精馏塔所需理论板层数基本上与双组分精馏相同，是将组分精馏简化分离轻、重关键组分的“双组分精馏”，应用芬斯克方程及吉利兰图求理论板层数。具体计算步骤如下：

① 根据工艺要求确定关键组分；

② 估算各组分在塔顶和塔底产品中的组成和饱和温度，并计算各组分的相对挥发度，可采用清晰分割法处理；

③ 根据塔顶和塔底产品中的轻、重关键组分的组成及其平均相对挥发度，用芬斯克方程式计算最少理论板层数 N；

④ 用安德伍德公式确定最小回流比 $R_{\min}$，再由 $R=(1.1\sim2)R_{\min}$ 的关系选定操作回流

比 R；

⑤ 利用吉利兰图求算理论板层数 N；

⑥ 用求全塔所需理论板的方法计算精馏段所需的理论板数，从而确定加料板位置，若为泡点进料，也可用下面的经验公式计算。

$$\lg\frac{n}{m}=0.206\lg\left[\left(\frac{W}{D}\right)\left(\frac{x_{\mathrm{hF}}}{x_{\mathrm{lF}}}\right)\left(\frac{x_{\mathrm{lW}}}{x_{\mathrm{hD}}}\right)^2\right] \tag{1-133}$$

式中，n 为精馏段理论板层数；m 为提馏段理论板层数（包括再沸器）。

简捷法求理论层数由于未考虑其他组分存在的影响以及忽略了许多因素，误差较大，一般只适用于初步估算或初步设计，用于估计设备和操作费用以及为精确设计提供参考。

1.8 特殊精馏

在化工生产上常常会遇到欲分离组分之间的相对挥发度接近于 1，用前述的一般精馏方法分离这种系统因所需塔板数很多，在经济上不合算；若形成恒沸物系统，在技术上普通精馏无法得到纯组分。因此，需要采用特殊精馏才能完成分离任务。特殊精馏的基本原理是向这类溶液中加入一新组分，通过它对原溶液中各组分的不同作用，改变或增大它们之间的相对挥发度系统变得容易分离。本节介绍几种特殊精馏。

1.8.1 恒沸精馏

恒沸精馏主要用于分离相对挥发度接近 1 及具有最低恒沸点或最高恒沸点恒沸物的物系，它的特点是加入另一组分挟带剂（也称为恒沸剂），与原料液中一个或两个组分形成更低的新的最低恒沸物，增加组分间的相对挥发度，从而从塔顶蒸出，使精馏分离成为“恒沸物-纯组分”的分离。

恒沸精馏分为形成非均相恒沸物及均相恒沸物两大类。前者指加入挟带剂形成的最低恒沸物与原溶液易挥发组分冷凝后液相分层且各液相均为最低恒沸物的精馏；后者指塔顶液相产品不分层，形成均相恒沸物的精馏。

1.8.1.1 非均相恒沸物的恒沸精馏

以苯作为挟带剂分离“乙醇-水”恒沸物的恒沸精馏流程如图 1-51 所示。“乙醇-水”恒沸物及补充的苯加入恒沸精馏塔中，“苯-水-乙醇”生成三元最低恒沸物（含苯 0.539、水 0.233、乙醇 0.228，皆为摩尔分数；恒沸点 64.9℃），并由塔顶蒸出，塔底产品即无水酒精。塔顶蒸气经全凝器 4 凝成液体，一部分回流进恒沸精馏塔 1，其余进入分层器 5。在分层器内凝液分成两层液相。在 20℃时，各液相组成为：上层苯相为苯 0.745（摩尔分数）、乙醇 0.217（摩尔分数）及少量水；下层水相为苯 0.0428（摩尔分数）、乙醇 0.35（摩尔分数）及水。

苯相内苯含量最高，回流入恒沸精馏塔，使加料板以上塔板液相中有足够的苯，以保证操作正常进行。分层器的水相进入苯回收塔 2 中，塔顶仍为三元恒沸物，与恒沸精馏塔的塔顶蒸气汇合，进入全凝器 4；塔底排出稀的“乙醇-水”混合液，作为乙醇回收塔 3 的进料。乙醇回收塔即为无挟带剂的普通乙醇精馏塔，塔底排出水，塔顶产品为“乙醇-水”恒沸物，该恒沸物连同原料液一道加入恒沸精馏塔中。

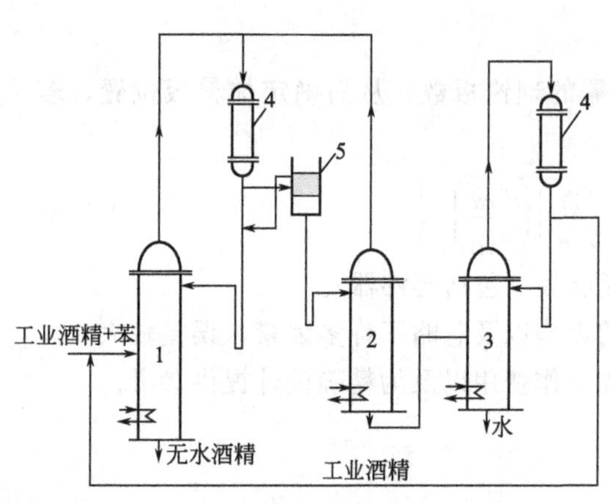

图 1-51 形成非均相恒沸物的恒沸精馏

1—恒沸精馏塔；2—苯回收塔；3—乙醇回收塔；4—全凝器；5—分层器

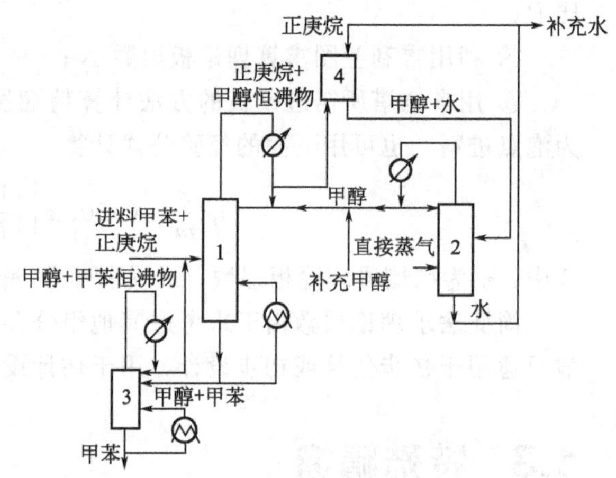

图 1-52 形成均相恒沸物的恒沸精馏

1—恒沸精馏塔；2—甲醇脱水塔；3—脱甲苯塔；4—水洗塔

1.8.1.2 形成均相恒沸物的恒沸精馏

以甲醇挟带剂分离“正庚烷-甲苯”的流程如图 1-52 所示。在三元物系中，甲醇与正庚烷生成的最低恒沸物，恒沸点为 58.8℃；甲醇与甲苯形成的恒沸物，恒沸点为 63.6℃，前者在恒沸精馏塔 1 顶部蒸出，其凝液一部分回流进塔，另一部分引入水洗塔 4，与水逆流接触。由于甲醇完全溶于水而正庚烷在水中溶解度很低，故水洗后可得纯的正庚烷产品，“甲醇-水”溶液则流进甲醇脱水塔中。甲醇脱水塔为普通精馏塔，塔底以直接水蒸气加热，塔顶蒸出的甲醇连同补充甲醇回到恒沸精馏塔 1 塔顶作挟带剂。恒沸精馏塔的塔底产品为“甲醇-甲苯”混合液，该混合液进入脱甲苯塔 3 中，经普通精馏，塔底得纯的甲苯产品，塔顶则得“甲醇-甲苯”恒沸物。该恒沸物随原料液一同作为恒沸精馏塔 1 的加料。

恒沸精馏关键是选择合适的挟带剂，对挟带剂的要求如下：① 挟带剂应能与被分离的组分形成新的恒沸物，与被分离组分的沸点差要大，差 10℃以上较佳；②挟带剂用量尽可能少；③形成新的恒沸液容易分离，有利于挟带剂回收及循环使用；④化学稳定性好、安全，且廉价易得。

1.8.2 萃取精馏

萃取精馏和恒沸精馏相似，对欲分离组分之间的相对挥发度接近于 1 或形成恒沸物的系统，加入挥发性很小的第三组分（称为萃取剂或溶剂），使原有组分的相对挥发度增大，易于用精馏方法分离。例如，在常压下苯的沸点为 80.1℃，环己烷的沸点为 80.73℃，相对挥发度为 0.98，很难用普通精馏方法将其分离。若在苯-环己烷溶液中加入萃取剂糠醛，则溶液的相对挥发度发生显著的变化，如表 1-5 所示。

表 1-5 苯-环己烷溶液中加入糠醛后相对挥发度的变化

溶液中糠醛的摩尔分数	0	0.2	0.4	0.5	0.6	0.7
相对挥发度	0.98	1.38	1.86	2.07	2.36	2.7

根据表 1-5 可知，可通过加入糠醛萃取剂对苯-环己烷溶液进行萃取精馏，其流程如

图1-53所示。原料液从萃取精馏塔1中部进入，萃取剂（糠醛）由塔1顶部加入，使它在每层板上都与苯相接触，塔顶蒸出的为环己烷蒸气。为回收微量的糠醛蒸气，在塔1上部设置回收段2（若萃取剂沸点很高，也可以不设回收段）。塔底釜液为苯-醛混合液，再送入苯分离塔3中。由于常压下苯的沸点为80.1℃，醛的沸点为161.7℃，故两者很容易分离。塔3中釜液为糠醛，可循环使用。在萃取精馏过程中，萃取剂基本上不被汽化，也不会与原料液形成恒沸液，这些都是有异于恒沸精馏的。

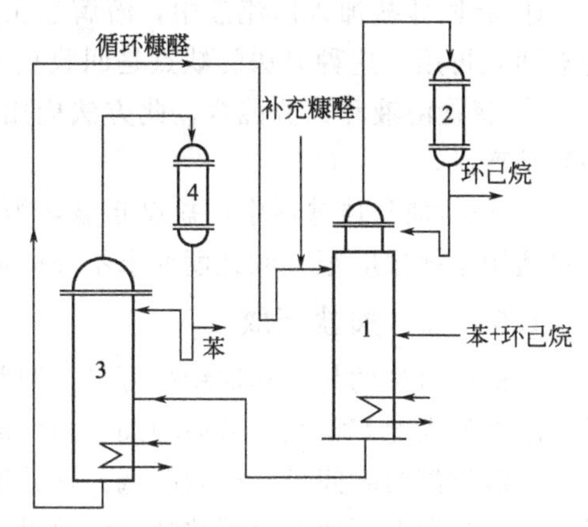

图1-53 苯-环己烷的萃取精馏流程

1—萃取精馏塔；2—萃取剂回收段；3—苯分离塔；4—冷凝器

选择适宜萃取剂是萃取精馏的关键，良好的萃取剂应满足以下条件：①选择性高，即加入的萃取剂应使原组分间相对挥发度发生显著的变化；②挥发性小，即沸点应较高，且不与原组分形成恒沸液，易于回收循环使用；③物理及化学稳定性好，无毒性、无腐蚀性，使用安全；④来源方便，价格低廉。

萃取精馏与恒沸精馏既有相同之处，也有差异，相同之处均是加入第三组分改变被分离组分间的相对挥发度；其差异如下：①可供选择的萃取剂物质较多，故选择余地大；②萃取剂在操作中基本上不汽化，故萃取精馏能耗比恒沸精馏的小；③萃取剂加入量可变动范围较大，操作控制较容易；而适宜的恒沸剂量多为定值，因此操作控制及灵活性比萃取精馏差；④萃取精馏不宜采用间歇精馏，而恒沸精馏则可采用间歇精馏；⑤恒沸精馏操作温度较萃取精馏的低，故恒沸精馏适用于分离热敏性溶液。

1.8.3 熔盐精馏和加盐萃取精馏

1.8.3.1 熔盐精馏

采用固体盐（熔盐）作为分离剂的精馏过程称为熔盐精馏。在相互平衡的两相体系中，加入非挥发的盐，使平衡点发生迁移，称为盐效应。例如在醇-水这种含有氢键的强极性含盐溶液中，盐对汽液平衡的影响是因为盐和溶液组分之间的相互作用。盐可以通过化学亲和力、氢键力以及离子的静电力等作用，与溶液中某种组分的分子发生选择性的溶剂化学反应，生成某种难挥发的缔合物，从而减少了该组分在平衡汽相中的分子数，使其蒸气压降低到相应的水平。对于一般盐来说，水分子的极性远大于醇，盐-水分子间的相互作用也远远超过盐-醇分子，所以可以认为溶剂化学反应主要在盐水之间进行。考虑到溶剂化学反应降低了水的蒸气压，因此醇对水的相对挥发度提高了，从而使醇的汽相分压升高，出现盐析现象。

近年来国内外研究者从关于盐对汽液平衡的影响的研究中得到启示，开发了以溶盐作为分离剂的一种精馏过程的新方法。溶盐精馏有较多优点，例如对乙醇-水体系，由于乙醇-水形成恒沸液，故不能用一般的精馏制取无水乙醇，但加入氯化钙或醋酸钾，就会使乙醇对水的相对挥发度提高，恒沸点消失，容易实现分离而得到无水乙醇。从盐对汽液平衡的影响可以看出，在有些体系中盐对相对挥发度的影响比一般溶剂大得多，在较低的含盐量下，相对挥发度可以提高好几倍。

目前溶盐精馏过程采用的几种方法如下：

① 将固体盐加入回流液中，溶解后由塔顶可以得到纯的产品，塔底得盐的溶液，其中的盐回收再用。这种方法的缺点是回收盐十分困难，要消耗大量热能。

② 将盐溶液和回流混合，此方法应用较为方便，但盐溶液含有塔底组分，在塔顶得不到高纯产品。

③ 把盐加到再沸器中，盐仅起破坏恒沸液的作用，然后用普通蒸馏进行分离。这种方法只适用于盐效应很大或纯度要求不高的情况。

1.8.3.2 加盐萃取

从前面讨论的普通萃取精馏可见，溶剂用量大，通常溶剂料液比均在5～10以上，故能耗和溶剂的损耗都很大，从而增加了操作成本。此外，溶剂用量大还使萃取精馏塔内液体负荷高，液体停留时间短，板效率低。这就增加了所需的实际板数，往往抵消了由于加入溶剂提高相对挥发度而使理论板数减少的效果。加盐萃取精馏是综合了普通萃取精馏和溶盐精馏的优点，把盐加入溶剂而形成新的萃取精馏方法。加盐萃取的特点是用含有溶解盐的溶剂作为分离剂。它一方面利用溶盐提高欲分离组分之间相对挥发度的突出性能，可克服纯溶剂效能差、用量大的缺点；另一方面又能保持液体分离剂容易循环和回收，便于在工业生产上实现的优点。国内近年来已成功地用加盐萃取精馏的方法制取无水乙醇及高纯度的叔丁醇。

习题

1-1 纯正庚烷（A）和纯正辛烷（B）的饱和蒸气压与温度的关系如下：

习题 1-1 附表

温度 t/℃	p_A°/kPa	p_B°/kPa	温度 t/℃	p_A°/kPa	p_B°/kPa	温度 t/℃	p_A°/kPa	p_B°/kPa
98.4	101.3	44.4	110	140.0	64.5	120	180.0	86.6
105	125.3	55.6	115	160.0	74.8	125.6	205.3	101.3

根据表中数据求该溶液在101.3kPa时的温度与组成关系并做出101.3kPa下该溶液的 t-x-y 图。假设此溶液服从拉乌尔定律。 [略]

1-2 利用习题1-1所给的正庚烷和正辛烷的饱和蒸气压数据，计算不同温度下的相对挥发度。再利用算出的相对平均挥发度求此系统的 y-x 平衡数据，并将计算所得的 x、y 数据与习题1-1所得的相应数值作比较。 [略]

1-3 已知乙苯（A）与苯乙烯（B）的饱和蒸气压与温度的关系可按下式计算：

$$\ln p_A^\circ = 16.0195 - \frac{3279.47}{T-59.95},\quad \ln p_B^\circ = 16.0195 - \frac{3328.57}{T-63.72}$$

式中，p° 的单位是mmHg；T 的单位是K。

问：总压为60mmHg（绝压）时，A与B的沸点各为多少？在上述总压和65℃时，该物系可视为理想物系，此物系的平衡汽、液相组成各为多少？

[T_A=61.8℃，T_B=69.7℃，x_A=0.56，x_B=0.44，y_A=0.64，y_B=0.36]

1-4 若苯-甲苯混合液中含苯0.4（摩尔分数），试根据本题中的 t-x-y 关系求：(1) 溶液的泡点温度及其平衡蒸气的瞬间组成；(2) 溶液加热到100℃，这时溶液处于什么状态？各相的量和组成为多少？(3) 该溶液加热到什么温度时才能全部汽化为饱和蒸气？这时蒸气的瞬间组成如何？

习题 1-4 附表

T/℃	80.1	85	90	95	100	105	110.6
x	1.000	0.780	0.581	0.411	0.258	0.130	0
y	1.000	0.900	0.777	0.632	0.456	0.262	0

[(1) $T=95.4$℃，$y_A=0.62$；(2) 汽液混合物，$x_A=0.258$，$y_A=0.456$，汽液摩尔流量之比为 2.54；(3) $T=101.4$℃，$y_A=0.4$]

1-5 某理想物系，平衡时测得汽相易挥发组成是液相的两倍。若将含易挥发组分 50% 的该物系进行平衡蒸馏，控制液化率为 50%，求经分离器上部出来的汽相易挥发组分浓度是原料液含易挥发组分浓度的多少倍？ [4/3]

1-6 用简单蒸馏法分离环氧乙烷与环氧丙烷。其中环氧乙烷为易挥发组分。已知常压下 $\alpha=2.47$，釜内初始混合液浓度 x_F 为 0.50，今欲汽化釜液的 1/2（按物质的量计）。问蒸馏后釜内余下液体的浓度 x_W 是多少？所得汽相产物（馏出液）的平均浓度 $\overline{x}_D$ 可为多少？

[$x_W=0.348$，$\overline{x}_D=0.652$]

1-7 某二元混合液含易挥发组分 0.35，泡点进料，经连续精馏塔分离，塔顶产品浓度 $x_D=0.96$，塔釜产品浓度 $x_W=0.025$（均为易挥发组分的摩尔分数），设满足恒摩尔流假设。试计算塔顶、塔釜产品的采出率及塔顶、塔釜易挥发和难挥发组分的回收率。若回流比 $R=3.2$，泡点回流，写出精馏段与提馏段操作线方程。

[34.8%，65.2%，95.5%，97.8%，$y=0.762x+0.229$，$y'=1.45x'-0.0112$]

1-8 有一二元理想溶液，在连续精馏塔中精馏。原料液组成为 50%（摩尔分数），饱和蒸气进料。原料处理量为 $100\text{kmol}\cdot\text{h}^{-1}$，塔顶、塔底产品量各为 $50\text{kmol}\cdot\text{h}^{-1}$，已知精馏段操作线方程为 $y=0.833x+0.15$，塔釜用间接水蒸气加热，塔顶采用全凝器，泡点回流。试求：(1) 塔顶、塔底产品组成（用摩尔分数表示）；(2) 全凝器中每小时冷凝蒸气量；(3) 提馏段操作线方程；(4) 若全塔平均相对挥发度为 3.0，塔顶第一块板的液相默弗里效率 $E_{ML}=0.6$，求离开塔顶第二块板的汽相组成。

[(1) $x_D=0.9$，$x_W=0.1$；(2) $V=300\text{kmol}\cdot\text{h}^{-1}$；(3) $y=1.25x-0.025$；(4) $y_2=0.825$]

1-9 在一连续精馏塔中分离双组分理想溶液，原料液组成为 0.4（摩尔分数，下同），塔顶馏出液组成为 0.95。回流比为最小回流比的 1.5 倍。每千摩尔原料液变为饱和蒸气所需的热量等于原料液的千摩尔汽化潜热的 1.2 倍。操作下的平均相对挥发度为 2.0，塔顶冷凝器为全凝器。试求操作过程的回流比和由第二块理论板上升的汽相组成（理论板序号自塔顶往下编号）。 [3.7，0.914]

1-10 某连续精馏操作中，已知操作线方程如下：

精馏段：$y=0.723x+0.263$

提馏段：$y=1.25x-0.0187$

若原料液于露点温度下进入塔中，试求原料液、馏出液和釜残液的组成及回流比。

[$x_F=0.65$，$x_D=0.95$，$x_W=0.0748$，$R=2.61$]

1-11 在一常压连续精馏塔中分离某二元理想溶液，料液组成 $x_F=40\%$，进料为汽、液混合物，其摩尔比为汽：液=2：3，要求塔顶产品中含轻组分 $x_D=97\%$，釜液组成 $x_W=2\%$（以上均为摩尔分数），该系统的相对挥发度为 $\alpha=2.0$，回流比 $R=1.8R_{min}$。试求：

(1) 塔顶轻组分的回收率；(2) q 线方程；(3) 最小回流比；(4) 提馏段操作线方程。

[(1) $\eta=0.97$；(2) $y=-1.5x+1$；(3) $R_{\min}=2.81$；(4) $y=1.3x-0.006$]

1-12 用常压连续精馏塔分离苯的摩尔分数为 0.44 苯与甲苯混合液，要求塔顶产品苯的摩尔分数不低于 0.975，塔釜产品苯的摩尔分数不高于 0.0235，进料为冷液（$q=1.38$），塔顶设有全凝器，液体在泡点下进行回流，操作过程的回流比取其最小值的 1.39 倍。已知苯和甲苯在塔不同位置的饱和蒸气压如附表 1-12 所示，汽液平衡关系可表示为 $y=\dfrac{2.47x}{1.47x+1}$。用简捷法求理论板层数。

习题 1-12 附表 苯和甲苯在塔不同位置的饱和蒸气压

组分	塔顶/mmHg	进料口/mmHg	塔釜/mmHg
苯	780	1100	1700
甲苯	300	450	730

[15]

1-13 在一连续精馏塔中处理平均相对挥发度为 2.5 的二元理想混合物。回流比为 3，塔顶馏出液组成为 0.96（摩尔分数，下同）。试求从塔顶算起精馏段相邻三层塔板中位于中间那层塔板的汽相板效率。已知离开中间板的液相组成为 0.4，离开中间板上一层板的液相组成为 0.45。 [44%]

1-14 有一精馏塔，已知塔顶馏出液组成 $x_D=0.97$（摩尔分数），回流比 $R=2$，塔顶采用全凝器，泡点回流，其汽液平衡关系为 $y=\dfrac{2.14x}{1+1.14x}$，求从塔顶数起离开第一块板下降的液体组成 x_1 和离开第二块板上升的汽相组成 y_2。 [$x_1=0.938$，$y_2=0.95$]

1-15 一常压连续精馏塔分离某二元理想混合液，已知塔顶为泡点回流，进料为饱和液体，其组成为 0.46（易挥发组分的摩尔分数，下同），该系统的相对挥发度为 $\alpha=2.5$。测得精馏段第 n 块塔板（实际板，下同）的气、液相组成分别为 $y_n=0.83$，$x_n=0.70$，相邻上层塔板的液相组成为 $x_{n-1}=0.77$，相邻下层塔板的气相组成为 $y_{n+1}=0.78$，试求：(1) 精馏段操作线方程；(2) 最小回流比；(3) 精馏段第 n 块塔板的汽相默弗里效率 $E_{MV,n}$。

[(1) $y=0.714x+0.28$；(2) $R_{\min}=1.364$；(3) $E_{MV,n}=67.6\%$]

1-16 在常压连续精馏塔中分离某二元混合物，该混合物中易挥发组分的摩尔分数为 36%，进料量为 $1000\text{kmol}\cdot\text{h}^{-1}$，饱和蒸气进料。已知混合物的相对挥发度为 3，塔釜用间接水蒸气加热，塔顶采用全凝器，泡点回流，回流比为 3.2。要求塔顶产品中易挥发组分的回收率为 92%，且塔顶产品中易挥发组分的摩尔分数要达到 90%。试求：(1) 该塔精馏段的操作线方程；(2) 塔顶产品量、精馏段和提馏段的上升蒸气量；(3) 提馏段的操作线方程；(4) 若离开由塔顶数起的第一块塔板的液相实际组成为 0.825，求该塔板的液相板效率 E_{ML}；(5) 若组分的摩尔汽化热为 $32000\text{kJ}\cdot\text{kmol}^{-1}$，加热蒸气的汽化热为 $39800\text{kJ}\cdot\text{kmol}^{-1}$，再沸器的热负荷和蒸气的消耗量；(6) 若塔顶全凝器冷却水进、出口温度分别为 22℃和 45℃，全凝器的热负荷和冷却水消耗量。

[(1) $y=0.762x+0.214$；(2) $D=368\text{kmol}\cdot\text{h}^{-1}$，$V=1545.6\text{kmol}\cdot\text{h}^{-1}$，$V'=545.6\text{kmol}\cdot\text{h}^{-1}$；(3) $y=2.158x-0.053$；(4) $E_{ML}=50\%$；(5) $Q=1.75\times10^7\text{kJ}\cdot\text{h}^{-1}$，$W_h=438.7\text{kmol}\cdot\text{h}^{-1}$；(6) $Q=4.95\times10^7\text{kJ}\cdot\text{h}^{-1}$，$W_C=28556.3\text{kmol}\cdot\text{h}^{-1}$]

1-17　拟设计分离苯、甲苯的常压精馏塔，进料流量 $F=157\text{kmol}\cdot\text{h}^{-1}$，饱和液体进料，料液中含苯 $x_F=0.3$（摩尔分数，下同），要求塔顶产品组成为 $x_D=0.95$，塔顶苯的回收率不低于 99%，回流比取其最小回流比的 1.5 倍。测得再沸器内压强为 131.7kPa，传热面积为 50m^2，总传热系数 $K=6000\text{kJ}\cdot\text{m}^{-2}\cdot\text{h}^{-1}\cdot℃^{-1}$，求：(1) 塔底产品 x_W；(2) 最小回流比 R_{min} 和实际回流比 R；(3) 塔釜上升蒸气量 V' 及再沸器的加热蒸气温度 t_s。

已知溶液的平均汽化潜热 $r=30400\text{kJ}\cdot\text{kmol}^{-1}$，相对挥发度 $\alpha=2.46$，甲苯的饱和蒸气压与温度 t 的关系为 $\lg p_B^\circ=6.078-1343.94/(t+219.58)$。式中，$p_B^\circ$ 单位为 kPa，t 单位为℃。

[(1) $x_W=0.0042$；(2) $R_{min}=2.05$，$R=3.075$；(3) $V'=200.1\text{kmol}\cdot\text{h}^{-1}$，$t_s=140.2℃$]

思考题

1-1　压强对 t-x-y 图或 y-x 图有何影响？

1-2　试解释为什么相对挥发度 $\alpha=1$ 时，溶液中各组分无法用精馏的方法分离。

1-3　进料流量、组成对塔板层数有何影响？为什么？

1-4　冷液回流对塔板层数、塔顶馏出液组成有何影响？

1-5　不同的进料热状况对塔的操作、塔板数有何影响？通常如何选择进料的热状况？

1-6　生产上如何考虑进料位置，应如何设置进料口？

1-7　试解释为什么在处理对象、操作条件和分离要求相同的情况下，全回流所需的理论塔板数最少？

1-8　直接蒸气加热对塔板数、塔的操作是否有影响，在何种情况下选择直接蒸气加热？

1-9　连续精馏操作，原为泡点进料，现因故导致料液温度下降。若进料浓度、回流比、塔顶采出率以及进料位置均保持不变，试分析塔釜加热量和塔顶易挥发组分浓度将如何变化。

1-10　实际回流比应如何确定，回流比大或小对操作和塔板数有何影响？最小回流比如何确定？

1-11　萃取精馏和恒沸精馏适用于哪些系统，请简述两者的共同与不同之处。

1-12　精馏过程除了用板式塔外，能否用其他类型的塔？

1-13　塔内的压强和温度是如何变化的？

1-14　采用真空精馏，当真空度下降，产品的组成如何变化？

第 2 章

吸 收

气体混合物是化工生产过程中所要处理的混合物之一，为达到一定的生产目的，常常需要将气体混合物中的一个组分或几个组分加以分离。分离气体混合物的方法有多种，既有较传统的吸收、吸附、深度冷冻等方法，也有较新型的膜分离方法等，不同的分离方法依据不同的分离原理。

吸收是化工生产中分离气体混合物最常用的分离操作，其分离依据是利用气体混合物的各组分在某种液体中的溶解度差异，将混合物与该液体接触，易溶的组分较多地溶于液体形成溶液，而不溶或难溶于液体的组分全部或较多地留在气相中，实现气体混合物组分间的分离。一般而言，吸收适合于气体混合物处理量大而分离要求不算很高的场合。

吸收操作所用的液体称为吸收剂或溶剂，以 S 表示；气体混合物中，被溶解吸收的组分称为吸收质或溶质，以 A 表示；不被溶解吸收的组分称为惰性组分或载体，以 B 表示。溶剂吸收溶质得到的溶液称为吸收液或溶液，排出的气体称为吸收尾气，其成分主要是惰性气体 B 和未溶解的残余溶质。

吸收剂通常需要循环再利用，因此，吸收操作流程往往包括溶质吸收和吸收剂解吸两部分。图 2-1 所示为回收焦炉气中粗苯的一种吸收操作流程。以洗油作为吸收剂从塔顶淋入，焦炉气由吸收塔底进入，与洗油在吸收塔内形成逆流接触；焦炉气中的粗苯组分溶解于洗油中，形成含较多粗苯的富油，由塔底排出；塔顶排出尾气（净化气体），由吸收塔出来的富油进入解吸塔进行解吸操作，以分离出富油中的苯并使洗油能够循环使用。解吸操作过程中，先将富油加热至约 170℃后从解吸塔顶淋下，塔底通入过热水蒸气。洗油中的苯在高温下释放并被水蒸气带走，一道进入冷凝分层器并得到粗苯液体，而脱除粗苯的洗油（称贫油）经冷却后送入吸收塔循环使用。

由吸收操作流程可知，吸收过程中的溶质是溶于吸收剂的，不能直接分离出较纯净的溶质组分，还需经过再次的分离操作（例如解吸、精馏等）才能获得。

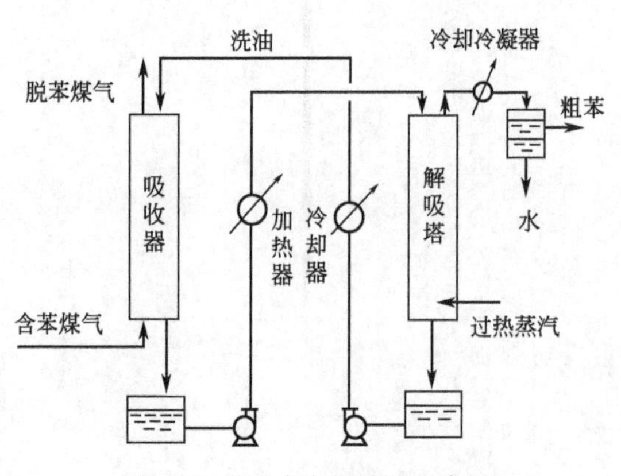

图 2-1　吸收与解吸流程示意图

化工生产中的吸收操作可以达到以下几种目的。

① 回收气体混合物中的组分。例如，用水作吸收剂分离合成氨厂的排放气，以回收其中的氨；用液态烃处理石化厂的石油裂解气，以回收其中的乙烯、丙烯；用洗油处理焦炉气，以回收其中的芳烃物等。

② 净化原料混合气。例如，在合成氨工业中，用水或碱液脱除原料气中的二氧化碳，使氨合成的原料气得以净化。

③ 去除气体混合物中的有害成分。例

如，为避免污染大气，用水对工业排放废气中的二氧化硫、二氧化氮进行吸收。

④ 制备某种气体的溶液。例如，用水吸收氯化氢以制取盐酸、吸收甲醛以制备福尔马林溶液等。

在一些为环保目的所进行的吸收操作中，往往在净化排放气的同时，有用组分也得到回收利用。

吸收过程如果以溶质的物理溶解为主，溶质与吸收剂不发生明显的化学反应，则称该吸收过程为物理吸收，如洗油吸收粗苯；如果溶质与溶剂发生明显的化学反应，则称为化学吸收，如用碱液吸收 CO_2。

气体混合物中只有单一组分进入液相，称为单组分吸收；有两个或多个组分进入液相，则称为多组分吸收。例如，合成氨原料气含有 N_2、H_2、CO 及 CO_2 等多种成分，明显溶于水的只有 CO_2，属于单组分吸收；焦炉气中的苯、甲苯、二甲苯等组分都明显溶于洗油，属于多组分吸收。

若吸收过程伴随有溶解热或反应热的释放，而且导致吸收液相温度升高，则称这样的吸收过程为非等温吸收。吸收过程没有溶解热或反应热的，称为等温吸收。对于有热效应但没有导致体系温度显著升高的过程，可认为是等温过程。广义而言，只要吸收过程产生的热量能被及时引出使液相温度维持基本不变，也应按等温吸收处理。

对吸收操作的讨论主要围绕以下几方面进行：①了解吸收过程进行的方向与极限；②确定完成一定分离任务所需要的吸收剂用量；③对于既定的分离物系和分离要求，确定吸收塔的相关尺寸；④分析吸收塔分离特定的气体混合物所能达到的分离效率。以上问题的论述主要涉及溶质在气、液两相中的平衡关系、物料衡算、吸收机理与吸收过程速率等。

本章将着重介绍单组分等温物理吸收的原理与计算。对高浓度气体吸收、非等温吸收、多组分吸收及化学吸收的原理和计算作概略介绍。

2.1 吸收过程的气液相平衡

气液相平衡关系是判断溶质在相间传递的方向、极限以及确定传质过程推动力的依据。在气体吸收中，以气体在液体中的溶解度反映气液相平衡关系。此外，在总压不太高时，溶质溶于液体形成的稀溶液，其气液相平衡关系符合亨利稀溶液定律。

2.1.1 气体的溶解度

在恒定的温度与压强下，使气体混合物与一定量的吸收剂接触，当气相中溶质的实际分压高于与液相成平衡的溶质分压时，溶质便由气相向液相转移，溶质的实际分压逐渐降低，液相中的溶质浓度将逐渐增加，只要两相接触足够充分，液相浓度将最终达到饱和状态。此时的状态称为相际动平衡，简称相平衡或平衡。平衡状态下气相中溶质的分压称为平衡分压，液相中的溶质浓度称为平衡浓度或饱和浓度，简称溶解度，习惯上常以单位质量（或体积）的液体中所含溶质的质量来表示溶解度的大小。

气体溶质溶解度表明一定条件下溶质在液体中的溶解极限，也是吸收过程所能达到的极限。溶解度与物系的温度、压强及该溶质在气相中的浓度密切相关，随相平衡条件的改变而改变。对于由 A、B、S 构成的单组分物理吸收气、液两相体系，组分数 $C=3$，相数 $\phi=2$，根据相律可知其自由度数 F 为：

$$F=C-\phi+2=3-2+2=3$$

即在体系的温度 T、压强 p 以及气相组成 y、液相组成 x 四个变量中，独立变量只有三个，在温度和总压一定的条件下，气液相平衡时，溶质在液相中的溶解度（平衡浓度）取决于它在气相中的组成（浓度）。

实验表明，温度对溶解度影响显著，而在总压不太高（一般约小于 500kPa）时，总压对多数体系的溶解度影响极小，但与溶质在气相中的分压关系密切，可以认为只取决于分压。

溶解度一般通过实验来测定，图 2-2～图 2-4 为常压和不同温度下，氨、二氧化硫和氧在水中的溶解度曲线。各图均反映出溶解度随温度的升高而降低。

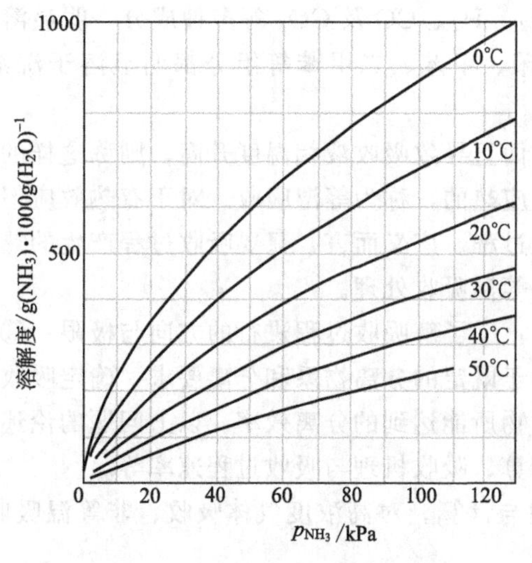

图 2-2 氨在水中的溶解度曲线

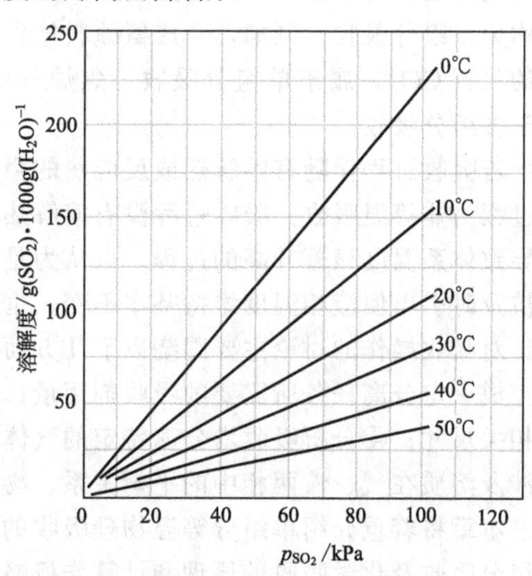

图 2-3 二氧化硫在水中的溶解度曲线

同一种溶剂对于不同气体的溶解度通常是不同的，其溶解度差异有大有小。从图 2-2～图 2-4 可以看出，在溶质分压同为 20kPa 和温度 20℃下，氨、二氧化硫和氧在水中的溶解度存在很大差异，分别为 $170g(NH_3)\cdot kg(H_2O)^{-1}$、$22g(SO_2)\cdot kg(H_2O)^{-1}$ 和 $0.009g(O_2)\cdot kg(H_2O)^{-1}$。表明其中的氨最易溶于水，氧最难溶于水。可见，欲得到同样浓度的溶液，对易溶气体所需的分压较低，而对难溶气体所需的分压则较高。换言之，对于一定浓度的溶液，易溶气体溶液上方的平衡分压小，而难溶液体上方的平衡分压大。

由溶解度曲线所表现出的规律性可以得知，加压和降温有利于吸收操作，而升温和减压则有利于解吸过程。

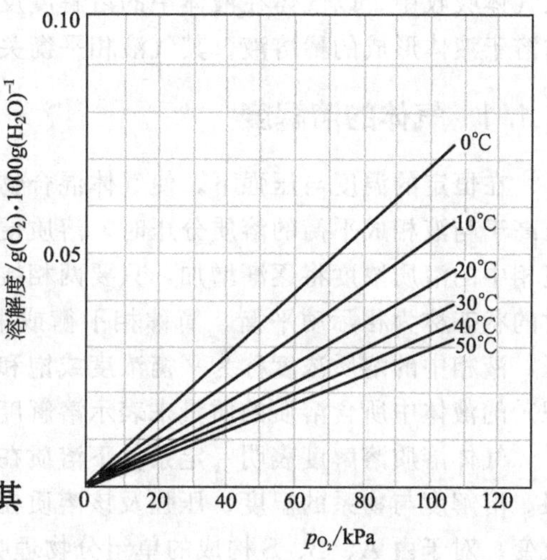

图 2-4 氧在水中的溶解度曲线

2.1.2 亨利定律

2.1.2.1 亨利（Henry）定律的描述及其基本表达式

对于稀溶液或难溶气体，在温度一定且

总压不大（一般不超过 500kPa）的情况下，达到相平衡时，溶质在气相中的分压与该溶质在液相中的浓度成正比关系。这一关系称为亨利定律。其数学的基本表达式如下：

$$p^{*}=Ex \tag{2-1}$$

式中，p^{*} 为溶质在气相中的平衡分压，kPa；x 为溶质在液相中的摩尔分数；E 为亨利系数，kPa。

亨利系数 E 越大表明溶解度越小，其值随物系的特性和体系的温度而异。在同一溶剂中，难溶气体的 E 值大，而易溶气体的 E 值小。对一定的气体与一定的溶剂所构成的确定体系，亨利系数 E 值随该体系的温度升高而增大，体现了气体溶解度随温度升高而减少的变化趋势。

亨利系数值由实验测定。常见物系的亨利系数值可以从有关手册中查得。表 2-1 是一些气体水溶液的亨利系数。

表 2-1 一些气体水溶液的亨利系数

气体	温度/℃															
	0	5	10	15	20	25	30	35	40	45	50	60	70	80	90	100
	$E\times10^{-6}$/kPa															
H_2	5.87	6.16	6.44	6.70	6.92	7.16	7.39	7.52	7.61	7.70	7.75	7.75	7.71	7.65	7.61	7.55
N_2	5.35	6.05	6.77	7.48	8.15	8.76	9.36	9.98	10.5	11.0	11.4	12.2	12.7	12.8	12.8	12.8
空气	4.38	4.94	5.56	6.15	6.73	7.30	7.81	8.34	8.82	9.23	9.59	10.2	10.6	10.8	10.9	10.8
CO	3.57	4.01	4.48	4.95	5.43	5.88	6.28	6.68	7.05	7.39	7.71	8.32	8.57	8.57	8.57	8.57
O_2	2.85	2.95	3.31	3.69	4.06	4.44	4.81	5.14	5.42	5.70	5.96	6.37	6.72	6.96	7.08	7.10
CH_4	2.27	2.62	3.01	3.41	3.81	4.18	4.55	4.92	5.27	5.58	5.85	6.34	6.75	6.91	7.01	7.10
NO	1.71	1.96	2.21	2.45	2.67	2.91	3.14	3.35	3.57	3.77	3.95	4.24	4.44	4.54	4.58	4.60
C_2H_6	1.28	1.57	1.92	2.90	2.66	3.06	3.47	3.88	4.29	4.69	5.07	5.72	6.31	6.70	6.96	7.01
	$E\times10^{-5}$/kPa															
C_2H_4	5.59	6.62	7.78	9.07	10.3	11.6	12.9	—	—	—	—	—	—	—	—	—
N_2O	—	1.19	1.43	1.68	2.01	2.28	2.62	3.06	—	—	—	—	—	—	—	—
CO_2	0.738	0.888	1.05	1.24	1.44	1.66	1.88	2.12	2.36	2.60	2.87	3.46	—	—	—	—
C_2H_2	0.73	0.85	0.97	1.09	1.23	1.35	1.48	—	—	—	—	—	—	—	—	—
Cl_2	0.272	0.334	0.339	0.461	0.537	0.604	0.669	0.74	0.80	0.86	0.90	0.97	0.99	0.97	0.06	—
H_2S	0.272	0.319	0.372	0.418	0.489	0.552	0.617	0.686	0.755	0.825	0.689	1.04	1.21	1.37	1.46	1.50
	$E\times10^{-4}$/kPa															
SO_2	0.167	0.203	0.245	0.294	0.355	0.413	0.485	0.567	0.661	0.763	0.871	1.11	1.39	1.70	2.01	—

亨利定律只适用于稀溶液（理想溶液除外），在液相溶质浓度很低的情况下，亨利系数是常数。值得指出的是，在同一种溶剂中，不同的气体维持其亨利系数为常数的浓度范围是不同的。对于某些较难溶解的系统来说，当溶质分压不超过 1×10^{5}Pa，恒定温度下的 E 值可视为常数。当分压超过 1×10^{5}Pa 后，E 值是温度和溶质分压的函数。

理想溶液符合拉乌尔定律 $p^{*}=p^{\circ}x$，同时，在压强不高和温度恒定的条件下，理想溶液的 p^{*}-x 关系在整个浓度范围内都符合亨利定律 $p^{*}=Ex$，此时 E 值等于该温度下溶质纯态时的饱和蒸气压 p°。

2.1.2.2 亨利定律的其他表达形式

根据气、液相组成的表示方法不同，亨利定律也就有不同的表达形式。

(1) 以溶解度系数表示的亨利定律

若溶质 A 在液相中的组成以体积摩尔浓度 c 表示，则亨利定律可写成如下形式：

$$p^*=\frac{c}{H} \tag{2-2}$$

式中，p^* 为溶质 A 在气相中的平衡分压，kPa；c 为溶质 A 在单位体积溶液中的物质的量，即溶液的摩尔浓度，kmol · m^{-3}；H 为溶解度系数，kmol · m^{-3} · kPa^{-1}。

溶质 A 在液相中的体积摩尔浓度 c 与溶质 A 在液相中的摩尔分数 x 的关系如下：

$$c=c_m x \tag{2-3}$$

式中，c_m是单位体积溶液的总物质的量，称为溶液体积总摩尔浓度，kmol · m^{-3}。

将式(2-3) 代入式(2-2) 得到：

$$p^*=c_m x/H$$

将上式与式(2-1) 比较，可知：

$$H=c_m/E \tag{2-4}$$

溶液体积总摩尔浓度 c_m与溶液密度 ρ_m以及溶液摩尔质量 M_m三者间的关系如下：

$$c_m=\rho_m/M_m \tag{2-5}$$

对于稀溶液，因为溶剂的密度 $\rho_S \approx \rho_m$，溶剂的摩尔质量 $M_S \approx M_m$，故式(2-4) 可写成：

$$H \approx \rho_S/(EM_S) \tag{2-6}$$

与亨利系数 E 相反，H 越大表明溶解度越大，易溶气体的 H 值大，难溶气体的 H 值小。溶解度系数 H 也是温度的函数，H 值随体系的温度升高而降低。

(2) 以相平衡常数表示的亨利定律

若溶质 A 在液相和气相中的浓度分别用摩尔分数 x 及 y 表示，亨利定律可写成如下形式：

$$y^*=mx \tag{2-7}$$

式中，x 为溶质 A 在液相中的摩尔分数；y^* 为与浓度为 x 的液相达到平衡时的气相溶质摩尔分数；m 为相平衡常数，无量纲。

若系统总压为 P，则由理想气体的道尔顿分压定律 $p=Py$ 可得：

$$p^*=Py^* \tag{2-8}$$

将上式代入式(2-1) 可得：

$$Py^*=Ex \qquad y^*=Ex/P$$

将此式与式(2-7) 相比较，可知：

$$m=E/P \tag{2-9}$$

相平衡系数 m 值的大小同样也能反映气体溶解度的大小，m 值越大，表明该气体的溶解度越小。由式(2-9) 可以看出，相平衡系数 m 是温度和压强的函数，对于一定的物系，降低体系温度提高总压将使 m 值变小，有利于吸收操作。

当气相中惰性组分不溶或极少溶于液相，溶剂又没有明显的挥发现象时，可认为惰性组分 B 的流量和液相中溶剂 S 的流量在吸收过程中保持不变，此时，在吸收计算中采用摩尔比 Y 和 X 分别表示气、液两相溶质的组成会使计算方便些。摩尔比的定义如下：

$$X=\frac{\text{液相中溶质 A 的物质的量(mol)}}{\text{液相中溶剂 S 的物质的量(mol)}}=\frac{x}{1-x} \tag{2-10}$$

$$Y=\frac{\text{气相中溶质 A 的物质的量(mol)}}{\text{气相中惰性组分 B 的物质的量(mol)}}=\frac{y}{1-y} \tag{2-11}$$

由上两式可知：

$$x=\frac{X}{1+X} \tag{2-12}$$

$$y=\frac{Y}{1+Y} \tag{2-13}$$

则以摩尔比 Y 和 X 分别表示溶质 A 在气、液相的组成时，亨利定律可写成如下形式：

$$\frac{Y^*}{1+Y^*}=m\frac{X}{1+X} \tag{2-14}$$

整理后得到：

$$Y^*=\frac{mX}{1+(1-m)X} \tag{2-15}$$

对低浓度吸收过程，上式可简化为：

$$Y^*\approx mX \tag{2-16}$$

式(2-16) 是亨利定律又一种表达形式，它表明当液相中溶质浓度足够低时，平衡关系在 X-Y图中可近似地表示成一条通过原点的直线，其斜率为 m。

亨利定律所描述的是互成平衡的气、液两相组成间的关系，故亨利定律也可写成以下形式：

$$\begin{aligned} x^* &= p/E \\ c^* &= Hp \\ x^* &= y/m \\ X^* &= Y/m \end{aligned} \tag{2-16a}$$

根据已知的气相组成可以计算出与该气液相平衡的液相组成。

【例 2-1】 某混合气体中含有 H_2S 2%（摩尔分数），混合气体的温度为 20℃，常压操作。已知 20℃时 H_2S 水溶液的亨利系数 $E=4.893\times10^4$kPa，试求溶解度系数 H 及相平衡常数 m，并计算 100g 的水最多可溶解多少克 H_2S。

解　根据溶解度系数和亨利系数之间的关系式得

$$H=\frac{\rho_S}{EM_S}=\frac{1000}{4.893\times10^4\times18}=1.14\times10^{-3}\text{kmol}\cdot\text{m}^{-3}\cdot\text{kPa}^{-1}$$

根据相平衡常数和亨利系数之间的关系式得

$$m=\frac{E}{P}=\frac{4.893\times10^4}{101.33}=483$$

根据亨利定律，溶质 H_2S 在液相中的摩尔分数为

$$x^*=\frac{y}{m}=\frac{0.02}{483}=4.14\times10^{-5}$$

根据上述液相中的浓度可计算每 100g 的水最多可溶解的 H_2S 为

$$4.14\times10^{-5}\times34\div18\times100=0.00782\text{g}(H_2S)\cdot[100\text{g}(H_2O)]^{-1}$$

2.1.3　气液相平衡在吸收过程的应用

① 判断溶质在气、液相间的传递方向　因为只有当气相中溶质的实际分压高于平衡分压时，溶质才能由气相向液相转移，所以，通过计算气相中溶质的实际分压并与平衡分压比较，便能判断溶质在气、液相间的传递方向。

② 判断溶质在气、液相间的传递极限　当气、液两相达到平衡时，实际分压等于平衡分压，气相中溶质向液相转移的净流率为零，此时的液相浓度是吸收过程所能达到的极限浓

度，所以相平衡关系是溶质在气、液两相间传递极限的判断依据。

③ 确定传质过程推动力大小　实际浓度与其平衡浓度存在差距是传质得以进行的前提，两者的差距称为传质过程推动力，其大小直接影响到传质过程速率的快慢，差值越大，传质过程速率就越快。推动力的表示有多种形式，例如，$(y-y^*)$ 称为以气相组成差表示的吸收总推动力，$(x-x^*)$ 称为以液相组成差表示的吸收总推动力等。

2.1.4 吸收剂的选择

吸收剂的选择是决定吸收操作效果是否良好的第一步。在选择吸收剂时，应根据具体的情况依照以下的原则加以考虑。

① 吸收剂对于溶质应具有较大的溶解度，溶解度大可提高吸收速率并减少吸收剂使用量，从而降低了吸收剂的回收成本。为便于吸收剂的回收再利用，应选择溶解度随操作条件改变有显著差异的吸收剂。

② 选择性要好，吸收剂对气体混合物中的溶质组分要有良好的溶解度，而对其他组分的溶解度应小。

③ 挥发度要小，挥发度小则吸收剂在吸收过程的损失量小，所以要选择操作温度下蒸气压低的吸收剂。

④ 操作温度下吸收剂的黏度要低，这样可以改善吸收塔内的流动状况，利于气、液的接触，从而提高吸收速率，减少输送阻力。

⑤ 选用的吸收剂还应尽可能无毒性、无腐蚀性、不易燃、不发泡、冰点低、价廉易得，并具有化学稳定性。

2.2 吸收过程的传质动力学

气液相平衡关系解释了吸收的方向和极限，而吸收过程的速率则由传质动力学解释。吸收操作是溶质从气相转移到液相的过程，该过程包含了溶质在单一相内的传递和两相间的传递。其中的传递规律是不同的，有着各自的传质机理特点。下面分别讨论物质在单一相内传递和在两相间传递的机理。

2.2.1 物质在单一相内的传递机理

物质在同一相流体中的传递是依靠分子扩散与涡流扩散实现的，由于流体分子无规则热运动而引起的物质传递称为分子扩散，由于流体质点的湍动和旋涡而引起的物质传递称为涡流扩散。

2.2.1.1 分子扩散与费克定律

当同一相流体内部存在浓度差异，便会发生分子扩散，使得物质在相内发生转移，直至流体内部各处浓度均匀。分子扩散过程进行的快慢可用扩散通量来量度，扩散通量为单位时间内单位扩散面积上所扩散的物质量，其单位为 $\mathrm{kmol \cdot m^{-2} \cdot s^{-1}}$。

在由 A、B 组成的混合物中，物质 A 在介质 B 中发生分子扩散时，其扩散通量与扩散方向上物质 A 的浓度梯度成正比，其数学表达式为：

$$J_A = -D_{AB}\frac{dc_A}{dz} \tag{2-17}$$

式中，J_A为物质 A 在 z 方向上的分子扩散通量，$kmol \cdot m^{-2} \cdot s^{-1}$；$\frac{dc_A}{dz}$为物质 A 在 z 方向上的浓度梯度，$kmol \cdot m^{-4}$；D_{AB}为物质 A 在介质 B 中的分子扩散系数，$m^2 \cdot s^{-1}$。

式(2-17) 称为费克（Fick）定律。式中负号表示扩散方向指向物质 A 的浓度降低方向。

同理，物质 B 在介质 A 中发生分子扩散时的费克定律数学表达式为：

$$J_B = -D_{BA}\frac{dc_B}{dz}$$

对于双组分气体混合物，只要系统总压不太高且各处温度均匀，则有 $J_A = -J_B$，证明如下。

在由 A、B 两种组分构成的气体混合物中，在系统总压 p 不太高各处温度均匀时，气体混合物可视为理想气体，且混合物中各处的 A、B 分子之和相等，则有：

$$c_n = \frac{n}{V} = \frac{p}{RT} = 常数$$

$$c_n = \frac{n_A}{V} + \frac{n_B}{V} = c_A + c_B = 常数$$

式中，c_n为气体混合物的体积总摩尔浓度；c_A、c_B分别为组分 A 和组分 B 的体积摩尔浓度。对上式求导：

$$\frac{dc_n}{dz} = \frac{dc_A}{dz} + \frac{dc_B}{dz} = 0$$

所以

$$\frac{dc_A}{dz} = -\frac{dc_B}{dz} \tag{2-18}$$

若组分 A、B 在混合物中的浓度随位置不同而变化，则组分 A、B 的浓度梯度$\frac{dc_A}{dz}$、$\frac{dc_B}{dz}$不为零，又因为气体混合物中各处的 A、B 分子之和相等，必然导致组分 A 沿 z 方向的扩散通量等于组分 B 沿 z 相反方向的扩散通量，即：

$$J_A = -J_B \tag{2-19}$$

根据费克定律：

$$J_A = -D_{AB}\frac{dc_A}{dz} \qquad J_B = -D_{BA}\frac{dc_B}{dz} \tag{2-19a}$$

结合式(2-18)～式(2-19a)，得到：

$$D_{AB} = D_{BA} \tag{2-20}$$

式(2-18)～式(2-20) 表明，当系统总压不太高且各处温度均匀时，在双组分气体混合物内，组分 A、B 在同一点处的浓度梯度值相等，方向相反；组分 A、B 在同一处的扩散通量相等，但扩散方向相反；A 与 B 的扩散系数相等。以后的讨论将采用同一符号 D 代表两组分间的扩散系数。

2.2.1.2　一维稳态双组分气相中的分子扩散

分子扩散有两种典型的形式，等分子反向扩散和单向扩散，下面分别讨论一维稳态双组分气相中的等分子反向扩散和单向扩散。

(1) 等分子反向扩散

如图 2-5 所示，两个大容器内分别充有浓度不同的 A、B 两种气体的混合物，两容器内混合气的温度及总压都相同，容器内的体积总摩尔浓度均匀，但$p_{A_1} > p_{A_2}$，$p_{B_1} < p_{B_2}$。容器间以一根小直管连通。A、B 两组分在两容器的浓度差异，必导致容器 1 的 A 组分通过连

通管向容器2扩散，而容器2的组分B也通过连通管作反方向的扩散。由于连通管相对于容器小得多，在有限时间内扩散不会引起容器内组成发生明显变化，即连通管中的分子扩散可视为稳态过程。因为两容器内气体总压相同，作反向扩散的A、B组分的扩散通量相等。

上述情况属于稳态的等分子反向扩散，双组分混合物的精馏过程就是等分子反向扩散的例子。传质过程单位时间通过单位传质面积的物质A的量，称为A的传质速率，以N_A表示。在上述的等分子反向扩散中，物质A的传质速率就等于A的扩散通量，即：

$$N_A = J_A = -D\frac{dc_A}{dz} = -\frac{D}{RT}\times\frac{dp_A}{dz} \tag{2-21}$$

由于过程是稳定态的，且总压和温度一定，所以N_A值和扩散系数D为常数，由式(2-21)可知$\frac{dp_A}{dz}$为定值，即组分A的分压p_A沿扩散方向呈直线变化（见图2-6）。

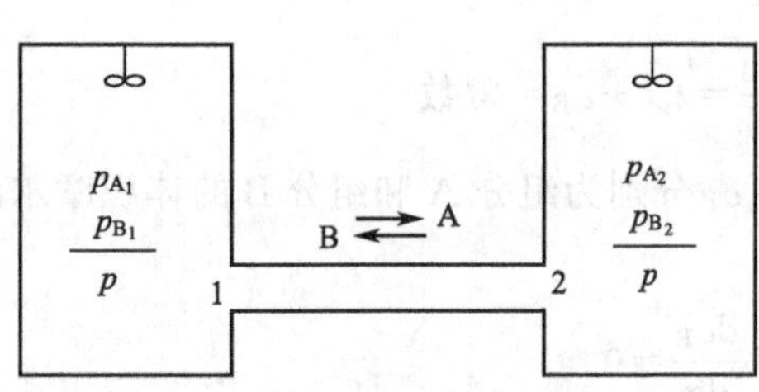

图2-5　扩散现象

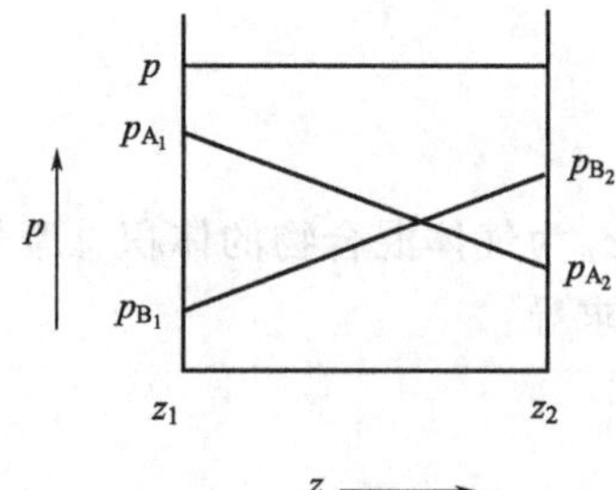

图2-6　p_A沿扩散方向呈直线变化

将式(2-21)进行变量分离并积分：

$$N_A\int_0^z dz = -\frac{D}{RT}\int_{p_{A1}}^{p_{A2}} dp_A$$

可得到：

$$N_A z = -\frac{D}{RT}(p_{A_2} - p_{A_1})$$

即该过程的传质速率为

$$N_A = \frac{D}{RTz}(p_{A_1} - p_{A_2}) \tag{2-22}$$

【例2-2】 氨气和氮气在一等径管两端相互扩散，管子各处的温度均为298K，总压均为1.013×10^5Pa。在端点1处氨气的摩尔分数y_{A1}为0.15，在端点2处氨气的摩尔分数y_{A2}为0.06，点1和点2间的距离为1m。已知此时扩散系数D_{AB}为$2.3\times10^{-5}\,m^2\cdot s^{-1}$。试求A组分的传质通量。

解　由于管中各处温度、压力均匀，因此该题属于等分子反向扩散。根据式(2-22)得

$$N_A = \frac{D_{AB}(p_{A1} - p_{A2})}{RT(z_2 - z_1)} = \frac{D_{AB}P(y_{A1} - y_{A2})}{RT(z_2 - z_1)} = \frac{2.3\times10^{-5}\times1.013\times10^5\times(0.15-0.06)}{8314\times298\times1}$$

$$= 8.46\times10^{-8}\,kmol\cdot m^{-2}\cdot s^{-1}$$

(2) 单向扩散

在吸收过程中，由于与液体接触的气相溶质A不断溶入液相，造成气液接触面处A的

浓度低于气相主体处 A 的浓度，凭借两处的浓度差异，主体处的溶质 A 不断向气-液接触面扩散，因为液相没有物质向气相传递，扩散为单方向的，称为单向扩散。

在稳态的吸收过程中，气相内各处总压（或总体积摩尔浓度 c_n）及温度相等，溶质 A 在气相主体处的浓度为 c_{A_1}，在气-液接触面处的浓度为 c_{A_2}，而惰性组分 B 在此两处的浓度分别为：

$$c_{B_1}=c_n-c_{A_1} \qquad c_{B_2}=c_n-c_{A_2}$$

$$c_n=c_{A_1}+c_{B_1}=c_{A_2}+c_{B_2}=c_A+c_B$$

因为 $c_{A_1}>c_{A_2}$，$c_{B_2}>c_{B_1}$，气相内溶质 A 以 J_A的速率向气-液接触面处扩散，并不断溶入液相，而 B 以 J_B的速率作等分子反向扩散，随着 A 溶入液相，气-液接触面处的总浓度降低，使气相主体与气-液接触面间形成浓度差，从而引发气相整体向气-液接触面移动，这种移动称为“总体流动”。若以 N 代表“总体流动”的通量，则 $N\dfrac{c_A}{c_n}$代表 A 在“总体流动”中所占的份额，$N\dfrac{c_B}{c_n}$为 B 在“总体流动”中所占的份额。

综上所述，气相内的传质通量包括分子扩散通量和“总体流动”夹带的量，稳态情况下，对组分 A 而言，有：

$$N_A=J_A+N\frac{c_A}{c_n}=\text{常数} \tag{2-23}$$

对组分 B 而言，因其不溶入液相，其扩散运动的方向与总体流动方向相反，则有：

$$N_B=J_B+N\frac{c_B}{c_n}=0 \tag{2-24}$$

即

$$-J_B=N\frac{c_B}{c_n}$$

由于 $J_A=-J_B$，故：

$$J_A=N\frac{c_B}{c_n}$$

代入式(2-23)，得：

$$N_A=N\frac{c_B}{c_n}+N\frac{c_A}{c_n}=N\left(\frac{c_B+c_A}{c_n}\right)$$

所以

$$N=N_A$$

式(2-23) 可改写为：

$$N_A=J_A+N_A\frac{c_A}{c_n}$$

再以费克定律 $J_A=-D\dfrac{\mathrm{d}c_A}{\mathrm{d}z}$代入上式，整理得：

$$N_A=-\frac{Dc_n}{c_n-c_A}\times\frac{\mathrm{d}c_A}{\mathrm{d}z}$$

对气相有，$c_A=\dfrac{p_A}{RT}$及 $c_n=\dfrac{p}{RT}$，所以：

$$N_A=-\frac{D}{RT}\times\frac{p}{p-p_A}\times\frac{\mathrm{d}p_A}{\mathrm{d}z} \tag{2-25}$$

或

$$N_A=\frac{Dp}{RT}\times\frac{\mathrm{d}p_B}{p_B\mathrm{d}z} \tag{2-26}$$

将式(2-26) 分离变量后积分：

$$N_A\int_0^z dz=\frac{Dp}{RT}\int_{p_{B1}}^{p_{B2}}\frac{dp_B}{p_B}$$

解得
$$N_A=\frac{Dp}{RTz}\ln\frac{p_{B_2}}{p_{B_1}}$$

又因气体主体处和气-液接触处的总压相等，即：

$$p_{A_1}+p_{B_1}=p_{A_2}+p_{B_2}$$

故
$$p_{A_1}-p_{A_2}=p_{B_2}-p_{B_1}$$

则
$$N_A=\frac{Dp}{RTz}\ln\frac{p_{B_2}}{p_{B_1}}\left(\frac{p_{A_1}-p_{A_2}}{p_{B_2}-p_{B_1}}\right)=\frac{Dp(p_{A_1}-p_{A_2})}{RTz(p_{B_2}-p_{B_1})}\Bigg/\ln\frac{p_{B_2}}{p_{B_1}}=\frac{D}{RTz}\times\frac{p}{p_{B_m}}(p_{A_1}-p_{A_2}) \tag{2-27}$$

其中
$$p_{B_m}=(p_{B_2}-p_{B_1})\Bigg/\ln\frac{p_{B_2}}{p_{B_1}} \tag{2-28}$$

式中，p_{B_m} 为组分 B 在两处分压的对数平均值，kPa；p/p_{B_m} 为漂流因数，无量纲。

与式(2-22) 相比，式(2-27) 多乘了一项 p/p_{B_m}，因 $p>p_{B_m}$，所以 $p/p_{B_m}>1$。这表明由于有总体流动传递的作用，单向扩散的传质通量较之等分子反向扩散的速率 $\frac{D}{RTz}(p_{A_1}-p_{A_2})$ 要大一些。p/p_{B_m} 称为漂流因数，漂流因数反映总体流动对传质速率的影响。当混合气体中组分 A 的浓度很低时，$p_{B_m}\approx p$，此时 $p/p_{B_m}\approx 1$，式(2-27) 便简化为式(2-22)。

【例 2-3】 在温度为 20℃、总压为 101.3kPa 的条件下，SO_2 与空气混合气缓慢地沿着某碱溶液的液面流过，空气不溶于该溶液。SO_2 透过厚 1mm 的静止空气层扩散到溶液中，混合气体中 SO_2 的摩尔分数为 0.2，SO_2 到达溶液液面上立即被吸收，故相界面上 SO_2 的浓度可忽略不计。已知温度 20℃时，SO_2 在空气中的扩散系数为 $0.18cm^2\cdot s^{-1}$。试求 SO_2 的传质速率为多少？

解 SO_2 通过静止空气层扩散到溶液液面属单向扩散，已知：SO_2 在空气中的扩散系数 $D=0.18cm^2\cdot s^{-1}=1.8\times10^{-5}m^2\cdot s^{-1}$，扩散距离 $z=1mm=0.001m$，气相总压 $p=101.3kPa$，气相主体中溶质 SO_2 的分压 $p_{A_1}=py_{A_1}=101.3\times0.2=20.26kPa$，气液界面上 SO_2 的分压 $p_{A_2}=0$。所以，气相主体中空气（惰性组分）的分压

$$p_{B_1}=p-p_{A_1}=101.3-20.26=81.04kPa$$

气液界面上的空气（惰性组分）的分压

$$p_{B_2}=p-p_{A_2}=101.3-0=101.3kPa$$

空气在气相主体和界面上分压的对数平均值为：

$$p_{Bm}=\frac{p_{B_2}-p_{B_1}}{\ln\frac{p_{B_2}}{p_{B_1}}}=\frac{101.3-81.04}{\ln\frac{101.3}{81.04}}=90.8kPa$$

$$N_A=\frac{Dp}{RTzp_{B_m}}(p_{A_1}-p_{A_2})=\frac{1.8\times10^{-5}}{8.314\times293\times0.001}\times\frac{101.3}{90.8}\times(20.26-0)$$
$$=1.67\times10^{-4}kmol\cdot m^{-2}\cdot s^{-1}$$

以上讲述了物质在气相中的扩散，物质在液相中的扩散规律与气相类似。但液相中的扩散速率一般远远小于气相中的扩散速率。由于对液体分子运动规律的研究远不及对气体的充分，因此只能效仿气相中的扩散速率关系式写出液相中的相应关系式。

液相中发生等分子反向扩散的机会很少，对于单向扩散，仿照式(2-27) 可写出组分 A 在液相中的传质速率关系式，即

$$N'_A = \frac{D'c}{zc_{S_m}}(c_{A_1} - c_{A_2}) \tag{2-29}$$

式中，N'_A为溶质 A 在液相中的传质速率，$kmol \cdot m^{-2} \cdot s^{-1}$；$D'$为溶质 A 在溶剂 S 中的扩散系数，$m^2 \cdot s^{-1}$；$c$ 为溶液的总浓度，$c = c_A + c_S$，$kmol \cdot m^{-3}$；z 为两传质面间的距离，m；c_{A_1}、c_{A_2}分别为两传质面上的溶质浓度，$kmol \cdot m^{-3}$；c_{Sm}为两传质面上溶剂 S 浓度的对数均值，$kmol \cdot m^{-3}$。

2.2.1.3 扩散系数

扩散系数为分子扩散系数的简称，是物质的属性之一，它反应物质分子扩散速率的大小，单位为 $m^2 \cdot s^{-1}$，扩散系数大则表示分子扩散快。扩散系数不仅取决于物质本身，而且还随与其共存的其他物质的种类、温度、压强及浓度的不同而变化。对于气体中的扩散，浓度的影响可以忽略；对于液体中的扩散，浓度的影响不可忽略，而压强的影响不显著。

物质在不同条件下的扩散系数一般由实验测得，常见物系的扩散系数可从有关的资料、手册中查得。表 2-2 及表 2-3 分别列举了若干物质在空气及水中的扩散系数。

表 2-2 一些物质在空气中的扩散系数（0℃，101.33kPa）

扩散物质	扩散系数 $D/cm^2 \cdot s^{-1}$	扩散物质	扩散系数 $D/cm^2 \cdot s^{-1}$
H_2	0.611	H_2O	0.220
N_2	0.123	C_6H_6	0.077
O_2	0.178	C_7H_8	0.76
CO_2	0.138	CH_3OH	0.132
HCl	0.130	C_2H_5OH	0.102
SO_2	0.103	CS_2	0.089
SO_3	0.095	$C_2H_5OC_2H_5$	0.078
NH_3	0.17		

表 2-3 一些物质在水中的扩散系数（20℃，稀溶液）

扩散物质	扩散系数 D' $/10^{-5}cm^2 \cdot s^{-1}$	扩散物质	扩散系数 D' $/10^{-5}cm^2 \cdot s^{-1}$
O_2	1.80	NaOH	1.51
CO_2	1.50	C_2H_2	1.56
N_2O	1.51	CH_3COOH	0.88
NH_3	1.76	CH_3OH	1.28
Cl_2	1.22	C_2H_5OH	1.00
Br_2	1.2	C_3H_7OH	0.87
H_2	5.13	C_4H_9OH	0.77
N_2	1.64	C_6H_5OH	0.84
HCl	2.64	$CH_2OH \cdot CHOH \cdot CH_2OH$	0.72
H_2S	1.41	(甘油)	
H_2SO_4	1.73	NH_2CONH_2(尿素)	1.06
HNO_3	2.6	$C_5H_{11}O_5CHO$(葡萄糖)	0.60
NaCl	1.35	$C_{12}H_{22}O_{11}$(蔗糖)	0.45

当查不到扩散系数数据时，可以进行实验测定，有时也可根据物质本身的基础物性数据及状态参数，选用适当的经验公式或半经验公式进行估算。

例如，对于气体 A 在气体 B 中（或 B 在 A 中）的扩散系数，可按麦克斯韦-吉利兰（Maxwell-Gilliland）公式进行估算，即：

$$D=\frac{4.36\times10^{-5}T^{\frac{3}{2}}\left(\frac{1}{M_A}+\frac{1}{M_B}\right)^{\frac{1}{2}}}{p\left(v_A^{\frac{1}{3}}+v_B^{\frac{1}{3}}\right)^2} \tag{2-30}$$

式中，D 为扩散系数，$m^2 \cdot s^{-1}$；p 为总压强，kPa；T 为温度，K；M_A、M_B分别为 A、B 两种物质的摩尔质量，$g \cdot mol^{-1}$；v_A、v_B分别为 A、B 两种物质的分子体积，$cm^3 \cdot mol^{-1}$。

分子体积 v 是 1mol 物质在其正常沸点下呈液态时的体积，它表征分子本身所占据空间的大小。

对于结构较简单的物质，可直接从有关手册查到其分子体积，对于结构较复杂的物质，其分子体积可用克普（Koop）加和法则作近似的估算。即将物质分子中各种元素的原子体积按各自的原子数目加和起来，作为该物质分子体积的近似值，这就是克普加和法则。

表 2-4 列举了一些元素的原子体积和简单气体的分子体积。

表 2-4　一些元素的原子体积和简单气体的分子体积

原子	原子体积/$cm^3 \cdot mol^{-1}$	分子	分子体积/$cm^3 \cdot mol^{-1}$
H	3.7	H_2	14.3
C	14.8	O_2	25.6
F	8.7	N_2	31.2
Cl(最末的，如 R—Cl)	21.6	空气	29.9
(中间的，如 R—CHCl—R′)	24.6	CO	30.7
Br	27	CO_2	34
I	37	SO_2	44.8
N	15.6	NO	23.6
(在伯胺中)	10.5	N_2O	36.4
(在仲胺中)	12.0	NH_3	25.8
O	7.4	H_2O	18.9
(在甲酯中)	9.1	H_2S	32.9
(在乙酯及甲醚、乙醚中)	9.9	Cl_2	48.4
(在高级酯及醚中)	11.0	Br_2	53.2
(在酸中)	12	I_2	71.5
(与 N、S、P 结合)	8.3		
S	25.6		
P	27		

醋酸（CH_3COOH）的结构较复杂，求其分子体积可先按表中查得的 C、H 及 O 的原子体积，再按照克普加和法则加和求得醋酸分子体积，计算如下：

$$v_{CH_3COOH}=14.8\times2+3.7\times4+12\times2=68.4cm^3 \cdot mol^{-1}$$

麦克斯韦-吉利兰公式虽然误差较大（可达 20%），但使用比较方便，该公式也反映出温度和压强对气体扩散系数的影响。对于一定的气体物质，扩散系数与总压成反比，而与绝对温度的 3/2 次方成正比，即

$$D=D_0\left(\frac{p_0}{p}\right)\left(\frac{T}{T_0}\right)^{\frac{3}{2}} \tag{2-31}$$

根据此式可由已知温度 T_0、压强 p_0 下的扩散系数 D_0，推算出温度为 T、压强为 p 时的扩散系数 D。

液体中的扩散系数也可以用经验公式来估算，例如，非电解质稀溶液中的扩散系数可用下式作粗略估算：

$$D'=\frac{7.7\times10^{-15}T}{\mu(v_A^{\frac{1}{3}}-v_0^{\frac{1}{3}})} \tag{2-32}$$

式中，D'为物质在其稀溶液中的扩散系数，$m^2 \cdot s^{-1}$；T 为温度，K；μ 为液体的黏度，Pa·s；v_A为扩散物质的分子体积，$cm^3 \cdot mol^{-1}$；v_0为常数，对于扩散物质在水、甲醇或苯中的稀溶液，v_0值可分别取 8、14.9 及 22.8，单位为 $cm^3 \cdot mol^{-1}$。

用于估算液体中扩散系数的经验公式很多，式(2-32) 是形式比较简单的一种，但它的准确性较差。

【例 2-4】 试用麦克斯韦-吉利兰公式计算压强为 101.33kPa、温度为 0℃条件下 CO_2 在空气中的扩散系数。

解 $M_A=44g \cdot mol^{-1}$，$M_B=29g \cdot mol^{-1}$，$v_A=34cm^3 \cdot mol^{-1}$，$v_B=29.9cm^3 \cdot mol^{-1}$，$T=273K$，$p=101.33kPa$，代入式(2-30) 得

$$D=\frac{4.36\times10^{-5}T^{\frac{3}{2}}\left(\frac{1}{M_A}+\frac{1}{M_B}\right)^{\frac{1}{2}}}{p(v_A^{\frac{1}{3}}+v_B^{\frac{1}{3}})^2}=\frac{4.36\times10^{-5}\times273^{1.5}\times\left(\frac{1}{44}+\frac{1}{29}\right)^{\frac{1}{2}}}{101.3\times(34^{\frac{1}{3}}+29.9^{\frac{1}{3}})^2}$$
$$=1.154\times10^{-5}m^2 \cdot s^{-1}$$

2.2.1.4 涡流扩散

依靠流体质点的无规则湍动，引起各部位流体间的剧烈混合而传递物质的现象，称为涡流扩散。物质在湍流流体中的传递，分子扩散与涡流扩散同时发挥着传递作用，但分子扩散的速度一般很小，主要是依靠流体质点的运动，在存在浓度差的条件下，湍流中发生的质点湍动和旋涡使物质向着其浓度降低的方向进行传递。质点含有大量的分子，其传递的规模和速度远远大于单个分子，因此涡流扩散的效果占主要地位。因此湍流主体中的扩散通量可以下式表示，即：

$$J=-(D+D_E)\frac{dc_A}{dz} \tag{2-33}$$

式中，D 为分子扩散系数，$m^2 \cdot s^{-1}$；D_E为涡流扩散系数，$m^2 \cdot s^{-1}$；$\frac{dc_A}{dz}$为沿 z 方向的浓度梯度，$mol \cdot m^{-4}$；J 为扩散通量，$kmol \cdot m^{-2} \cdot s^{-1}$。

涡流扩散系数 D_E表示涡流扩散能力的大小，但它不是物性常数，是流动状态的函数，与湍动程度有关，且随位置而不同，难于测定和计算，通常将分子扩散与涡流扩散两种传质作用结合一起考虑。

2.2.2 对流传质

在运动着的流体与相界面之间的传质过程称为对流传质。在化学工程领域里的传质操作

多发生在流体湍流的情况下，界面有固定界面，如气、固两相界面或液、固两相界面；也有流动界面，如气、液两相和液、液两相间的界面。吸收的气、液两相界面就是流动界面。

设想在一吸收设备内，吸收剂和混合气体作逆流湍流流动，这两股逆向运动着的流体相互接触进行传质，见图 2-7(a)。吸收设备任一横截面 m-n 处，相界面的气相一侧溶质 A 浓度分布情况如图 2-7(b)，横轴表示离开相界面的距离 z，纵轴表示溶质 A 的分压 p_A。气体主体呈湍流流动，但靠近相界面处仍有一个层流内层，其厚度以 z'_G表示。在湍流主体中，由于有强烈的涡流扩散作用，使得 A 的分压趋于一致，分压梯度几乎为零，p-z 曲线为一水平线；在层流内层里，溶质 A 的传递靠分子扩散，因而分压梯度较大，p-z 曲线较为陡峭；从主体湍流区向层流内层过渡的区域内，涡流扩散作用减弱，故分压梯度逐渐变小，p-z 曲线逐渐平缓。延长层流内层的分压线使与气相主体的水平分压线交于点 H，令此交点与相界面的距离为 z_G。通常将吸收的传质过程看成是溶质 A 通过厚度为 z_G 的虚拟膜层到达两相界面。此虚拟膜层称为有效层流膜。膜外的气体呈湍流流动，不存在浓度差，膜内物质传递形式只有分子扩散，传质推动力即为气相主体与相界面处的分压之差。这样就可按照前述的分子扩散关系式写出气相一侧的对流传质速率关系式，即：

$$N_A=\frac{Dp}{RTz_G p_{B_m}}(p_A-p_i) \tag{2-34}$$

式中，N_A为溶质 A 的对流传质速率，kmol·m^{-2}·s^{-1}；z_G为气相有效层流膜层厚度，m；p_A 为气相主体中的溶质 A 分压，kPa；p_i为相界面处的溶质 A 分压，kPa；p_{B_m} 为惰性组分 B 在气相主体与相界面处的分压的对数均值，kPa。

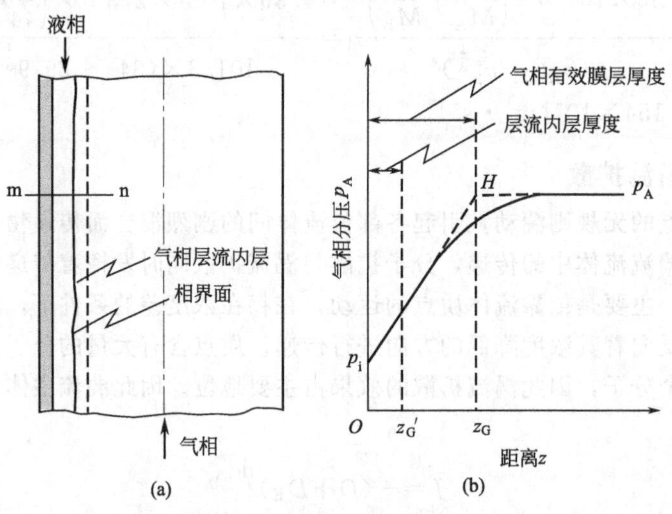

图 2-7　传质有效层流膜模型

同理，有效层流膜层的设想也可应用于相界面的液相一侧，从而写出液相中对流传质速率关系式：

$$N_A=\frac{D'c}{z_L c_{S_m}}(c_i-c) \tag{2-35}$$

式中，z_L为液相有效层流膜层厚度，m；c 为液相主体中的溶质 A 浓度，kmol·m^{-3}；c_i为相界面处的溶质 A 浓度，kmol·m^{-3}；c_{S_m} 为溶剂 S 在液相主体与相界面处的浓度的对数均值，kmol·m^{-3}；其他符号的意义与单位同前。

实际上，由于对流传质与对流传热过程类似，仿照表达对流传热速率的牛顿冷却定律，将式(2-34)和式(2-35) 以下列形式表示：

$$N_A = k_G(p_A - p_i) \tag{2-36}$$

$$N_A = k_L(c_i - c) \tag{2-37}$$

式中，k_G为气膜传质系数或气膜吸收系数，kmol・m^{-2}・s^{-1}・Pa^{-1}；k_L为液膜传质系数或液膜吸收系数，m・s^{-1}；其他符号的意义与单位同前。

将式(2-34) 与式(2-36) 比较、式(2-35) 与式(2-37) 比较得到：

$$k_G = \frac{Dp}{RTz_G p_{B_m}} \qquad k_L = \frac{D'c}{z_L c_{S_m}}$$

2.2.3 两相间的传质

由相平衡理论可知，在气、液两相接触过程中，当实际浓度与其平衡浓度存在差距，组分将在两相间传递，所以实际浓度与平衡浓度之差也是传质的推动力，称为总推动力，组分 A 传递过程的总推动力可以分别以气相和液相来表示，即：

$$\Delta p = p - p^* \qquad \Delta c = c^* - c$$

因此，组分 A 在两相间的传质速率可仿照式(2-34a) 与式(2-35a) 表示为：

$$N_A = K_G(p - p^*) \tag{2-38}$$

$$N_A = K_L(c^* - c) \tag{2-39}$$

式中，K_G为气相总吸收系数，kmol・m^{-2}・s^{-1}・kPa^{-1}；K_L为液相总吸收系数，m・s^{-1}。

2.3 吸收过程的数学模型与速率方程

传质过程的数学模型是建立在对传质过程机理深刻全面的认识与研究基础上的，传质理论及其数学模型的正确确立，将为建立正确的传质速率方程提供理论基础。吸收过程是溶质由气相传递到液相的过程，包括了溶质由气相主体扩散到气相一侧的相界面、由相界面溶入液相以及由液相一侧的相界面扩散到液相主体三段。在整个过程中，由于界面是流动变化的，使传质过程呈现复杂多变的特点，对传质内在规律所提出的数学模型也因研究者的认识的不同而不同。至今尚没有一个传质理论及其数学模型是完美无缺的。以下介绍几个典型的传质理论和数学模型。

2.3.1 双膜理论

1923 年惠特曼（W. G. Whitman）对相际传质过程提出双膜理论，双膜理论对复杂的传质过程作了简化，把两流体间的对流传质过程描述成如图 2-8 所示的双膜理论的假想模型，它包含以下几点基本假设：①当气、液流体相互接触时，两流体间存在着固定的相界面；②紧贴着界面的两侧各有一层很薄的气膜和液膜。膜外流体充分湍动，不存在浓度差异，膜内为层流，传质的浓度梯度只存在于膜内，物质以分子扩散方式通过层流膜；③在相界面处，气、液两相达到平衡。

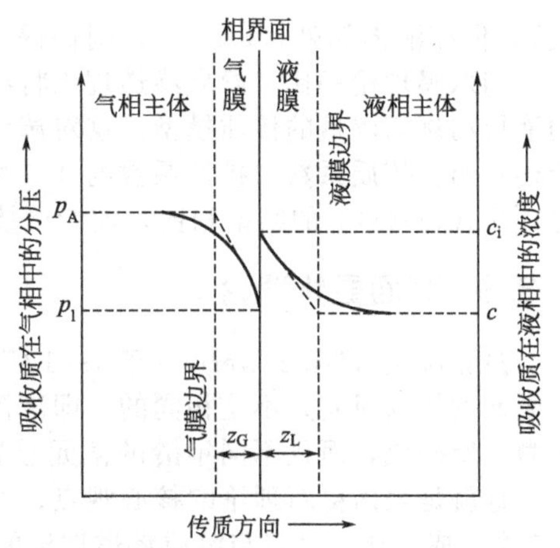

图 2-8 双膜理论的假想模型

双膜理论将复杂的相际传递过程简化为经由

两个流体层流膜的分子扩散过程，而相界面处及两相主体中均无传质阻力存在。在两相主体浓度一定的情况下，两膜的阻力便决定了传质速率的大小。因此，双膜理论也可称为双阻力理论。

双膜理论的几项基本假设，对于不具有固定相界面的多数传质设备，不能反映它们的传质过程的实际情况。由此作出的某些推断与实验结果有距离。但用于描述具有固定相界面的系统或者速度不高的两流体间的传质过程，则与实际情况基本吻合。按照这一理论的基本概念所确定的传质速率关系，至今仍是传质设备设计计算的主要依据，双膜理论在众多传质理论中一直占有重要地位。本章对传质过程的分析以及传质速率方程的推导，都是根据双膜理论来进行的。

2.3.2 溶质渗透理论

在许多实际传质设备里，气、液是在高度湍流情况下相互接触的，认为气、液流体间存在着固定的相界面显然与实际不符。希格比（Higbie）于 1935 年提出溶质渗透理论，希格比指出，工业设备中的气、液接触应是两相在短时间内反复接触的过程。这种理论假定液面是由无数微小的流体单元所构成，暴露于表面的每个单元都在与气相接触某一短暂时间（暴露时间）后，即被来自液相主体的新单元取代，而其自身则返回液相主体内。因而，液体表层往往来不及建立定态的浓度梯度，液膜内始终有溶质由相界面向液体深处逐渐渗透，表现为非定态过程。如图 2-9 所示，在每个流体单元到达液体表面的最初瞬间（$\theta=0$），液相各处（$z\geqslant 0$）溶质浓度尚未发生任何变化，仍为原来的主体浓度（$c=c_0$）；接触开始后（$\theta>0$），相界面处（$z=0$）立即达到与气相平衡的状态（$c=c_i$），此时渗透尚浅，液面附近的浓度梯度很大，因为气相中的溶质透过界面渗入液内的速度与界面处溶质浓度梯度$\left(\frac{\partial c}{\partial z}\Big|_{z=0}\right)$成正比，所以此时的传质速率很大；在相界面与液相内浓度差的推动下，溶质以一维非定态扩散方式渗入液内，随着暴露时间的延长，界面处的浓度梯度逐渐变小，传质速率也将随之变小。在相界面附近的极薄液层内形成随时间变化的浓度分布（见图 2-9中不同 θ 值时的浓度曲线），但在液内深处（$z=\infty$），则仍保持原来的主体浓度（$c=c_0$）。

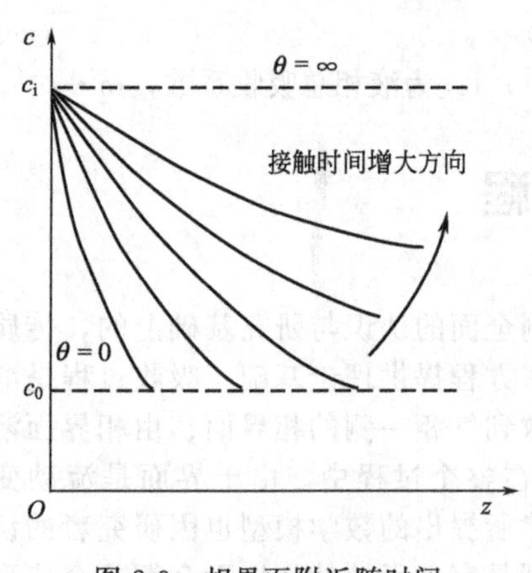

图 2-9 相界面附近随时间变化的浓度分布

与双膜理论相比，溶质渗透理论将溶质的传递过程描述为以非定态扩散方式向无限厚度的液层内逐渐渗透的传质模型。这对湍流下的传质机理提供了更为合理的解释。溶质渗透理论还指出，传质系数与扩散系数的 0.5 次方成正比，与双膜理论的传质系数与扩散系数成正比［见式(2-34)］的结论相比，前者更接近实验结果。

2.3.3 表面更新理论

丹克沃茨（Danckwerts）于 1961 年对希格比的理论提出改进和修正。他认为液体表面上微元的暴露时间并不是相同的，即液体表面是由具有不同暴露时间（或称“年龄”）的液体微元所构成，而且不同年龄的微元被置换下去的概率与液体表面上该年龄的微元数成正比。这就是表面更新理论的核心观点，按照表面更新理论，可推导出传质系数与扩散系数的 0.5 次方成正比，这点与溶质渗透理论的结论相同。

除以上所述三种传质理论外，还有一些其他的模型，用以修正上述理论或对双膜模型与渗透模型加以综合。随着人们对传质过程认识的不断深化，各种新的传质理论将不断得到研究、发展和完善。

2.3.4 吸收速率方程式

吸收速率计算是吸收设备设计和设备吸收能力核算所必需的。吸收速率是指单位时间内通过单位传质面积所吸收的溶质量。吸收速率方程反映吸收速率与吸收推动力之间的关系。

对于定态吸收操作，溶质由气相传递到液相的速率等于通过相界面两侧气膜和液膜的传质速率。因此，反映吸收速率的方程可以是气膜吸收速率方程式，也可以是液膜吸收速率方程式，还可以是总吸收速率方程式。

2.3.4.1 膜吸收速率方程式

气相和液相的组成可以用不同单位表示，相应的传质推动力就有不同的表示方式，从而构成多种形式的膜吸收速率方程式。

(1) 气膜吸收速率方程式

依据双膜模型，分别取气膜两侧相应的推动力为（p_A-p_i）、（y_A-y_i），则对应的气膜吸收速率方程可写成式(2-36)：

$$N_A=k_G(p_A-p_i)$$

即

$$N_A=k_y(y_A-y_i) \tag{2-40}$$

式中，p_A、y_A 分别为溶质 A 在气相主体中的分压和摩尔分数；p_i、y_i则为溶质 A 在相界面气相一侧的分压和摩尔分数；k_y也称为气膜传质系数或气膜吸收系数，$kmol \cdot m^{-2} \cdot s^{-1}$。

当气相总压不很高时，根据分压定律可知，$p_A=py$ 及 $p_i=py_i$，将此关系代入式(2-36)并与式(2-40) 相比较，可知：

$$k_y=pk_G \tag{2-41}$$

(2) 液膜吸收速率方程式

分别取液膜两侧相应的推动力为（c_i-c）、（x_i-x），则对应的液膜吸收速率方程式可写成式(2-37)：

$$N_A=k_L(c_i-c)$$

$$N_A=k_x(x_i-x) \tag{2-42}$$

式中，c、x 分别为溶质 A 在液相主体中的体积摩尔浓度和摩尔分数；c_i、x_i则为溶质 A 在相界面液相一侧的体积摩尔浓度和摩尔分数；k_x也称为液膜吸收系数，其单位与传质速率的单位相同，$kmol \cdot m^{-2} \cdot s^{-1}$。

因为 $c_i=c_m x_i$，$c=c_m x$，将此关系式代入式(2-37) 并与式(2-42) 相比较，可知：

$$k_x=c_m k_L \tag{2-43}$$

(3) 相界面浓度

使用上述的膜吸收速率方程式，需先确定相界面组成 p_i、y_i、c_i、x_i。在定态吸收过程中，通过气、液两膜层的传质速率相等，即：

$$N_A=k_G(p_A-p_i)=k_L(c_i-c)$$

所以

$$\frac{p_A-p_i}{c-c_i}=-\frac{k_L}{k_G} \tag{2-42a}$$

上式表明，当膜传质系数 k_L和 k_G为常数时，p_i与 c_i是直线关系，直线通过点（c，p_A），斜率为$-\dfrac{k_L}{k_G}$。

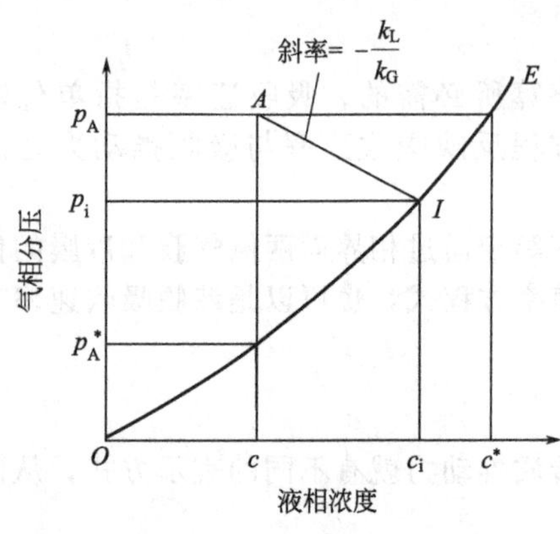

图 2-10 相界面浓度的确定

根据双膜理论，相界面处气、液两相达到平衡，即p_i与c_i符合相平衡关系：

$$p_i^*=f(c_i)$$

由式(2-42) 与上式联解，求得直线与平衡线的交点坐标，即相界面上的气相溶质分压与液相溶质浓度，如图 2-10 所示。图中点 A 代表定态操作的吸收设备内某一部位上的液相主体浓度 c 与气相主体分压 p_A，直线 AI 与平衡线 OE 的交点 I 的纵、横坐标即分别为 p_i 与 c_i。因此，在两相主体浓度（譬如 p_A、c）及两膜吸收系数（譬如 k_G、k_L）已知的情况下，便可依据式(2-42) 及相界面处的平衡关系式(2-43) 来确定界面处的气、液浓度，进而求出传质过程的速率。

同理可以以同样的方法求得 y_i、x_i的关系：

$$\frac{y-y_i}{x-x_i}=-\frac{k_x}{k_y} \tag{2-43a}$$

或在用式(2-42a) 求得 p_i与 c_i后，由下式求 y_i、x_i：

$$p_i=py_i \qquad c_i=c_m x_i$$

2.3.4.2 总吸收速率方程式

由于相界面浓度难于测定，尽管可以用上述方法求得相界面浓度，但仍不够方便。可以采用两相主体浓度与平衡浓度的差值来表示传质的推动力，写出相应的吸收速率方程式。这与间壁传热中传热速率方程的处理方法类似。

(1) 气相总吸收速率方程式 分别以（$p_A-p_A^*$)、($y-y^*$）表示总推动力，则对应的气相总吸收速率方程式可写成式(2-38)：

$$N_A=K_G(p_A-p_A^*)$$

$$N_A=K_y(y-y^*) \tag{2-44}$$

在吸收计算中，通常以摩尔比表示浓度较为方便，故总吸收速率方程式还可写成

$$N_A=K_Y(Y-Y^*) \tag{2-45}$$

速率方程式中的系数 K_G，$kmol \cdot m^{-2} \cdot s^{-1} \cdot kPa^{-1}$；$K_y$，$kmol \cdot m^{-2} \cdot s^{-1}$；$K_Y$，$kmol \cdot m^{-2} \cdot s^{-1}$，均称为总吸收系数或气相总吸收系数。

将 $p_A=py$ 及 $p_A^*=py^*$ 代入式(2-38) 并与式(2-44) 相比较，得：

$$K_y=pK_G \tag{2-46}$$

再结合 $y=\dfrac{Y}{1+Y}$，$y^*=\dfrac{Y^*}{1+Y^*}$，求得：

$$K_Y=\frac{pK_G}{(1+Y)(1+Y^*)} \tag{2-47}$$

当 Y 很小时：

$$K_Y=pK_G \tag{2-47a}$$

(2) 液相总吸收速率方程式

分别以（c^*-c)、(x^*-x)、(X^*-X）表示总推动力，则对应的液相总吸收速率方

程式可写成式(2-39)：

$$N_A = K_L(c^* - c)$$

$$N_A = K_x(x^* - x) \tag{2-48}$$

$$N_A = K_X(X^* - X) \tag{2-49}$$

速率方程式中的系数 K_L，$m \cdot s^{-1}$；K_x，$kmol \cdot m^{-2} \cdot s^{-1}$；$K_X$，$kmol \cdot m^{-2} \cdot s^{-1}$，均称为总吸收系数或液相总吸收系数。

因为 $c^* = c_m x^*$，$c = c_m x$，将此关系式代入式(2-39) 并与式(2-48) 相比较，可知：

$$K_x = c_m K_L \tag{2-50}$$

再结合 $x = \dfrac{X}{1+X}$，$x^* = \dfrac{X^*}{1+X^*}$，求得：

$$K_X = \frac{c_m K_L}{(1+X^*)(1+X)} \tag{2-51}$$

当 X 很小时：

$$K_X = c_m K_L \tag{2-51a}$$

(3) 总吸收系数与膜吸收系数的关系

令 p_A^* 为与液相主体浓度 c 成平衡的气相分压，p_A 为吸收质在气相主体中的分压，若吸收系统服从亨利定律，或在过程所涉及的浓度区间内平衡关系为直线，则：

$$p_A^* = \frac{c}{H}$$

根据双膜理论，相界面上两相互成平衡，则：

$$p_i = \frac{c_i}{H}$$

将上两式分别代入式(2-37) 的液膜吸收速率方程式 $N_A = k_L(c_i - c)$，得：

$$N_A = k_L H(p_i - p_A^*) \quad 或 \quad \frac{N_A}{Hk_L} = p_i - p_A^*$$

将式(2-36)的气膜速率方程式 $N_A = k_G(p_A - p_i)$ 改写成：

$$\frac{N_A}{k_G} = p_A - p_i$$

将上两式相加，得：

$$N_A\left(\frac{1}{k_G} + \frac{1}{Hk_L}\right) = p_A - p_A^* \tag{2-52}$$

与式(2-38) 的气相总吸收速率方程式比较，得到气相总吸收系数与膜吸收系数的关系：

$$\frac{1}{K_G} = \frac{1}{k_G} + \frac{1}{Hk_L} \tag{2-52a}$$

气相总吸收系数 K_G的倒数称为以气相表示的总阻力。由式(2-52a) 可以看出，此总阻力是由气膜阻力$\dfrac{1}{k_G}$与液膜阻力$\dfrac{1}{Hk_L}$两部分组成的。

对于易溶气体，H 值很大，在 k_G与 k_L数量级相同或接近的情况下存在如下关系，即：

$$\frac{1}{Hk_L} \ll \frac{1}{k_G}$$

此时传质阻力的绝大部分存在于气膜之中，液膜阻力可以忽略，即气膜阻力控制着整个吸收过程的速率，吸收总推动力主要用于克服气膜阻力。这种情况称为“气膜控制”，因而式(2-52a) 可化简为：

$$\frac{1}{K_G} \approx \frac{1}{k_G} \quad 或 \quad K_G \approx k_G$$

对于易溶系统，如用水吸收氨或氯化氢、用浓硫酸吸收水蒸气等过程，通常都被视为气膜控制的吸收过程。显然，对于气膜控制的吸收过程，如果要提高其传质速率，应选择有利于减小气膜阻力的设备形式和操作条件。

令 c^* 为与气相分压 p_A 成平衡的液相浓度，若系统服从亨利定律，或在过程所涉及的浓度范围内平衡关系为直线，则：

$$p_A = \frac{c^*}{H} \quad 或 \quad p_A^* = \frac{c}{H}$$

将上两式代入式(2-52) 并移项整理，可得：

$$N_A\left(\frac{H}{k_G} + \frac{1}{k_L}\right) = c^* - c$$

与式(2-39) 的液相总吸收速率方程式比较，得到液相总吸收系数与膜吸收系数的关系：

$$\frac{1}{K_L} = \frac{1}{k_L} + \frac{H}{k_G} \tag{2-53}$$

液相总吸收系数 K_L 的倒数为以液相表示的总阻力，由式(2-52a) 可以看出，此总阻力是由气膜阻力 $\frac{H}{k_G}$ 与液膜阻力 $\frac{1}{k_L}$ 两部分组成的。

对于难溶气体，H 值甚小，在 k_G 与 k_L 数量级相同或接近的情况下存在如下关系，即：

$$\frac{H}{k_G} \leqslant \frac{1}{k_L}$$

此时传质阻力的绝大部分存在于液膜之中，气膜阻力可以忽略，即液膜阻力控制着整个吸收过程的速率，吸收总推动力主要用于克服液膜阻力。这种情况称为“液膜控制”，因而式(2-53) 可以简化为：

$$\frac{1}{K_L} \approx \frac{1}{k_L} \quad 或 \quad K_L \approx k_L$$

对于难溶系统，如用水吸收氧、氢或二氧化碳等气体的过程，都是液膜控制的吸收过程。与气膜控制同理，对于液膜控制的吸收过程，如果要提高其传质速率，应选择有利于减小液膜阻力的设备形式和操作条件。

一般情况下，对于具有中等溶解度的气体吸收过程，气膜阻力与液膜阻力均不可忽略。要提高过程速率，必须兼顾气、液两膜阻力的降低，方能得到满意的效果。

同理，结合亨利定律的其他形式：$y^* = mx$，$p_A^* = Ex$，及双膜理论下有 $y_i^* = mx_i$，$p_i^* = Ex_i$，依上述相同的推导方法，可得：

$$\frac{1}{K_y} = \frac{1}{k_y} + \frac{m}{k_x} \tag{2-54}$$

$$\frac{1}{K_x} = \frac{1}{k_x} + \frac{1}{mk_y} \tag{2-55}$$

$$\frac{1}{K_G} = \frac{1}{k_G} + \frac{E}{k_x} \tag{2-56}$$

$$\frac{1}{K_x} = \frac{1}{k_x} + \frac{1}{Ek_G} \tag{2-57}$$

(4) 吸收速率方程式的应用说明

① 吸收速率方程式因采用不同的浓度之差表示推动力而呈现了多种不同的形态。应用

这些方程式时，必须注意式中吸收系数与吸收推动力的正确搭配以及单位的一致性。

② 上述的吸收速率方程式都是以气、液浓度保持不变为前提的，而吸收塔内的气、液浓度是沿塔高变化的，不同横截面上的推动力（浓度差）不同，吸收速率也不相同。因此，速率方程式只是对定态操作的塔内任一横截面上吸收速率关系的描述，不适合于直接用来描述全塔的吸收速率。

③ 因为吸收系数的倒数即表示吸收阻力，所以阻力的表达形式也应与推动力的表达形式相对应。譬如，以（$p_A-p_A^*$）表示总推动力时，气膜阻力为 $1/k_G$，液膜阻力为 $1/(Hk_L)$；而当以（c^*-c）表示总推动力时，液膜阻力为 $1/k_L$，气膜阻力为 H/k_G。

【例 2-5】 在总压为 100kPa、温度为 30℃时，用清水吸收混合气体中的氨，气相传质系数 $k_G=3.84\times10^{-6}\ \text{kmol}\cdot\text{m}^{-2}\cdot\text{s}^{-1}\cdot\text{kPa}^{-1}$，液相传质系数 $k_L=1.83\times10^{-4}\ \text{m}\cdot\text{s}^{-1}$，假设此操作条件下的平衡关系服从亨利定律，测得液相溶质摩尔分数为 0.05，其气相平衡分压为 6.7kPa。求当塔内某截面上气、液组成分别为 $y=0.05$，$x=0.01$ 时：(1) 以（$p_A-p_A^*$）、（$c_A^*-c_A$）表示的传质总推动力及相应的传质速率、总传质系数；(2) 分析该过程的控制因素。

解 (1) 根据亨利定律 $E=\dfrac{p_A^*}{x}=\dfrac{6.7}{0.05}=134\text{kPa}$

相平衡常数 $m=\dfrac{E}{P}=\dfrac{134}{100}=1.34$

溶解度常数 $H=\dfrac{\rho_S}{EM_S}=\dfrac{1000}{134\times18}=0.4146\text{kmol}\cdot\text{m}^{-3}\cdot\text{kPa}^{-1}$

以气相分压差（$p_A-p_A^*$）表示传质总推动力时：

$$p_A-p_A^*=100\times0.05-134\times0.01=3.66\text{kPa}$$

$$\frac{1}{K_G}=\frac{1}{Hk_L}+\frac{1}{k_G}=\frac{1}{0.4146\times1.83\times10^{-4}}+\frac{1}{3.84\times10^{-6}}=13180+260417$$
$$=273597\text{m}^2\cdot\text{s}\cdot\text{kPa}\cdot\text{kmol}^{-1}$$

$$K_G=3.66\times10^{-6}\ \text{kmol}\cdot\text{m}^{-2}\cdot\text{s}^{-1}\cdot\text{kPa}^{-1}$$

$$N_A=K_G(p_A-p_A^*)=3.66\times10^{-6}\times3.66=1.34\times10^{-5}\ \text{kmol}\cdot\text{m}^{-2}\cdot\text{s}^{-1}$$

以（$c_A^*-c_A$）表示传质总推动力时：

$$c_A=\frac{0.01}{0.99\times18/1000}=0.56\text{kmol}\cdot\text{m}^{-3}$$

$$c_A^*-c_A=0.4146\times100\times0.05-0.56=1.513\text{kmol}\cdot\text{m}^{-3}$$

$$K_L=\frac{K_G}{H}=\frac{3.66\times10^{-6}}{0.4146}=8.8\times10^{-6}\text{m}\cdot\text{s}^{-1}$$

$$N_A=K_L(c_A^*-c_A)=8.8\times10^{-6}\times1.513=1.3314\times10^{-5}\ \text{kmol}\cdot\text{m}^{-2}\cdot\text{s}^{-1}$$

(2) 与（$p_A-p_A^*$）表示的传质总推动力相应的传质阻力为 $273597\text{m}^2\cdot\text{s}\cdot\text{kPa}\cdot\text{kmol}^{-1}$；其中气相阻力为 $\dfrac{1}{k_G}=260417\text{m}^2\cdot\text{s}\cdot\text{kPa}\cdot\text{kmol}^{-1}$；液相阻力 $\dfrac{1}{Hk_L}=13180\text{m}^2\cdot\text{s}\cdot\text{kPa}\cdot\text{kmol}^{-1}$；气相阻力占总阻力的百分数为 $\dfrac{260417}{273597}\times100\%=95.2\%$。故该传质过程为气膜控制过程。

2.4 吸收塔的计算

工业生产中的吸收操作多采用塔设备，其中板式塔内的气、液接触是逐级式的，填料塔内的气、液接触是连续的。塔内气、液两相的流动方式，既可以是逆流也可以是并流，吸收多采用逆流操作。本章对于吸收塔计算的介绍主要以填料塔逆流吸收操作为例。

吸收塔的计算可分为设计型和操作型两类。设计型的计算一般包括：①在选定吸收剂的基础上确定吸收剂用量；②计算塔的主要工艺尺寸，包括塔径和塔的有效高度。塔的有效高度，对填料塔是指填料层高度，对板式塔则是板距与实际板层数的乘积。操作型的计算，是对使用中的吸收塔就其操作条件与吸收效果之间的关系进行计算分析，判断出操作条件的改变给吸收效果带来的影响，比如说对气体尾气浓度或出口溶液浓度的影响；或者对新的吸收要求调整操作条件。吸收塔计算的主要依据是吸收塔的物料衡算、操作线方程以及吸收速率方程式。

2.4.1 吸收塔的物料衡算与操作线方程

2.4.1.1 物料衡算

通过物料衡算可以确定吸收剂用量，还可以确定塔设备中任意横截面上气、液两流体组成间的关系-操作关系。

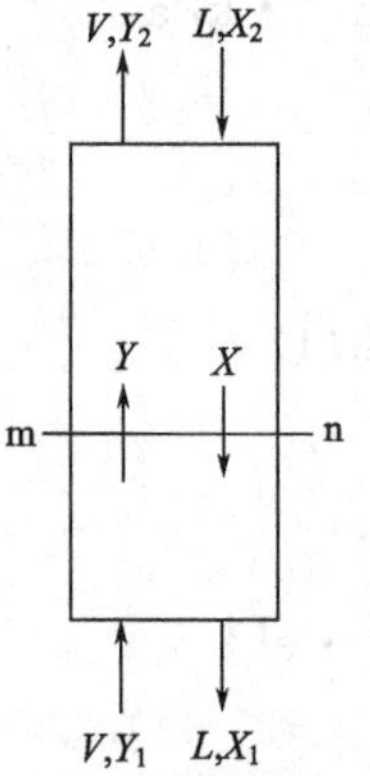

图 2-11 所表示为逆流接触的吸收塔。以下标“1”代表塔底截面，以下标“2”代表塔顶截面。

在定态操作下，根据质量守恒定律，对进出吸收塔的溶质 A 进行物料衡算，得：

$$VY_1+LX_2=VY_2+LX_1$$

或

$$V(Y_1-Y_2)=L(X_1-X_2) \tag{2-58}$$

式中，V 为单位时间内通过吸收塔的惰性气体量，$\mathrm{kmol(B)\cdot s^{-1}}$；$L$ 为单位时间内通过吸收塔的溶剂量，$\mathrm{kmol(S)\cdot s^{-1}}$；$Y_1$、$Y_2$分别为进塔及出塔气体中溶质组分的摩尔比，$\mathrm{kmol(A)\cdot kmol(B)^{-1}}$；$X_1$、$X_2$分别为出塔及进塔液体中溶质组分的摩尔比，$\mathrm{kmol(A)\cdot kmol(S)^{-1}}$。

图 2-11 逆流接触吸收塔物料衡算示意图

进塔混合气的流量 V 和组成 Y_1、气体出塔时的浓度 Y_2 或溶质回收率 φ 通常是吸收任务所规定的，吸收剂的初始组成 X_2是基于工艺条件或工艺流程的要求确定的，则吸收剂用量 L 确定后，由式(2-58)求得塔底排出溶液的浓度 X_1。其中 Y_2与溶质回收率 φ 关系如下：

$$Y_2=Y_1(1-\varphi) \tag{2-59}$$

式中，φ 为混合气体通过吸收塔后溶质 A 被吸收的百分数，称为溶质的吸收率或回收率。

2.4.1.2 吸收塔的操作线方程式与操作线

在逆流操作的填料塔内，气、液相流体的组成沿塔高呈连续变化，气体自下而上流动，因溶质不断被吸收而由初始的浓度 Y_1逐渐变为塔顶出口时的尾气浓度 Y_2；液体自上而下流动，其浓度由 X_2逐渐增至 X_1。吸收过程中，塔内填料层中各个横截面上的气、液浓度 Y 与 X 之间的关系，可通过在填料层中的任一横截面与塔底截面（或塔顶截面）之间作组分 A 的衡算求得。

譬如，在图 2-11 中的 m-n 截面与塔底端面之间作组分 A 的衡算，得到：

$$VY+LX_1=VY_1+LX$$

或

$$Y=\frac{L}{V}X+\left(Y_1-\frac{L}{V}X_1\right) \tag{2-60}$$

同理，若在 m-n 截面与塔顶端面之间作组分 A 的衡算，则得到：

$$Y=\frac{L}{V}X+\left(Y_2-\frac{L}{V}X_2\right) \tag{2-61}$$

式(2-60) 与式(2-61) 是等效的，均称为逆流吸收塔的操作线方程式，它表明塔内任一横截面上的气相浓度 Y 与液相浓度 X 之间成直线关系，直线的斜率为 $\frac{L}{V}$，且此直线应通过 $B(X_1,Y_1)$ 及 $T(X_2,Y_2)$ 两点。标绘在图 2-12 中的直线 BT，即为逆流吸收塔的操作线。操作线 BT 上任何一点 A，代表着塔内相应截面上的液、气浓度 X、Y，端点 B 代表填料层底部端面，即塔底的情况。在逆流吸收塔中，塔底截面处具有最大的气、液浓度，故称之为“浓端”，塔顶截面处具有最小的气、液浓度，故称之为“稀端”。上述操作线方程式仅适用于逆流吸收塔。对于气、液并流的情况，同样可由物料衡算推导出其吸收操作线方程。

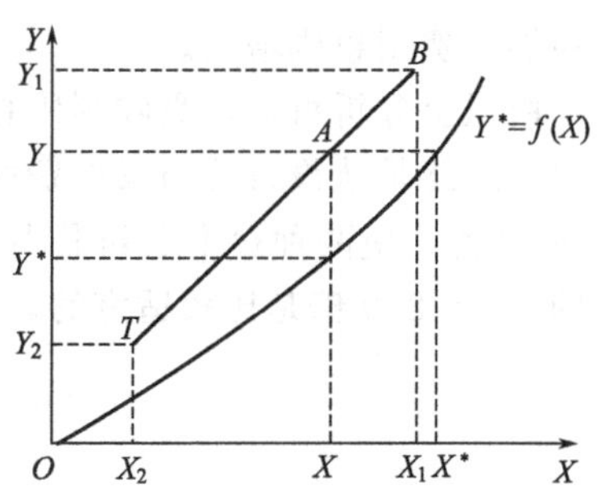

图 2-12　逆流吸收塔的操作线

因为吸收得以进行的前提是溶质在气相中的实际分压高于平衡分压，所以在以 X 为横坐标、Y 为纵坐标的直角坐标系中，吸收操作线总是位于平衡线上方。而解吸过程的操作线则位于平衡线下方。

2.4.2　吸收剂用量的确定

前已述，式(2-58) 中的气体流量 V 及气体的初、终浓度 Y_1、Y_2 以及吸收剂的入塔浓度 X_2 通常为已知数，而吸收剂用量 L 则需由设计者确定。根据式(2-58) 可知，当要吸收的溶质量 $V(Y_1-Y_2)$ 确定后，吸收剂用量 L 越少，则 X_1 越大。但由平衡关系可知，X_1 不能大于等于平衡浓度。由图 2-13(a) 可见，吸收操作线的斜率是 L/V，在 V、Y_1、Y_2 及 X_2 已知的情况下，操作线在塔顶截面的点 $T(X_2,Y_2)$ 是固定的，在塔底截面的点 $B(X_1,Y_1)$ 则随 X_1 的变化而在 $Y=Y_1$ 的水平线上移动。X_1 随 L 而变，减少吸收剂用量 L，一方面使出塔溶液的浓度 X_1 加大；另一方面使操作线的斜率 L/V 变小，操作线往平衡线靠近，导致吸收

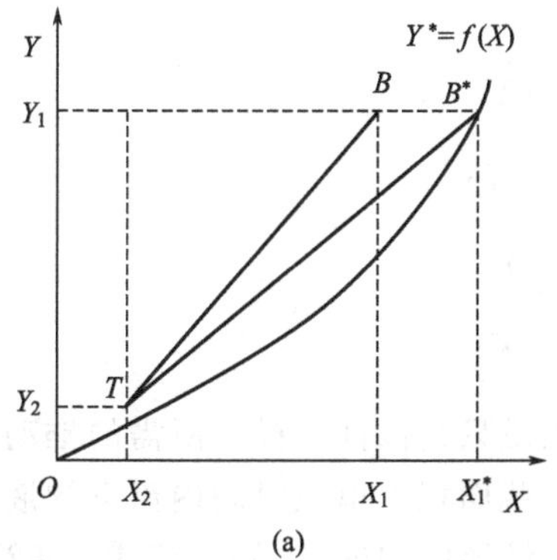

(a)

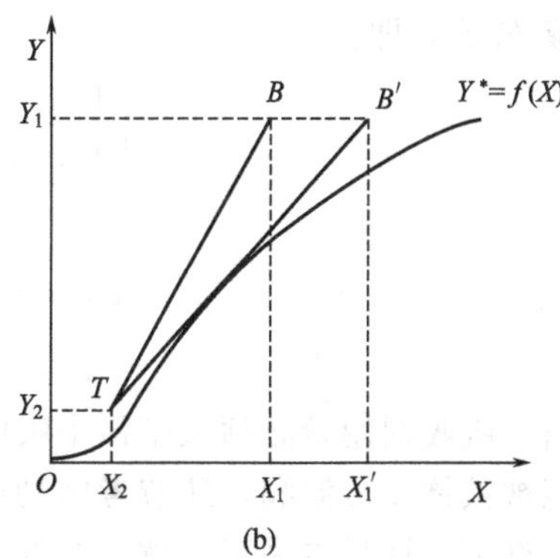

(b)

图 2-13　吸收塔的最小液-气比

推动力减小，所需的传质面积增大，即所需的设备费增加。若吸收剂用量减少到恰使点 B 移至水平线 $Y=Y_1$ 与平衡线的交点 B^* 时，$X_1=X_1^*$，表明塔底排出的溶液与刚进塔的混合气体达到平衡，这是溶液理论上所能达到的最高浓度，此种状况下吸收剂用量即为最小吸收剂用量，以 $L_{\min}$ 表示。但此时吸收的推动力为零，因而需要无限大的相际传质面积和无限大的设备费。这在实际上是办不到的，只能用来表示一种极限状况。

操作线的斜率 L/V 是溶剂与惰性气体摩尔流量的比值，称为"液-气比"，它反映单位气体处理量的溶剂耗用量的大小。它是一个技术指标，也是一个经济指标，既影响到吸收质量，又影响到操作成本。由上述知道吸收剂用量必须大于最小吸收剂用量，随着吸收剂用量的增大，X_1 随之减小，同时点 B 将沿水平线向左移动，使操作线远离平衡线，过程推动力增大。但超过一定限度后，过程推动力增大的效果便不明显，而溶剂的消耗量、输送及回收等项操作费用急剧增大。

由以上分析可见，吸收剂用量的大小，直接影响的是出塔溶液的浓度 X_1 和吸收过程的速率，最终是从设备费与操作费两方面影响到生产过程的经济效益，应权衡利弊，选择适宜的液-气比，使两种费用之和最小。根据生产实践经验，一般情况下取吸收剂用量为最小用量的 1.1～2.0 倍是比较适宜的，即：

$$\frac{L}{V}=(1.1\sim2.0)\left(\frac{L}{V}\right)_{\min} \tag{2-62}$$

$$L=(1.1\sim2.0)L_{\min} \tag{2-62a}$$

最小液-气比可用图解法求出。如果平衡曲线符合图 2-13(a) 所示的一般情况，则需找到水平线 $Y=Y_1$ 与平衡线的交点 B^*，从而读出 X_1^* 的数值，然后用下式计算最小液-气比，即：

$$\left(\frac{L}{V}\right)_{\min}=\frac{Y_1-Y_2}{X_1^*-X_2} \tag{2-63}$$

或

$$L_{\min}=V\frac{Y_1-Y_2}{X_1^*-X_2} \tag{2-63a}$$

如果平衡曲线呈现如图 2-13(b) 中所示的形状，则应过点 T 作平衡曲线的切线，找到水平线 $Y=Y_1$ 与此切线的交点 B' 的横坐标 X_1' 的数值，然后按下式计算最小液-气比，即：

$$\left(\frac{L}{V}\right)_{\min}=\frac{Y_1-Y_2}{X_1'-X_2} \tag{2-64}$$

或

$$L_{\min}=V\frac{Y_1-Y_2}{X_1'-X_2} \tag{2-64a}$$

对于稀溶液，平衡关系符合亨利定律，浓度很低时可用 $Y^*=mX$ 表示，则可直接用下式算出最小液-气比，即：

$$\left(\frac{L}{V}\right)_{\min}=\frac{Y_1-Y_2}{\frac{Y_1}{m}-X_2} \tag{2-65}$$

$$L_{\min}=V\frac{Y_1-Y_2}{\frac{Y_1}{m}-X_2} \tag{2-65a}$$

必须指出，吸收剂用量必须大于最小吸收剂用量只是保证了操作所需的推动力，为了保证填料表面能被液体充分湿润，还应考虑到单位塔截面积上单位时间内流下的液体量不得小于某一最低允许值（详见本书第 3 章 3.2.3.5 润湿性能的内容）。如果按式(2-62) 算出的吸收剂用量不能满足充分湿润填料的起码要求，则应采用更大的液-气比。

【例 2-6】 在逆流吸收塔中，用清水吸收混合气体溶质惰性组分 A，吸收塔内操作压强为 106kPa，温度为 30℃，混合气流量为 $1300\text{m}^3\cdot\text{h}^{-1}$，组成为 0.03（摩尔分数），吸收率为 95%。若吸收剂用量为最小用量的 1.5 倍，试求进入塔顶的清水用量 L 及吸收液的组成。操作条件下平衡关系为 $Y^*=0.65X$。

解 (1) 清水用量 进入吸收塔的惰性气体摩尔流量为

$$V=\frac{V'}{22.4}\times\frac{273}{273+t}\times\frac{P}{101.33}(1-y_1)=\frac{1300}{22.4}\times\frac{273}{273+30}\times\frac{106}{101.33}\times(1-0.03)$$

$$=53.06\text{kmol}\cdot\text{h}^{-1}$$

$$Y_1=\frac{y_1}{1-y_1}=\frac{0.03}{1-0.03}=0.03093$$

$$Y_2=Y_1(1-\varphi_A)=0.03093\times(1-0.95)=0.00155$$

$$X_2=0 \quad , \quad m=0.65$$

最小吸收剂用量为

$$L_{\min}=V\frac{Y_1-Y_2}{\dfrac{Y_1}{m}-X_2}=\frac{53.06\times(0.03093-0.00155)}{0.03093/0.65}=32.8\text{kmol}\cdot\text{h}^{-1}$$

则清水用量为 $L=1.5L_{\min}=1.5\times32.8=49.2\text{kmol}\cdot\text{h}^{-1}$

(2) 吸收液组成 根据全塔物料衡算可得

$$X_1=\frac{V(Y_1-Y_2)}{L}+X_2=\frac{53.06\times(0.03093-0.00155)}{49.2}+0=0.0317$$

2.4.3 塔径的计算

吸收塔的直径通常由气相流率及气速决定，计算公式如下：

$$D=\sqrt{\frac{4V_s}{\pi u}} \tag{2-66}$$

式中，D 为塔径，m；V_s 为操作条件下混合气体的体积流量（一般按塔底气量计算），$\text{m}^3\cdot\text{s}^{-1}$；$u$ 为按空塔截面积计算的混合气体的流速，称为空塔气速，$\text{m}\cdot\text{s}^{-1}$。

气体的体积流量是由吸收任务量所规定的，只要空塔气速确定了，就可以由上式计算塔径，但是空塔气速是直接影响吸收操作过程好坏的一个重要操作参数，空塔气速过高或过低都会对塔内传质造成不良的影响，显然，计算塔径的关键在于确定适宜的空塔气速 u，确定的原则将在第 3 章中讨论。

2.4.4 填料层高度计算

2.4.4.1 填料层高度的基本计算式

吸收过程涉及气、液两相的传质面积，传质面积越大，吸收速率越快。填料的主要作用就是为气、液两相的接触提供尽可能大的传质面积。若单位体积填料层所能提供的气、液有效接触面积已知，则计算出所需的填料层体积便求得所需的总传质面积。而填料层高度乘以塔截面积即为填料层体积。所以，计算填料层高度实质是确定吸收所需的总传质面积。填料层高度的计算将要涉及物料衡算、传质速率与相平衡这三种关系式的运用。

前面所介绍的所有吸收速率的方程式，是表明塔内任一横截面上的气相浓度 Y 与液相浓度 X 之间成直线关系，即都只适用于吸收塔的任一横截面，而不能直接用于全塔。就整个填料层而言，气、液浓度沿塔高不断变化，塔内各横截面上的吸收速率并不相同。

为解决填料层高度的计算问题，先在填料层吸收塔中任意截取一段高度为 $\mathrm{d}Z$ 的微元填料层来研究，如图 2-14 所示。微元填料层高度为 $\mathrm{d}Z$，塔截面积为 Ω，令单位体积填料层所提供的有效面积为 a，则微元填料层内的传质面积为 $\mathrm{d}A=a\Omega\mathrm{d}Z$。

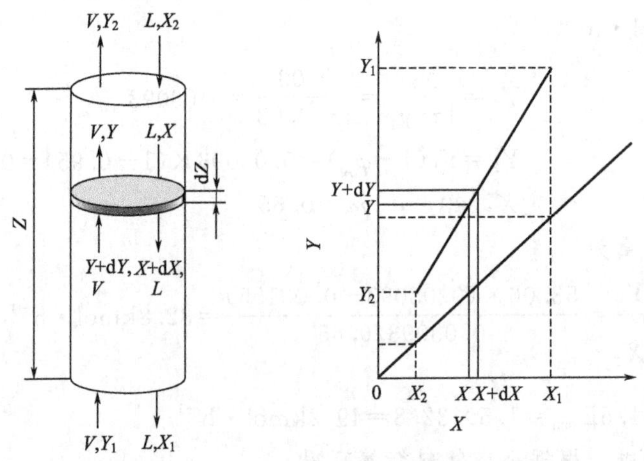

图 2-14 微元填料层的物料衡算

根据物料衡算，微元填料层内，单位时间被吸收组分 A 的量 $\mathrm{d}G_\mathrm{A}$ 是由气相转入液相的组分 A 的量，即：

$$\mathrm{d}G_\mathrm{A}=V\mathrm{d}Y=L\mathrm{d}X \tag{2-67}$$

根据吸收速率方程，$\mathrm{d}G_\mathrm{A}$ 为微元填料层内通过传质面积 $\mathrm{d}A$ 所传递的组分 A 的量，即：

$$\mathrm{d}G_\mathrm{A}=N_\mathrm{A}\mathrm{d}A=N_\mathrm{A}(a\Omega\mathrm{d}Z) \tag{2-68}$$

式中，$\mathrm{d}A$ 为微元填料层内的传质面积，m^2；a 为单位体积填料层所提供的有效面积，$\mathrm{m}^2\cdot\mathrm{m}^{-3}$；$\mathrm{d}Z$ 为微元填料层高度，m；Ω 为塔截面积，m^2。

上两式微元填料层中的吸收速率方程式：

$$N_\mathrm{A}=K_\mathrm{Y}(Y-Y^*) \quad 及 \quad N_\mathrm{A}=K_\mathrm{X}(X^*-X)$$

分别带入式(2-68)，得到：

$$\mathrm{d}G_\mathrm{A}=K_\mathrm{Y}(Y-Y^*)(a\Omega\mathrm{d}Z)$$

及

$$\mathrm{d}G_\mathrm{A}=K_\mathrm{X}(X^*-X)(a\Omega\mathrm{d}Z)$$

再将上两式分别代入式(2-67)，可得：

$$V\mathrm{d}Y=K_\mathrm{Y}(Y-Y^*)a\Omega\mathrm{d}Z$$

及

$$L\mathrm{d}X=K_\mathrm{X}(X^*-X)a\Omega\mathrm{d}Z$$

上述式子中单位体积填料层内的有效接触面积 a，是指单位体积填料层内被流动的液膜所覆盖的能提供给气、液进行接触的填料表面积，由于种种原因，有些填料表面积未能被流动的液膜所润湿覆盖，所以 a 总要小于单位体积填料层中填料表面积。a 值不仅与填料的形状、尺寸及充填状况有关，而且受流体物性及流动状况的影响。a 的数值很难直接测定，所以常将它与吸收系数的乘积视为一体，作为一个完整的物理量来看待，这个乘积称为体积吸收系数。譬如 $K_\mathrm{Y}a$ 及 $K_\mathrm{X}a$ 分别称为气相总体积吸收系数、液相总体积吸收系数，其单位均为

$\text{kmol}\cdot\text{m}^{-3}\cdot\text{s}^{-1}$，体积吸收系数的物理意义是在推动力为一个单位的情况下，单位时间、单位体积填料层内吸收的溶质量。

整理上两式，分别得到：

$$\frac{dY}{Y-Y^*}=\frac{K_Ya\Omega dZ}{V} \tag{2-69}$$

及

$$\frac{dX}{X^*-X}=\frac{K_Xa\Omega dZ}{L} \tag{2-70}$$

对于定态操作的低浓吸收塔，L、V、Ω 均为常数，又因为气、液流量在全塔范围内变化很小，故也可将 K_Ya 及 K_Xa 视为与塔高无关的常数。于是，得到式(2-69) 及式(2-70) 在全塔范围内的积分式：

$$\int_{Y_2}^{Y_1}\frac{dY}{Y-Y^*}=\frac{K_Ya\Omega}{V}\int_0^Z dZ$$

及

$$\int_{X_2}^{X_1}\frac{dX}{X^*-X}=\frac{K_Xa\Omega}{L}\int_0^Z dZ$$

由此得到低浓吸收时填料层高度计算的基本关系式：

$$Z=\int_0^Z dZ=\frac{V}{K_Ya\Omega}\int_{Y_2}^{Y_1}\frac{dY}{Y-Y^*} \tag{2-71}$$

$$Z=\frac{L}{K_Xa\Omega}\int_{X_2}^{X_1}\frac{dX}{X^*-X} \tag{2-72}$$

2.4.4.2　传质单元高度与传质单元数

分析式(2-71) 及式(2-72)，它们都是由两部分组成，因式$\frac{V}{K_Ya\Omega}$$\left(\text{或}\frac{L}{K_Xa\Omega}\right)$与积分式$\int_{Y_2}^{Y_1}\frac{dY}{Y-Y^*}$$\left(\text{或}\int_{X_2}^{X_1}\frac{dX}{X^*-X}\right)$相乘，这是填料层高度计算式的共同点，下面以式(2-71) 为例来了解其中的物理意义。

因式$\frac{V}{K_Ya\Omega}$的单位为 m，因此可将$\frac{V}{K_Ya\Omega}$理解为由过程条件所决定的某种单元高度。令：

$$H_{OG}=\frac{V}{K_Ya\Omega} \tag{2-73}$$

式中，H_{OG}称为气相总传质单元高度。

积分式$\int_{Y_2}^{Y_1}\frac{dY}{Y-Y^*}$是一个无量纲的数值，可将其理解为所需填料层高度 Z 相当于气相总传质单元高度 H_{OG}的倍数，令：

$$N_{OG}=\int_{Y_2}^{Y_1}\frac{dY}{Y-Y^*} \tag{2-74}$$

式中，N_{OG}称为气相总传质单元数，式(2-71) 可写成如下形式：

$$Z=H_{OG}N_{OG} \tag{2-71a}$$

同理，式(2-72) 可写成如下形式：

$$Z=H_{OL}N_{OL} \tag{2-72a}$$

其中

$$H_{OL}=\frac{L}{K_Xa\Omega} \tag{2-75}$$

$$N_{OL}=\int_{X_2}^{X_1}\frac{dX}{X^*-X} \tag{2-76}$$

式中，H_{OL}为液相总传质单元高度，m；N_{OL}为液相总传质单元数，无量纲。

以此类推，可以写出填料层高度的计算通式：

填料层高度＝传质单元高度×传质单元数

事实上，选用不同的吸收速率方程式，便可推导出相应的填料层高度计算式，读者可自行进行推导。

对于传质单元高度的物理意义，可通过以下分析加以理解。以气相总传质单元高度H_{OG}为例。

假如某吸收过程所需的填料层高度恰等于一个气相总传质单元高度，如图 2-15(a) 所示，即 $Z=H_{OG}$，则有：

$$N_{OG}=\int_{Y_2}^{Y_1}\frac{dY}{Y-Y^*}=1$$

对于整个填料层而言，吸收推动力 $Y-Y^*$ 是沿塔高变化的，但总可以以某一不变的平均值 $(Y-Y^*)_m$代替积分式中的$Y-Y^*$而保持积分值不变，即：

$$\int_{Y_2}^{Y_1}\frac{dY}{Y-Y^*}=\int_{Y_2}^{Y_1}\frac{dY}{(Y-Y^*)_m}=1$$

可得：

$$N_{OG}=\int_{Y_2}^{Y_1}\frac{dY}{Y-Y^*}=\frac{1}{(Y-Y^*)_m}\int_{Y_2}^{Y_1}dY=\frac{Y_1-Y_2}{(Y-Y^*)_m}=1$$

即有

$$(Y-Y^*)_m=Y_1-Y_2$$

由此可见，气相总传质单元高度的物理意义是：如果以气相浓度差表示的总推动力的平均值 $(Y-Y^*)_m$恰好等于气体流经填料层前后的浓度变化 (Y_1-Y_2) ［见图 2-15(b)］，则称这样的一段填料层高度为一个气相总传质单元高度。

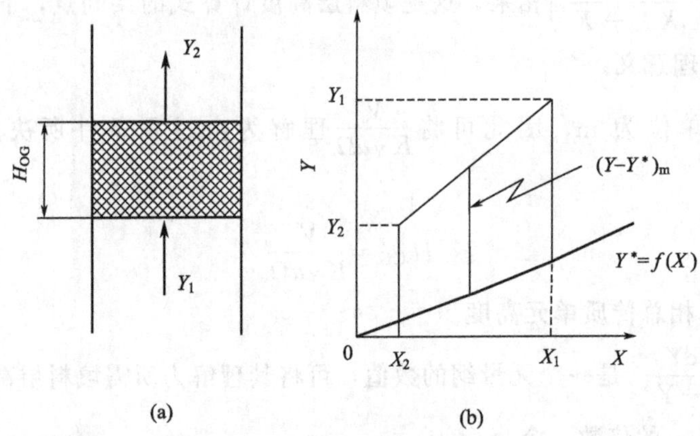

图 2-15 气相总传质单元高度

传质单元高度是完成一个传质单元的分离效果所必需的填料层高度，是吸收塔传质能力的体现，传质单元高度越小，表明吸收塔的传质能力越强。其大小与设备类型、塔内流动状况有关。因为：

$$H_{OG}=\frac{1}{K_Ya}\times\frac{V}{\Omega}$$

式中，V/Ω 是单位塔截面上惰性气体的摩尔流量，由吸收任务和塔径确定；而 $1/(K_Ya)$ 是总体积吸收系数 K_Ya 的倒数，它反映传质阻力大小、填料性能的优劣及润湿情况的好坏。若设备操作过程的吸收传质阻力大或填料层的有效比表面积小，就会导致传质单元高度的增大，也就表明吸收塔的传质能力弱。

传质单元数 $N_{OG}=\int_{Y_2}^{Y_1}\frac{dY}{Y-Y^*}$ 反映吸收过程的难易度。式中的分子是任务所要求的气体浓度变化，而分母则是过程的推动力，任务要求的气体浓度变化就是分离要求，当分离要求越大，而过程的平均推动力越小，则意味着过程难度越大，此时所需要的传质单元数也就越大。因为推动力取决于相平衡关系和液-气比两方面，所以，传质单元数与分离要求、相平衡关系以及液-气比有关，但与设备类型、塔内流动状况无关。

塔内流量对传质系数影响较大，但对传质单元高度的影响较小。当传质系数在塔内不能作为常数看待时，若可以从有关资料中查得或根据经验公式求算得到传质单元高度，则用传质单元高度法计算填料层高度将更简便。

2.4.4.3　传质单元数的求解方法

传质单元数的求解实质是求解积分式，传质单元数的积分式中的 Y 反映操作状态，而 Y^* 则体现平衡关系，操作方程是直线方程，而平衡关系线则有可能是曲线。因此，根据平衡关系是否是直线来确定求解传质单元数的方法，下面介绍常用的几种方法。

(1) 平衡关系为直线时的解法

当平衡关系为直线时，解析法求解传质单元数的积分式并不困难，有两种解法。

① 对数平均推动力法　当操作线和平衡线均为直线时，两线间的距离（即推动力 $\Delta Y=Y-Y^*$）也一定与 Y 成直线关系，即 $Y-Y^*=\Delta Y=f(Y)$ 是直线方程，直线的导数为常数，因此有：

$$\frac{dY}{d(Y-Y^*)}=\text{常数}$$

故

$$\frac{dY}{d(Y-Y^*)}=\frac{Y_1-Y_2}{(Y_1-Y_1^*)-(Y_2-Y_2^*)} \tag{2-77}$$

及

$$\frac{dY}{d(\Delta Y)}=\frac{Y_1-Y_2}{\Delta Y_1-\Delta Y_2} \tag{2-77a}$$

或

$$dY=\frac{Y_1-Y_2}{\Delta Y_1-\Delta Y_2}d(\Delta Y) \tag{2-77b}$$

式中，$\Delta Y_1=Y_1-Y_1^*$ 为塔底的气相总推动力；$\Delta Y_2=Y_2-Y_2^*$ 为塔顶的气相总推动力。

将式(2-77b) 代入式(2-74)：

$$N_{OG}=\int_{Y_2}^{Y_1}\frac{dY}{Y-Y^*}=\frac{Y_1-Y_2}{\Delta Y_1-\Delta Y_2}\int_{\Delta Y_2}^{\Delta Y_1}\frac{d(\Delta Y)}{Y-Y^*}=\frac{Y_1-Y_2}{\Delta Y_1-\Delta Y_2}\ln\frac{\Delta Y_1}{\Delta Y_2}=\frac{Y_1-Y_2}{\Delta Y_m} \tag{2-78}$$

其中

$$\Delta Y_m=\frac{\Delta Y_1-\Delta Y_2}{\ln\frac{\Delta Y_1}{\Delta Y_2}} \tag{2-78a}$$

ΔY_m 是吸收过程以气相表示的平均推动力，数值上等于吸收塔底、塔顶两截面上气相吸收推动力 ΔY_1 和 ΔY_2 的对数平均值，称为气相对数平均推动力。

同理可以导出：

$$N_{OL}=\frac{X_1-X_2}{\Delta X_m} \tag{2-79}$$

其中

$$\Delta X_m=\frac{\Delta X_1-\Delta X_2}{\ln\frac{\Delta X_1}{\Delta X_2}} \tag{2-79a}$$

ΔX_m是吸收过程以液相表示的平均推动力，数值上等于吸收塔底、塔顶两截面上液相吸收推动力ΔX_1和ΔX_2的对数平均值，称为液相对数平均推动力。

当$\Delta Y_1 > \Delta Y_2$，而$\frac{1}{2} < \frac{\Delta Y_1}{\Delta Y_2} < 2$；或当$\Delta Y_2 > \Delta Y_1$，而$\frac{1}{2} < \frac{\Delta Y_2}{\Delta Y_1} < 2$时，$\Delta Y_m$可用算数平均推动力替代，简化了计算而计算结果相差不大。

【例 2-7】 用SO_2含量为1.1×10^{-3}（摩尔分数）的水溶液吸收含SO_2含量为0.09（摩尔分数）的混合气中的SO_2。已知进塔吸收剂流量为37800kg·h^{-1}，混合气流量为100kmol·h^{-1}，要求SO_2的吸收率为80%。在吸收操作条件下，系统的平衡关系为$Y^* = 17.8X$，求气相总传质单元数。

解 吸收剂流量 $L = \frac{37800}{18} = 2100\text{kmol}\cdot\text{h}^{-1}$

$$Y_1 = \frac{y_1}{1-y_1} = \frac{0.09}{1-0.09} = 0.099$$

$$Y_2 = Y_1(1-\eta) = 0.099\times(1-0.8) = 0.0198$$

惰性气体流量　$V = 100(1-y_1) = 100\times(1-0.09) = 91\text{kmol}\cdot\text{h}^{-1}$

$$X_1 = X_2 + \frac{V}{L}(Y_1 - Y_2) = 1.1\times10^{-3} + \frac{91}{2100}\times(0.099-0.0198) = 4.53\times10^{-3}$$

$$\Delta Y_1 = Y_1 - Y_1^* = 0.099 - 17.8\times4.53\times10^{-3} = 0.0184$$

$$\Delta Y_2 = Y_2 - Y_2^* = 0.0198 - 17.8\times1.1\times10^{-3} = 2.2\times10^{-4}$$

$$\Delta Y_m = \frac{\Delta Y_1 - \Delta Y_2}{\ln\frac{\Delta Y_1}{\Delta Y_2}} = \frac{0.0184 - 2.2\times10^{-4}}{\ln\frac{0.0184}{2.2\times10^{-4}}} = 4.1\times10^{-3}$$

$$N_{OG} = \frac{Y_1 - Y_2}{\Delta Y_m} = \frac{0.099 - 0.0198}{4.1\times10^{-3}} = 19.3$$

② 解吸因数法　当相平衡关系为$Y^* = mX$时，结合吸收操作方程$Y = \frac{L}{V}X + \left(Y_2 - \frac{L}{V}X_2\right)$得到：

$$Y^* = m\left[\frac{V}{L}(Y - Y_2) + X_2\right] \tag{2-80}$$

将上式代入式(2-74)，整理得：

$$N_{OG} = \int_{Y_2}^{Y_1}\frac{dY}{Y - Y^*} = \int_{Y_2}^{Y_1}\frac{dY}{Y - m\left[\frac{V}{L}(Y - Y_2) + X_2\right]}$$

积分得

$$N_{OG} = \frac{1}{1 - \frac{mV}{L}}\ln\left[\left(1 - \frac{mV}{L}\right)\frac{Y_1 - mX_2}{Y_2 - mX_2} + \frac{mV}{L}\right] \tag{2-81}$$

令

$$S = mV/L$$

则有

$$N_{OG} = \frac{1}{1-S}\ln\left[(1-S)\frac{Y_1 - mX_2}{Y_2 - mX_2} + S\right] \tag{2-82}$$

可见，$S = mV/L$是平衡线斜率m与吸收操作斜率（液-气比）L/V的比值，无量纲，称为解吸因数，其值的大小反映解吸的难易度，S 越大表明解吸越容易。

由式(2-82) 可以知道，N_{OG} 的大小取决于 S 和 $\frac{Y_1-mX_2}{Y_2-mX_2}$ 两个因素。以 S 为参变量，在半对数坐标纸上绘出如图 2-16 所示的 N_{OG} 与 $\frac{Y_1-mX_2}{Y_2-mX_2}$ 的关系曲线簇。由已知的 V、Y_1、Y_2、L、X_2 及 m，从该图可查得 N_{OG}，也可由已知的 V、Y_1、L、X_2、N_{OG} 及 m，从该图求得 Y_2。

图 2-16 的横坐标 $\frac{Y_1-mX_2}{Y_2-mX_2}$ 的大小反映了溶质吸收率的高低。在 Y_1、X_2 及 m 一定的情况下，若要求的 Y_2 越小（或要求的吸收率 φ 越大），则 $\frac{Y_1-mX_2}{Y_2-mX_2}$ 越大，由图 2-16 可见，此时所需的 N_{OG} 也就越大。

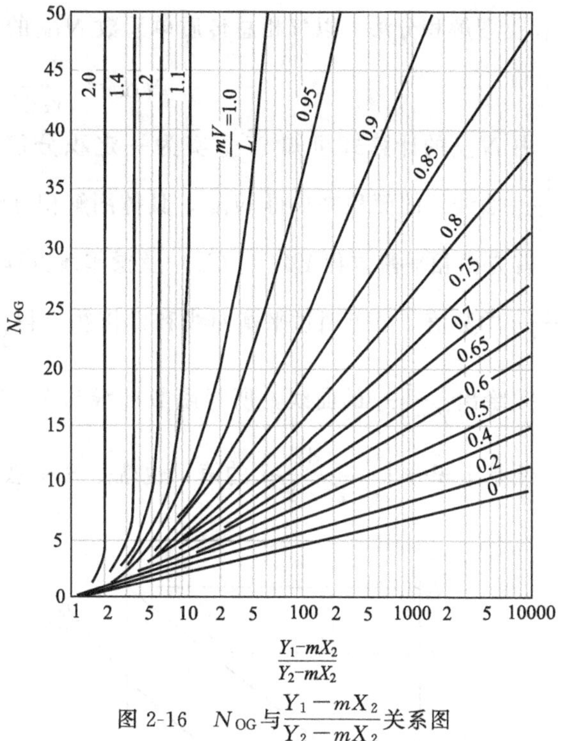

图 2-16 N_{OG} 与 $\frac{Y_1-mX_2}{Y_2-mX_2}$ 关系图

S 反映吸收推动力的大小。Y_1、X_2、Y_2（或 φ）及 m 一定时，$\frac{Y_1-mX_2}{Y_2-mX_2}$ 便是确定值，增大 $S(mV/L)$ 意味着减少液-气比 L/V（或减少吸收剂用量 L），结果导致出口溶液浓度 X_1 提高，吸收推动力变小，N_{OG} 值增大；反之，增大液-气比 L/V，S 变小，则 N_{OG} 值随之变小。

对于逆流操作的吸收塔，当 $S<1$ 的时候，操作线斜率大于平衡线斜率，此时有可能使塔顶尾气浓度达到平衡浓度 $Y_2=Y_2^*$，从而获得最高的吸收率，这时的 $\frac{Y_1-mX_2}{Y_2-mX_2}=\infty$，意味着 $N_{OG}=\infty$，即所需的填料层高度为无穷高。

【例 2-8】 在常压逆流吸收操作的填料塔内，用纯吸收剂 S 吸收混合气中的可溶组分 A。入塔气体中 A 的摩尔分数为 $y_1=0.03$，要求吸收率为 95%。已知 $mV/L=0.8$，试计算气相总传质单元数？

解

$$X_2=0 \quad , \quad S=\frac{mV}{L}=0.8 \quad , \quad Y_2=Y_1(1-\varphi)$$

$$N_{OG}=\frac{1}{1-S}\ln\left[(1-S)\frac{Y_1-mX_2}{Y_2-mX_2}+S\right]=\frac{1}{1-S}\ln\left(\frac{1-S}{1-\varphi}+S\right)$$

$$=\frac{1}{1-0.8}\times\ln\left(\frac{1-0.8}{1-0.95}+0.8\right)=7.84$$

(2) 平衡关系为曲线时的解法

当平衡关系为曲线，N_{OG} 的定积分求解比较困难时，可以使用图解积分法和数值积分法求解。

① 图解积分法　以气相总传质单元数 N_{OG} 的计算为例：

$$N_{OG}=\int_{Y_2}^{Y_1}\frac{dY}{Y-Y^*}$$

由 N_{OG} 的计算式可知 N_{OG} 实为一定积分值，从数学意义看，可通过求算被积函数 $\frac{1}{Y-Y^*}$ 曲线下的面积来求得 N_{OG}，具体图解积分法步骤如下。

首先由相平衡方程 $Y^*=f(X)$ 及操作线方程 $Y=f(X)$ 求出若干与不同 Y 值相对应的 $\frac{1}{Y-Y^*}$ 的数值［也可通过平衡曲线和操作线求得 $\frac{1}{Y-Y^*}$，见图 2-17(a)］；然后在直角坐标系里标绘出 $\frac{1}{Y-Y^*}$ 的曲线，所得函数曲线与 $Y=Y_1$、$Y=Y_2$ 及横坐标直线之间所包围的面积，便是定积分 $\int_{Y_2}^{Y_1}\frac{dY}{Y-Y^*}$ 的值，也就是气相总传质单元数 N_{OG}［见图 2-17(b)］。

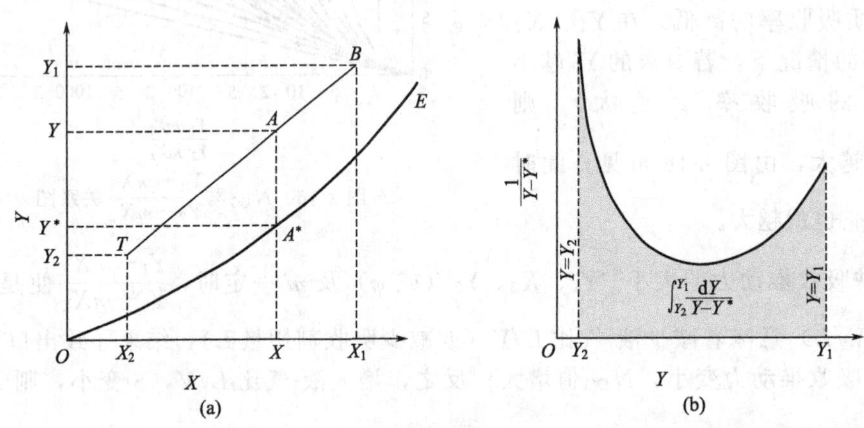

图 2-17　图解积分求 N_{OG}

② 数值积分法　对于难于作解析积分的定积分，可以运用数值积分法，这是一种近似计算方法。数值积分公式有多种，定步长辛普森（Simpson）数值积分公式是其中之一。利用定步长辛普森数值积分公式的求解如下：

$$N_{OG}=\int_{Y_2}^{Y_1}\frac{dY}{Y-Y^*}=\int_{Y_0}^{Y_n}f(Y)dY$$

$$\approx\frac{\Delta Y}{3}[f_0+f_n+4(f_1+f_3+\cdots+f_{n-1})+2(f_2+f_4+\cdots+f_{n-2})] \tag{2-83}$$

$$\Delta Y=\frac{Y_n-Y_0}{n} \tag{2-84}$$

式中，n 为在 Y_0 与 Y_n 间划分的区间数目，可取为任意偶数，n 值越大则计算结果越准确；ΔY 为步长，将 (Y_0,Y_n) 分成 n 个相等的小区间的长度；Y_0 为出塔气相组成，$Y_0=Y_2$；Y_n 为入塔气相组成，$Y_n=Y_1$；$f_0,f_1,\cdots,f_n$ 分别为 $Y=Y_0,Y_1,\cdots,Y_n$ 所对应的积分函数 $f(Y,Y^*)$ 的值或积分函数曲线的纵坐标值。

数值积分法避免了图解积分法的烦琐的画图来计算积分面积，可借助计算机进行运算。

【例 2-9】 某填料吸收塔截面积为 $1m^2$，用纯轻油吸收混合气中的苯，进料量为

$1000m^3 \cdot h^{-1}$（标准状态）。进料气中含苯 5%（体积分数），其余为惰性气体。要求回收率 95%。操作时轻油含量为最小用量的 1.5 倍，平衡关系为 $Y^*=1.4X$。已知体积吸收总系数为 $K_ya=125kmol \cdot m^{-3} \cdot h^{-1}$，轻油的平均分子量为 170。求轻油用量和完成该生产任务所需填料层高度？

解　$Y_1=\dfrac{0.05}{1-0.05}=0.0526$，$Y_2=Y_1(1-\varphi)=0.0526\times(1-95\%)=0.00263$，$X_2=0$

$$\left(\frac{L}{V}\right)_{\min}=\frac{Y_1-Y_2}{X_1^*-X_2}=\frac{Y_1-Y_2}{\dfrac{Y_1}{m}-0}=m\varphi=1.4\times0.95=1.33$$

$$\frac{L}{V}=1.5\left(\frac{L}{V}\right)_{\min}=1.5\times1.33=1.995$$

轻油用量　$L=1.995\times\dfrac{1000}{22.4}\times170=15141kg \cdot h^{-1}$

$$X_1=\frac{V(Y_1-Y_2)}{L}=\frac{Y_1\varphi}{L/V}=\frac{0.0526\times0.95}{1.995}=0.025$$

$$\Delta Y_1=Y_1-mX_1=0.0526-1.4\times0.025=0.0176$$

$$\Delta Y_2=Y_2-mX_2=0.00263$$

$$\Delta Y_m=\frac{\Delta Y_1-\Delta Y_2}{\ln\dfrac{\Delta Y_1}{\Delta Y_2}}=\frac{0.0176-0.00263}{\ln\dfrac{0.0176}{0.00263}}=0.0079$$

所需填料层高度 $Z=H_{OG}N_{OG}=\dfrac{V}{K_ya\Omega}\times\dfrac{Y_1-Y_2}{\Delta Y_m}=\dfrac{1000}{22.4\times125\times1}\times\dfrac{0.0526-0.00263}{0.0079}=2.26m$

【例 2-10】 在一逆流操作的吸收塔中，如果脱吸因数为 0.75，气液相平衡关系为 $Y^*=2.0X$，吸收剂进塔浓度为 0.001（摩尔比，下同），入塔混合气体中溶质的浓度为 0.05 时，溶质的吸收率为 90%。试求入塔气体中溶质浓度为 0.04 而其他操作条件不变时，其吸收率为多少？

解　$X_2=0.001$ 时：

原工况　$S=0.75$，　$Y_2=Y_1(1-\varphi)=0.05\times(1-0.9)=0.005$

$$N_{OG}=\frac{1}{1-S}\ln\left[(1-S)\frac{Y_1-mX_2}{Y_2-mX_2}+S\right]=\frac{1}{1-0.75}\times\ln\left[(1-0.75)\times\frac{0.05-2\times0.001}{0.005-2\times0.001}+0.75\right]$$

$$=6.233$$

新工况　$H'_{OG}=H_{OG}$　，　$Z'=Z$　，　$N'_{OG}=N_{OG}$

$$N'_{OG}=\frac{1}{1-S}\ln\left[(1-S)\frac{Y'_1-mX_2}{Y'_2-mX_2}+S\right]=\frac{1}{1-0.75}\times\ln\left[(1-0.75)\times\frac{0.04-2\times0.001}{Y'_2-2\times0.001}+0.75\right]$$

$$=6.233$$

解得　$Y'_2=4.375\times10^{-3}$

$$\eta'=\frac{Y'_1-Y'_2}{Y'_1}=\frac{0.04-4.375\times10^{-3}}{0.04}=0.8906=89.06\%$$

2.5 吸收系数

使用吸收速率方程式，必须知道式中的吸收系数。传质过程的影响因素很复杂，对于不同的物质、不同的设备及填料类型和尺寸以及不同的流动状况与操作条件，吸收系数各不相同，迄今尚无通用的计算方法和计算公式。目前，获取吸收系数的途径有三条：一是实验测定；二是选用适当的经验公式进行计算；三是选用适当的特征数关联式进行计算。

实验测定是获得吸收系数的根本途径。实验测定一般在中试设备上或生产装置上进行，实验测定的数据直接用于设计计算时，要求所设计的体系、操作条件及设备参数等必须与实验测定条件相同或相近，而对每一具体设计条件下的吸收系数都进行实验测定实际上行不通，这就大大限制了实验测定数据的使用。因此，研究者们针对某种典型的或有重要实际意义的系统和条件，测取比较充分的实验数据，在此基础上提出了特定物系在特定条件下的吸收系数经验公式。这种经验公式只在用于规定条件范围之内时才能得到可靠的计算结果。

有研究者根据较为广泛的物系、设备及操作条件下取得的大量实验数据，整理出一些反映吸收膜系数与各种影响因素之间关系的特征数关联式，这种特征数关联式具有较好的概括性，与经验公式相比，其适用范围要宽一些，但准确性较差。下面对吸收系数的测定及经验公式和特征数关联式进行介绍。

2.5.1 吸收系数的测定

在中间实验设备上或在条件相近的生产装置上测得的总吸收系数，用作设计计算的依据或参考值具有一定的可靠性。这种测定可根据整段塔内的吸收速率方程式进行。譬如，当过程所涉及的浓度区间内平衡关系为直线时，填料层高度计算式为：

$$Z=\frac{V(Y_1-Y_2)}{K_Ya\Omega\Delta Y_m}$$

故总体积吸收系数为：

$$K_Ya=\frac{V(Y_1-Y_2)}{\Omega Z\Delta Y_m}=\frac{G_A}{V_p\Delta Y_m}$$

式中，G_A为塔的吸收负荷，即单位时间在塔内吸收的溶质量，$G_A=V(Y_1-Y_2)$，$kmol \cdot s^{-1}$；V_p为填料层体积，$V_p=\Omega Z$，m^3；ΔY_m为塔内平均气相总推动力。

在定态操作状况下测得进、出口处气、液流量及浓度后，由物料衡算及平衡关系算出G_A及ΔY_m。再依具体设备的直径和填料层高度算出填料层体积V_p，按上式计算体积吸收总系数K_Ya。

测定工作可针对全塔进行，也可针对任一塔段进行，测定值代表所测范围内总系数的平均值。

测定气膜或液膜吸收系数时，总是设法在另一相的阻力可被忽略或可以推算的条件下进行实验。譬如，有人采用如下方法求得用水吸收低浓度氨气时的气膜体积吸收系数k_Ga。

首先直接测定总体积吸收系数K_Ga，然后依下式计算k_Ga的数值，即：

$$\frac{1}{k_Ga}=\frac{1}{K_Ga}-\frac{1}{Hk_La}$$

上式中的液膜体积吸收系数k_La可根据如下关系式来推算：

$$(k_La)_{NH_3}=(k_La)_{O_2}\left(\frac{D'_{NH_3}}{D'_{O_2}}\right)^{0.5}$$

式中，$(k_La)_{O_2}$为相同条件下用水吸收氧气时的液膜体积吸收系数。即先测定 $(k_La)_{O_2}$，再由上式推算出 $(k_La)_{NH_3}$。因氧气在水中溶解度甚微，故当用水吸收氧气时，气膜阻力可以忽略，用水吸收氧气的液膜体积吸收系数 $(k_La)_{O_2}$等于总体积吸收系数 $(K_La)_{O_2}$，所以可以通过测定 $(K_La)_{O_2}$来确定 $(k_La)_{O_2}$，从而由上述式子推算出 $(k_La)_{NH_3}$和求出用水吸收低浓度氨气时的气膜体积吸收系数 k_Ga。

2.5.2 吸收系数的经验公式

吸收系数的经验公式是根据特定系统及特定条件下的实验数据得出的，适用范围较窄，但准确性较高。

2.5.2.1 用水吸收氨

用水吸收氨属于易溶气体的吸收，吸收的主要阻力在气膜中，但液膜阻力仍占相当比例，譬如10%或者更多一些。测量在填充有直径为12.5mm的陶瓷环形填料的塔中用水吸收氨，此情况下的气膜体积吸收系数的经验式为：

$$k_Ga=6.07\times10^{-4}G^{0.9}W^{0.39} \tag{2-85}$$

式中，k_Ga 为气膜体积吸收系数，$kmol\cdot m^{-3}\cdot h^{-1}\cdot kPa^{-1}$；$G$ 为气相空塔质量流速，$kg\cdot m^{-2}\cdot h^{-1}$；$W$ 为液相空塔质量流速，$kg\cdot m^{-2}\cdot h^{-1}$。

2.5.2.2 常压下用水吸收二氧化碳

常压下水吸收 CO_2 是难溶气体的吸收，吸收的主要阻力在液膜中。计算液膜体积吸收系数的经验公式为：

$$k_La=2.57U^{0.96} \tag{2-86}$$

式中，k_La 为液膜体积吸收系数，$kmol\cdot m^{-2}\cdot h^{-1}\cdot(kmol\cdot m^{-3})^{-1}\cdot(m^2\cdot m^{-3})$，即 h^{-1}；U 为喷淋密度，即单位时间内喷淋在单位塔截面积上的液相体积，$m^3\cdot(m^{-2}\cdot h^{-1})$，即 $m\cdot h^{-1}$。

式(2-86) 适用条件：①常压下在填料塔中用水吸收二氧化碳；②温度为21～27℃；③陶瓷环直径为10～32mm；④喷淋密度 $U=3\sim20m\cdot h^{-1}$；⑤气体的空塔质量流速为 $130\sim580kg\cdot m^{-2}\cdot h^{-1}$。

2.5.2.3 用水吸收二氧化硫

水吸收 SO_2 是具有中等溶解度的气体吸收，气膜阻力和液膜阻力都在总阻力中占有相当比例。计算体积吸收系数的经验公式如下：

$$k_Ga=9.81\times10^{-4}G^{0.7}W^{0.25} \tag{2-87}$$

$$k_La=\alpha W^{0.82} \tag{2-88}$$

式(2-88) 中的 α 为常数，其值列于表2-5。k_La 和 k_Ga 的意义及单位同上。

表2-5 式(2-88) 中的 α 值

温度/℃	10	15	20	25	30
α	0.0093	0.0102	0.0116	0.0123	0.0143

式(2-87) 和式(2-88) 适用条件：①气体的空塔质量流速 G 为 $320\sim4150kg\cdot m^{-2}\cdot h^{-1}$，液体的空塔质量流速为 $4400\sim58500kg\cdot m^{-2}\cdot h^{-1}$；②陶瓷环直径为25mm。

从上述经验式中可以看出气、液流量对吸收系数影响的一般规律，即提高气体的空塔质量流速或液体的空塔质量流速，都可以不同程度地提高膜体积吸收系数。

2.5.3 吸收系数的特征数关联式

2.5.3.1 传质过程常用的特征数

(1) 舍伍德 (Sherwood) 数 *Sh*

舍伍德数 Sh 包含了吸收膜系数。气相舍伍德数为：

$$Sh_G = k_G \frac{RTp_{B_m}}{p} \times \frac{l}{D} \tag{2-89}$$

式中，k_G为气膜吸收系数，$kmol \cdot m^{-2} \cdot s^{-1} \cdot kPa^{-1}$；$R$ 为气体常数，$kJ \cdot kmol^{-1} \cdot K^{-1}$；$T$ 为气体温度，K；p_{B_m}为相界面处与气相主体中的惰性组分分压的对数平均值，kPa；p 为总压力，kPa；l 为特征尺寸，可以是填料直径或塔径（湿壁塔）等，m；D 为溶质在气相中的分子扩散系数，$m^2 \cdot s^{-1}$。

液相舍伍德数为：

$$Sh_L = k_L \frac{c_{S_m}}{c} \times \frac{l}{D'} \tag{2-90}$$

式中，k_L为液膜吸收系数，$m \cdot s^{-1}$；c_{S_m}为相界面处与液相主体中溶剂浓度的对数平均值，$kmol \cdot m^{-3}$；c 为溶液的总浓度，$kmol \cdot m^{-3}$；D'为溶质在液相中的分子扩散系数，$m^2 \cdot s^{-1}$；l 为特征尺寸，可以是填料直径或塔径（湿壁塔）等，m。

(2) 施密特 (Schmidt) 数 *Sc*

施密特数 Sc 反映物性的影响，其表达式为：

$$Sc = \frac{\mu}{\rho D} \tag{2-91}$$

式中，μ 为混合气体或溶液的黏度，$Pa \cdot s$；ρ 为混合气体或溶液的密度，$kg \cdot m^{-3}$；D 为溶质的分子扩散系数，$m^2 \cdot s^{-1}$。

(3) 雷诺数 *Re*

雷诺数 Re 反映流动状况的影响。气体通过填料层雷诺数 Re_G为：

$$Re_G = \frac{d_e u_0 \rho}{\mu} \tag{2-92}$$

式中，u_0为气体通过填料层的实际速度，$m \cdot s^{-1}$；d_e为填料层的当量直径，m。

填料层当量直径的定义与颗粒床层的当量直径相同。

液体通过填料层雷诺数 Re_L为：

$$Re_L = \frac{4W}{\sigma \mu_L} \tag{2-93}$$

式中，W 为液相的空塔质量流速，$kg \cdot m^{-2} \cdot s^{-1}$；$\mu_L$为液体的黏度，$Pa \cdot s$；$\sigma$ 为单位体积填料层内填料的表面积，称为填料层的比表面积，$m^2 \cdot m^{-3}$。

(4) 伽利略 (Gallilio) 数 *Ga*

伽利略数 Ga 反映液体受重力作用而沿表面向下流动时，所受重力与黏滞力的相对关系，表达式为：

$$Ga = \frac{gl^3 \rho^2}{\mu_L^2} \tag{2-94}$$

式中，ρ 为液体的密度，$kg \cdot m^{-3}$；g 为重力加速度，$m \cdot s^{-2}$。

2.5.3.2 气膜吸收系数特征数关联式

$$Sh_G=\alpha(Re_G)^{\beta}(Sc_G)^{\gamma} \tag{2-95}$$

或

$$k_G=\alpha\frac{pD}{RTp_{B_m}l}(Re_G)^{\beta}(Sc_G)^{\gamma} \tag{2-95a}$$

此式是在湿壁塔中实验得到的，除了可用于湿壁塔（这时 l 为湿壁塔的塔径），还可用于采用拉西环的填料塔（这时 l 为拉西环填料的外径）。式中常数列于表 2-6。

表 2-6 式(2-95) 中的常数值

应用场合	α	β	γ
湿壁塔	0.023	0.83	0.44
采用拉西环的填料塔	0.066	0.8	0.33

式(2-95) 适用于下述条件：$Re_G=2\times10^3\sim3.5\times10^4$，$Sc_G=0.6\sim2.5$，$p=101\sim303$kPa（绝对压强）。

2.5.3.3 液膜吸收系数特征数关联式

$$Sh_L=0.000595(Re_L)^{0.67}(Sc_L)^{0.33}(Ga)^{0.33} \tag{2-96}$$

或

$$k_L=0.000595\frac{cD'}{c_{S_m}l}(Re_L)^{0.67}(Sc_L)^{0.33}(Ga)^{0.33} \tag{2-96a}$$

式中，l 为填料直径，m。

2.5.3.4 气相与液相传质单元高度的计算式

在溶质浓度很低的情况下，气相传质单元高度的计算式为：

$$H_G=\alpha G^{\beta}W^{\gamma}(Sc_G)^{0.5} \tag{2-97}$$

式中，H_G为气相传质单元高度，$H_G=V/(k_ya\Omega)$，m；α、β、γ 为取决于填料类型及尺寸的常数，其值见表 2-7。

表 2-7 式(2-97) 中的常数值

填料类型	α	β	γ	气相 G/kg·m^{-2}·s^{-1}	液相 W/kg·m^{-2}·s^{-1}
拉西环					
25mm	0.557	0.32	−0.51	0.271～0.814	0.678～6.10
38mm	0.689	0.38	−0.40	0.271～0.950	2.034～6.10
50mm	0.894	0.41	−0.45	0.271～1.085	0.678～6.10
弧鞍					
13mm	0.367	0.30	−0.24	0.271～0.950	2.034～6.10
25mm	0.461	0.36	−0.40	0.271～1.085	0.542～6.10
38mm	0.652	0.32	−0.45	0.271～1.356	0.542～6.10

在溶质浓度及气速均较低的情况下，液相传质单元高度的计算式为：

$$H_L=\alpha\left(\frac{W}{\mu_L}\right)^{\beta}(Sc_L)^{0.5} \tag{2-98}$$

式中，H_L为液相传质单元高度，$H_L=L/(k_ya\Omega)$，m；α、β 为取决于填料类型及尺寸的常数，其值见表 2-8。

表 2-8 式(2-98) 中的常数值

填料类型	α	β	液相 $W/\text{kg}\cdot\text{m}^{-2}\cdot\text{s}^{-1}$
拉西环			
25mm	2.35×10^{-3}	0.22	0.542～20.34
38mm	2.61×10^{-3}	0.22	0.542～20.34
50mm	2.93×10^{-3}	0.22	0.542～20.34
弧鞍			
13mm	1.456×10^{-3}	0.28	0.542～20.34
25mm	1.285×10^{-3}	0.28	0.542～20.34
38mm	1.366×10^{-3}	0.28	0.542～20.34

由式(2-97) 和式(2-98) 可见，在填料类型、尺寸及气、液空塔质量流速相同的情况下，对于两种不同的溶质 A 和 A′的吸收过程，它们的传质单元高度与施密特数的 0.5 次方成正比，因此有：

$$\frac{(H_L)_{A'}}{(H_L)_A}=\left[\frac{(Sc_L)_{A'}}{(Sc_L)_A}\right]^{0.5} \quad \text{或} \quad (H_L)_{A'}=(H_L)_A\left[\frac{(Sc_L)_{A'}}{(Sc_L)_A}\right]^{0.5} \tag{2-99}$$

依式(2-99) 可由已知吸收某溶质的 H_L 或 k_La 求出相同条件下吸收另一溶质的 H_L 或 k_La。

【例 2-11】 在 20℃的温度及 101.33kPa 的压强下，在充有 25mm 拉西环的填料塔中用水吸收混于空气中的低浓度氨气。已知液相质量流速为 $2.543\text{kg}\cdot\text{m}^{-2}\cdot\text{s}^{-1}$，气相质量流速为 $0.339\text{kg}\cdot\text{m}^{-2}\cdot\text{s}^{-1}$。试估算传质单元高度 H_G、H_L 及气相总体积吸收系数 K_Ya。(平衡关系符合下式：$Y^*=1.20X_0$)

解 查得温度为 20℃及压强为 101.33kPa 下，空气的密度为 $\rho=1.205\text{kg}\cdot\text{m}^{-3}$，黏度 $\mu=1.81\times10^{-5}\text{Pa}\cdot\text{s}$。查表 2-2 得知 0℃及 101.33kPa 下，氨在空气中的扩散系数 $D_0=1.70\times10^{-5}\text{m}^2\cdot\text{s}^{-1}$，则在 20℃及 101.33kPa 下，氨在空气中的扩散系数 D 可依式(2-31) 计算，即：

$$D=D_0\left(\frac{p_0}{p}\right)\left(\frac{T}{T_0}\right)^{\frac{3}{2}}=1.70\times10^{-5}\times1\times\left(\frac{273+20}{273}\right)^{\frac{3}{2}}=1.89\times10^{-5}\text{m}^2\cdot\text{s}^{-1}$$

因此 $$Sc_G=\frac{\mu}{\rho D}=\frac{1.81\times10^{-5}}{1.205\times1.89\times10^{-5}}=0.795$$

将各已知值代入式(2-97) 并由表 2-7 中查出相应的常数值，得到：

$$H_G=\alpha G^\beta W^\gamma(Sc_G)^{0.5}=0.557\times(0.339)^{0.32}\times(2.543)^{-0.51}\times(0.795)^{0.5}=0.218\text{m}$$

则 $$k_ya=\frac{V}{H_G\Omega}=\frac{0.339/29}{0.218}=0.0536\text{kmol}\cdot\text{m}^{-3}\cdot\text{s}^{-1}$$

查得 20℃温度下水的密度 $\rho=998\text{kg}\cdot\text{m}^{-3}$，黏度 $\mu=100.4\times10^{-5}\text{Pa}\cdot\text{s}$，又查表 2-3得知 20℃温度下氨在水中（稀溶液）的扩散系数 $D=1.76\times10^{-9}\text{m}^2\cdot\text{s}^{-1}$。

因此 $$Sc_L=\frac{\mu_L}{\rho D}=\frac{100.4\times10^{-5}}{998\times1.76\times10^{-9}}=571.6$$

将各已知值代入式(2-98) 并由表 2-8 中查出相应的常数值，得到：

$$H_L=\alpha\left(\frac{W}{\mu_L}\right)^\beta(Sc_L)^{0.5}=2.35\times10^{-3}\times\left(\frac{2.543}{100.4\times10^{-5}}\right)^{0.22}\times(571.6)^{0.5}=0.315\text{m}$$

则 $$k_xa=\frac{L}{H_L\Omega}=\frac{2.543/18}{0.315}=0.449\text{kmol}\cdot\text{m}^{-3}\cdot\text{s}^{-1}$$

根据吸收总系数与膜系数的关系可知：

$$\frac{1}{K_y a}=\frac{1}{k_y a}+\frac{m}{k_x a}=\frac{1}{0.0536}+\frac{1.20}{0.449}=18.66+2.67=21.33$$

$$K_y a=\frac{1}{21.33}=0.0469\text{kmol}\cdot\text{m}^{-3}\cdot\text{s}^{-1}$$

由上述计算过程可看出，本例情况液膜阻力约占总阻力的$\frac{2.67}{21.33}\times 100\%=12.5\%$。

2.6 解吸及其他条件下的吸收

前面讨论了低浓度单组分等温物理吸收的原理与计算。在此基础上，本节中将对脱吸、高浓度气体吸收、非等温吸收以及伴有化学反应的吸收过程分别作概略的介绍。

2.6.1 解吸

将溶解于液相中的气体释放出来的操作称为解吸（或脱吸）。解吸是吸收的逆过程，其操作方法通常是使溶液与惰性气体（或蒸气）逆流接触。溶液自塔顶引入流向塔底的过程中与来自塔底的惰性气体（或蒸气）相遇，气体溶质逐渐从液相释出，于塔底得到较纯净的溶剂，而塔顶则得到由释出的溶质组分与惰性气体（或蒸气）组成的混合物。一般来说，应用惰性气体的解吸过程适用于溶剂的回收，此时不能直接得到纯净的溶质组分；以蒸汽作为解吸剂的解吸过程，若原溶质组分不溶于水，则可用冷凝器将塔顶所得混合气体冷凝，将其中的蒸汽冷凝成水并将水层分离出来的办法，得到纯净的原溶质组分。用洗油吸收焦炉气中的芳烃后，即可用此法获取芳烃，并使溶剂洗油得到再生。

适用于吸收操作的设备同样适用于解吸操作，前面所述关于吸收的理论与计算方法亦适用于解吸。但解吸过程中，溶质组分在液相中的实际浓度必须大于与气相成平衡关系的浓度。因而解吸过程的操作线总是位于平衡线的下方。所以，只需将吸收速率方程中的推动力（浓度差）作前后项调换，所得计算公式即为解吸速率方程。

例如，当平衡关系可用 $Y^*=mX+b$ 表达时，与推导式(2-82) 类似，由 $N_{OL}=\int_{X_2}^{X_1}\frac{dX}{X^*-X}$ 可推导出下式：

$$N_{OL}=\frac{1}{1-A}\ln\left[(1-A)\frac{Y_1-Y_2^*}{Y_1-Y_1^*}+A\right] \tag{2-100}$$

式中，$A=L/(mV)$，是吸收操作斜率（液-气比）L/V 与平衡线斜率 m 的比值，无量纲，称为吸收因数，其值的大小反映吸收的难易度，A 越大表明吸收越容易；下标 1、2 仍分别代表塔底及塔顶两截面。但需注意，对于解吸过程，塔底为稀端，而塔顶为浓端。式(2-100) 既可以用于解吸过程的计算，也可以用于吸收过程的计算，实际计算中由于解吸的溶质量以 $L\mathrm{d}X$ 表示较为方便，故式(2-100) 较多用于解吸过程。在吸收计算中用来求 N_{OG}的图 2-16，只需将纵、横坐标参数分别改为 N_{OL}、$\frac{Y_1-Y_2^*}{Y_1-Y_1^*}$及$\frac{L}{mV}$（即 A），便可用于求算解吸过程的液相传质总单元数 N_{OL}。

计算吸收过程理论板数的梯级图解法，对于解吸过程也同样适用。

2.6.2 高浓度气体吸收

前面介绍的填料层高度计算方法，只适用于低浓度气体吸收过程，对于混合气体中溶质的摩尔分数超过 0.1 的吸收过程，通常视为高浓度气体吸收。对于高浓度气体吸收，由于过程中转移的气相溶质较多，使吸收过程中两相的流量、溶质浓度甚至体系的温度都变化较大，总吸收系数往往也不再是常数，而是随塔高变化，所以填料层高度的计算式与前述的低浓吸收不尽相同，在此简略介绍计算高浓吸收填料层高度的普遍方法。

填料层高度的计算，要涉及操作关系、平衡关系及速率关系，平衡关系不宜采用 $Y=mX$，一般来说，在平衡关系式及速率关系式中，溶质浓度以采用摩尔分数表示较为妥当。当溶质在气、液两相中的浓度以摩尔分数 y 及 x 表示时，根据前面导出的逆流吸收塔的操作线方程式(2-60) 改写成下式：

$$\frac{y}{1-y}=\frac{L}{V}\times\frac{x}{1-x}+\left(\frac{y_1}{1-y_1}-\frac{L}{V}\times\frac{x_1}{1-x_1}\right) \tag{2-101}$$

吸收过程中，气、液两相中惰性组分（B 及 S）的摩尔流量 V、L 一般不变，所以仍取作流量的计算基准量。显然，在 x-y 直角坐标系中，高浓吸收操作线应为一条曲线。

取塔内任一微分高度 $\mathrm{d}Z$ 的填料层作组分 A 的衡算，单位时间通过此微分段由气相转入液相的组分 A 摩尔数为：

$$\mathrm{d}G_\mathrm{A}=\mathrm{d}(V'y)=\mathrm{d}(L'x)$$

式中，V'、L'为气相和液相的总摩尔流量，$\mathrm{kmol\cdot s^{-1}}$。

因为 $V'=\dfrac{V}{1-y}$，所以

$$\mathrm{d}G_\mathrm{A}=\mathrm{d}(V'y)=V\mathrm{d}\left(\frac{y}{1-y}\right)=V\frac{\mathrm{d}y}{(1-y)^2}=V'\frac{\mathrm{d}y}{1-y} \tag{2-102}$$

同理

$$\mathrm{d}G_\mathrm{A}=L'\frac{\mathrm{d}x}{1-x} \tag{2-103}$$

根据吸收速率方程式 $N_\mathrm{A}=k_\mathrm{y}(y-y_\mathrm{i})$ 和 $N_\mathrm{A}=k_\mathrm{x}(x_\mathrm{i}-x)$，得到单位时间微分段内传递的组分 A 的量为：

$$\mathrm{d}G_\mathrm{A}=N_\mathrm{A}\mathrm{d}A=k_\mathrm{y}a(y-y_\mathrm{i})\Omega\mathrm{d}Z=k_\mathrm{x}a(x_\mathrm{i}-x)\Omega\mathrm{d}Z \tag{2-104}$$

将式(2-102) 及式(2-103) 分别代入式(2-104)，得到：

$$V'\frac{\mathrm{d}y}{1-y}=k_\mathrm{y}a(y-y_\mathrm{i})\Omega\mathrm{d}Z \tag{2-105}$$

及

$$L'\frac{\mathrm{d}x}{1-x}=k_\mathrm{x}a(x_\mathrm{i}-x)\Omega\mathrm{d}Z \tag{2-106}$$

将此二式分别作变量分离并进行积分，可得：

$$Z=\int_0^Z\mathrm{d}Z=\int_{y_2}^{y_1}\frac{V'\mathrm{d}y}{k_\mathrm{y}a\Omega(1-y)(y-y_\mathrm{i})} \tag{2-107}$$

及

$$Z=\int_0^Z\mathrm{d}Z=\int_{x_2}^{x_1}\frac{L'\mathrm{d}x}{k_\mathrm{x}a\Omega(1-x)(x_\mathrm{i}-x)} \tag{2-108}$$

同理，根据吸收速率方程式 $N_\mathrm{A}=K_\mathrm{y}(y-y^*)$ 和 $N_\mathrm{A}=K_\mathrm{x}(x^*-x)$，可写出：

$$Z=\int_{y_2}^{y_1}\frac{V'\mathrm{d}y}{K_\mathrm{y}a\Omega(1-y)(y-y^*)} \tag{2-109}$$

$$Z=\int_0^Z \mathrm{d}Z=\int_{x_2}^{x_1}\frac{L'\mathrm{d}x}{K_x a\Omega(1-x)(x^*-x)} \tag{2-110}$$

式(2-107)～式(2-110) 均为计算高浓吸收所需填料层高度的普遍公式。使用上述诸公式需进行数值积分或图解积分，以求得高浓吸收所需填料层高度 Z 值。

必须指出的是，高浓度气体在吸收塔内上升时，随着溶质向液相的转移，气相浓度逐渐降低，其总摩尔流量 V' 明显变小，吸收系数也随之变化，它们都是 y 的函数。因此，应先求出这些变量与 y 的对应关系数据再进行积分。

2.6.3 非等温吸收

当气体的溶解热或化学吸收的反应热所形成的热效应使塔内液相温度升高时，将会导致气体的溶解度变小，吸收推动力变小，不利于吸收，虽然温度升高可以使分子扩散系数增大，从而增大吸收系数，但扩散所占比例小，对吸收系数的影响相对较小。因此，完成相同的吸收任务，非等温吸收还是比等温吸收需要更大的液-气比，或更高的填料层，或更多层数的理论塔板数。

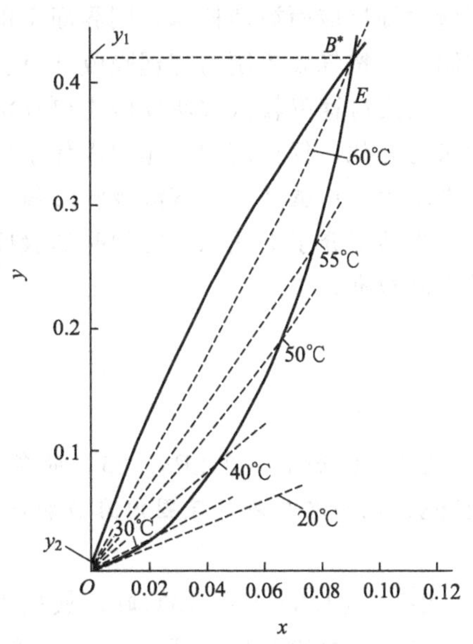

图 2-18 非等温吸收的平衡曲线及最小液-气比时的操作线

对非等温吸收，应抓住温度升高的这一特点，确定出变温情况下的平衡曲线，进而作相应项目的计算。一种近似的处理方法是，假定所有释出的热量都被液体吸收，即忽略气相的温度变化及其他热损失，利用溶解热数据，计算出液体浓度与温度的对应关系，接下来的做法见图 2-18。在 x-y 图上先作出若干条不同温度下的溶解度曲线，同时，利用已计算出的液体浓度与温度的对应关系，在 x-y 图上标出来，最后将所标的坐标点连接起来，便得到变温情况下的平衡曲线（图中的曲线 OE）。然后按照与等温吸收相同的方法，作出吸收操作线，求算填料层高度或理论塔板数。这种近似的处理方法会导致对液体温升的估计偏高，因而算出的塔高数值也稍大些。

由于升温对吸收不利，所以当吸收过程的热效应很大时，必须设法排除热量，以控制吸收过程的温度，可采取的措施很多，比如，在吸收塔内装置冷却元件；将吸收剂引出到外部进行冷却后再引回塔内；还可采用兼有冷却功能的吸收装置；或者加大喷淋密度，利用大量的吸收剂将吸收热带走。

2.6.4 化学吸收

在实际生产中，多数吸收过程都伴有化学反应。伴有显著化学反应的吸收过程称为化学吸收。例如用 NaOH 或 Na_2CO_3、$NH_3 \cdot H_2O$ 等水溶液吸收 CO_2 或 SO_2、H_2S，以及用硫酸吸收氨等，都属于化学吸收。

化学吸收过程包括溶质首先由气相主体扩散至气、液界面，随后在由界面向液相主体扩散的过程中，与吸收剂或液相中的其他活泼组分发生化学反应。因此，溶质的浓度沿扩散途径的变化情况不仅与其自身的扩散速率有关，而且与液相中活泼组分的反向扩散速率、化学反应速率以及反应产物的扩散速率等因素有关，使得化学吸收的速率关系十分复杂。总的来说，由于化学反应消耗了进入液相中的溶质，使溶质气体的有效溶解度增大而平衡分压降低，增大了吸收过程的推动力；同时，由于溶质在液膜内扩散中途因化学反应而消耗，使传质阻力减小，吸收系数增大。所以，存在化学反应的吸收过程速率得到不同程度的提高，但提高的程度又依不同情况而有很大差异。

当液相中活泼组分的浓度足够大，而且发生的是快速不可逆反应时，若溶质组分进入液相后立即反应而被消耗掉，则界面上的溶质分压为零，吸收过程速率为气膜中的扩散阻力所控制，可按气膜控制的物理吸收计算。例如硫酸吸收氨的过程即属此种情况。

当反应速率较低致使反应主要在液相主体中进行时，吸收过程中气、液两膜的扩散阻力均未有变化，仅在液相主体中因化学反应而使浓度降低，过程的推动力略大于单纯物理吸收的推动力。用碳酸钠水溶液吸收二氧化碳的过程即属此种情况。

当情况介于上述二者之间时的吸收速率计算，目前仍无可靠的计算方法，设计时往往依靠实测数据。

习题

2-1 已知 101.33kPa、25℃的条件下，含氨 1g 的 100g 水溶液上方的氨气平衡分压为 987Pa。已知在此浓度范围内溶液服从亨利定律，试求溶解度系数 H 及相平衡常数 m。

[$H=0.590\text{kmol}\cdot\text{m}^{-3}\cdot\text{kPa}^{-1}$，$m=0.928$]

2-2 101.33kPa、10℃时，氧气在水中的溶解度可用 $p=3.31\times10^{6}x$ 表示。式中，p 为氧在气相中的分压，kPa；x 为氧在液相中的摩尔分数。试求在此温度及压强下，空气与水充分接触后，每立方米水能溶多少克氧？ [每立方米水能溶 11.4g 氧]

2-3 将含有 30%（体积分数）CO 的某种混合气与水接触，系统温度为 25℃，总压为 101.33kPa。试求液相中 CO 的平衡浓度，分别以 x^{*} 和 c^{*} 表示。（注：在本题的浓度范围内亨利定律适用） [$x^{*}=5.17\times10^{-6}$；$c^{*}=2.86\times10^{-4}\text{kmol}\cdot\text{m}^{-3}$]

2-4 试用麦克斯韦-吉利兰公式计算压强为 101.33kPa，温度分别为 0℃和 50℃条件下乙醇蒸气在空气中的扩散系数。 [$9.39\times10^{-6}\text{m}^{2}\cdot\text{s}^{-1}$；$12.05\times10^{-6}\text{m}^{2}\cdot\text{s}^{-1}$]

2-5 某吸收塔在 101.33kPa、295K 下，用清水吸收氨-空气混合气中的氨，传质阻力可以认为集中在 1mm 厚的静止气膜中。在塔内某点上，氨的分压为 6.6kPa，水面上氨的平衡分压可以忽略不计。又知氨在空气中的扩散系数为 $0.236\text{cm}^{2}\cdot\text{s}^{-1}$，求该点上氨的传递速率。 [$N_A=6.67\times10^{-5}\text{kmol}\cdot\text{m}^{-2}\cdot\text{s}^{-1}$]

2-6 在压强为 101.33kPa 下，用清水吸收含溶质 A 的混合气体，平衡关系服从亨利定律。在吸收塔某截面上，气相主体溶质 A 的分压为 4.0kPa，液相中溶质 A 的摩尔分数为 0.01，相平衡常数 m 为 0.84，气膜吸收系数 k_Y 为 $2.776\times10^{-5}\text{kmol}\cdot\text{m}^{-2}\cdot\text{s}^{-1}$；液膜吸收系数 k_X 为 $3.86\times10^{-3}\text{kmol}\cdot\text{m}^{-2}\cdot\text{s}^{-1}$，试求：(1) 气相总吸收系数，并分析该吸收过程控制因素；(2) 吸收塔截面上的吸收速率。

[(1) $2.756\times10^{-5}\ \text{kmol}\cdot\text{m}^{-2}\cdot\text{s}^{-1}$，气膜阻力控制；(2) $8.99\times10^{-7}\ \text{kmol}\cdot\text{m}^{-2}\cdot\text{s}^{-1}$]

2-7 用 20℃的清水逆流吸收氨-空气混合气中的氨，已知混合气体总压为 101.3kPa，其中氨的分压为 1.0133kPa，要求混合气体处理量为 $773\text{m}^{3}\cdot\text{h}^{-1}$，水吸收混合气中氨的吸收率为 99%。在操作条件下物系的平衡关系为 $Y^{*}=0.757X$，若吸收剂用量为最小用量的 2 倍，试求：(1) 塔内每小时所需清水的量为多少千克？(2) 塔底液相浓度（用摩尔分数表示）。 [(1) $856.8\text{kg}\cdot\text{h}^{-1}$；(2) 0.0066]

2-8 根据附图所列双塔吸收的五种流程布置方案，示意绘出与各流程相对应的平衡线和操作线，并用图中表示浓度的符号标明各操作线端点坐标。 [略]

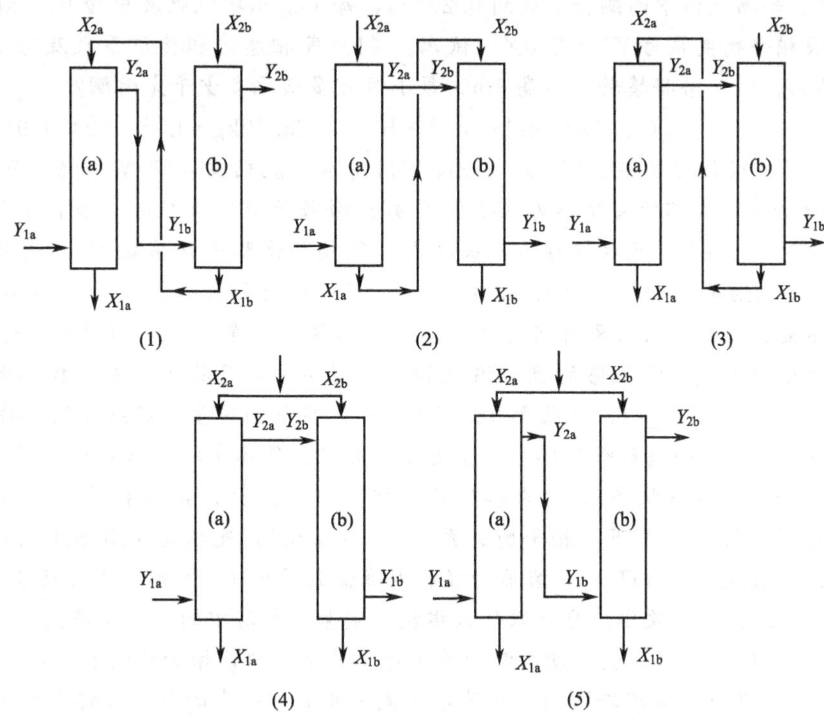

习题2-8附图

2-9 拟用填料塔，以清水逆流操作吸收混合气中的丙酮蒸气。混合气进塔流量为 $0.012\text{kmol}\cdot\text{s}^{-1}$，其中丙酮蒸气的摩尔分数为5%，要求丙酮的回收率不小于99%。塔径为0.6m，气相体积总吸收系数 $K_ya=0.03\text{kmol}\cdot\text{m}^{-3}\cdot\text{s}^{-1}$，操作条件下的汽-液平衡关系为 $y^*=1.75x$，若塔底出口水溶液中丙酮浓度为饱和浓度的70%。试求：(1) 吸收所需的用水量；$\text{kg}\cdot\text{h}^{-1}$；(2) 填料层高度。 [(1) $L=1828.3\text{kg}\cdot\text{h}^{-1}$；(2) $Z=15.7\text{m}$]

2-10 在逆流操作的填料吸收塔中，用清水吸收混合气中溶质组分A。进塔气体组成为0.03（摩尔比），吸收率为99%，出塔液相组成为0.013（摩尔比）。操作压强为101.33kPa，气相总体积吸收系数为 $0.95\text{kmol}\cdot\text{m}^{-3}\cdot\text{h}^{-1}\cdot\text{kPa}^{-1}$，相平衡常数 m 为2，惰性气体流量为 $54\text{kmol}\cdot\text{m}^{-2}\cdot\text{h}^{-1}$，试用对数平均推动力法求所需的填料层高度。 [11.7m]

2-11 空气中含丙酮2%（体积分数）的混合气以 $0.024\text{kmol}\cdot\text{m}^{-2}\cdot\text{s}^{-1}$ 的流速进入一填料塔，今用流速为 $0.065\text{kmol}\cdot\text{m}^{-2}\cdot\text{s}^{-1}$ 的清水逆流吸收混合气中的丙酮，要求丙酮的回收率为98.8%。已知操作压强为100kPa，操作温度下的亨利系数为177kPa，气相总体积吸收系数为 $0.0231\text{kmol}\cdot\text{m}^{-3}\cdot\text{s}^{-1}$，试用解吸因数法求填料层高度。 [10.17m]

2-12 某吸收塔用25mm×25mm的瓷环作填料，充填高度为5m，塔径为1m，用清水逆流吸收流量为 $2250\text{m}^3\cdot\text{h}^{-1}$ 的混合气体。混合气体中含有丙酮体积分数为5%，塔顶逸出废气含丙酮体积分数降为0.26%，塔底液体中每千克水带有60g丙酮。操作在101.3kPa、25℃下进行，物系的平衡关系为 $y^*=2x$。求：(1) 该塔传质单元高度及气体总体积吸收系数；(2) 每小时回收的丙酮量。

[(1) 0.64m，$174\text{kmol}\cdot\text{m}^{-3}\cdot\text{h}^{-1}$；(2) $253.5\text{kmol}\cdot\text{h}^{-1}$]

2-13 在一塔径为 880mm 的常压填料吸收塔内用清水吸收混合气体中的丙酮，已知填料层高度为 6m，在操作温度为 25℃时，混合气体处理量为 $2000m^3 \cdot h^{-1}$，其中含丙酮 5%。若出塔混合物气体中丙酮含量达到 0.263%，每 1kg 出塔吸收液中含 61.2kg 丙酮。操作条件下气液相平衡关系为 $Y^* = 2.0X$，试求：(1) 气相总体积传质系数及每小时回收丙酮的质量 (kg)；(2) 若将填料层加高 3m，每小时可多回收多少千克丙酮？

［(1) $170kmol \cdot m^{-3} \cdot h^{-1}$，$225.19kg \cdot h^{-1}$；(2) $6.918kg \cdot h^{-1}$］

2-14 某填料吸收塔在 101.3kPa，293K 下用清水逆流吸收丙酮-空气混合气中的丙酮，操作液-气比为 2.0，丙酮的回收率为 95%。已知该吸收为低浓度吸收，操作条件下气液相平衡关系为 $Y^* = 1.18X$，吸收过程为气膜控制，气相总体积吸收系数 K_Ya 与气体流率的 0.8 次方成正比（塔截面积为 $1m^2$）。试求：(1) 若气体流量增加 15%，而液体流量及气、液进口组成不变，丙酮的回收率有何变化？(2) 若丙酮回收率由 95%提高到 98%，而气体流量，气、液进口组成，吸收塔的操作温度和压力皆不变，吸收剂用量应提高到原来的多少倍。［(1) 回收率 92.95%；(2) 吸收剂用量应提高到原来的 1.746 倍］

2-15 用纯溶剂在一填料吸收塔内，逆流吸收某混合气体中的可溶组分。混合气体处理量为 $1.25m^3 \cdot s^{-1}$（标准状态），要求溶质的回收率为 99.2%。操作液-气比为 1.71，吸收过程为气膜控制。已知 10℃下，相平衡关系为 $Y^* = 0.5X$，气相总传质单元高度为 0.8m。试求：(1) 吸收温度升为 30℃时，溶质的吸收率降低到多少（30℃时，相平衡关系为 $Y^* = 1.2X$）？(2) 若维持原吸收率，应采取什么措施（定量计算其中的 2 个措施）。

［(1) 95%；(2) 增加溶剂量为原来的 2.4 倍，增加填料层高度 $\Delta Z = 4.7m$］

2-16 在一塔高为 4m 填料塔内，用清水逆流吸收混合气中的氨，入塔气体中含氨 0.03（摩尔比），混合气体流率为 $0.028kmol \cdot m^{-2} \cdot s^{-1}$，清水流率为 $0.0573kmol \cdot m^{-2} \cdot s^{-1}$，要求吸收率为 98%，气相总体积吸收系数与混合气体流率的 0.7 次方成正比。已知操作条件下物系的相平衡关系为 $Y^* = 0.8X$，试求：(1) 当混合气体量增加 20%时，吸收率不变，所需塔高？(2) 压力增加 1 倍时，吸收率不变，所需塔高（设压力变化气相总体积吸收系数不变）？［(1) 4.64m；(2) 3.3m］

2-17 用填料塔从一混合气体中逆流吸收所含苯。入塔混合气体中含苯 5%（体积分数），其余为惰性气体。回收率为 95%，吸收塔操作压强为 780mmHg，温度 25℃，入塔混合气流量为 $1000m^3 \cdot h^{-1}$。吸收剂为不含苯的煤油。煤油的耗用量为最小用量的 1.5 倍，已知操作条件下的相平衡关系为 $Y^* = 0.14X$（Y、X 均为摩尔比），气相总体积传质系数 $K_Ya = 125kmol \cdot m^{-3} \cdot h^{-1}$，煤油的摩尔质量为 $170kg \cdot kmol^{-1}$，塔内径为 0.6m，试求：(1) 煤油的出口浓度（摩尔比）；(2) 所需的填料层高度；(3) 欲提高回收率可采用那些措施？并说明理由。

［(1) 0.25；(2) 7.16m；(3) 改用性能更好的填料，操作液-气比 L/V 增大，提高操作压力，降低操作温度］

思考题

2-1 写出气、液并流的吸收塔操作线方程并在 X-Y 图上画出相应的操作线。

2-2 试证明在吸收过程所涉及的浓度区间内平衡关系为直线时：

$$N_{OG} = \frac{1}{1-S}\ln\frac{\Delta Y_1}{\Delta Y_2} \qquad N_T = \frac{1}{\ln S}\ln\frac{\Delta Y_2}{\Delta Y_1}$$

2-3 对于何种条件下的吸收过程存在如下关系：$N_{OG} = N_T$。

2-4 温度增加，溶解度如何变化，吸收速率如何变化？

2-5 当操作压强改变，对吸收和解吸的影响如何？包括 P 改变时对平衡常数 m，气液相传质系数 k_y、k_x 和总传质系数 K_y、传质速率 N_A 的影响。

2-6 用水分别吸收混合气体中的二氧化碳和 HCl，它们为气膜还是液膜控制？为了提高吸收速率，可以采取什么措施？

2-7 吸收操作的依据是什么？若塔高和处理对象一定的情况下，要提高吸收效果可采用什么途径？

2-8 某一气-液相平衡物系符合亨利定律，能否判断该平衡物系中，溶质在气相中的摩尔分数与其在液相中的摩尔分数的差值关系？

2-9 根据有效膜模型（双膜理论），当被吸收组分在吸收液中的溶解度很大时，气相总传质系数 K_y 与气相（或液相）对流传质系数 $k_y(k_x)$ 的关系如何？

2-10 在吸收操作中，当压力增大和温度降低，平衡常数如何变化？

2-11 低浓度逆流吸收操作中，发现气体出口含量 y_2 增大，其可能的原因是什么？

2-12 低浓度逆流吸收操作中，当吸收剂用量增加而其他条件不变时，吸收推动力 Δy 和回收率 η 如何变化？当温度下降而其他条件不变时，吸收推动力 Δy 和回收率 η 如何变化？

2-13 逆流操作中用纯溶剂吸收混合气中 A，若塔板为无穷多，入塔混合气体 A 组分 $Y_b=8\%$，平衡关系为 $Y=2X$，问：(1) 若液-气比为 2.5 时，吸收率为多少？(2) 若液-气比为 1.5 时，吸收率又为多少？

第3章

塔式气液传质设备

气液传质设备的类型有很多，其中尤以塔式气液传质设备的使用最为广泛，这类设备通称为塔设备。工业生产过程的蒸馏和吸收操作所使用的传质设备主要是塔设备。此外，含尘气体的湿法除尘、直接接触式的气体冷却或加热、气体增湿、萃取等也应用塔设备。

塔设备按其塔内气液接触构件的结构形式来分，可以分为板式塔和填料塔两大类。

板式塔内设置一定数量的塔板，气体自下而上通过塔板上的小孔，以鼓泡或喷射的形式与板上的液体进行传质和传热，液体则逐板向下流动。由于板式塔中的气液接触是逐级接触的过程，因此塔内气、液相的组成沿塔高呈阶梯式变化。

填料塔内堆置一定数量的填料，形成一定高度的填料层。液体自上而下沿填料表面向下流动，气体一般采用自下而上的逆流流动（也有并流向上的流动），气、液两相在填料表面密切接触，实现传质与传热。与板式塔不同，填料塔内的气液接触是连续接触过程，因此，气、液相的组成沿塔高呈连续变化。

在蒸馏和吸收两章中，论述了传质分离所需的平衡级数或传质单元高度的计算方法。平衡级数或传质单元高度为塔高的确定提供了主要依据，但是，塔设备操作的正常与否、塔的分离效率的高低则与塔内部件的设计是否合理有着密切的关系，本章将讲述塔设备的基本构造与操作性能特点、塔内流体流动与传质特点。具体介绍板式塔的塔板类型，分析其操作特点，并讨论浮阀塔的设计；同时还介绍多种类型的填料以及塔的流体力学特性计算。

3.1 板式塔

3.1.1 概述

由于板式塔可采取较高的空塔速度，因而生产能力较大，当气、液处理量大时多采用板式塔。塔板效率稳定，造价低，检修、清理方便，因而在工业上被广泛应用。

最老式的板式塔是泡罩塔，其次是筛板塔，早见于19世纪前期。第二次世界大战以后，石油化工和化学工业的发展大大促进了塔板的研制工作。20世纪50年代有许多新型塔板投入工业应用，这些塔板具有生产能力大和分离效果好的特点，其中，浮阀塔由于具有塔板效率高、操作稳定、操作弹性大等优点而得到广泛应用。20世纪60年代初，改进后的筛板塔因其结构简单又重新被重视，应用日益增多。浮阀塔、筛板塔成为工业上使用最多的气液传质设备。

虽然板式塔的类型有很多，但由于它们有许多共性，因此设计方法基本相同。

板式塔的外形是圆筒形的壳体，塔内按一定间距水平安置一定数量的塔板，塔板上的主要部件有降液管、出口（溢流）堰、入口堰、鼓泡构件（筛孔、浮阀、泡帽等）等。板式塔的典型结构如图 3-1 所示。

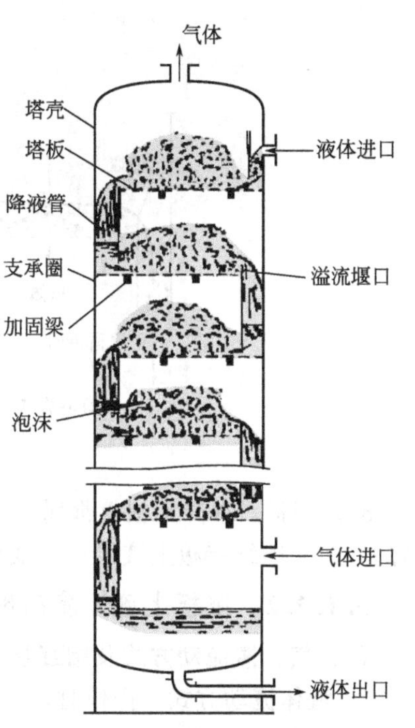

图 3-1 板式塔的典型结构

塔的设计内容主要有：①确定塔径；②确定板间的距离及塔高；③选择塔板类型并对板上各部分的结构尺寸进行计算确定；④板上气孔孔径及孔数的计算与排列；⑤塔上各连接管尺寸的确定以及塔的机械设计。

设计过程要重点考虑以下几个方面：

(1) 生产能力

生产能力要尽量大，即单位塔径上气体和液体的通过量要大。

(2) 分离效率

分离效率要高。效率高，所需板数就少，塔高相对就低，这一点对难分离的物系尤为重要。

(3) 操作稳定性与操作弹性

操作弹性好意味着塔对气液负荷变化的适应性大，操作稳定是对塔最基本的要求。

(4) 压力降

要使气体通过塔板的压降小些，一方面可降低操作费用、减少能耗；另一方面处理热敏物系和高沸物系时常采用减压蒸馏，压降小对减压蒸馏尤为重要。

(5) 结构、制造和造价等

结构简单、制造容易和造价低是降低设备前期投入成本和后期维修成本所应考虑的。

塔板是板式塔的核心部件，它决定了整个塔的基本性能，由于气、液两相的传质过程是在塔板上进行的，为有效实现两相间的传质与分离，要求塔板具有以下两个作用：①能提供良好的气液接触条件，既能使气液有较大的接触表面，又能使气液接触表面不断更新，从而提高传质速率；②防止气液短路，减少气液夹带和返混，以获得最大的传质推动力。

3.1.2 塔板类型及板上的流体流动现象

3.1.2.1 塔板类型

按照塔板上气、液两相的相对流动状态，可将塔板分为溢流式塔板与穿流式塔板两类。目前多采用溢流式塔板。

(1) 溢流式塔板

板上设有降液管，在这种塔板上的气、液两相成错流流动（故也称错流塔板），即液体横向流过塔板，而气体垂直穿过液层，见图 3-2(a)。

板上降液管的设置方式及堰高可以控制板上液体流径与液层厚度，以获得较高的传质效率。但是降液管占去一部分塔板面积，对塔的生产能力有一定影响。此外，液体横过塔板时要克服各种阻力，使得板上液层出现液位差，此液位差称为液面落差。液面落差大时，能引起板上气体分布不均，降低分离效率。

(2) 穿流式塔板

板上不设降液管，气、液两相同时由板上孔道逆向穿流而过（故也称逆流塔板），见图

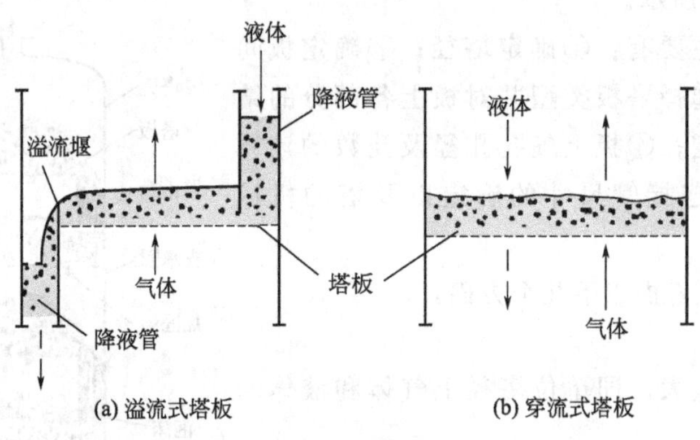

图 3-2　塔板类型

3-2(b)。栅板、淋降筛板等都属于逆流塔板。这种塔板结构简单，板面利用率高，但需要较高的气速才能维持板上液层；其缺点是操作范围较小，分离效率较低，故工业上应用较少。

3.1.2.2　塔板上流体流动现象

(1) 气、液流动方式及相互接触状态

① 液体流动方式　操作时，进入塔内的液体靠重力作用由上层塔板经降液管流至下层塔板，并横向流过塔板至出口堰，漫过出口堰经另一降液管继续往下流动，最后由塔底流出。出口堰使板面上维持了一定厚度的流动层。通常塔板入口处的液面要比出口处的液面高，形成的液面落差有利于克服液体在塔板上的流动阻力。

② 气体流动方式　气体进入塔底后，靠压强差推动，自下而上逐板穿过板孔及板上液层而流向塔顶。气体以鼓泡或喷射方式通过板上液层，与板上液体相互接触形成鼓泡层、泡沫层或喷射层，为两相接触提供足够大的相际接触面，有利于相间传质。气、液两相在塔内逐板接触，两相的组成沿塔高呈阶梯式变化。

③ 气、液相互接触状态　由于气速大小的不同，形成不同的气液接触状态，气液相互接触状态直接影响到气液传质分离效果。

当气速较低时，气体以鼓泡方式穿过板上液层，气液成鼓泡接触状态，板上液层以清液为主，这时的气液接触面小，气液传质不充分。

当气速增大，气泡形成速度大于气泡升浮速度，但气泡动能尚不足以使气泡频繁破裂时，则气泡在液层内积聚成蜂窝状，气液成为泡沫混合物，板上的清液层基本消失。这时气液接触面大，但接触面的更新比较差，气液传质还是不够充分。

当气速继续增大，气泡大量产生并频繁发生碰撞、破裂，板上液体主要以液膜形式存在于气泡之间，形成一些直径小、动能大、激烈扰动的泡沫，气液成泡沫接触状态，气液接触面大，而且接触面频繁更新，使气液传质比较充分。

当气速进一步增大，气体动能足够大，将板上液体喷成大小不等的液滴，其中较小的液滴随气流被带入上层塔板，这种现象称为雾沫夹带。而较大的液滴则在随气体上升途中因重力作用与气体分离回落在原塔板上，这种喷射接触状态气体为连续相，液体为分散相，传质接触面为液滴的外表面。这样，不断有较大的液滴被喷射出液面和回落分散，使得传质接触面积大大增加，而且接触面得到不断的更新，对气液传质很有利。

可见，气液在泡沫接触状态和喷射接触状态下，能获得较理想的传质效果，其中喷射状态要求的气速更高，因此生产能力更大，但相应的雾沫夹带量也大，若控制不当会造成雾沫夹带过量，增加操作的不稳定性，降低传质效率，甚至破坏整个操作。故喷射状态的气速是操作气速的上限。

(2) 影响气液传质的几种现象

气液传质过程是动态过程，影响因素比较多，气液的物性、塔板的结构、流体的流速等都对传质效果有着直接的影响，设计或操作控制不当会造成传质不良甚至更严重的后果。以下几种现象是使塔板效率降低或破坏塔正常操作的重要原因，在设计和操作中应注意控制或避免它们的出现。

① 漏液　若塔板上的气孔不带堰围或没有升气管，如筛板、浮阀塔板等，则当上升气体流速较小时，气体通过气孔的动能不足以阻止板上液体经气孔流下，便出现漏液现象。此外，板面上液面落差所引起的气流分布不均，液体在塔板入口侧的厚液层处往往出现局部漏液，还有其他原因引发的漏液。

漏液发生时，液体经升气孔道流下，必然影响气、液在塔板上的充分接触，使塔板效率下降，严重的漏液会使塔板上无法积液成层而导致板效率严重下降，因此，在塔板设计、塔板安装和操作中应该特别注意避免。为保证塔的正常操作，漏液量应不大于液体流量的10%。

② 雾沫夹带　若塔板上的液体被穿过塔板气孔的高速气流喷成大小不等的液滴，其中较小的液滴随气流被带入上层塔板，这种现象称为雾沫夹带。雾沫的生成固然可增大气、液两相的传质面积，但雾沫所夹带的液滴与液体主流作相反方向流动，造成低浓度的液相返混到上层塔板，当雾沫夹带过量时，将会明显减小上层塔板液相的传质推动力，不利于传质，最终导致塔效率严重下降。为了保证板式塔能维持正常的操作效果，生产中应将雾沫夹带量加以限制，按规定每千克上升气体夹带到上层塔板的液体量不得超过0.1kg，即控制雾沫夹带量$e_V \leqslant 0.1$kg(液)·kg(气)$^{-1}$。

影响雾沫夹带量的因素很多，最主要的是空塔气速和塔板间距。空塔气速增高或塔板间距减小，均可使雾沫夹带量增大。

③ 气泡夹带　塔板上的液体流向降液管时会夹带一些气泡，正常情况下，这些夹带的气泡会在降液管中及时分离出来，返回原塔板。当液体流量过大、降液管内流速过快时，所夹带的气泡将来不及在降液管逃逸出来而被夹带至下一层塔板，造成高浓度的气相返混到下层塔板，减小了该层塔板的气相传质推动力，导致塔效率下降，严重时会引起液泛。

④ 液泛　若气、液两相之一的流量增大，使降液管内液体不能顺利下流，管内液体必然积累，当管内液体增高至越过溢流堰顶部时，该层塔板产生非正常积液，当这种非正常积液造成两塔板间液体相连，并依次上升，直至充满整个塔，则称为溢流液泛；此外，当液流量很大、气速又很高时，大量液体有可能被气体夹带到上一层塔板，使塔板间充满气、液混合物，最终使全塔充满液体，这种现象称为夹带液泛。

液泛亦称淹塔，液泛时流体不能向下流动，液体大量返混，塔板压降急剧上升，全塔操作被破坏，甚至会发生设备事故。因此，操作时应该特别注意防范。塔的操作气速应控制在液泛速度以下，以维持正常操作。

影响液泛速度的因素除气、液流量和流体物性外，塔板结构，特别是降液管的截面积和塔板间距是重要参数，设计中采用较大的板间距可改善液泛现象。

3.1.3 常见溢流式塔板的结构与特点

下面简要介绍几种有代表性的溢流式塔板。

3.1.3.1 泡罩塔板

泡罩塔板是应用最早的塔板，分圆形泡罩塔板和条形泡罩塔板两种，其中圆形泡罩塔板的使用更广些，有一百多年的工业生产实践和完整的设计方法，泡罩尺寸有部颁标准。泡罩塔板的典型结构如图 3-3 所示。

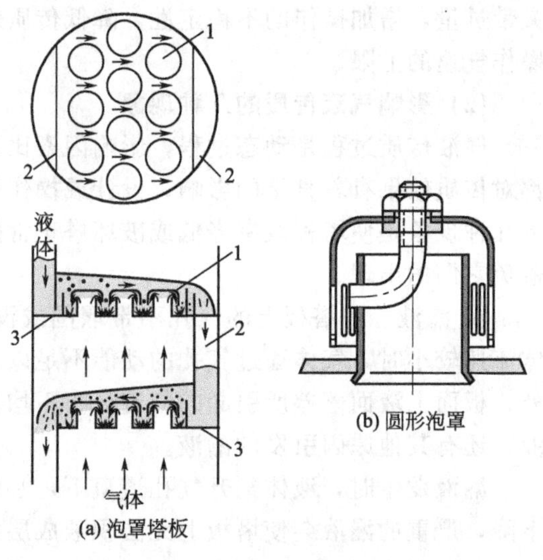

图 3-3 泡罩塔板

1—泡罩；2—降液管；3—塔板

每层塔板上开有若干个孔，孔上焊有短管作为上升气体通道，称为升气管。升气管上覆以泡罩，泡罩下部周边开有齿缝。齿缝一般有矩形、三角形及梯形三种，常用的是矩形。齿缝宽度为 3～15mm，常用 5～6mm，齿缝高度为 20～40mm。泡罩在塔板上作正三角形排列。泡罩尺寸一般为 ϕ80mm、ϕ100mm、ϕ150mm 三种，有时也选用特别小的泡罩。泡罩的中心距为泡罩直径的 1.25～1.5 倍。通常塔径小于 1000mm，选用 ϕ80mm 的泡罩；塔径大于 2000mm，选用 ϕ150mm 的泡罩。

操作时，液体从上层塔板的降液管流入，横向流过塔板后，越过液流堰经降液管流向下层塔板，溢流堰使塔板上保持有一定厚度的流动液层；齿缝浸没于液层之中而形成液封。气体则从升气管上升，流经升气管和泡罩之间的环形通道，通过齿缝被分散成许多细小的气泡或流股进入板上的液层。控制好气体流量，使之进入液体层后板上流体层呈鼓泡和泡沫层状，形成较大的气、液两相接触界面，促进传质。

泡罩塔板的优点是：因升气管高出液层，不易发生漏液现象，当气、液量有较大的波动时，板效率仍能维持基本不变，操作稳定可靠，体现出较好的操作弹性；塔板不易堵塞，因而适于处理各种物料。其缺点是：塔板结构复杂，使得造价较高；板上液层厚且气体流径曲折，使得塔板压降大，有较大的液面落差；雾沫夹带现象较严重，限制了气速的提高，致使生产能力及板效率均较低。近二三十年来泡罩塔已逐渐被筛板塔和浮阀塔所取代，然而，因它有操作稳定、技术比较成熟、对脏物料不敏感等优点，故目前仍会被采用。

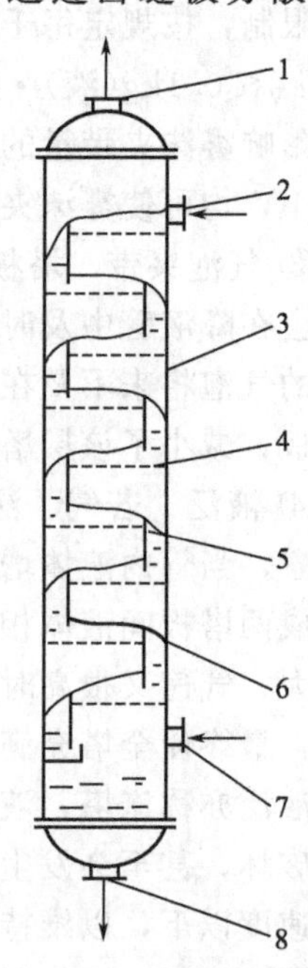

图 3-4 筛板塔结构

1—气体出口；2—液体入口；3—塔壳；4—塔板；5—降液管；6—出口溢流堰；7—气体入口；8—液体出口

3.1.3.2 筛板

筛板是筛孔型塔板最基本的形式，筛板塔结构如图 3-4 所示。单流型的筛板上，中间作为鼓泡区开有许多均匀分布的小孔，形如筛孔，故称为筛孔板。孔径一般为 3～8mm，筛孔成正三角形排列。鼓泡区左右两边的弓型面上不开筛孔，分别作受液区和降液区。降液区内设置溢流堰和降液管，使板上能维持一定厚度的液层并使溢出的液体流向下一块塔板。

操作时，上升气流垂直通过筛孔分散成细小的流股，在板上液层中鼓泡传质。在正常的操作气速下，通过筛孔上升的气流，应能阻止液体经筛孔向下泄漏。降液管的下端浸没于下一层塔板上的液层中形成液封，使气体不至于经降液管上升造成短路。

筛板的优点是：结构简单，造价低廉；气体压降小，板上液面落差也较小，生产能力较大；气体分散均匀，气、液间密切接触使传质效率较泡罩塔板高。主要缺点是：操作弹性小，小直径的筛孔容易造成堵塞，不适宜处理易结焦、黏度大的物料。近年来采用大孔径（直径 10～25mm）筛板可避免堵塞，而且由于气速的提高，生产能力增大。

过去由于对筛板的性能研究不充分，当筛板的设计或操作不当时，易造成漏液，使操作弹性变小，传质效率下降，从而限制了筛板塔的普遍应用。随着设计和控制水平的不断提高，可使筛板的操作非常精确，故近年来筛板塔的应用日趋广泛。

3.1.3.3　浮阀塔板

浮阀塔于 20 世纪 50 年代初期在工业上开始推广使用，由于浮阀塔板是在泡罩塔板和筛板的基础上发展而成的一种新型塔板，故兼有泡罩塔板和筛板的优点。目前浮阀塔已成为国内应用最广泛的塔型，特别是在石油、化学工业中使用最普遍，对其性能研究也较充分。

浮阀塔板是在塔板上按一定的间隔开阀孔，阀孔上覆以可以升降的浮阀而制成的。浮阀的型号很多，图 3-5 示出其中几种圆形浮阀，目前国内最常用的浮阀型号为 F1 型和 V-4 型。浮阀的升降位置取决于阀孔中上升气流动能的大小。升起的最大高度是由阀的底脚钩住塔板来限制的；浮阀的最低位置是靠阀片上的几个凸缘（定距片）支撑在塔板面上来限制的。由于浮阀具有可升降的特性，塔板上的气流通道截面可随气体流量的改变而自行调整，这就使浮阀塔板有操作弹性大、鼓泡性能良好的特点。

各种型号的浮阀中，F1 型浮阀也称为 V-1 型，如图 3-5(a) 所示。其结构尺寸已定型，标准孔径为 39mm。浮阀上有三个支脚，用以保持浮阀的位置并起导向作用，而且限制操作时阀片在板上升起的最大高度（8.5mm）。阀片的边缘上冲有三个凸缘，它一方面使阀片不与塔板盖死，使低气速时仍能维持操作；另一方面，可防止阀片与塔板锈牢或黏结。F1 标准型的凸缘高为 2.5mm。

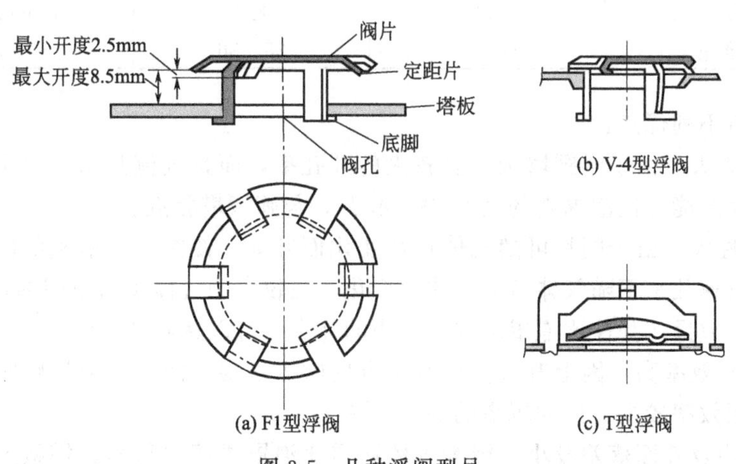

图 3-5　几种浮阀型号

操作时，由阀孔上升的气流，经过阀片与塔板间的间隙水平吹出，与板上的液体接触传质。阀片随上升气量的变化而自动调节开度，使阀孔气速较稳定。当气量很小时，气体仍能通过静止开度的缝隙维持良好的鼓泡状态，使在相当宽广的负荷范围内达到稳定操作。在较低气速下，近塔板出现清液层和鼓泡层，泡沫层较薄，此时液体经缝隙的泄漏与鼓泡是同时产生的；随着气体负荷的增加，漏液趋于消失，清液层区相应地缩小；当达到某一临界速度时，塔板上液体全部处于鼓泡和泡沫状态。实践数据表明，在阀接近于全开时的临界气体负荷区内，浮阀塔的传质效果最好。

F1 型浮阀已被列入部颁标准（JB 1118—68）内。它的结构简单，制造方便，节省材料，性能良好，广泛用于化工及炼油生产中。F1 型浮阀又分轻阀与重阀两种，轻阀采用厚度为 1.5mm 的薄板冲制，每阀质量约为 25g，重阀采用厚度为 2mm 的薄板冲制，每阀质量约为 33g。阀的重量对于效率及压降有较大的影响。轻阀压降小，但阀轻则惯性小，振动频率高，操作稳定性较差，关阀时滞后严重，在低气速下易发生严重漏液，造成传质效率下降；重阀压降稍大些，但阀重则令阀关闭迅速，又需较高气速才能将阀吹开，故可以减少漏液，提高传质效率。因此，一般情况下都采用重阀，只在处理量大并且要求压降很低的系统（如减压塔）中，才用轻阀。

V-4 型浮阀如图 3-5(b) 所示。其特点是阀孔冲成向下弯曲的文丘里型，以减小气体通过塔板时的压降。阀片除腿部相应加长外，其余结构尺寸与 F1 型轻阀无异。V-4 型浮阀适用于减压系统。

T 型浮阀如图 3-5(c) 所示。拱形阀片的活动范围由固定于塔板上的支架来限制。其性能与 F1 型浮阀相近，但结构较复杂，适于处理含颗粒或易聚合的物料。

为避免阀片生锈，浮阀多采用不锈钢制造。F1 型、V-4 型及 T 型浮阀的主要结构尺寸见表 3-1。

表 3-1 F1 型、V-4 型及 T 型浮阀的主要尺寸

型式	F1 型(重阀)	V-4 型	T 型
阀孔直径/mm	39	39	39
阀片直径/mm	48	48	50
阀片厚度/mm	2	1.5	2
最大开度/mm	8.5	8.5	8
静止开度/mm	2.5	2.5	1.0～2.0
阀片质量/g	32～34	25～26	30～32

浮阀塔具有下列优点：

① 生产能力大　由于浮阀塔板具有较大的开孔率，而且气流是水平喷出的，减少了雾沫夹带，故其生产能力比泡罩塔的大 20%～40%，与筛板塔相近。

② 操作弹性大　由于阀片可随气体负荷变化而升降，使阀片与塔板的间隙大小得以自动调整，阀孔气速几乎不随气体负荷变化而变化，在较大的气体负荷范围内，可保证气、液间的良好接触，故操作弹性比泡罩塔和筛板塔的都宽，可以达到 7～9。

③ 塔板分离效率高　因上升气体以水平方向吹入液层，故气、液接触时间较长而雾沫夹带量较小，板效率较高，比泡罩塔的高 10%左右。

④ 气体压降及液面落差较小　因为气体通道比泡罩塔简单得多，塔板上没有复杂的障碍物，所以塔板上的气流分布比较均匀，气、液流过浮阀塔板时所遇到的阻力较小，故气体的压降及板上的液面落差都比泡罩塔板的小。

⑤ 塔的造价较低　因构造简单，易于制造，浮阀塔的造价一般为泡罩塔的 60%～80%，

但比筛板塔的造价贵，为筛板塔的 120%～130%。

尽管浮阀塔具有上述诸多优点，但浮阀塔不宜处理易结焦或黏度大的物系，因为结焦或黏度大的流体会妨碍浮阀升降的灵活性。但对于黏度只偏大一点或聚合现象较为一般的物系，浮阀塔尚能正常操作。

浮阀塔板所具有的生产能力大、操作弹性大、板效率高、加工方便等突出优点使其成为新型塔板研究开发的主要方向。除早期开发应用的圆形浮阀和长条形浮阀外，后来研究开发的浮阀有：船形、管形、梯形、双层型、V-V 型、混合型等，新浮阀的开发重点是加强流体的导向作用，促使气体充分分散，让气、液两相流动更趋合理，以进一步提高操作弹性和板效率。

3.1.3.4 喷射型塔板

泡罩、筛板及浮阀塔板都属于气体为分散型的塔板，即气体分散于板上流动液层中，在鼓泡或泡沫状态下进行气液接触。当气速过高，容易造成严重的雾沫夹带，故生产能力的提高受到限制。20 世纪 60 年代发展起来的喷射型塔板克服了这个弱点。在喷射型塔板上，将塔板开成定向孔道，并将开孔截面的法向与塔板成一锐角，气体喷出的方向与液体流动的方向保持一致。气体喷出时水平方向的分速度有助于推动液体流向降液管，大大减小了液面落差的同时又使塔板的液体处理能力有所提高。由于板上气、液互呈并流，使雾沫夹带减少，因此气体的负荷得以提高。喷射型塔板有着其鲜明的特点，即充分利用了气体的动能来促进两相间的接触。气流从定向孔口喷出时，气体的动能将液体分散成为液滴和流束，形成大的相际界面和流体的湍动，造成良好的传质条件。此外，气体不必通过较深的液层作鼓泡，因此塔板压强降较低。

喷射型塔板的形式很多，现介绍以下几种。

(1) 舌形塔板

舌形塔板是喷射型塔板的一种，其结构如图 3-6 所示。其主要特点是：在塔板上直接冲出许多舌形孔，舌片与板面成一定角度，以 20°左右为宜，向塔板的溢流出口侧张开。舌片尺寸有 50mm×50mm 和 25mm×25mm 两种，一般推荐使用 25mm×25mm 的舌片。图中示出舌形孔的典型尺寸，即 $\phi=20°$，$R=25\text{mm}$，$A=25\text{mm}$。舌片按正三角形排列，塔板不设溢流堰，只保留降液管。

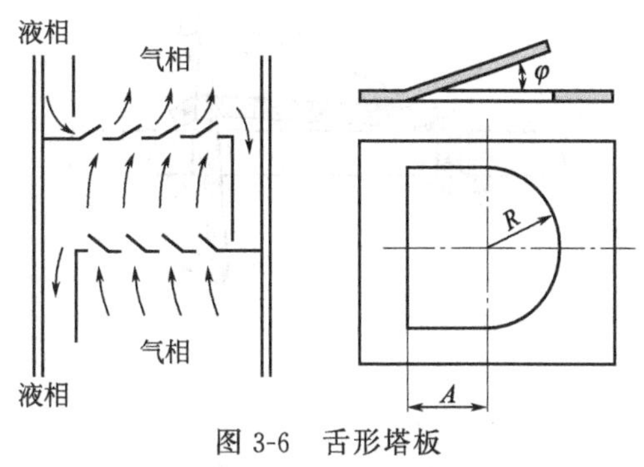

图 3-6　舌形塔板

当操作气速很低时，液体从舌孔直接漏下，随着舌孔气速升至 6.5～7.5m·s^{-1}时，漏液停止，这时候的气速是正常操作的气速下限，随气速提高，则塔板上鼓泡均匀，液面形成落差，气速进一步提高，气流推动液体流向降液管，液面落差消失，当上升气流穿过舌孔后，以较高的速度（20～30m·s^{-1}）沿舌片的张角向斜上方喷出。气液接触从鼓泡状态逐渐发展为喷射状态。从上层塔板降液管流出的液体，流过每排舌孔时，即因喷出的气流强烈扰动而形成泡沫体，并有部分液滴被斜向喷射到液层上方，板上液体经与气体喷射传质后直接冲至降液管上方的塔壁后流入降液管中，并带有大量的气泡，因此舌形塔板的降液管截面积要比一般塔板设计得大些，以便有效地将夹带的大量气泡分离出来。若气速过高，会有大量的气、液混合物涌向降液管上方，使大量液沫被带入上一块塔板，即为过量液沫夹带，并可能由此造成液泛，此为操作的气速上限。应使舌形塔板在喷射区操作为宜。

舌形塔板的优点是开孔率较大，可采用较高的空塔气速，故生产能力大。由于塔板上冲了特殊的舌孔，气体通过舌孔斜向喷出，有利于减少雾沫夹带，且不会产生较大的液面落差，从而加大了液体处理量。气体水平喷出，有效遏制板上液体的返混现象，当舌孔气速较大时，将液体喷射成液滴或流束，进一步强化了两相间的接触传质，故能获得较高的塔板分离效率。但若气速较小，呈鼓泡状气流接触，效率就大大降低。此外，板上液层较薄，则塔板压降小。

舌形塔板的结构和操作特点也带来以下缺点，由于舌形塔板的气流截面积是固定的，故舌形塔板对负荷波动的适应能力差，操作弹性小；此外，被气体喷射的液流在通过降液管时，会夹带气泡到下层塔板，这种气相夹带现象使板效率明显下降。

(2) 浮舌塔板

浮舌塔板是结合浮阀塔板和舌形塔板的长处发展出来的新型塔板。浮舌塔板兼有浮阀塔板的操作弹性大和固定舌形塔板处理能力大的优点。浮舌塔板是将固定舌形板的舌片改成浮动舌片而成，与浮阀塔类似，随气体负荷改变，浮舌可以开关调节气流通道面积，从而保证适宜的缝隙气速，强化气液传质，减少或消除了漏液。当浮舌开启后，又与舌形塔板相同，气、液并流，利用气相的喷射作用将液相分散进行传质。其结构如图 3-7 所示。由于它的操作状况兼有浮动与喷射特点，因此它具有如下特点：操作弹性大，由于气速低时，浮舌是坐落在塔板上的，舌与板之间的间隙很小，故漏液较舌形塔板小得多，增大了操作范围，负荷变动范围甚至可超过浮阀塔，具有较大的气、液相的处理能力；压降小，特别适宜于减压蒸馏；结构简单，制造方便；效率也较高，介于浮阀塔板与固定舌形塔板之间。

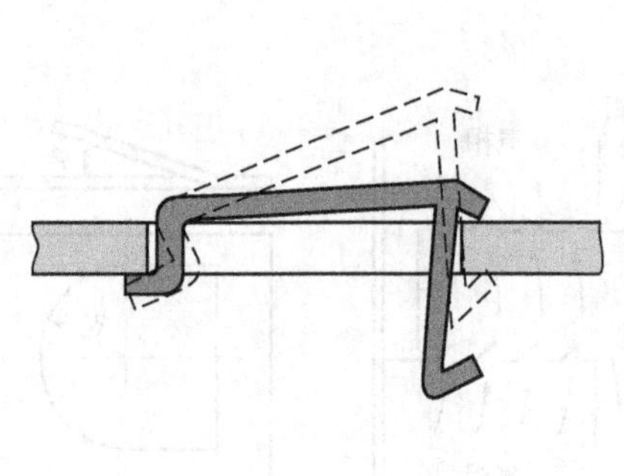

图 3-7 浮舌塔板

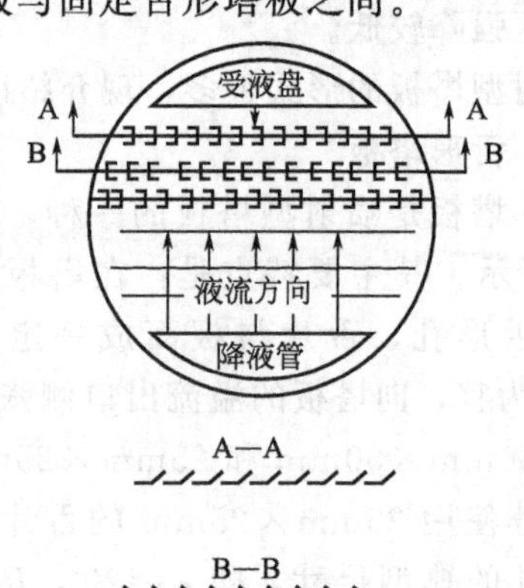

图 3-8 斜孔塔板

(3) 斜孔塔板

筛板塔板上气流的垂直向上喷射，浮阀塔板上阀与阀之间喷出气流的相互冲击，都容易造成较大的液沫夹带，影响传质效果。在舌形塔板上气、液并流，虽能做到气流水平喷出，减轻了液沫夹带量，但气流向一个方向喷出，液体被不断加速，往往不能保证气、液的良好接触，使传质效率下降。

斜孔塔板是另一种喷射型塔板，克服了上述的缺点，其结构见图 3-8。与舌形塔板一样，斜孔是在塔板上冲压出来的，孔口与板面成一定角度。但与舌形塔板不同的是，为了避免从斜孔喷出的气流互相干扰，塔板上的斜孔整齐地排成多排。斜孔的开口方向与液流方向垂直，同一排孔的孔口方向一致，相邻两排开孔方向相反，使相邻两排孔的气体反方向喷出，这样，气流不会对喷又能互相牵制，既可得到水平方向较大的气速，又阻止了液沫夹带，使板面上液层低而均匀，气、液接触良好，传质效率提高。

对于塔径较大的塔，为了减少液面落差，每隔若干排孔，设置一排形状与斜孔相同的导向孔，导向孔的方向与液流方向一致。

斜孔塔板的塔板效率与浮阀塔相当，生产能力比浮阀塔约大30%，而且结构简单，加工制造方便，压降较低，适用于大塔径装置及减压操作系统。

3.1.4 板式塔的工艺结构设计及流体力学验算

工艺结构设计包括：①塔体方面的塔径和塔高；②塔板方面的板上流体流型选择、板上构件形式确定及尺寸计算、塔板布置及气孔计算与排列。

流体力学验算是对初步设计好的塔板，通过流体力学计算检验设计是否合适，并确定塔的负荷性能图。包括塔板压降、液泛、雾沫夹带、漏液、液面落差等流体力学性能，以及负荷性能图等。

3.1.4.1 塔径和塔高的确定

(1) 塔径 *D*

① 塔径计算式　塔径由下式计算：

$$D=\sqrt{\frac{4V_s}{\pi u}} \tag{3-1}$$

式中，D为塔径，m；V_s为塔内气体体积流量，$m^3 \cdot s^{-1}$；u为空塔气速，即按空塔截面积计算的气体流速，$m \cdot s^{-1}$。

由式(3-1)可见，当塔内气体流量一定时，空塔气速选得越大，所需塔径就越小，设备投资费可减少，但气速上限的选择受过量雾沫夹带或液泛的限制，下限由漏液决定。所以，计算塔径的关键在于确定适宜的空塔气速u。

② 最大允许气速u_{max}　空塔气速的上限由过量雾沫夹带或液泛决定，下限由漏液决定，适宜的空塔气速应介于二者之间，通常是依据过量雾沫夹带来确定最大允许气速。

当上升气流的速度大于液滴沉降速度时，液滴被向上夹带，该气速为最大允许气速u_{max}，根据悬浮液滴沉降原理可导出最大允许速度为：

$$u_{max}=\sqrt{\frac{4d_p(\rho_L-\rho_V)}{3\rho_V\xi}} \tag{3-2}$$

式中，气泡破裂所形成的液滴直径d_p难于确定，而阻力系数ξ的影响因素也很复杂，故按以下半经验式计算。

$$u_{max}=C\sqrt{\frac{\rho_L-\rho_V}{\rho_V}} \tag{3-3}$$

式中，ρ_L为液相密度，$kg \cdot m^{-3}$；ρ_V为气相密度，$kg \cdot m^{-3}$；u_{max}为最大允许空塔气速，$m \cdot s^{-1}$；C为负荷系数，$m \cdot s^{-1}$。

比较式(3-2)和式(3-3)可知，负荷参数C的值应取决于ξ及液滴直径d_p，研究表明，C值与气、液流量密度、液滴沉降空间高度以及液体表面张力有关。计算C的公式和图表不少，其中史密斯（R. B. Smith）等根据一些泡罩塔、筛板塔和浮阀塔的泛点数据，整理成负荷参数与这些影响因素间的关系曲线，如图3-9所示，可用作最大允许气速的确定。

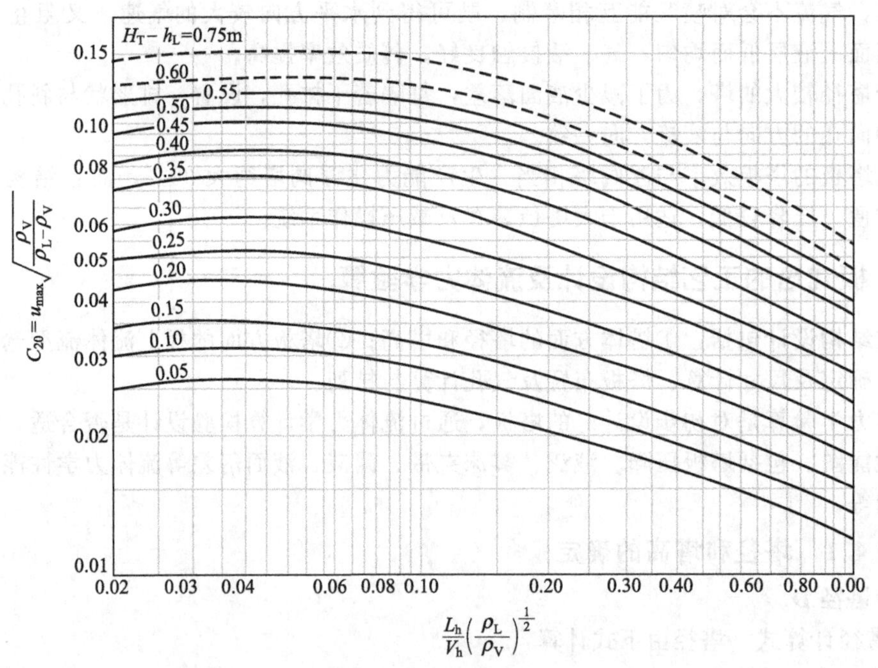

图 3-9　史密斯关联图

图中横坐标$\frac{L_h}{V_h}\left(\frac{\rho_L}{\rho_V}\right)^{\frac{1}{2}}$称为液-气动能参数，代表液相和气相的动能之比，它反映液、气两相的流量与密度的影响；纵坐标为物系表面张力σ在$20mN \cdot m^{-1}$时的负荷系数C_{20}；而板间距与塔板上清液层高度的差值（H_T-h_L）代表所夹带液滴的沉降空间，反映液滴沉降空间高度对负荷参数的影响。显然，H_T-h_L越大，C值越大，这是因为随着分离空间增大，雾沫夹带量减少，允许最大气速就增大。

设计前清液层高度h_L未知，根据经验，对常压和加压塔一般取为0.05～0.1m（通常取0.05～0.08m）；对减压塔应取低些，可低于0.025～0.03m。对较小塔径的塔，板间距H_T取0.2～0.4m；对较大塔径的塔，板间距H_T取0.5～0.6m。

当操作物系的液体表面张力σ不等于$20mN \cdot m^{-1}$时，须按下式校正查出的负荷系数：

$$C=C_{20}\left(\frac{\sigma}{20}\right)^{0.2} \tag{3-4}$$

式中，σ为操作物系的液体表面张力，$mN \cdot m^{-1}$；C为操作物系的负荷系数，$m \cdot s^{-1}$。

③ 适宜的操作气速u　考虑到实际操作中，流速会有上下波动的可能，以及一些未能预见的因素，适宜的空塔操作气速应小于液泛速度。过低的速度也不行，不仅使塔的造价增加，而且会降低传质效率。根据经验，适宜的空塔气速u为：

$$u=(0.6 \sim 0.8)u_{max}$$

对直径较大、板间距较大及加压或常压操作的塔以及不易起泡的物系，可取较高的安全系数；对直径较小及减压操作的塔以及严重起泡的物系，应取较低的安全系数。

求得空塔气速，即可初算出塔径，当然还需按照塔的直径系列标准对初算的塔径予以圆整。

应当指出，如此算出的塔径还要根据流体力学原则进行核算。此外，对于精馏塔的精馏段和提馏段上升气量差别较大时，塔径应分别计算。

(2) 塔板间距 H_T

塔板间距 H_T的大小直接影响到最大允许空塔气速和塔高，板间距取大，可以提高最大允许空塔气速，生产能力提高，但塔高随之增加，投资费用增大。板间距还与物系性质、分离效率、操作弹性以及塔的安装检修等因素有关，应综合考虑各种因素的影响来决定适宜的板间距。一般而言，对易发泡的物系和生产负荷波动较大的场合，应适当加大板间距，以保证塔板的分离效果和提高操作弹性；在塔板层数很多的情况下，应选用较小的板间距。此外，塔体上有供安装检修用的人孔，此处的板间距一般应不小于 600mm。不同的塔径常用的板间距有一些经验值可供设计参考，见表 3-2。

表 3-2　塔径与常用的板间距的参考数值

塔径 D/mm	板间距 H_T/mm							
300～500	200	250	300					
500～800			300	350				
800～1600				350	400	450		
1600～2000						450	500	600
2000～2400							500～800	
＞2400							≥600	

除特殊情况以外，塔板间距的数值应按系列标准选取，常用的标准塔板间距有 300mm、350mm、400mm、450mm、500mm、600mm、800mm。要得到适宜的塔板间距，设计中往往需反复调整。

(3) 塔高 h

塔的总高度由有效传质高度、底部和顶部空间高度及裙座构成，这里的塔高指有效传质高度。

板式塔的有效传质高度就是安装塔板部分的塔高，包括所有塔板的厚度及板间所占空间高度。若全塔的板间距是一致的，则可按照下式计算塔的有效传质高度，即：

$$h=\left(\frac{N_T}{E_T}-1\right)H_T \tag{3-5}$$

式中，h 为塔高，m；N_T为塔内所需的理论板层数；E_T为总板效率；H_T为塔板间距，m。

若塔中的板间距不一致，计算原则一样，只需分段计算后把各段高度加起来。

塔板间距 H_T直接影响塔高。在一定的生产任务下，采用较大的板间距，能允许较高的空塔气速，因而塔径可小些，但塔高要增加。反之，采用较小的板间距，只能允许较小的空塔气速，塔径就要增大，但塔高可降低。

3.1.4.2　塔板工艺结构尺寸的初步设计

前面提到塔板类型分溢流式塔板与穿流式塔板两类。因为溢流式塔板效率高，操作稳定性好，工业上大多采用溢流式塔板，下面的讨论仅限于溢流式塔板。

(1) 降液管的形式

降液管是液体从上层塔板往下层塔板流动的正常流道。降液管的形式有弓形与圆形之分，如图 3-10 所示。

弓形降液管具有较大的容积，又能充分利用塔板面积，应用最为广泛。弓形降液管又分

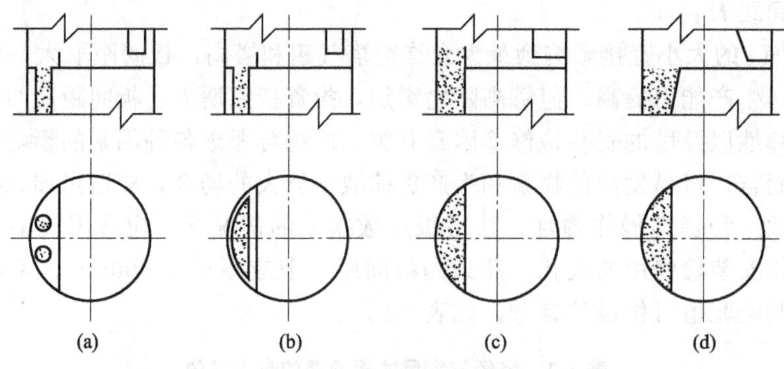

图 3-10 降液管的形式

内弓形降液管、弓形降液管和倾斜式弓形降液管等。圆形降液管的流通截面小，没有足够的空间分离液体中的气泡，气相夹带较严重，使得塔板效率较低。同时，溢流周边面积利用不充分，生产能力不大，一般只用在小直径塔。

（2）塔板上液体的流动路径

降液管的布置方式决定了板上液体流动的路径。液体在塔板上的流径越长，气液的接触时间就越长，有利于提高传质效率；但是液面落差也随之加大，引起气流分布不均，漏液增加，降低传质效率。为适应不同的塔径和液流量，可选择不同液流形式的塔板。常见的有U形流、单溢流、双溢流、阶梯式双溢流。如图 3-11 所示。

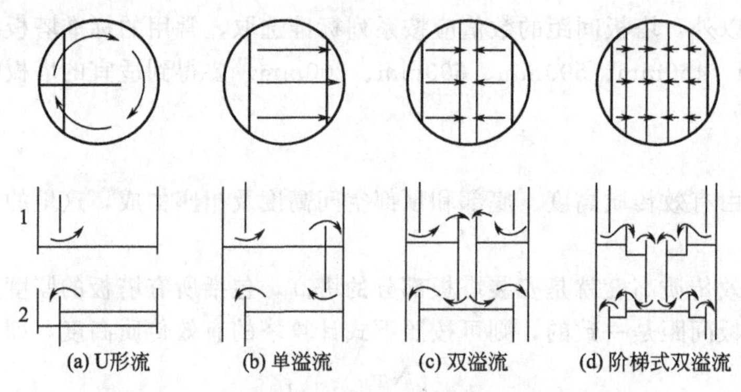

图 3-11 塔板溢流类型

① U 形流（又称回转流） 降液和受液装置都安排在塔的同一侧。将弓形降液管用挡板隔成两半，一半作受液盘，另一半作降液管，同时沿直径以挡板将板面隔成 U 形流道。此种溢流方式的液体流径最长，板面利用率也高，但液面落差大，在大塔径或大流量的场合不采用，但用于小塔及液体流量小的情况则可以改善气液接触状况。

② 单溢流（又称直径流） 单溢流是最常用的流动形式。液体横过整个塔板作单向流动，自受液盘流向溢流堰。液体流径比较长，塔板及降液管结构简单，当塔径较大或液体流量较大时，液面落差较明显，常在直径小于 2.2m 的塔中应用。

③ 双溢流（又称半径流） 双溢流的降液管在相邻两块塔板上的布置是交替设在塔板中部和两侧的，板上的液体分为两股流动，液体在上一块塔板分别由两侧流向板中心的降液管，在下一块塔板则由中心流向两侧的降液管，液体在塔板上只流过半块塔板。这种溢流形式可有效减小液面落差，但塔板结构复杂，且降液管占塔板面积较多，通常只在直径 2m 以上的大塔中使用。

④ 阶梯式双溢流　将双溢流的塔板做成阶梯形式即为阶梯式双溢流，目的在于减少液面落差而不缩短液体流径。每一阶梯均有溢流堰。这种塔板结构最复杂，只适用于塔径很大、液流量很大的特殊场合。

此外还有阶梯式单溢流、多溢流等流径。从以上介绍可知，需兼顾流径长短和液面落差大小的影响，结合液体流量、塔径等条件选择适宜的流型。一般原则是：塔径大、流量大，宜采用双溢流或阶梯式双溢流；塔径适中、流量不是很大，采用单溢流；塔径很小或流量很小，可考虑 U 形流。目前，凡直径在 2.2m 以下的浮阀塔，一般采用单溢流，直径大于 2.2m 的塔可采用双溢流及阶梯式双溢流。

表 3-3 列出溢流类型与液体负荷及塔径的经验关系，可供设计时参考。

表 3-3　溢流类型与液体负荷及塔径的经验关系 D

塔径 D /mm	液体流量 $L_h/m^3 \cdot h^{-1}$			
	U 形流	单溢流	双溢流	阶梯式双溢流
600	5 以下	5～25		
900	7 以下	7～45		
1000	7 以下	45 以下		
1400	9 以下	70 以下		
2000	11 以下	90 以下	90～160	
3000	11 以下	110 以下	110～200	200～300
4000	11 以下	110 以下	110～230	230～350
5000	11 以下	110 以下	110～250	250～400
6000	11 以下	110 以下	110～250	250～450

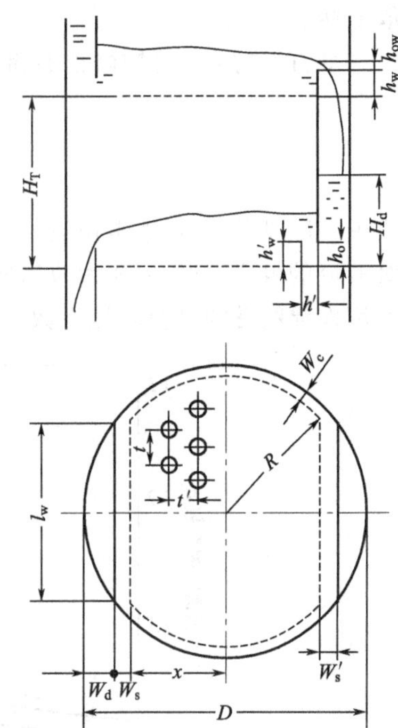

图 3-12　浮阀塔板结构参数

h_w—堰高，m；h_{ow}—堰上液层高度，m；h_o—降液管底隙高度，m；h'_w—进口堰高，m；h'—进口堰与降液管间的水平距离，m；H_d—降液管中清液层高度，m；H_T—板间距，m；l_w—堰长，m；W_d—弓形降液管宽度，m；W_c—无效区宽度，m；W'_s，W_s—进、出口堰前安定区宽度，m；D—塔径，m；R—鼓泡区半径，m；x—鼓泡区宽度的一半，m；t—同一横排的阀孔中心距，m。

(3) 溢流装置的设计计算

设置溢流堰是为了维持塔板上有一定高度的液体层，使穿过塔板的气体与板上液体有充分的接触，溢流堰高度取得高，增加了气液接触时间的同时也加大了塔板压力降。一般加压塔的堰高可取高些，减压塔的堰高则取低些。以下以弓形降液管为例，介绍溢流装置的设计。塔板及溢流装置的各部分名称与符号参见图 3-12。

① 出口堰（溢流堰）　溢流堰设置在塔板上液体出口处，作用有二：一是维持塔板上有一定高度的液体层，二是使液体在板上均匀流动。对弓形溢流管而言，它的弦长即为堰长，以 l_w 表示。降液管高出塔板板面的高度即为堰高，以 h_w 表示。溢流堰上端是平的为平直堰，上端是齿状的为齿形堰。

出口堰的设计是在选定溢流形式后，确定堰长和堰高。

堰长 l_w　根据液体负荷及溢流形式而定。依经验，对单溢流，一般取 l_w 为 (0.6～0.8)D，对双溢流，取为 (0.5～0.6)D。其中，D 为塔径。

堰高 h_w　出口堰的高度需满足工艺条件和操作要求，板上液层高度为堰高与堰上液层高度之和，即：

$$h_L = h_w + h_{ow} \tag{3-6}$$

式中，h_L为板上液层高度，m；h_w为堰高，m；h_{ow}为堰上液层高度，m。

堰高h_w由板上液层高度h_L及堰上液层高度h_{ow}而定。一般要求塔板上液层高度h_L在50～100mm。堰上液层高度h_{ow}对操作性能有很大的影响，h_{ow}太小会造成液体在堰上分布不均，溢流量不稳定，影响传质效果，但h_{ow}也不宜过大，否则会增大塔板压降及雾沫夹带量。设计时一般应取6mm＜h_{ow}＜(60～70)mm，若小于下限值须采用齿形堰，超过上限值时可改用双溢流形式，以减小堰上液流强度。将h_L和h_{ow}的取值范围代入上式，则堰高h_w＝(30～44)mm，一般取堰高30～50mm，常压和加压塔，堰高可适当取高些，减压塔可取低些。

平直堰的h_{ow}可按修正的弗朗西斯（Francis）经验公式计算：

$$h_{ow}=\frac{2.84}{1000}E\left(\frac{L_h}{l_w}\right)^{\frac{2}{3}} \tag{3-7}$$

式中，L_h为塔内液体体积流量，$m^3 \cdot h^{-1}$；l_w为堰长，m；E为液流收缩系数，反映塔壁对液流的效应。图3-13为博尔斯（W. L. Bolles）对泡罩塔提出的液流收缩系数计算图，也可用作浮阀塔的液流收缩系数E的求取。

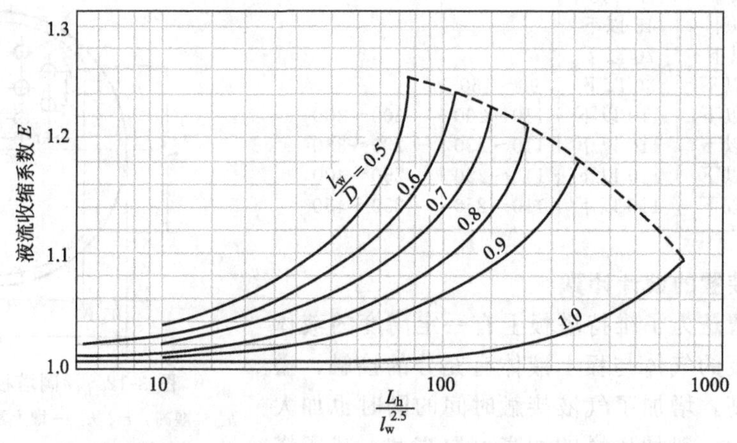

图3-13 液流收缩系数计算图

一般情况下可取E值为1，所引起的误差不大。当取E为1时，可直接用图3-14所示的列线图求h_{ow}。

在求出h_{ow}之后，因为对常压塔，一般板上液层高度h_L应保持在0.05～0.1m，所以，堰高h_w按下式求出范围值，进而确定堰高。

$$(0.1-h_{ow})\geqslant h_{ow}\geqslant(0.05-h_{ow}) \tag{3-8}$$

② 弓形降液管的宽度和截面积　降液管一方面要将上层塔板的液体顺利引向下一块塔板，另一方面应保证液体在降液管内有足够的停留时间。降液管截面的设计，主要考虑溢流中的泡沫有足够的时间在降液管中得到分离。实践经验表明，液体在降液管内的停留时间不应小于3～5s，对于高压下操作的塔及易起泡沫的系统，停留时间应更长些。

根据数学知识可知，在塔径D和溢流堰长l_w确定后，弓形降液管的宽度W_d及截面积A_f就被固定了。图3-15正是按它们的数值关系作出来的，可根据堰长与塔径之比由图查得弓形降液管的宽度和截面积。

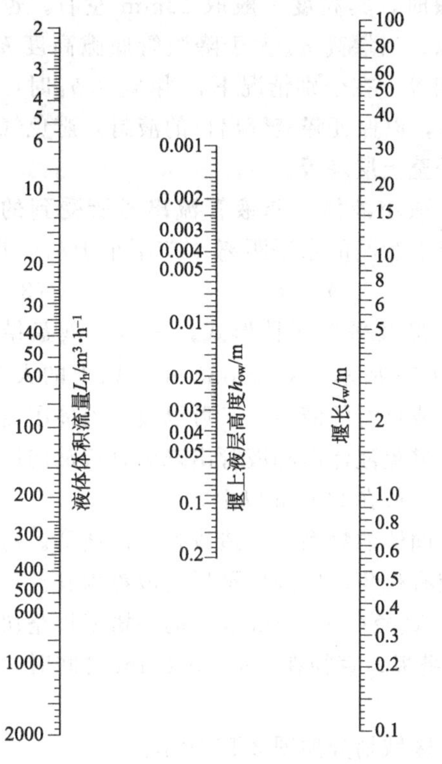

图 3-14　求 h_{ow}的列线图

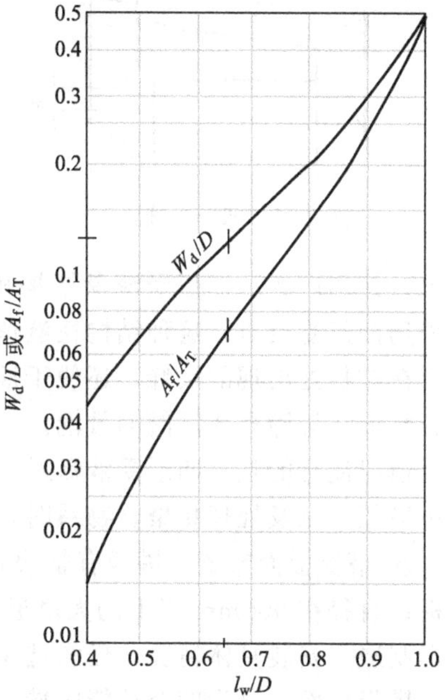

图 3-15　弓形降液管的宽度与面积

因此，在求得降液管截面积 A_f之后，再校核液流在其中的停留时间，应满足下列关系：

$$t=\frac{3600A_fH_T}{L_h}\geqslant 3\sim 5\text{s} \tag{3-9}$$

③ 降液管底隙高度　降液管底隙高度 h_o即为降液管下端与塔板的距离。为使溢流液通畅地流入下层塔板，并防止沉淀物堆积或堵塞，降液管下端与塔板间要有一定间距。同时，底隙要有良好的液封作用，即底隙高度 h_o也不能太大，防止气体通过降液管造成短路。对弓形降液管可按下式计算 h_o：

$$h_o=\frac{L_h}{3600l_wu'_o} \tag{3-10}$$

式中，u'_o为液体通过降液管底隙时的流速，m·s^{-1}。根据经验，一般可取 $u'_o=0.07\sim 0.25$m·s^{-1}。

为简便起见，有时运用下式确定 h_o，即：

$$h_o=h_w-0.006 \tag{3-11}$$

式(3-11) 表明，应使降液管底隙高度比溢流堰高度低 6mm，以保证降液管底部的液封。

为防堵塞和因安装偏差而使液流不畅造成液泛。降液管底隙高度一般不宜小于20～25mm，设计时对小塔可取 h_o为 25～30mm，对大塔取 h_o为 40mm 左右，最大可达 150mm。

④ 进口堰及受液盘　在较大的塔中，为减少液体自降液管中的水平冲出，影响入口端的操作，有时在液体进入塔板处设有进口堰，以保证降液管的液封，并使液体在塔板上分布均匀。但进口堰易造成堵塞，一般情况下采用弓型降液管而不采用进口堰，因为管的下缘可起到一定的均匀分布液体作用。

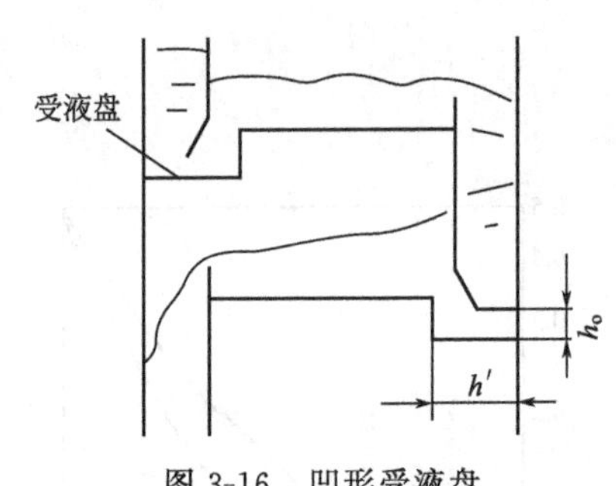

图 3-16　凹形受液盘

若设进口堰时，其高度一般取 12mm 左右。也可按下述原则考虑。当堰高 h_w 大于降液管底隙高度 h_o，则取 h'_w 与 h_w 相等。在个别情况下，当 $h_w < h_o$ 时，则应取 h'_w 大于 h_o，以保证降液管出口的液封，避免气体走短路经此而升至上层塔板。

此外，为了减小液体由降液管流出时所受到的阻力，进口堰与降液管间的水平距离 h' 应不小于 h_o，即：

$$h' \geqslant h_o \tag{3-12}$$

受液盘有凹形及平形两种形式，平形受液盘结构简单，使用广泛；凹形受液盘结构稍复杂些，如图 3-16 所示。对于 ϕ800mm 以上的大塔，多采用凹形受液盘，这种结构在液体流量低时仍能造成良好的液封，又可以缓和液体因流向改变在进板处出现的液峰，还便于液体从侧线抽出，避免液体由降液管出来后直接涌向塔板而影响前几排筛孔或浮阀的鼓泡。凹形受液盘的深度一般在 50mm 以上。

值得注意的是，凹形受液盘对于易聚合及有悬浮固体的物系，易造成死角而堵塞。对于较小塔径，以及处理易聚合物系时，要求塔板上不应有死角，以采用平形受液盘为宜。

⑤ 塔板板面布置　塔板有整块式与分块式两种。直径在 800mm 以内的小塔采用整块式塔板；直径在 900mm 以上的大塔通常都采用分块式塔板；直径在 800～900mm 之间时，可根据制造与安装具体情况，任意选用一种结构。

塔板板面上分为四个功能区域，对单溢流塔板，区域划分如图 3-12 所示。

鼓泡区　图 3-12 中虚线以内的区域为鼓泡区。为气、液传质的有效区域。此区域板上开有气孔，气、液接触构件（如浮阀）设置在此区域内。

溢流区　降液管及受液盘所在区域为溢流区。

安定区　安定区内不开气孔。板上安定区有两个区域，一是受液盘与鼓泡区之间的区域，也称液体分布区，作均匀分布液体之用；另一是鼓泡区与溢流区之间的区域，也称破沫区，在液体进入降液管之前，设置破沫区，以免液体大量夹带泡沫进入降液管。可见两区均有安定的作用。一般情况下，出口堰前的安定区宽度 W_s 取 70～100mm，进口堰前 W'_s 取 40～70mm。但当其他条件受限制时，小塔还可适当取小些，大塔取大些。

无效区　无效区也称边缘区，该区域供支承塔板的边梁之用，其宽度 W_c 视塔板支承的需要而定，一般对于小塔，W_c 可取 25～50mm，对于大塔，则取 50～75mm。为使液体在板上均匀流过，往往要在边缘区沿塔壁设置挡板，以防液体经此区流过而产生“短路”现象，降低分离效率。

⑥ 浮阀的数目与排列　塔板板面布置的一个重要内容是在鼓泡区确定塔板应开的孔数及孔的排列。这里介绍浮阀塔板的浮阀数确定与排列。

浮阀的数目　当板上所有浮阀处于刚刚全开时，浮阀塔的操作性能为最好，这时板上液体的泄漏及塔板的压降都比较小而操作弹性大。浮阀的开度与阀孔处气相的动压有关，具体来说取决于气体的速度与密度。实验结果表明，可采用由气体速度与密度组成的“动能因数”作为衡量气体流动时动压的指标。动能因数以 F 表示，俗称 F 因子，其定义式为：

$$F = u\sqrt{\rho_V}$$

故气体通过阀孔时的动能因数 F_o 为：

$$F_o = u_o\sqrt{\rho_V} \tag{3-13}$$

式中，F_o为气体通过阀孔时的动能因数，$kg^{\frac{1}{2}} \cdot s^{-1} \cdot m^{-\frac{1}{2}}$；$u_o$为气体通过阀孔时的速度，$m \cdot s^{-1}$；$\rho_V$为气体密度，$kg \cdot m^{-3}$。

工业装置的数据测取表明，对 F1 型浮阀（重阀）而言，当板上所有的浮阀刚刚全开时，阀孔动能因数 F_o的数值常在 $9 \sim 12kg^{\frac{1}{2}} \cdot s^{-1} \cdot m^{-\frac{1}{2}}$之间。设计时可先在此范围内任选一个 F_o值，然后按式(3-13) 计算阀孔气速，即：

$$u_o = \frac{F_o}{\sqrt{\rho_V}} \tag{3-13a}$$

之后，每层板上的阀孔数 N 由下式计算：

$$N = \frac{4V_s}{\pi d_o^2 u_o} \tag{3-14}$$

式中，V_s为上升气体的体积流量，$m^3 \cdot s^{-1}$；d_o为阀孔直径，$d_o = 0.039m$。

在生产实际中，阀孔气速对常压塔一般为 $3 \sim 7m \cdot s^{-1}$，减压塔则大于 $10m \cdot s^{-1}$，而加压塔的阀孔气速小些，为 $0.5 \sim 3m \cdot s^{-1}$。

浮阀的排列 浮阀在塔板鼓泡区内的排列，应使塔板上大部分液体形成泡沫和鼓泡，以利于两相密切接触。试验证明，三角形排列为好。按照阀孔中心连线与液流方向的关系，有顺排与叉排之分，如图 3-17 所示。

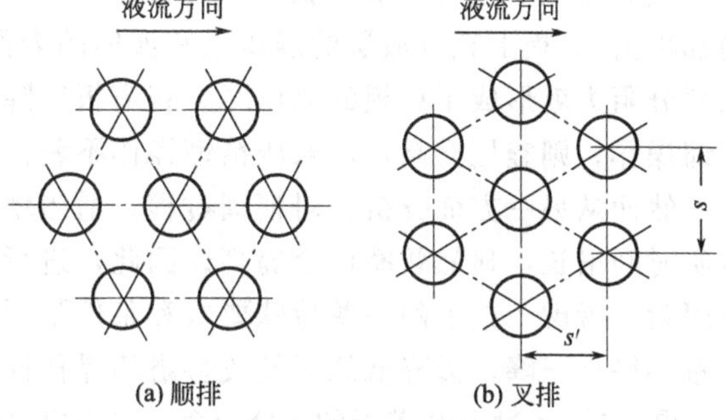

图 3-17 浮阀排列方式

叉排时相邻浮阀容易吹动液层，鼓泡均匀，故采用叉排为好。不管采取顺排还是叉排，又可以有正三角形与等腰三角形两种方式，对整块式塔板，多采用正三角形叉排，孔心距 s 为 75～125mm；对于分块式塔板，宜采用等腰三角形叉排。同一排的阀孔中心距 s 大致符合以下关系：

等边三角形排列
$$s = d_o \sqrt{\frac{0.907A_a}{A_o}} \tag{3-15}$$

等腰三角形排列
$$s = \frac{A_a}{Ns'} \tag{3-16}$$

式中，d_o为阀孔直径，m；A_o为阀孔总面积，$A_o = \frac{V_s}{u_o}$，m^2；A_a为鼓泡区面积，m^2；s 为同一排的阀孔中心距，m；s'为等边或等腰三角形高，m；N 为阀孔总数。

对单溢流塔板，鼓泡区面积 A_a可按下式计算（见图 3-12），即：

$$A_a = 2\left(x\sqrt{R^2 - x^2} + \frac{\pi}{180°}R^2 \arcsin\frac{x}{R}\right) \tag{3-17}$$

式中，$x = \frac{D}{2} - (W_d + W_s)$，m；$R = \frac{D}{2} - W_c$，m。

上面计算的阀孔数只是初值，需根据所算的孔距作草图在鼓泡区内布置阀孔，若布置数与计算数相近，则按布置的阀孔数目重算阀孔气速，并核算阀孔动能因数 F_o是否仍在 $9 \sim 12kg^{\frac{1}{2}} \cdot s^{-1} \cdot m^{-\frac{1}{2}}$范围以内。若 F_o超出 $9 \sim 12kg^{\frac{1}{2}} \cdot s^{-1} \cdot m^{-\frac{1}{2}}$的范围则应调整孔距，并重新作图，反复计算，直到满足要求为止。

开孔率 一层板上的阀孔总面积与塔截面积之比称为开孔率。开孔率也是空塔气速与阀孔气速之比。塔板的工艺尺寸计算完毕，应核算塔板开孔率，对常压塔或减压塔，开孔率在10%～14%之间；对加压塔常小于10%。

3.1.4.3 板式塔的流体力学验算

板式塔的流体力学验算就是在初步选择确定了塔板的结构尺寸并作了塔板布置图后，通过塔板的流体力学计算，检验所设计的塔板参数是否合适，了解塔板在气液负荷下能否正常操作或正常操作的弹性是多少。

板式塔的流体力学性能包括塔板压降、液泛、雾沫夹带、漏液及液面落差等。下面逐一介绍流体力学性能，并以浮阀塔为例介绍相关计算。

(1) 塔板压降

① 塔板压降的组成及影响　塔板压降指的是气体通过塔板时克服阻力所造成的压降，是板式塔的重要操作参数。可以通过测定压降与气速的关系确定液泛气速。它不仅影响板上的流体操作，还决定沿塔高的压力分布和全塔压降。

气流通过塔板时需要克服以下几种阻力：塔板本身的干板阻力（即板上各部件所造成的局部阻力），板上充气液层的静压强和液体的表面张力造成的阻力。气体通过塔板时克服这三部分阻力就形成了该板的总压降。若塔板压降过大，对于吸收操作，送气压强要高；对于精馏操作，则釜压升高，对减压精馏操作不利。

然而从另一方面分析，对精馏过程，适当增厚板上液层，虽然增大了塔板压降，但气液传质时间增长，显然效率也会提高。因此，进行塔板设计时，应全面考虑各种影响塔板效率的因素，考虑工艺上的一些特殊要求和条件限制，原则上是在保证较高板效率的前提下，力求减小塔板压降，以降低能耗及改善塔的操作性能。

② 气体通过浮阀塔板的压降计算　气体通过一块塔板的压降计算通常采用加和性模型。习惯上常折合成塔内液体的液柱高度表示，一般用半经验公式计算：

$$h_p = h_c + h_l + h_\sigma \tag{3-18}$$

式中，h_p为与气体通过一层浮阀塔板的压降相当的液柱高度，m；h_c为与气体克服干板阻力所产生的压降相当的液柱高度，m；h_l为与气体克服板上液层的静压强所产生的压降相当的液柱高度，m；h_σ为与气体克服液体表面张力所产生的压降相当的液柱高度，m。

$\boldsymbol{h_c}$　气体通过浮阀塔板的干板阻力，是指塔板上没有液体层时，气体通过塔板的压力降。浮阀塔的干板压降在浮阀全开以前和全开以后两种情况要分别对待。板上所有浮阀刚好全部开启时，气体通过阀孔的速度称为临界孔速，以u_{oc}表示。对F1型重阀可用以下经验公式求取h_c值：

阀全开前（$u_o \leqslant u_{oc}$）
$$h_c = 19.9\frac{u_o^{0.175}}{\rho_L} \tag{3-19}$$

阀全开后（$u_o \geqslant u_{oc}$）
$$h_c = 5.34\frac{\rho_V u_o^2}{2\rho_L g} \tag{3-20}$$

式中，u_o为阀孔气速，$m \cdot s^{-1}$；ρ_L为液体密度，$kg \cdot m^{-3}$；ρ_V为气体密度，$kg \cdot m^{-3}$。

选用上两式需先比较阀孔气速与临界阀孔气速的大小。将上两式联解，所得气速即为临界孔速u_{oc}：

$$u_{oc} = \sqrt[1.825]{\frac{73.1}{\rho_V}} \tag{3-21}$$

再将u_{oc}与设计的阀孔气速比较，便可正确地选用公式。

求干板压降时，当气流中夹带有液滴，形成气、液两相流时，干板压降会有所增加。

h_l　气体通过板上的液层阻力等于板上液层静压，应注意到，操作时板上液层实际上是气、液混合层，而且存在液面落差，若忽略液面落差的影响，一般可用下面的经验公式计算h_l值：

$$h_l=\varepsilon_0 h_L \tag{3-22}$$

式中，h_L为板上液层高度，m；ε_0为反映板上液层充气程度的因数，称为充气因数，无量纲。液相为水时，$\varepsilon_0=0.5$；液相为油时，$\varepsilon_0=0.2\sim0.35$；液相为碳氢化合物时，$\varepsilon_0=0.4\sim0.5$。

h_σ　浮阀塔的h_σ值通常很小，可忽略不计。若需计算，可应用下式：

$$h_\sigma=\frac{2\sigma}{b\rho_L g} \tag{3-23}$$

式中，σ为液体的表面张力，$N\cdot m^{-1}$；b为浮阀的开度，m。

一般来说，浮阀塔的压降比筛板塔的大，比泡罩塔的小。据国内普查结果得知，常压和加压塔中每层浮阀塔板的压降为265～530Pa，减压塔为200Pa左右。

(2) 液泛

造成液泛的原因很多，有气、液流量和流体物性的因素，也有塔板结构的因素。塔板结构的影响，归根到底就是降液管必须能及时将液体引流至下一块塔板。

降液管有两个功能作用：第一，使液体能由上层塔板及时顺利地引流至下层塔板；第二，被液体夹带的气泡能在降液管中分离，而不被带入下块塔板。为此，降液管内必须维持一定高度的清液层。降液管内的清液层高度H_d用来克服相邻两层塔板间的压降、板上液层阻力和液体流过降液管的阻力。因此，H_d可用下式表示：

$$H_d=h_p+h_L+h_d \tag{3-24}$$

式中，h_p为与气体通过一层塔板的压降所相当的液柱高度，m；h_L为板上液层高度，m；h_d为与液体流过降液管的压降相当的液柱高度，m。

流体流过降液管的压降主要是由降液管底隙处的局部阻力造成的，h_d可按下面的经验公式计算。

塔板上不设进口堰　$$h_d=0.153\left(\frac{L_s}{l_w h_o}\right)^2=0.153(u'_o)^2 \tag{3-25}$$

塔板上设有进口堰　$$h_d=0.2\left(\frac{L_s}{l_w h_o}\right)^2=0.2(u'_o)^2 \tag{3-26}$$

式中，L_s为液体流量，$m^3\cdot s^{-1}$；l_w为堰长，即降液管底隙长度，m；h_o为降液管底隙高度，m；u'_o为液体通过降液管底隙时的流速，$m\cdot s^{-1}$。

应当指出，实际降液管中液体和泡沫的总高度大于降液管中当量清液层高度H_d的计算值。为了防止液泛，应保证降液管中泡沫液体总高度不能超过上层塔板的出口堰。为此：

$$H_d\leqslant\phi(H_T+h_w) \tag{3-27}$$

式中，ϕ为校正系数，对于一般物系，取0.3～0.4；对于不宜发泡的物系，取0.4～0.7。

(3) 雾沫夹带

因为过量的雾沫夹带造成液相在塔板间的返混，甚至液泛，导致塔效率严重下降。所以生产中规定，要控制雾沫夹带量$e_V\leqslant0.1$kg(液)·kg(气)$^{-1}$。

控制雾沫夹带量最主要的是控制空塔气速或调整塔板间距。对于浮阀塔板的雾沫夹带量的计算可以用间接方法，通常用操作时的空塔气速与发生液泛时的空塔气速的比值作为估算雾沫夹带量的指标。此比值称为泛点百分数，或称泛点率。

在下列泛点率数值范围内，一般可保证雾沫夹带量达到规定的指标，即 $e_V \leqslant 0.1$kg(液)·kg(气)$^{-1}$：大塔，泛点率<80%；直径 0.9m 以下的塔，泛点率<70%；减压塔，泛点率<75%。

泛点率可按下面的经验公式计算，取其中计算结果大者为验算的依据。若算得的泛点率超出规定范围，表明雾沫夹带量可能大于规定的指标，应对板间距、塔径等有关参数作调整，并重新验算。

$$\text{泛点率}=\frac{V_s\sqrt{\dfrac{\rho_V}{\rho_L-\rho_V}}+1.36L_sZ_L}{KC_FA_b}\times 100\% \tag{3-28}$$

或

$$\text{泛点率}=\frac{V_s\sqrt{\dfrac{\rho_V}{\rho_L-\rho_V}}}{0.78KC_FA_T}\times 100\% \tag{3-29}$$

上两式中，V_s、L_s分别为塔内气、液体积流量，m^3·s^{-1}；ρ_V、ρ_L分别为塔内气、液密度，kg·m^{-3}；Z_L为板上液体流径长度（对单溢流塔板，$Z_L=D-2W_d$，其中 D 为塔径，W_d为弓形降液管宽度），m；A_b为板上液流面积（对单溢流塔板，$A_b=A_T-2A_f$，其中 A_T为塔截面积，A_f为弓形降液管截面积），m^2；C_F为泛点负荷系数，可根据气相密度 ρ_V及板间距 H_T由图 3-18 中查得；K 为物性系数，其值见表 3-4。

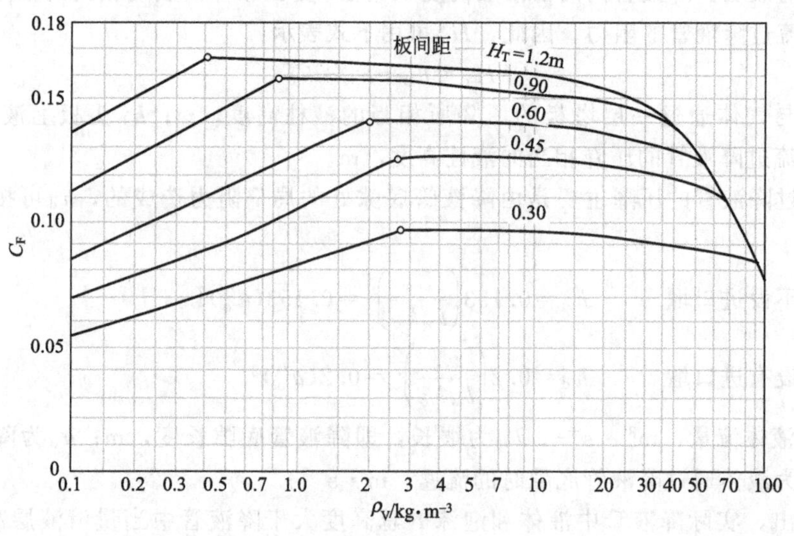

图 3-18 泛点负荷系数

表 3-4 物性系数 K

系统	物性系数 K	系统	物性系数 K
无泡沫，正常系统	1.0	多泡沫系统（如胺及乙二胺吸收塔）	0.73
氟化物（如 BF_3）	0.9	严重发泡系统（如甲乙酮装置）	0.60
中等发泡系统（如油吸收塔、胺及乙二醇再生塔）	0.85	形成稳定泡沫的系统（如碱再生塔）	0.30

(4) 漏液

在正常操作下，有溢流的塔板上的液体是通过降液管逐板流动的，只有少量液体可能从塔板的开孔中漏下。造成漏液的主要原因是气速太小和板面上存在液面落差。塔板漏液会降低塔板的效率，漏液点气速就成为塔板操作的气速下限。为保证塔的正常操作，漏液量应不大于液体流量的10%。漏液量达10%的气流速度为漏液速度，这是塔操作的下限气速。

经验表明，对于浮阀塔，当阀孔动能因数 $F_o=5\sim6\text{kg}^{\frac{1}{2}}\cdot\text{s}^{-1}\cdot\text{m}^{-\frac{1}{2}}$时，漏液量接近10%，故取 $F_o=5\sim6\text{kg}^{\frac{1}{2}}\cdot\text{s}^{-1}\cdot\text{m}^{-\frac{1}{2}}$作为控制漏液量的操作下限。对于采用轻阀的减压塔，由于同样开度的浮阀，轻阀所需的气速要低些，更易造成漏液，所以应适当提高 F_o的下限值。

(5) 液面落差

当液体横向流过板面时，在液流方向没有气体作助推作用的塔板上，液体在板上的流动要靠液面落差 Δh 来推动，以克服板面的摩擦阻力和板上部件（如泡罩、浮阀等）的局部阻力。液面落差一般要求控制在小于干板压降相当的液柱高度 h_d的一半，即 $\Delta h<h_d/2$。因为 Δh 值过大会造成板上鼓泡不均和漏液，使塔板效率严重降低。

液面落差与塔板结构有关。泡罩塔板结构复杂，液体在板面上流动阻力大，使液面落差大；浮阀塔板液面落差较小；筛板塔板面结构简单，没有凸起的气液接触元件，对液流的阻力小，所以液面落差最小，对于液体流道不长的筛板一般可以忽略。

液面落差除与塔板结构有关外，还与塔径和液体流量有关，当塔径或液体流量很大时，也会造成较大的液面落差。为减少液面落差，大直径的塔可采用双溢流、阶梯流等溢流形式。此外，还可考虑采用将塔板向液体出口侧倾斜的方法使液面落差减小。

(6) 塔板的负荷性能图

板式塔的负荷性能图是指塔板上的气体和液体能正常流通，进行接触传质，并且不会造成对塔板效率有明显下降的操作范围。塔板设计是在一定的气-液量下进行的，流体力学验算是核算在这一气-液量下所得到的塔板设计参数和操作参数的合理性。要了解所设计的塔板在操作中能适应怎样的气-液变动范围，可通过绘出负荷性能图直观地看到塔板的适应性，即塔板的操作弹性。

影响板式塔操作状况和分离效果的主要因素为物系性质、塔板结构及气-液负荷。当塔板结构和处理的物系已确定，其操作状况就只随气-液负荷而变。要维持塔板正常操作，必须将塔内的气-液负荷限制在一定范围内波动。

通常在直角坐标系中，以液相负荷 L_s为横坐标、气相负荷 V_s为纵坐标，标绘各种极限条件下的气-液关系曲线，从而得到塔板操作可适应的气、液流量变化范围图形，该图形称为塔板的负荷性能图。

每个塔一经设计之后，就具有一定的操作范围，也就是具有一定的负荷性能图。负荷性能图对检验塔的设计是否合理、了解塔的操作状况以及改进塔板操作性能具有直观的指导意义。

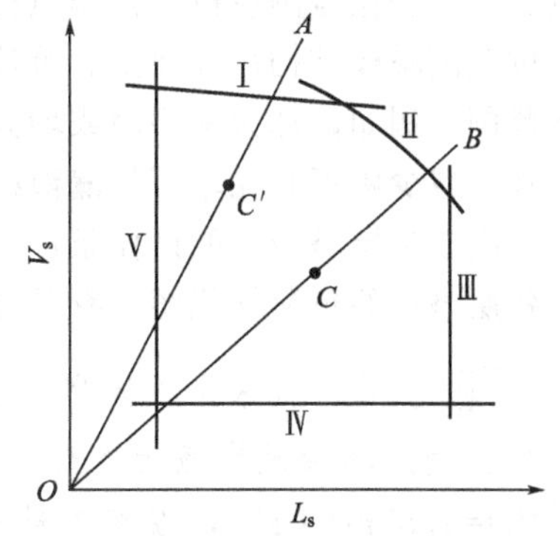

图3-19 塔板负荷性能图

负荷性能图如图3-19所示，图中各线条的意义具体如下。

① 雾沫夹带线（气相负荷上限线） 图中线Ⅰ为雾沫夹带线。通常以雾沫夹带量 $e_v=0.1\text{kg}(液)\cdot\text{kg}(气)^{-1}$作为夹带上限，由雾沫夹带量计算公式或图表，求得气相负荷的上限，作出该线。当气相负荷超过此线时，雾沫夹带量将过大，导致塔板效率严重下降，塔板

操作应控制在该线以下。

② 液泛线　图中线Ⅱ为液泛线。由降液管中的清液层高度的限制条件公式 $H_d \leqslant \phi(H_T + h_w)$ 求得液泛线。随着气体和液体负荷的增加，降液管内的泡沫层高度亦随之升高，当泡沫层高度超过板间距时，就会发生降液管液泛。为防液泛发生，塔板的适宜操作区应在此线以下。

③ 液相负荷上限线　图中线Ⅲ为液相负荷上限线，该线又称降液管超负荷线。该线可根据对液体在降液管停留时间的最短要求求得。液体流量超过此线，表明液体在降液管内的停留时间不足，使进入降液管中的气泡随液体被带入下层塔板，造成气相返混，降低塔板效率。

④ 漏液线（气相负荷下限线）　图中线Ⅳ为漏液线，该线根据阀孔或筛孔的动能因数下限作出。气相负荷低于此线表明孔速不足，漏液量大于液体流量的10%，视为严重的漏液现象。这时气、液不能充分接触，使板效率下降。

⑤ 液相负荷下限线　图中线Ⅴ为液相负荷下限线。由堰上液层高度公式在 $h_{ow}=6\text{mm}$ 时所求得的液体流量决定。液相负荷低于此线使塔板上液流不能均匀分布，导致板效率下降，这种情况就成为液体流量的下限。

诸线所包围的区域，便是塔板的适宜操作区。已知操作时的气相流量 V_s 与液相流量 L_s，可在负荷性能图上标出其坐标点，称为操作点。若 V_s/L_s 为定值，则每层塔板上的操作点是沿通过原点、斜率为 V_s/L_s 的直线而变化，该直线称为操作线。

操作线与负荷性能图上曲线的两个交点分别表示塔的上、下操作极限，两极限的气体流量之比称为塔板的操作弹性。操作弹性大，说明塔适应气-液负荷变动的能力大，操作性能好。交点所在的两条性能曲线成为控制负荷上、下限的因素。

改变操作的液-气比，有可能改变控制负荷上、下限的因素。如在 OA 线的液-气比下操作，上限为雾沫夹带控制，下限为液相负荷下限控制；在 OB 线的液-气比下操作，上限为液泛控制，下限为漏液控制。

操作点位于操作区内的适中位置，可望获得稳定、良好的操作效果，如果操作点紧靠某一条边界线，则当负荷稍有波动时，便会使塔的正常操作受到破坏。

对于给定的分离物系和生产量，设计的塔板必须要能正常操作。也就是说，给定的气-液负荷及变化范围应位于操作负荷性能图的中间区域。物系一定，负荷性能图中各条线的相对位置随塔板结构尺寸而变。可适当调整塔板结构参数，以改进负荷性能图，满足所需的弹性范围。例如，加大板间距或增大塔径可使液泛线上移，增加降液管截面积可使液相负荷线右移，减少塔板开孔率可使漏液线下移等。

由于各层塔板上的操作条件、物料组成和性质，甚至各层板上的气、液负荷均不同，使得各层塔板的负荷性能图也有差异，应以最不利的情况对塔板的设计计算进行验算。

【例 3-1】 拟采用浮阀塔分离苯-甲苯混合物，浮阀选用 F1 型（重阀），试根据以下条件，确定塔径及塔板上各部分的尺寸，并对塔板的流体力学进行验算。条件：气相流量 $V_s=1.85\text{m}^3\cdot\text{s}^{-1}$，液相流量 $L_s=0.0064\text{m}^3\cdot\text{s}^{-1}$，气相密度 $\rho_V=2.78\text{kg}\cdot\text{m}^{-3}$，液相密度 $\rho_L=875\text{kg}\cdot\text{m}^{-3}$，物系表面张力 $\sigma=20.3\text{mN}\cdot\text{m}^{-1}$。

解　(1) 塔板结构计算

① 塔径计算：
$$D=\sqrt{\frac{4V_s}{\pi u}}$$

上式中的空塔气速 u 受最大允许气速限制，由下式计算：

$$u=\text{安全系数}\times u_{\max}$$

$$u_{\max}=C\sqrt{\frac{\rho_L-\rho_V}{\rho_V}}$$

式中 C 可由史密斯关联图（图 3-9）查出，图中横坐标的数值为：

$$\frac{L_h}{V_h}\left(\frac{\rho_L}{\rho_V}\right)^{0.5}=\frac{L_s}{V_s}\left(\frac{\rho_L}{\rho_V}\right)^{0.5}=\frac{0.0064}{1.85}\times\left(\frac{875}{2.78}\right)^{0.5}=0.0614$$

取板间距 $H_T=0.45\text{m}$，并取板上液层高度 $h_L=0.07\text{m}$，则参变量 H_T-h_L 为：

$$H_T-h_L=0.45-0.07=0.38\text{m}$$

由所算得横坐标及参变量的数值，从图 3-9 查得 $C_{20}=0.08\text{m}\cdot\text{s}^{-1}$，因物系表面张力 $\sigma=20.3\text{mN}\cdot\text{m}^{-1}$，与 $\sigma_{20}=20\text{mN}\cdot\text{m}^{-1}$ 接近，无需校正，则：

$$u_{\max}=C\sqrt{\frac{\rho_L-\rho_V}{\rho_V}}=0.08\times\sqrt{\frac{875-2.78}{2.78}}=1.417\text{m}\cdot\text{s}^{-1}$$

取安全系数为 0.65，则空塔气速为：

$$u=\text{安全系数}\times u_{\max}=0.65\times1.417=0.921\text{m}\cdot\text{s}^{-1}$$

塔径 $$D=\sqrt{\frac{4V_s}{\pi u}}=\sqrt{\frac{4\times1.85}{3.14\times0.921}}=1.5996\text{m}$$

按标准塔径圆整为 $D=1.6\text{m}$，则：

塔截面积 $$A_T=\frac{\pi}{4}D^2=\frac{\pi}{4}\times(1.6)^2=2.01\text{m}^2$$

实际空塔气速 $$u=\frac{V_s}{A_T}=\frac{1.85}{2.01}=0.92\text{m}\cdot\text{s}^{-1}$$

② 溢流装置　选用单溢流弓形降液管，不设进口堰。

a. 堰长 l_w。取堰长 $l_w=0.65D$，即：

$$l_w=0.65D=0.65\times1.6=1.04\text{m}$$

b. 堰高 h_w。依式(3-6) 知：

$$h_w=h_L-h_{ow}$$

采用平直堰，堰上液层高度 h_{ow} 可依式(3-7) 计算，即：

$$h_{ow}=\frac{2.84}{1000}E\left(\frac{L_h}{l_w}\right)^{\frac{2}{3}}$$

近似取 $E=1$，则可由列线图 3-14 查出 h_{ow} 值。

因 $l_w=1.04\text{m}$，$L_h=0.0064\times3600=23.04\text{m}^3\cdot\text{h}^{-1}$，由该图查得 $h_{ow}=0.022\text{m}$，则：

$$h_w=h_L-h_{ow}=0.07-0.022=0.048\text{m}$$

c. 弓形降液管宽度 W_d 和面积 A_f 用图 3-15 求取，$\frac{l_w}{D}=0.65$。由该图查得：

$$\frac{A_f}{A_T}=0.072\quad,\quad\frac{W_d}{D}=0.125$$

所以 $$A_f=\frac{A_f}{A_T}A_T=0.072\times2.01=0.145\text{m}^2$$

$$W_d=\frac{W_d}{D}D=0.125\times1.6=0.2\text{m}$$

验算液体在降液管中停留时间，依式(3-9) 得：

$$t=\frac{3600A_fH_T}{L_h}=\frac{A_fH_T}{L_s}=\frac{0.145\times0.45}{0.0064}=10.2\text{s}$$

停留时间 $t>5$s，故降液管尺寸可用。

d. 降液管底隙高度 h_o。由式(3-11) 得：

$$h_o=h_w-0.006=0.048-0.006=0.042\text{m}$$

由式(3-10) 算得 $u'_o=0.147\text{m}\cdot\text{s}^{-1}$，在经验值（$u'_o=0.07\sim0.25\text{m}\cdot\text{s}^{-1}$）范围内。

③ 塔板布置及浮阀数目与排列　取阀孔动能因数 $F_o=11.5\text{kg}^{\frac{1}{2}}\cdot\text{s}^{-1}\cdot\text{m}^{-\frac{1}{2}}$，用式(3-13a) 求孔速 u_o，即：

$$u'_o=\frac{F_o}{\sqrt{\rho_V}}=\frac{11.5}{\sqrt{2.78}}=6.9\text{m}\cdot\text{s}^{-1}$$

依式(3-14) 求每层塔板上的浮阀数，即：

$$N=\frac{4V_s}{\pi d_o^2u_o}=\frac{4\times1.85}{3.14\times0.039^2\times6.9}=225$$

边缘区宽度 $W_c=0.06$m，破沫区宽度 $W_s=0.10$m，依式(3-17) 计算塔板上的鼓泡区面积，即：

$$A_a=2\left(x\sqrt{R^2-x^2}+\frac{\pi}{180^\circ}R^2\arcsin\frac{x}{R}\right)$$

对大塔，取 $W_s=0.1$m，$W_c=0.06$m

$$x=\frac{D}{2}-(W_d+W_s)=\frac{1.6}{2}-(0.2+0.1)=0.5\text{m}$$

$$R=\frac{D}{2}-W_c=\frac{1.6}{2}-0.06=0.74\text{m}$$

$$A_a=2\times\left(0.5\times\sqrt{0.74^2-0.5^2}+\frac{\pi}{180^\circ}\times0.74^2\times\arcsin\frac{0.5}{0.74}\right)=1.36\text{m}^2$$

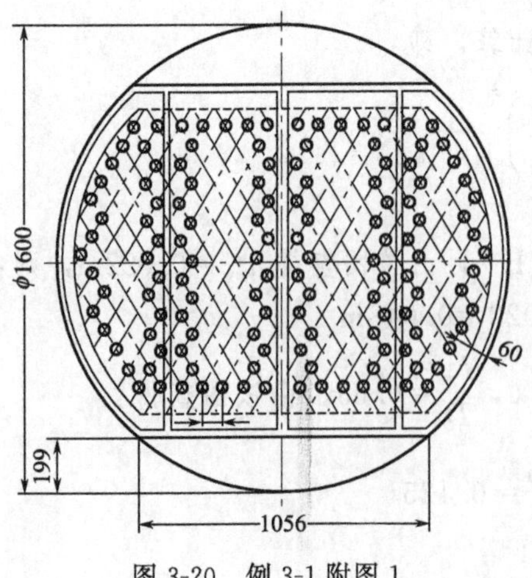

图 3-20　例 3-1 附图 1
（图中细实线为塔板分块线）

浮阀排列方式采用等腰三角形叉排。取同一横排的孔心距 $s=75\text{mm}=0.075$m，则可按式(3-16) 估算排间距 s'，即：

$$s'=\frac{A_a}{Ns}=\frac{1.36}{225\times0.075}=0.08\text{m}=80\text{mm}$$

考虑到塔的直径较大，必须采用分块式塔板，而各分块板的支承与衔接也要占去一部分鼓泡区面积，因此排间距应小于 80mm，取 $s'=65\text{mm}=0.065$m。

按 $s=75$mm，$s'=65$mm 以等腰三角形叉排方式作图（见图 3-20），排得阀数 228 个。

按 $N=228$ 重新核算孔速及阀孔动能因数：

$$u_o=\frac{4V_s}{\pi d_o^2 N}=\frac{4\times1.85}{3.14\times0.039^2\times228}=6.79\text{m}\cdot\text{s}^{-1}$$

$$F_o=u_o\sqrt{\rho_V}=6.79\times\sqrt{2.78}=11.32\text{kg}^{\frac{1}{2}}\cdot\text{s}^{-1}\cdot\text{m}^{-\frac{1}{2}}$$

阀孔动能因数变化不大，仍在 $9\sim12\text{kg}^{\frac{1}{2}}\cdot\text{s}^{-1}\cdot\text{m}^{-\frac{1}{2}}$ 范围内。

$$\text{塔板开孔率}=\frac{u}{u_o}=\frac{0.921}{6.79}\times100\%=13.6\%$$

(2) 塔板流体力学验算

① 气相通过浮阀塔板的压降　可根据式(3-18) 计算塔板压降，即：

$$h_p=h_c+h_l+h_\sigma$$

a. 干板阻力。由式(3-21) 计算，即：

$$u_{oc}=\sqrt[1.825]{\frac{73.1}{\rho_V}}=\sqrt[1.825]{\frac{73.1}{2.78}}=6.0\text{m}\cdot\text{s}^{-1}$$

因 $u_o>u_{oc}$，故按式(3-20) 计算干板阻力，即：

$$h_c=5.34\frac{\rho_V u_o^2}{2\rho_L g}=5.34\times\frac{2.78\times6.79^2}{2\times875\times9.81}=0.04\text{m}$$

b. 板上充气液层阻力。因苯和甲苯的混合液为碳氢化合物，可取充气系数 $\varepsilon_0=0.5$。依式(3-22) 知：

$$h_l=\varepsilon_0 h_L=0.5\times0.07=0.035\text{m}$$

c. 液体表面张力所造成的阻力。此阻力很小，忽略不计。

因此，与气体流经一层浮阀塔板的压降所相当的液柱高度为：

$$h_p=h_c+h_l=0.04+0.035=0.075\text{m}$$

(单板压降 $\Delta p_p=h_p\rho g=0.075\times875\times9.81=644\text{Pa}$)

② 淹塔　为了防止淹塔现象的发生，要求控制降液管中清液层高度，$H_d\leqslant\phi(H_T+h_w)$，由式(3-24) 计算 H_d，即：

$$H_d=h_p+h_L+h_d$$

前已算出 $h_p=0.075\text{m}$ 液柱，也已选定板上液层高度 $h_L=0.070\text{m}$，因不设进口堰，故按式(3-25) 计算液体通过降液管的压头损失 h_d，即：

$$h_d=0.153\left(\frac{L_s}{l_w h_o}\right)^2=0.153\times\left(\frac{0.0064}{1.04\times0.042}\right)^2=0.0033\text{m}$$

则 $$H_d=0.075+0.07+0.0033=0.148\text{m}$$

前已选定 $H_T=0.45\text{m}$ 及求得 $h_w=0.048\text{m}$，取 $\phi=0.5$

则 $$\phi(H_T+h_w)=0.5\times(0.45+0.048)=0.249\text{m}$$

可见 $H_d<\phi(H_T+h_w)$，符合防止淹塔的要求。

③ 雾沫夹带　按式(3-28) 及式(3-29) 计算泛点率，即：

$$\text{泛点率}=\frac{V_s\sqrt{\dfrac{\rho_V}{\rho_L-\rho_V}}+1.36L_s Z_L}{KC_F A_b}\times100\%$$

或 $$\text{泛点率}=\frac{V_s\sqrt{\dfrac{\rho_V}{\rho_L-\rho_V}}}{0.78KC_F A_T}\times100\%$$

式中，$Z_L=D-2W_d=1.6-2\times0.2=1.2\text{m}$，$A_b=A_T-2A_f=2.01-2\times0.145=1.72\text{m}^2$。

苯和甲苯为正常系统，可按表 3-4 取物性系数 $K=1.0$，又由图 3-18 查得泛点负荷系数 $C_F=0.126$，将以上数值代入式(3-28)，得：

$$\text{泛点率}=\frac{1.85\times\sqrt{\dfrac{2.78}{875-2.78}}+1.36\times0.0064\times1.2}{1\times0.126\times1.72}\times100\%=53.01\%$$

又按式(3-29) 计算泛点率，得：

$$\text{泛点率}=\frac{1.85\times\sqrt{\dfrac{2.78}{875-2.78}}}{0.78\times0.126\times2.01}\times100\%=52.87\%$$

对于大塔，为避免过量雾沫夹带，应控制泛点率不超过 80%。根据式(3-28) 及式(3-29)计算出的泛点率都在 80%以下，故可知雾沫夹带量能够满足 $e_V<0.1\text{kg}$(液)·kg(气)$^{-1}$的要求。

(3) 塔板负荷性能图

① 雾沫夹带线　依式(3-28) 作出，即：

$$\text{泛点率}=\frac{V_s\sqrt{\dfrac{\rho_V}{\rho_L-\rho_V}}+1.36L_sZ_L}{KC_FA_b}\times100\%$$

按泛点率 80%计算，将各已知数 ρ_V、ρ_L、A_b、K、C_F及 Z_L代入上式，便得出 V_s-L_s的关系式，据此可作出负荷性能图中的雾沫夹带线。如下：

$$\frac{V_s\sqrt{\dfrac{2.78}{875-2.78}}+1.36L_s\times1.2}{1\times0.126\times1.72}\times100\%=0.80$$

整理得

$$0.0565V_s+1.632L_s=0.1734$$

或

$$V_s=3.07-28.9L_s \tag{a}$$

由式(a) 知雾沫夹带线为直线，则在操作范围内任取两个 L_s值，依式(a) 算出相应的两个 V_s值，在坐标上便可作出雾沫夹带线如图中Ⅰ线。

② 液泛线　联立式(3-18)、式(3-24) 及式(3-27)，得：

$$\phi(H_T+h_w)=h_p+h_L+h_d=h_c+h_l+h_\sigma+h_L+h_d \tag{b}$$

由上式确定液泛线。忽略式中 h_σ：

$$h_c=5.34\frac{\rho_Vu_0^2}{2\rho_Lg}=5.34\frac{\rho_V}{2\rho_Lg}\times\left(\frac{4V_s}{\pi d_o^2N}\right)^2=5.34\times\frac{2.78}{2\times875\times9.81}\times\left(\frac{4}{3.14\times0.039^2\times228}\right)^2V_s^2$$

解得：

$$h_c=0.01167V_s^2 \tag{c}$$

因为 $h_l=\varepsilon_0h_L$，$h_L=h_w+h_{ow}$，$h_{ow}=\dfrac{2.84}{1000}E\left(\dfrac{3600L_s}{l_w}\right)^{\frac{2}{3}}$，所以

$$h_l+h_L=(\varepsilon_0+1)h_L=(\varepsilon_0+1)(h_w+h_{ow})=(\varepsilon_0+1)\left[h_w+\frac{2.84}{1000}E\left(\frac{3600L_s}{l_w}\right)^{\frac{2}{3}}\right]$$

取 $E=1$，代入 ε_0、h_w、l_w等已知值得：

$$h_l+h_L=(0.5+1)\times\left[0.048+\frac{2.84}{1000}\times1\times\left(\frac{3600L_s}{1.04}\right)^{\frac{2}{3}}\right]=0.072+0.9748(L_s)^{\frac{2}{3}} \tag{d}$$

$$h_d=0.153\left(\frac{L_s}{l_w h_o}\right)^2=0.153\left(\frac{L_s}{1.04\times0.042}\right)^2=80.19(L_s)^2 \tag{e}$$

将式(c)～式(e) 代入式(b)，并取 $\phi=0.4$ 得：

$$0.4\times(0.45+0.048)=0.01167(V_s)^2+0.072+0.9748(L_s)^{\frac{2}{3}}+80.19(L_s)^2$$

即
$$0.1992=0.01167(V_s)^2+0.072+0.9748(L_s)^{\frac{2}{3}}+80.19(L_s)^2$$

整理得：
$$(V_s)^2=10.9-6871(L_s)^2-83.53(L_s)^{\frac{2}{3}} \tag{f}$$

在操作范围内任取若干个 L_s 值，依式(f) 算出相应的 V_s 值列于表 3-5 中。

表 3-5 例 3-1 附表 1

$L_s/m^3\cdot s^{-1}$	0.001	0.005	0.01	0.015
$V_s/m^3\cdot s^{-1}$	3.17	2.88	2.52	2.07

③ 液相负荷上限线 液体的最大流量应保证在降液管中停留时间不低于 3～5s。依式(3-9)知，液体在降液管内停留时间应满足下式：

$$t=\frac{3600A_f H_T}{L_h}\geqslant 3\sim5s$$

以 $t=5s$ 作为液体在降液管中停留时间的下限，求出的液体流量 L_s 值（常数）即为液相负荷上限线，该线与气体流量 V_s 无关，则

$$L_{s,max}=\frac{A_f H_T}{t}=\frac{0.145\times0.45}{5}=0.013m^3\cdot s^{-1} \tag{g}$$

④ 漏液线 对于 F1 型重阀，取 $F_o=5kg^{\frac{1}{2}}\cdot s^{-1}\cdot m^{-\frac{1}{2}}$ 作为规定气体最小负荷的标准，求出气相负荷 V_s 的下限值，即：

$$V_s=\frac{\pi}{4}d_o^2u_oN=\frac{\pi}{4}d_o^2N\frac{F_o}{\sqrt{\rho_V}}=\frac{3.14}{4}\times0.039^2\times228\times\frac{5}{\sqrt{2.78}}=0.817m^3\cdot s^{-1} \tag{h}$$

据此可作出与液体流量无关的水平漏液线。

⑤ 液相负荷下限线 对平直堰，依式(3-7)：

$$h_{ow}=\frac{2.84}{1000}E\left(\frac{L_h}{l_w}\right)^{\frac{2}{3}}=\frac{2.84}{1000}E\left(\frac{3600L_s}{l_w}\right)^{\frac{2}{3}}$$

取堰上液层高度 $h_{ow}=0.006m$ 作为液相负荷下限条件，又取 $E=1$，计算出 L_s 的下限值：

$$0.006=\frac{2.84}{1000}\times1\times\left(\frac{3600L_s}{1.04}\right)^{\frac{2}{3}}=0.65(L_s)^{\frac{2}{3}}$$

解得：
$$L_{s,min}=0.00089m^3\cdot s^{-1} \tag{i}$$

据此可作出液相负荷下限线，该线为与气相流量无关的竖直线。

根据表 3-5 及式(a)、式(g)、式(h)、式(i) 可分别作出塔板负荷性能图上的Ⅰ、Ⅱ、Ⅲ、Ⅳ及Ⅴ共五条线（见图 3-21）。

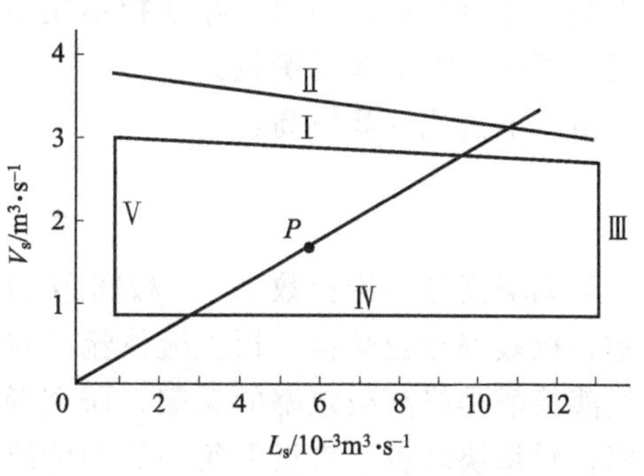

图 3-21 例 3-1 附图 2

由塔板负荷性能图可以看出：

① 任务规定的气、液负荷下的操作点 P（设计点），处在适宜操作区内的适中位置；

② 塔板的气相负荷上限由雾沫夹带控制，操作下限由漏液控制；

③ 按照本题给定的液-气比，由图 3-21 查出塔板的气相负荷上限 $V_{s,max}=2.8m^3\cdot s^{-1}$，气相负荷下限 $V_{s,min}=0.817m^3\cdot s^{-1}$，所以：

$$操作弹性=\frac{2.8}{0.817}=3.43$$

将计算结果汇总列于表 3-6 中。

表 3-6 例 3-1 附表 2（浮阀塔板工艺设计计算结果）

项目	数值及说明	备注
塔径 D/m	1.60	
板间距 H_T/m	0.45	
空塔气速 $u/m\cdot s^{-1}$	0.921	
塔板形式	分块式塔板	单溢流弓形降液管
堰长 l_w/m	1.04	
堰高 h_w/m	0.048	
板上液层高度 h_L/m	0.07	
降液管底隙高度 h_o/m	0.042	
浮阀数 N/个	228	等腰三角形叉排
阀孔气速 $u_o/m\cdot s^{-1}$	6.79	
阀孔动能因数 $F_o/kg^{\frac{1}{2}}\cdot s^{-1}\cdot m^{-\frac{1}{2}}$	11.32	
临界阀孔气速 $u_{oc}/m\cdot s^{-1}$	6.0	
同一横排上的孔心距 s/m	0.075	
相邻二横排的排间距 s'/m	0.065	
单板压降 Δp_p/Pa	644	
液体在降液管内停留时间 t/s	10.2	
降液管内清液层高度 H_d/m	0.148	
泛点率/%	53.01	
气相负荷上限 $V_{s,max}/m^3\cdot s^{-1}$	2.8	雾沫夹带控制
气相负荷下限 $V_{s,min}/m^3\cdot s^{-1}$	0.817	漏液控制
操作弹性	3.43	

3.1.5 板式塔的塔板效率

在实际操作中，由于各种原因，气、液两相在板上接触传质后离开塔板时，并不能达到相平衡。也就是说，一块实际塔板不能达到一块理论塔板的分离效果。这种偏离理论塔板的程度，可用塔板效率来衡量。

由以下公式计算塔高：

$$Z=\left(\frac{N_T}{E_T}-1\right)H_T$$

可见塔高与理论板数 N_T、板间距 H_T 以及塔板效率 E_T 有关。确定塔高必须求取塔板效率，板效率与板结构、板上流体流动状况和物料物性等有关。合理的塔板结构设计、良好的气液接触是提高板效率的关键。研究者对塔内传质效率的研究是多方面的，除了研究全塔效率，对每块塔板、塔板上每一处的传质也作研究。下面介绍传质效率的几种表示法、效率的影响因素及其传质效率的估算。

3.1.5.1　塔板效率的表示法

塔板效率反映了实际塔板上气、液两相间传质的完善程度。板式塔的效率表示法有总板效率、单板效率及点效率等。

(1) 总板效率 E_T

总板效率又称全塔效率，是实际生产中塔板效率的重要衡量指标，指达到指定分离效果所需理论板层数与实际板层数的比值：

$$E_T=\frac{N_T}{N_P} \tag{3-30}$$

式中，N_T为塔内所需理论板的层数；N_P为塔内实际板的层数。

因流体物性和流体流动状况的不同，塔内各层塔板有着不同的传质效率，总板效率反映的是各层塔板的综合传质效果。

(2) 单板效率 E_M

单板效率又称为默弗里（Murphree）板效率，是指气相或液相在一层塔板上的实际增浓与理论增浓的比值，广泛应用于研究比较各种塔板的传质效果，见图 3-22。

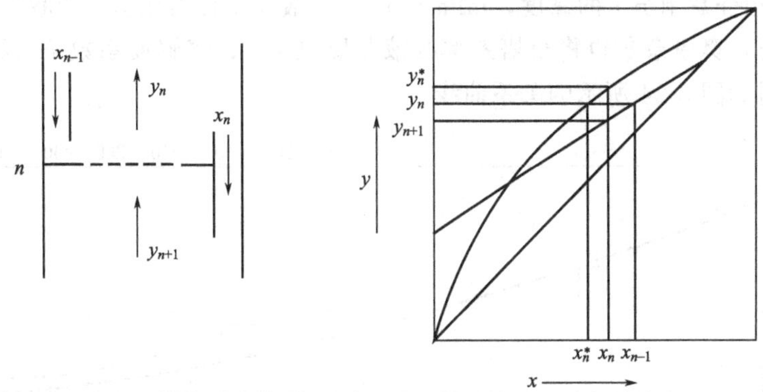

图 3-22　单板效率定义图

单板效率的计算已在第 1 章介绍，这里不再重复。

3.1.5.2　塔板效率的估算

影响塔板效率的因素概括起来有以下三个方面：

① 物系性质，指黏度、密度、表面张力、扩散系数及相对挥发度等。

② 塔板结构，包括塔径、板间距、堰高及开孔率等。

③ 操作条件，指操作温度、操作压强、气体上升速度及气、液流量比等。

影响塔板效率的因素很多，这些因素彼此之间既相互联系又相互影响，难以确定各种因素之间的定量关系。因此，板效率的计算至今尚无可靠、通用的计算方法。设计中所用的板效率数据，一般是从条件相近的生产装置或中试装置中取得经验数据或实验数据。此外，有一些估算板效率的经验关联式可在特定的条件下使用或作为设计参考。

奥康奈尔（O'connell）方法目前被认为是较好的简易方法。其简化之处在于，依据工业塔的测试数据和小型实验塔的试验数据，将总板效率仅与少数主要影响因素进行关联。例如，对于精馏塔，奥康奈尔将总板效率对液相黏度与相对挥发度的乘积进行关联，得到如图 3-23所示曲线，该曲线也可用下式表达，即：

$$E_T=0.49(\alpha\mu_L)^{-0.245} \tag{3-31}$$

图 3-23 及式(3-31) 中，α 为塔顶与塔底平均温度下的相对挥发度，对多组分系统，应

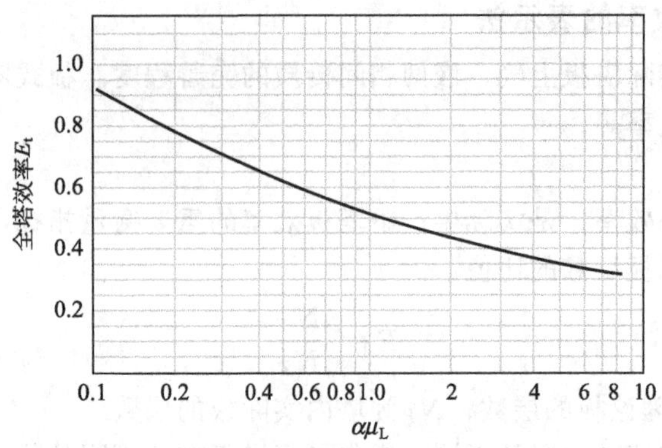

图 3-23 精馏塔效率关联曲线

取关键组分间的相对挥发度；μ_L为塔顶与塔底平均温度下的液相黏度，mPa·s，对于多组分系统可按下式计算：

$$\mu_L = \sum x_i \mu_{L_i} \tag{3-32}$$

式中，μ_{L_i}为液相任意组分i的黏度，mPa·s；x_i为液相中任意组分i的摩尔分数。

对于吸收塔，奥康奈尔也将全塔效率与液相黏度μ_{L_i}、溶解度系数H及总压p之间进行了关联，得到如图 3-24 所示的关系曲线。

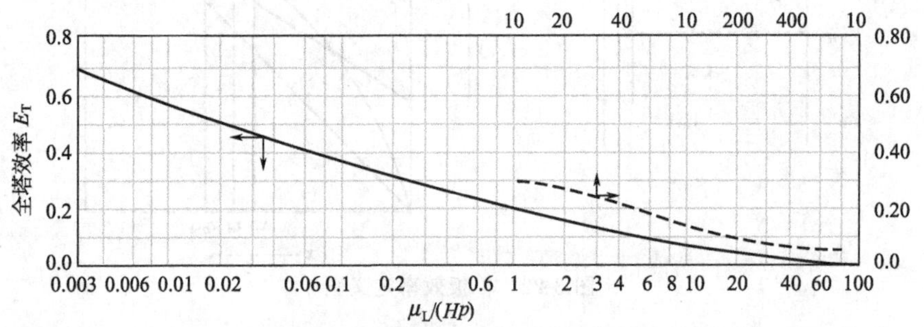

图 3-24 吸收塔效率关联曲线

μ_L—按塔顶和塔底平均组成及平均温度计算的液相黏度，mPa·s；H—塔顶及塔底平均组成及平均温度下溶质溶解度系数，$kmol \cdot m^{-3} \cdot kPa^{-1}$；$p$—操作压强，kPa

应当指出，图 3-23 和图 3-24 主要是根据老式的工业塔及试验塔数据作关联的。因此，对于新型高效的板式塔，总板效率会适当提高。

3.2 填料塔

3.2.1 概述

填料塔为连续接触式的气、液传质设备。它的结构比板式塔简单，如图 3-25 所示。在直立式圆筒形的塔体下部，内置一层支承板，支承板上乱堆或整齐放置一定高度的填料。液体由塔体上部的入口管进入，经分布器喷淋至填料上，从上而下沿填料的空隙中流过，并润湿填料表面，形成流动的液膜。气体在支承板下方入口管进入塔内，在压强差的推动下，自下而上通过填料间的空隙，填料层内气、液两相呈逆流流动，传质通常是在填料表面的液体与气相间的界面上进行，两相的组成沿塔高连续变化。传质后，液体由塔底部的排出管流出，气体由塔顶部排出。液体在填料层中有倾向于塔壁的流动，故填料层较高时，常将其分段，段与段之间设置液体再分布器，使流到壁面的液体集于液体再分布器作重新分布。

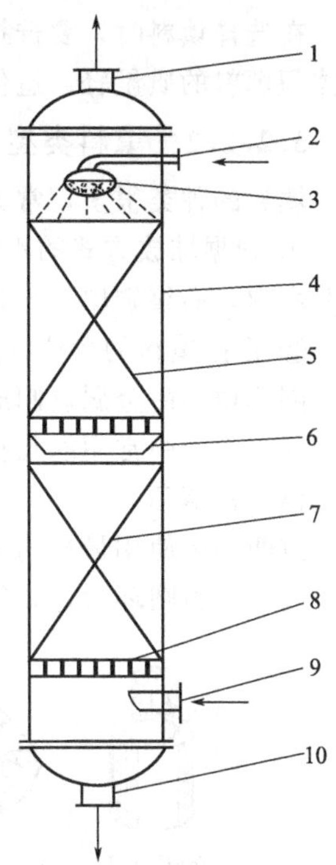

图 3-25　填料塔结构简图
1—气体出口；2—液体入口；3—液体分布装置；4—塔壳；5,7—填料；6—液体再分布器；8—支承栅板；9—气体入口；10—液体出口

填料塔不仅结构简单，而且阻力小，便于用耐腐蚀材料制造。对于直径较小的塔，处理有腐蚀性的物料或要求压降较小的真空蒸馏系统，填料塔都具有明显的优势。

过去，填料塔一般常见于中小型装置和实验室装置。近年来，国内外对新型填料的研究开发和对塔内分布器的改进发展迅速，新型高效填料的不断出现，使填料塔的应用范围迅速扩大，直径达几米甚至 10m 以上的大型填料塔在工业上已得到应用。

3.2.2　填料的特性参数与种类

3.2.2.1　填料的特性参数

填料塔内气、液两相间的传质过程在填料表面上进行，填料起分散液体、增加气液接触面积的作用，填料间的空隙为气体的流道。各种填料的结构与堆放状态反映了各自的特性，这些填料特性直接影响塔的生产能力和传质速率。

填料的特性参数主要有以下几项。

① 比表面积 σ　单位体积填料层所具有的填料表面积称为比表面积，$m^2 \cdot m^{-3}$。

② 空隙率 ε　单位体积填料层所具有的空隙体积，称为空隙率，$m^3 \cdot m^{-3}$。

③ 填料因子 ϕ　将 σ 与 ε 组合成 σ/ε^3 的形式称为干填料因子，m^{-1}。当填料被喷洒的液体润湿后，填料表面覆盖了一层液膜，σ 与 ε 均发生相应的变化，此时 σ/ε^3 称为湿填料因子。干填料因子表示填料的流体力学性能，而湿填料因子 ϕ 则代表实际操作时填料的流体力学特性。设计计算时，应采用实际操作条件下实测的湿填料因子。

④ 堆积密度 ρ_p　单位体积填料的质量称为堆积密度，$kg \cdot m^{-3}$。

⑤ 单位堆积体积内的填料数目 n　对同一种填料，单位堆积体积内的填料数目取决于填料的尺寸与堆放方式。尺寸小则数目多。

以上几项填料特性参数的意义如下。

比表面积 σ 越大，所能提供的气、液传质面积越大，对传质越有利。同一种类的填料，体积尺寸越小，则比表面积越大。空隙率 ε 大，表明气体流动阻力小，气、液通过能力大。

填料因子 ϕ 值小，表明流动阻力小，液泛速度可以提高。

堆积密度 ρ_p 小，表明空隙率大。在机械强度允许的条件下，填料壁应尽量薄，以减小堆积密度，既可提高空隙率，又可降低材料成本。

单位堆积体积内的填料数目 n 大，表明比表面积大而空隙率小，应选择适宜的填料尺寸。

在选择填料时，要选择比表面积大、空隙率大、填料润湿性能好的填料，此外，要求单位体积填料的质量轻，造价低，机械强度好，有良好的化学稳定性。

3.2.2.2 填料类型

填料的种类很多，常见的分类有两种。

① 根据堆放方式的不同，分为乱堆填料和整砌填料。乱堆填料就是将填料无规则地堆放在塔内，而整砌填料则是将填料规整地砌堆于塔内。

② 根据填料的形体特点，分为实体填料和网体填料。实体填料由陶瓷、金属或塑料制成，网体填料由金属丝制成。

现将工业中常用的几种填料介绍如下。

(1) 拉西环

拉西环是使用最早的一种填料，如图 3-26(a) 所示。通常用陶瓷、金属、塑料及石墨等材质制成，为圆环状，其外径与高度的尺寸相等，常用尺寸为 25～75mm。

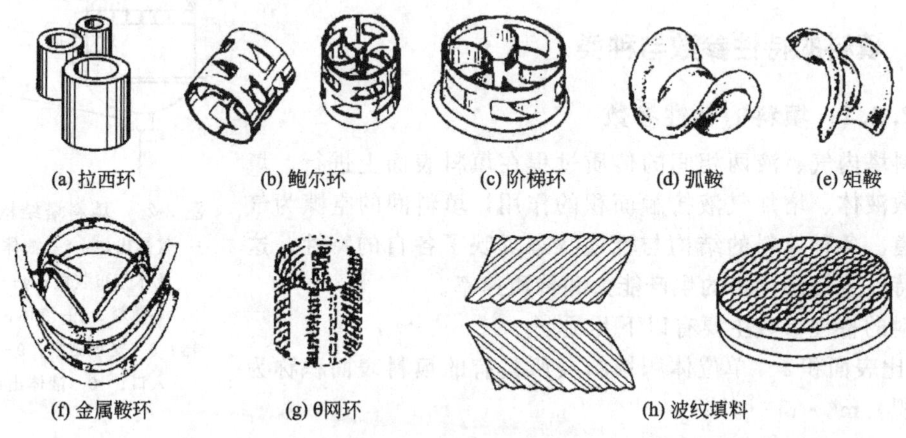

图 3-26 几种填料的形状

为提高空隙率和降低堆积密度，在保证机械强度的前提条件下，应尽量减薄壁厚。一般直径在 75mm 以下的拉西环采用乱堆方式，使装卸方便，但气体阻力较大；直径大于 100mm 的拉西环大多采用整砌方式，以降低流动阻力。

拉西环结构简单，制造容易，造价低，广泛应用于各种工业塔中。但因为拉西环是圆柱形的，堆积时填料之间容易形成线接触，致使填料层内存在严重的沟流及壁流现象，传质效率显著下降。塔径越大或填料层越高，则沟流及壁流现象越严重。此外，拉西环填料层的滞留液量大，气体流动阻力较高，通量较低。

(2) 鲍尔环

鲍尔环由德国 BASF 公司在 19 世纪 40 年代开发而成，其构造是在拉西环的侧壁上切出一排或两排长方形的窗孔，被切长方片并不与壁面完全断开，其一边与壁面相连，长方片则向环内弯曲，同一排向环内弯曲的长方片在环中心相搭，如图 3-26(b) 所示。尽管鲍尔环填料的空隙率和比表面积与拉西环差不多，但环壁上的开孔使环内空间及环内表面的利用率大大提高，气体流动阻力降低，液体分布也较均匀。与拉西环相比，鲍尔环的气体通量大，流动阻力小。在相同的压降下，鲍尔环的气体通量较拉西环增大 50%以上；在相同气速下，鲍尔环填料的压降仅为拉西环的一半。又由于鲍尔环上的两排窗孔交错排列，气体流动通畅，避免了液体严重的沟流及壁流现象。因此，传质效率比拉西环的高，是一种性能优良的填料，但价格较高。鲍尔环可用陶瓷、金属、塑料等制造，其中金属和塑料制的鲍尔环为工业上广泛采用。

(3) 阶梯环

阶梯环是在鲍尔环基础上加以改进而发展起来的一种新型填料，如图 3-26(c)所示，由美国传质公司在 20 世纪 70 年代所开发。阶梯环与鲍尔环相似之处是环壁上也开有窗孔，但阶梯环的高度为直径的一半，环的一端制成喇叭口，其高度约为总高的 1/5。由于阶梯环的环高小，使得气体流过填料外壁的平均路径缩短，减小了气体通过填料层的阻力。阶梯环一端的喇叭口形状，不仅增加了填料的机械强度，而且大大减少了堆积时填料之间的线接触，使填料个体之间多呈点接触，增大了填料间的空隙，接触点成为液体沿填料表面流动的汇聚分散点，可使液膜不断更新，有利于填料传质效率的提高。与鲍尔环相比，传质效率可提高 10%～20%，压降则减少 30%。阶梯环填料具有气体通量大、流动阻力小、传质效率高等优点，为目前使用的环形填料中性能最为良好的一种。

(4) 鞍形填料

鞍形填料是敞开型填料，包括弧鞍和矩鞍，其形状如图 3-26(d)、(e) 所示。敞开形填料的特点是表面全部敞开，不分内外，液体在表面两侧均匀流动，表面利用率很高，气体流动阻力小，制造也方便。

弧鞍形填料也称伯尔鞍（Berl saddle)，是一种表面全部呈展开状没有内表面的填料，用陶瓷烧成，其形如马鞍。弧鞍形填料的表面利用率高，气流通过填料层时的压降也小。但由于其两面是对称的结构，相邻填料容易形成局部重叠或架空现象，且壁较薄，强度较差，容易破碎，影响传质效率。

矩鞍形填料也称英特洛克斯鞍（Intalox saddle)，是弧鞍形填料的一种改进形式。其结构不对称，填料两面大小不等，堆积时不会相互叠合，填充密度均匀，液体分布较均匀，传质效率较高。填料床层具有较大的空隙率，不宜堵塞，且流体通道多为圆弧形，使气体流动阻力减小。矩鞍填料的性能优于拉西环而稍逊色于鲍尔环，但构造比鲍尔环简单，是性能较好的一种实体填料。

(5) 金属鞍环

金属鞍环填料如图 3-26(f) 所示，它兼有环形填料通量大和鞍形填料的液体再分布性能好的优点，是 20 世纪 70 年代研制开发的一种新型填料。这种填料的结构特点是空隙率大、可利用的表面积大，既有利于气体和液体通过，改进了液体分布，又能够有效利用全部表面，较相同尺寸的鲍尔环填料阻力减小，传质效率提高。此外，由于鞍环结构的特点，采用极薄的金属板轧制，仍能保持较好的机械强度。金属鞍环填料的性能优于目前常用的鲍尔环和矩鞍填料，为目前乱堆填料中性能最好的填料之一。

(6) 波纹填料

波纹填料是一种整砌结构的新型高效填料。由许多片波纹薄板组成的圆饼状填料，如图 3-26(h) 所示。波纹与塔轴的倾角成 45°，相邻两板反向靠叠，使波纹倾斜方向互相垂直。叠放于塔内的上下两饼填料，其波纹板片排列方向互成 90°角。

由于结构紧凑，具有很大的比表面积，且因相邻两饼间板片相互垂直，使上升气体不断改变方向，下降的液体也不断重新分布，故传质效率高。填料的规整排列使流动阻力减小，从而空塔气速可以提高。波纹填料的缺点是不适于处理黏度大、易聚合或有沉淀物的物料。此外，填料造价高，装卸、清理也较困难。

(7) 共轭环

共轭环是华南理工大学开发的一种新型填料，是一种高效散堆填料，其结构如图 3-27 所示。共轭环的特点是：①在塔内堆放时不会发生沿轴向重叠套合的现象；②其内肋结构呈共轭形状，在塔内堆放时很均匀，故使液体在填料表面上的分布均匀；③相邻填料的内肋与表面接触的点数多，可以加速液体的聚散和表面更新。

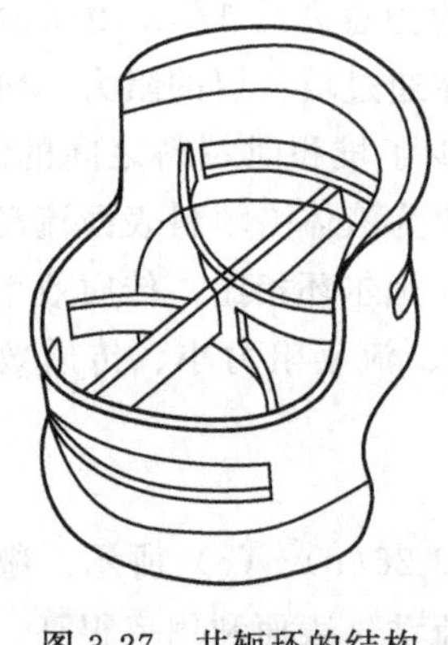

图 3-27　共轭环的结构

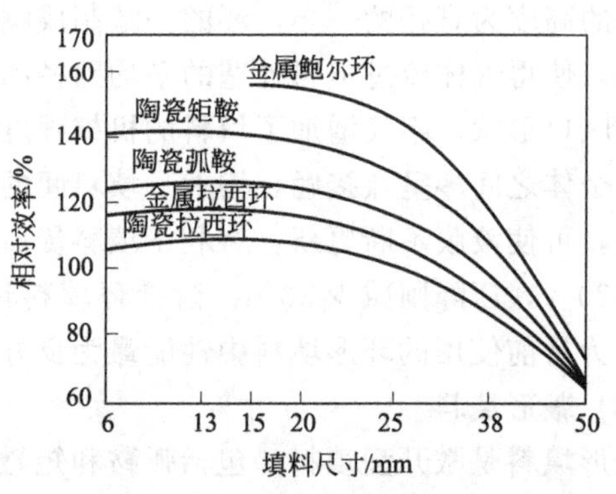

图 3-28　几种填料乱堆时的相对效率

以上特点使共轭环对流体的阻力小，而提供气、液相接触的表面大，从而改善了填料的流体力学和传质性能。

此外，在相同传质单元高度及塔径下，制造共轭环填料所需金属和塑料用量比目前工业上使用的各种国产散堆填料的用量少。

共轭环填料在石油化工、轻工、环保等工业部门应用后取得了良好的经济效益和社会效益，已获我国实用新型专利。

上述填料中，实体填料有拉西环、鲍尔环、阶梯环、鞍形填料、波纹板填料以及共轭环。θ网环填料［图 3-26(g)］属网体填料。拉西环、鲍尔环、阶梯环、鞍形填料等多以乱堆形式堆放。属于整砌填料的是各种新型组合填料，如波纹板、波纹网。但直径在 100mm 以上的大尺寸的拉西环在填料塔中也采用整砌的方式。图 3-28 是几种填料以乱堆形式填充时的相对效率。

图中纵坐标相对效率是填料的实际分离效率与 25.4mm 陶瓷拉西环的分离效率之比。由图 3-28 可见，鲍尔环与矩鞍形填料的分离效率均高于拉西环。还可看出，当填料的名义尺寸小于 20mm 时，各种填料本身的分离效率都差不多，而当填料尺寸大于 25mm 时，各种填料的分离效率都明显下降。因此，25mm 的填料可以认为是工业填料塔中选用的合适填料。表 3-7 摘录了几种常用填料的特性数据。

表 3-7 中乱堆填料的单位体积填料层中填料的个数 n 是统计数字，它与塔径及装填方法等因素有关。其他特性数据如比表面积 σ、堆积密度 ρ_p 等也是平均值，与实测值间的偏差约为 5%，表中数值仅供设计参考。

选择填料尺寸应由设备费与操作费权衡而定。在指定的任务下，填料的尺寸越大，则单位体积填料的费用越低，单位高度填料层的压降也越小，但尺寸大的填料往往传质效率较低，致使填料层高度增加。此外，为使液体在填料中分布均匀，填料乱堆时，每个填料的尺寸不应大于塔径的 1/8。

表 3-7 几种填料的特性数据（摘录）

填料种类	直径×高×厚 /mm×mm×mm	比表面积 σ /$m^2 \cdot m^{-3}$	空隙率 ε /$m^3 \cdot m^{-3}$	堆积密度 ρ_p /$kg \cdot m^{-3}$	个数 n /m^{-3}	填料因子 ϕ /m^{-1}
陶瓷拉西环（乱堆）	8×8×1.5	570	0.64	600	1465000	2500
	10×10×1.5	440	0.70	700	720000	1500
	15×15×2	330	0.70	690	250000	1020
	25×25×2.5	190	0.78	505	49000	450
	40×40×4.5	126	0.75	577	12700	350
	50×50×4.5	93	0.81	457	6000	205
陶瓷拉西环（整砌）	50×50×4.5	124	0.72	673	8830	
	80×80×9.5	102	0.57	962	2580	
	100×100×13	65	0.72	930	1060	
	125×125×14	51	0.68	825	530	
	150×150×16	44	0.68	802	318	
金属拉西环（乱堆）	8×8×0.3	630	0.91	750	1550000	1580
	10×10×0.5	500	0.88	960	800000	1000
	15×15×0.5	350	0.92	660	248000	600
	25×25×0.8	220	0.92	640	55000	390
	35×35×1	150	0.93	570	19000	260
	50×50×1	110	0.95	430	7000	175
	76×76×1.6	68	0.95	400	1870	105
金属鲍尔环（乱堆）	16×16×0.4	364	0.94	467	235000	230
	25×25×0.6	209	0.94	480	51000	160
	38×38×0.8	130	0.95	379	13400	92
	50×50×0.9	103	0.95	355	6200	66
塑料鲍尔环（乱堆）	16(直径/mm)	364	0.88	72.6	235000	320
	25(直径/mm)	209	0.90	72.6	5100	170
	38(直径/mm)	130	0.91	67.7	13400	105
	50(直径/mm)	103	0.91	67.7	6380	82
塑料阶梯环（乱堆）	25×12.5×1.4	223	0.90	97.8	81500	172
	38.5×19×1.0	132.5	0.91	57.5	27200	115

3.2.3 填料塔的流体力学特性

填料塔的流体力学特性包括气体通过填料层的压降、液泛气速、气液两种流体的分布等。在逆流操作的填料塔内，液体自上而下在填料表面作膜状流动，形成液膜与填料表面的摩擦阻力和液膜与上升气体的摩擦阻力。液体流量越大，液膜越厚；液膜的厚度还与气体的流量有关，当液体流量一定时，上升气体的流量越大，液膜也越厚。液膜的厚度直接影响到气体通过填料层的压降、液泛速度及塔内液体的持液量等液体力学性能。

3.2.3.1 气体通过填料层的压降

压降是塔设计中动力选择的重要参数，气体通过填料层压降的大小决定了塔的动力消耗。由于压降与气、液流量有关，选液体喷淋量作参变量，在不同的喷淋量下测定气体通过

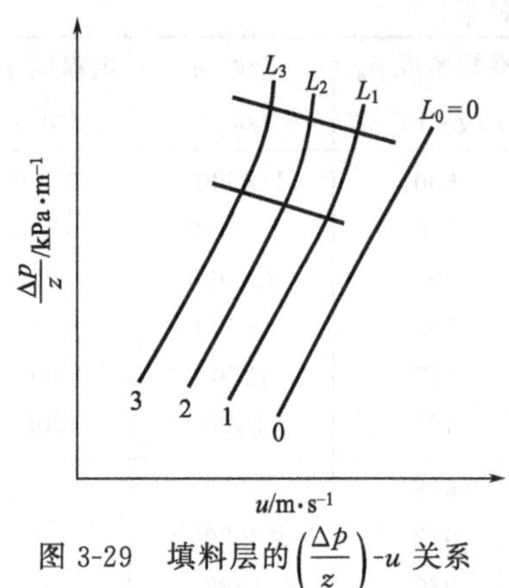

图 3-29 填料层的$\left(\frac{\Delta p}{z}\right)$-$u$ 关系

单位高度填料层的压降 $\Delta p/z$ 与空塔气速 u 的对应关系，将实测数据标绘在对数坐标纸上，可得如图 3-29 所示的线簇。

当液体喷淋量 $L_0=0$ 时，气体通过单位高度干填料层的压降$\left(\frac{\Delta p}{z}\right)$与空塔气速 u 的关系是直线关系，如图 3-29中最右一条直线所示，这时气体处于湍流状态，压降是克服填料层的形体阻力所形成的，直线斜率约为 1.8～2.0。即单位高度干填料层的压降与空塔气速的1.8～2次方成正比。当有一定的喷淋量时，填料层内的部分空隙为液体所充满，减小了气流的通道截面，并且在同样空塔气速之下，随着液体喷淋量的增加，填料层所持有的液量亦增加，气流通道随液量增加而减小，通过单位高度填料层的压降亦随之增加，如图 3-29 中曲线所示。$\left(\frac{\Delta p}{z}\right)$-$u$ 的关系变成折线关系，折线关系表明，在不同的气速范围内，气液的流动特性是不同的，并最终影响到压降。折线存在两个转折点，较低速下的转折点称为“载点”，较高速下的转折点称为“泛点”。这两个转折点将$\left(\frac{\Delta p}{z}\right)$-$u$ 关系分为三个区段，由低速到高速分别为恒持液量区、载液区与液泛区。所谓持液量是指操作时单位体积填料层内持有的液体体积。下面分别讨论不同区域的气液流动特性。

(1) 恒持液量区

在恒持液量区，气速比较低，气液流动的特性表现为液体在填料层内向下流动几乎不受逆向气流牵制，即在一定的喷淋量下，填料层的持液量基本不变，故称为恒持液量区。这时的压降与空塔气速的关系跟气体通过干填料层时相似，直线斜率为 1.8～2。当然，由于湿填料层内所持液体占据一定空间，气体受到的阻力比通过干填料层时大些，产生的压降就大些，故此区域的$\left(\frac{\Delta p}{z}\right)$-$u$ 线在干填料线的左侧，且两线相互平行。

(2) 载液区

随着气速的增大，上升气流与下降液体间的摩擦力增大，气液流动的特性表现为液体流动受气流的牵制变得明显起来，使填料层的持液量随气速的增加而增加，气流通道截面即随之减小。此种现象称为拦液现象。开始发生拦液现象时的空塔气速称为载点气速，从载点到泛点的区域称为载液区。在载液区，液体的向下流动还是顺利的。超过载点气速后，$\left(\frac{\Delta p}{z}\right)$-$u$ 关系线变陡，其斜率大于 2。点 A_1 以及其他喷淋量 L_2、L_3 下相应的点 A_2、A_3 等称为载点。

(3) 液泛区

当气速继续增大致使液体不能顺利向下流动，填料层内持液量不断增多，以致几乎充满了填料层中的空隙，气体通过填料层的压降急剧升高并伴有强烈波动，表明塔内发生液泛，这时的$\left(\frac{\Delta p}{z}\right)$-$u$ 关系线斜率可达 10 以上。压降曲线近于垂直上升的转折点称为泛点，泛点以上区域为液泛区。达到泛点时的空塔气速称为液泛气速或泛点气速，以 u_{max}表示。点 B_1

以及其他喷淋量下相应的点 B_2、B_3 等称为液泛点。

3.2.3.2 液泛

在泛点气速下，往往可看到在填料层的顶部出现一层呈现连续相的液体，而气体变成了分散相在液体里鼓泡。气、液两相间的相互接触从填料表面转移到填料层的空隙中，气、液通过鼓泡传质。此时，若气流出现脉动，鼓泡层就迅速膨胀，液体被气流大量带出塔顶，塔的操作极不稳定，甚至被完全破坏，此种情况称为填料塔的液泛现象。液泛有可能因填料的支承板设计不良（例如，支承板的自由截面比填料层的自由截面小）而首先发生在塔的支承板上。支承板上的液泛现象一经发生，若气速再略有增加，鼓泡层就迅速膨胀，进而发展到全塔。

虽然用目测可判断是否发生液泛，但容易产生误差，有时就用 $\left(\dfrac{\Delta p}{z}\right)$-$u$ 曲线上的液泛转折点来确定泛点，称为图示泛点。

实验表明，当空塔气速处于载液区时，气体和液体的湍动加剧，气、液接触良好，传质效果好，泛点气速是填料塔操作的上限气速，填料塔的适宜操作气速通常由泛点气速来确定，故正确求取泛点气速对于填料塔的设计和操作都十分重要。通常取泛点气速的50%～80%作为适宜的操作气速。

应当指出，在填料塔的压降速度曲线上，由于气流对液流的曳力是随气速逐渐增大的，有时看不到明显的载点转折，也难目测塔内的现象来确定载点，所以对载点还缺少明显的判别标准。而填料塔内的泛点则是一个比较确定的转折点，可以通过其他参数进行关联。填料塔不能在液泛下操作，实际操作的气速通常取泛点气速的50%～80%。

3.2.3.3 影响泛点气速的因素

影响泛点气速的因素很多，如填料的特性、流体的物理性质和液-气比等。

① 填料的特性　填料因子 ϕ 不仅取决于填料本身的类型、尺寸、材质及填料的装填方式，还与气、液物性及操作条件有关。因此，它既反映填料本身的性质，也反映填料床层的流体力学性能。在相同的测试条件下，ϕ 值反映的是同样尺寸不同种类填料的通量或压降的相对特性，可作为选择填料的依据之一。实践表明，ϕ 值越小，液泛速度越高。对于同材质同类型不同尺寸的填料，填料因子 ϕ 取决于填料的比表面积及空隙率；但对于不同类型的填料，ϕ 值则更主要地取决于填料的几何形状特征。表3-8列出两种不同类型（金属拉西环与金属鲍尔环）而尺寸基本相同的填料的性能比较。

表3-8　两种填料的比较

填料类型	直径×高×厚 /mm×mm×mm	比表面积 σ /$m^2 \cdot m^{-3}$	空隙率 ε /$m^3 \cdot m^{-3}$	填料因子 ϕ /m^{-1}
金属拉西环	50×50×1	110	0.95	175
金属鲍尔环	50×50×0.9	103	0.95	66

由表3-8可以看到，这两种填料仅 ϕ 值存在明显的差别，鲍尔环的 ϕ 值约为拉西环的1/3，故在同样的物系及同样液-气比条件下，鲍尔环的泛点气速高，压降小。

② 液体的物理性质　气体密度 ρ_V、液体的黏度 μ_L 和密度 ρ_L 等对液泛有直接影响。因液体的密度 ρ_L 越大，对液体流动越有利，故泛点气速就越高；而气体密度 ρ_L 越大或液体黏

度 μ_L 越大，对液体的阻力也越大，故泛点气速就低。

③ 液-气比　液-气比 w_L/w_V 越大，则泛点气速越小。因为随着液体喷淋量的增大，填料层的持液量增加而空隙率减少，从而使开始发生液泛的空塔气速变小。

3.2.3.4 压降与泛点气速的计算

泛点气速可用关联式计算，也可用关联图求取。目前工程设计中广泛采用埃克特(Eckert)通用关联图来计算填料塔的压降及泛点气速。此图所依据的试验数据取自较大直径的填料塔，所关联的参数比较全面，计算不复杂，而且计算结果在一定范围内与实际情况基本相符。

埃克特通用关联图适用于各种乱堆填料，如拉西环、鲍尔环、弧鞍形填料、矩鞍形填料等，但需确知液泛时的湿填料因子 ϕ 值。对于其他填料，尚无可靠的填料因子数据。图 3-30上还绘制了整砌拉西环和弦栅填料两种规整填料的泛点曲线。通用关联图如图 3-30所示，横坐标为 $\frac{w_L}{w_V}\left(\frac{\rho_V}{\rho_L}\right)^{0.5}$，纵坐标为 $\frac{u^2\phi\Psi}{g}\left(\frac{\rho_V}{\rho_L}\right)\mu_L^{0.2}$ 或 $\frac{u_{max}^2\phi\Psi}{g}\left(\frac{\rho_V}{\rho_L}\right)\mu_L^{0.2}$。

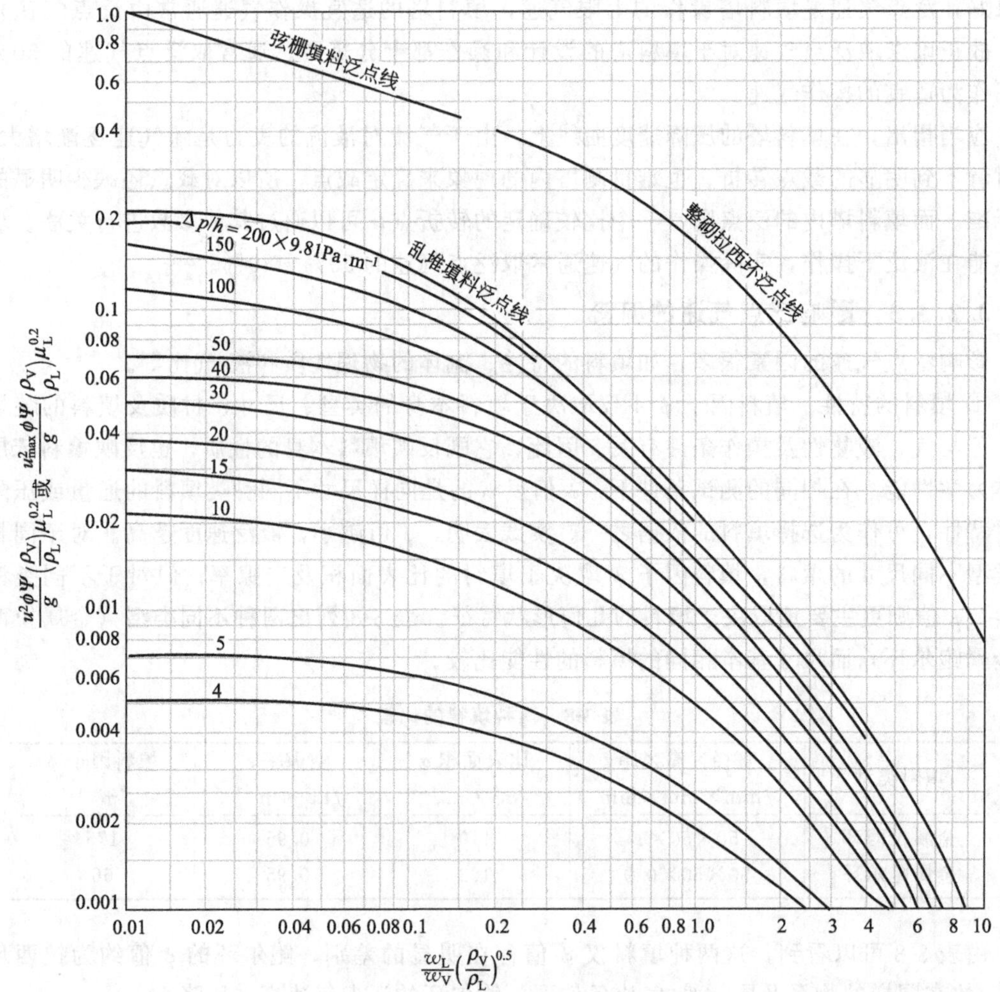

图 3-30　埃克特通用关联图

运用关联图计算泛点气速，先根据已知的气-液两相流量及它们各自的密度算出图中横坐标的数值，据此值在图中作垂线与泛点线相交，再由交点读取纵坐标数值，进而求得其中的气速即为泛点气速 u_{max}。

图中乱堆填料泛点线下方线簇为乱堆填料层的等压降线，利用该线簇，可根据规定的压降，求算相应的空塔气速，亦可根据适宜的空塔气速求压降。

填料因子 ϕ 在不同操作条件下可有不同的值，而在使用通用关联图计算时，都采用同一种填料因子 ϕ 值，有数据表明，这给计算结果带来不小的误差。国内研究者的大量实验数据显示，压强填料因子 ϕ_p 低于泛点填料因子 ϕ_F。计算液泛气速与计算气体压降时，若分别采用不同的填料因子数值，可使计算误差减小。如何进一步改进埃克特通用关联图，还有待于研究者的努力。

3.2.3.5　润湿性能

填料表面的润湿性能直接影响到液体在填料表面上成膜，而成膜是否理想，又影响到塔中气、液两相间的传质。可见，填料的润湿性能的好坏会影响到传质效率。

在物系和操作条件确定后，填料的润湿性能就由填料的材质、表面形状及装填方式决定。对于易被液体润湿的材质、不规则的表面形状以及乱堆的装填方式，液体在填料上的成膜都较理想，不规则的乱堆填料表面容易产生更多的湍动和得到不断的更新，从而大大提高相间的传质速率。

润湿状态还与喷淋量有关，喷淋量不能低于某一极限值，否则填料不能获得良好的润湿，此极限值称为最小喷淋密度，以 U_{min} 表示，其定义为单位时间内单位塔截面上喷淋的液体体积。最小喷淋密度能维持填料的最小润湿速率。它们之间的关系为：

$$U_{min}=(L_W)_{min}\sigma \tag{3-33}$$

式中，σ 为填料的比表面积，$m^2\cdot m^{-3}$；U_{min} 为最小喷淋密度，$m^3\cdot m^{-2}\cdot s^{-1}$；$(L_W)_{min}$ 为最小润湿速率，$m^3\cdot m^{-1}\cdot s^{-1}$。

润湿速率是指在塔的横截面上，单位长度的填料周边上液体的体积流量。对于直径不超过 75mm 的拉西环及其他填料，可取最小润湿速率 $(L_W)_{min}$ 为 $0.08m^3\cdot m^{-1}\cdot h^{-1}$；对于直径大于 75mm 的环形填料，应取为 $0.12m^3\cdot m^{-1}\cdot h^{-1}$。

实际操作时，若喷淋密度小于最小喷淋密度，可采用增大回流比或采用液体再循环的方法加大液体流量，以保证填料的润湿性能。采用减小塔径也可提高润湿速率，或适当增加填料层高度，使润湿不太好的情况得以补偿。

应当指出：①即使液体的喷淋密度超过相应的最小喷淋密度，填料表面往往也不是全部被润湿。因此，单位体积填料层的润湿面积常小于填料的比表面积。②被润湿的填料表面不一定都是有效的传质面积，因为在填料层内，填料之间接触点处的液体流动性很差，该处的润湿表面更新慢，对传质不起作用。只有当填料表面被流动的液体润湿时，才能构成有效的传质面积。

3.2.4　填料塔的计算

3.2.4.1　塔径

填料塔的直径 D 与空塔气速 u 及气体体积流量 V_s 之间的关系同板式塔的塔径 D [式(3-1)]：

$$D=\sqrt{\frac{4V_s}{\pi u}}$$

气体的体积流量可根据工艺计算数据定出，通常沿塔高度是变化的，设计时一般按最大值计算。前已述及，填料塔的适宜空塔气速一般取泛点气速的50%～80%。

选择较小的气速，则压降小，操作弹性大，但低气速往往不利于气、液充分接触，分离效率低，而且塔径要大，设备投资高；选用接近泛点的过高气速，则操作不易稳定，难于控制，且压降大。泛点气速是填料塔空塔气速的上限。适宜空塔气速与泛点气速之比称为泛点率。泛点率的选择，须视具体情况而定。如对易起泡沫的物系，泛点率应取低些，取50%或更低；对加压操作的塔，减小塔径有更多好处，故应选取较高的泛点率。对某些新型高效填料，泛点率也可取得高些。大多数情况下的泛点率，宜取为60%～80%。一般填料塔的操作气速大致为0.2～1.0m·s^{-1}。

根据上述方法和原则初步算出的塔径，还应按压力容器公称直径标准进行圆整，常用的标准塔径有400mm、500mm、600mm、800mm、1000mm、1200mm、1400mm、1600mm、2000mm、2200mm等。

此外，为保证填料润湿均匀和避免近塔壁处出现较严重的集壁流，算出塔径后，需检验塔内的喷淋密度是否大于最小喷淋密度，还应保证塔径与填料尺寸的比值在8以上，否则应重新调整塔径。

【例3-2】 甲苯和二甲苯的液体混合物在50mm钢制鲍尔环填料塔内用蒸馏方法进行分离。已知操作温度为411K，压力为124kN·m^{-2}。其他参数如下，试计算此填料塔的直径和气流通过每米填料层的压降。条件：气体密度$\rho_V=3.68$kg·m^{-3}，液体密度$\rho_L=757$kg·m^{-3}，气体流量$w_V=13900$kg·h^{-1}，液体流量$w_L=15300$kg·h^{-1}，液体黏度$\mu_L=0.23$mPa·s^{-1}，填料因子$\phi=66$m^{-1}。

解　(1) 求填料塔塔径　液气流动参数：

$$\frac{w_L}{w_V}\left(\frac{\rho_V}{\rho_L}\right)^{0.5}=\frac{15300}{13900}\times\left(\frac{3.68}{757}\right)^{0.5}=0.077$$

查图3-30得乱堆填料的泛点曲线上纵坐标值为：

$$\frac{u_{max}^2\phi\Psi}{g}\left(\frac{\rho_V}{\rho_L}\right)\mu_L^{0.2}=0.155$$

液体密度校正系数：

$$\Psi=\frac{\rho_{H_2O}}{\rho_L}=\frac{1000}{757}=1.32$$

泛点气速为：

$$u_{max}=(0.155\times\frac{\rho_L g}{\phi\Psi\rho_V\mu_L^{0.2}})^{0.5}=\left[0.155\times\frac{757\times9.81}{66\times1.32\times3.68\times0.23^{0.2}}\right]^{0.5}=2.19\text{m}\cdot\text{s}^{-1}$$

取操作气速为泛点气速的60%，则操作气速为：

$$u=0.6u_{max}=0.6\times2.19=1.31\text{m}\cdot\text{s}^{-1}$$

气体体积流量V_s为：　$V_s=\frac{w_V}{3600\rho_V}=\frac{13900}{3600\times3.68}=1.05\text{m}^3\cdot\text{s}^{-1}$

塔径 D 为：
$$D=\sqrt{\frac{4V_s}{\pi u}}=\sqrt{\frac{4\times 1.05}{3.14\times 1.31}}=1.01\text{m}$$
取 $D=1.0$m。

(2) 求每米填料层的压降　在操作气速下：

$$\frac{u^2\phi\Psi}{g}\left(\frac{\rho_V}{\rho_L}\right)\mu_L^{0.2}=\frac{1.31^2\times 1.32\times 66}{9.81}\times\left(\frac{3.68}{757}\right)\times 0.23^{0.2}=0.0552$$

前已计算得 $\frac{w_L}{w_V}\left(\frac{\rho_V}{\rho_L}\right)^{\frac{1}{2}}=0.077$，根据以上两数值，查图 3-30，得气流通过每米填料层的压降为：

$$\Delta p/z=48\text{mm}(\text{水柱})\cdot\text{m}(\text{填料})^{-1}$$

3.2.4.2 塔高

填料塔的高度主要取决于填料层的高度。计算填料层高度常采用以下两种方法。

(1) 传质单元法

$$\text{填料层高度 } Z=\text{传质单元高度}\times\text{传质单元数}$$

此法详见第 2 章的介绍。

(2) 等板高度法

等板高度（HETP），也称理论板当量高度。是与一层理论塔板的传质作用相当的填料层高度，对完成同样的分离任务而言，等板高度越小，表明填料层的传质效率越高，所需的填料层的总高度越低。

填料塔的传质是一个非常复杂的过程，尽管人们对这一过程作了大量的研究，提出很多经验关联式，但这些关联式的准确性和适用范围均有其局限性。目前在计算填料塔高度时，一般通过实验测定，或取生产设备的经验数据。当无实验数据可取时，只能参考有关资料中的经验公式，此时要注意所用公式的适用范围。下面介绍默奇（Murch）的经验公式。

默奇（Murch）对装有环形、鞍形和其他填料的 50～750mm 的精馏塔作研究，据此提出等板高度 HETP 的计算式：

$$\text{HETP}=C_1G^{C_2}D^{C_3}h^{\frac{1}{3}}\frac{\alpha\mu_L}{\rho_L}\tag{3-34}$$

式中，HETP 为等板高度，m；G 为气相的空塔质量流速，kg · m^{-2} · h^{-1}；D 为塔径，m；h 为填料层高度，m；α 为相对挥发度；μ_L 为液相黏度，mPa · s；ρ_L 为液相密度，kg · m^{-3}；C_1、C_2、C_3 为常数，取决于填料类型及尺寸。其部分数据见表 3-9。

表 3-9　默奇公式中的常数值

填料类型	尺寸/mm	C_1	C_2	C_3
陶瓷拉西环	9	1.36×10^4	−0.37	1.24
	12.5	4.48×10^4	−0.24	1.24
	25	2.39×10^3	−0.10	1.24
	50	1.5×10^3	0	1.24

续表

填料类型	尺寸/mm	C_1	C_2	C_3
弧鞍	12.5 25	2.55×10^4 2.11×10^3	−0.45 −0.14	1.11 1.11

式(3-34) 的适用条件为：①α 值不大于 3 的碳氢化合物蒸馏系统；②全回流或大回流比下的常压操作；③气速的泛点率为 25%～80%，气体质量流速为 0.18～2.5kg・m^{-2}・s^{-1}；④填料层高度为 0.9～3.0m，塔径为 50～750mm，填料尺寸不大于塔径的 1/8。

需指出的是，等板高度的数据或关联结果，一般来自小型实验，与工业生产装置的情况偏差较大。在估算工业装置所需的填料层高度时，一些来自工业设备的等板高度经验数据值得参考。譬如，直径为 25mm 的填料，等板高度接近 0.5m；直径为 50mm 的填料，等板高度接近 1m；直径在 0.6m 以下的填料塔，等板高度与塔径大致相等。用于吸收操作时的填料层等板高度要比用在精馏操作时的大得多，可按 1.5～1.8m 估计。此外，不同填料类型的等板高度值不同，传质效率高的填料，其等板高度要小些，普通实体填料的等板高度大都在 400mm 以上。如 25mm 拉西环的等板高度为 0.5m，25mm 鲍尔环的等板高度为 0.4～0.45m。网体填料具有很大的比表面积和空隙率，为高效填料，其等板高度在 100mm 以下。

习 题

3-1 欲设计一"乙醇-水"筛板精馏塔，采用单流型，弓形降液管。试按最下面一块塔板的操作条件初估塔径。操作条件如下：液相流量 $L=1.35\times10^{-3}m^3\cdot s^{-1}$；气相流量 $V=0.915m^3\cdot s^{-1}$；液相密度 $\rho_L=954.6kg\cdot m^{-3}$，气相密度 $\rho_V=0.7037kg\cdot m^{-3}$；液相表面张力 $\sigma=57.86\times10^{-3}N\cdot m^{-1}$。设计中确定的结构参量：溢流堰高 $h_w=30mm$；堰长/塔径$=l_w/D=0.7$；板间距 $H_T=0.45m$；孔心距/孔径$=t/d_o=3$；孔径 $d_o=3mm$；液泛百分比=0.8。 ［算得 0.662mm，圆整取 0.7mm］

3-2 某厂常压操作下的甲苯-邻二甲苯精馏塔拟采用筛板塔。经工艺计算知某塔板的气体流量为 2900$m^3\cdot h^{-1}$，液体流量为 9.2$m^3\cdot h^{-1}$。试用史密斯关联图（图 3-9）估算塔径。

有关物性数据：气体和液体密度分别为 3.85kg・m^{-3}和 770kg・m^{-3}，液体的表面张力为 17.5mN・m^{-1}。

根据经验选取板间距为 450mm，泛点百分率为 80%，单流型塔板，溢流堰长度为 75%塔径，板上液层高度 h_L取 0.07m。

根据计算值的塔径圆整后塔的横截面积 A_T和有效传质面积 A_n为多少（m^2）？此时的泛点百分率为多少？ ［1.13m；1.13m^2；0.994m^2；71%］

3-3 在装填（乱堆）25mm×25mm×2mm 瓷质拉西环填料塔内，拟用水吸收空气-丙酮混合气体中的丙酮，混合气的体积流量为 800$m^3\cdot h^{-1}$，内含丙酮体积分数 5%。如吸收是在 1atm、30℃下操作，且知液体质量流量和气体质量流量之比为 2.34。试估算填料塔直径为多少米？每米填料层的压降是多少？设计气速可取泛点气速 60%。

［估算值 0.532m，圆整值 0.6m；245Pa・m^{-1}］

思考题

3-1　气液两相在塔板上有几种接触状态，从减小雾沫夹带考虑，大多数塔操作控制在什么状态下操作？

3-2　塔板中溢流堰的主要作用是什么？

3-3　板式塔塔板的液泛与哪些因素有关？

3-4　从塔板的水力学性能的角度来看，引起塔板效率不高的原因可能是哪些？

3-5　在对筛板塔进行流体力学校核计算时，如发现单板压降偏大，则可通过改变什么结构参数使之减小？

3-6　试比较筛板塔、泡罩塔、浮阀塔的操作弹性。

3-7　筛板塔设计中，板间距 H_T 设计偏大的优缺点是什么？

3-8　什么是板式塔中液面落差？为了减少液面落差，设计时可采取什么措施？

3-9　对吸收操作影响较大的填料特性是什么？

3-10　液体在填料塔中流下时，造成液体分布不均匀性的原因有哪些？

3-11　当喷淋量一定时，填料塔单位高度填料层的压力降与空塔气速关系线上存在着两个转折点，这两个转折点有什么含义？对填料塔的操作有什么参考意义？

第 4 章

液-液萃取

液-液萃取又称溶剂萃取，简称萃取，是分离液体混合物的一种单元操作，其原理是利用原料液中的各组分在所选定的溶剂中有不同溶解度的特性而实现组分分离。

欲分离的液体混合物含两种或两种以上组分，加上萃取操作所需的溶剂，所以萃取操作至少涉及三种组分，三元体系是萃取中最简单的体系，本章只限于讨论三元体系。

萃取操作的关键是选择一种适宜的溶剂，该溶剂对原料液中欲分离的组分有完全或较大的溶解能力，而对其他组分完全不溶或溶解性差，这样，在原料液中加入该溶剂，溶解度大的组分便全部或大部分溶入溶剂，不溶或溶解度小的组分便全部或大部分留在原料液中，使原料液的各组分得以分离。易溶于溶剂的组分称为溶质，以 A 表示；难溶于溶剂的组分称为稀释剂（或称原溶剂），以 B 表示。选用的溶剂又称萃取剂，以 S 表示。

萃取操作的基本过程如图 4-1 所示。将一定的萃取剂加到欲被分离的液体混合物中，并使液体混合物和萃取剂两液相充分混合（通常加以搅拌），由于存在溶解度的差异，A、B、S 在两液相间通过相界面扩散重新分配，这一过程属于质量传递。扩散阶段完成后，经过沉降分层得到新的两液相，其中含萃取剂 S 多的一相称为萃取相，以 E 表示；含稀释剂 B 多的一相称为萃余相，以 R 表示。萃取相的 A 组分与 B 组分之比大于萃余相的 A 组分与 B 组分之比。

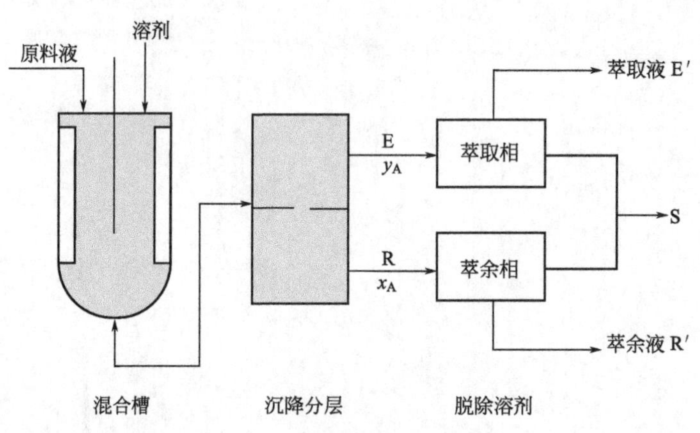

图 4-1　萃取操作示意图

萃取操作不能得到纯的 A 或 B 组分，萃取相 E 和萃余相 R 都是均相混合物。为了得到最终产品 A 和 B 并回收溶剂 S，还需对 E 相和 R 相作进一步处理，视情况可采用精馏、蒸发、结晶、过滤、干燥或其他化学方法分离。萃取相和萃余相脱除溶剂后分别得萃取液和萃余液，以 E′和 R′表示。回收后的溶剂可循环再用。

萃取和蒸馏所处理的物系都是液体混合物，两种方法的取舍，除考虑技术上的可行性外，主要由经济成本核算而定。一般来说，整个萃取过程（含后续过程）的流程比精馏复杂，但是萃取本身可在常温下操作；且若有适当的溶剂可得到较高的分离系数。通常，在下列情况下采用萃取方法更加经济合理。

① 混合液组分间沸点接近、相对挥发度接近"1"或者形成恒沸物，用一般蒸馏方法不能分离或经济上不合理，应考虑采用萃取方法。

② 溶质在混合液中的含量很低且为难挥发组分。若采用精馏方法则须消耗大量的热能，经济上不合算，应考虑改用萃取方法。

③ 有热敏性组分的混合液。这种物料采用常压蒸馏不适宜，采用真空精馏在经济上不合算，而采用萃取方法可在常温下操作，避免物料受热破坏。

萃取在石油化工中有比较广泛的应用。此外，在冶金工业中的多种金属的分离（如稀有元素的提取）、核工业材料的制取、环境废水污染的治理（如废水脱酚）以及制药工业中的生化药物制备（如青霉素、维生素的制备）等，也常常应用萃取方法。

随着萃取应用领域的扩大，不断出现新的萃取技术，如回流萃取、双溶剂萃取、反应萃取、超临界萃取及液膜分离技术等，使得萃取操作在分离液体混合物中起的作用日益重要。

4.1 萃取的相平衡与物料衡算的图解规则

4.1.1 液-液相平衡

溶解度的差异是萃取操作的基本依据，而液-液相平衡是萃取过程的极限，也是分析萃取过程的基础。下面讨论三元体系的相平衡。

根据相律可知，两液相三组分的萃取平衡体系的自由度为 3，这表明虽然温度、压强、组分等都是变量，但只有三个独立变量。当该体系的温度、压强确定后，便只剩一个独立变量，即任一组分在任一相中的组成一经确定，其他组分在各相中的组成便同时确定了。

表示相平衡关系的常用方法有三角形相图法、分配曲线法、分配系数法等。

4.1.1.1 三角形相图表示法

三角形相图即用三角形坐标系表示的相平衡图，它是萃取系统在一定的操作温度和操作压力下，各组分在两平衡相中的分配关系。坐标系通常采用等边三角形或等腰直角三角形，如图 4-2(a)、(b) 所示，采用非等腰直角三角形也可以，如图 4-2(c) 所示。

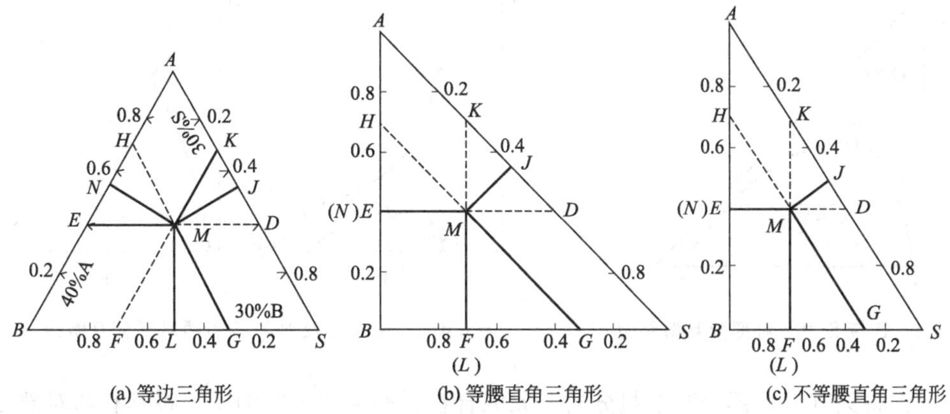

图 4-2　组成在三角形相图上的表示方法

在三角形坐标图中常用质量分数表示混合物的组成，偶有采用摩尔分数或体积分数表示的。本章采用质量分数表示法。

(1) 三角形相图上组成的表示法

三角形的三个顶点分别表示三个组分的纯物质状态。在图 4-2 中，A、B、S 点分别代表纯溶质、纯稀释剂和纯萃取剂。

三角形每一边上的任一点代表二元混合物。如图 AB 边上的 E 点，代表 A、B 二元混合物，其中 A 的组成为 40%，B 的组成为 60%。

三角形内任一点代表三元混合物，图 4-2 中的 M 点即代表由 A、B、S 三个组分组成的混合物。三个组分的组成通过下面的方法确定：过 M 点分别作三个边的平行线 ED、HG 与 KF，则线段 $\overline{BE}$（或 $\overline{SD}$）代表 A 的组成，线段 $\overline{AK}$（或 $\overline{BF}$）及 $\overline{AH}$（或 $\overline{SG}$）则分别表示 S 及 B 的组成。由图读得，该三元混合物的组成为：

$$x_A=\overline{BE}=0.40,\quad x_B=\overline{AH}=0.30,\quad x_S=\overline{AK}=0.30$$

且

$$x_A+x_B+x_S=1$$

此外，也可过 M 点分别作三个边的垂直线 MN、ML 及 MJ，则垂直线段 $\overline{ML}$、$\overline{MJ}$、$\overline{MN}$ 分别代表 A、B、S 的组成。由图可知，M 点的组成为 A 组分 40%、B 组分 30% 和 S 组分 30%。

比较图 4-2(a) 及 (b) 可见，等边三角形相图表述比较直观，而直角三角形相图则使用更为方便。目前多采用等腰直角三角形相图，若溶质浓度很低，则采用非等腰直角三角形，因为可将某直角边适当放大，使作图和读图更准确。

(2) 三角形相图上的相平衡关系

根据萃取操作中各组分的互溶性，可将三元系统分为以下三种情况：

① 溶质 A 可完全溶解于 B 和 S 中，但 B 与 S 为一对部分互溶组分。其平衡相图如图 4-3 所示。

② 组分 A、B 可完全互溶，但 B、S 及 A、S 为两对部分互溶组分。其平衡相图如图 4-4 所示。

③ 溶质 A 可完全溶解于 B 及 S 中，但 B 与 S 不互溶或互溶度很小可忽略。其相平衡关系类似于吸收中的溶解度曲线，通常在直角坐标系上表示，平衡关系曲线类似于吸收中的溶解度曲线。

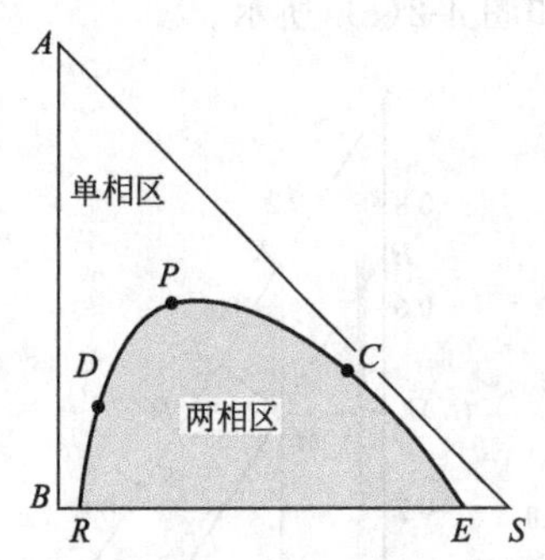

图 4-3　B 与 S 为一对部分互溶组分

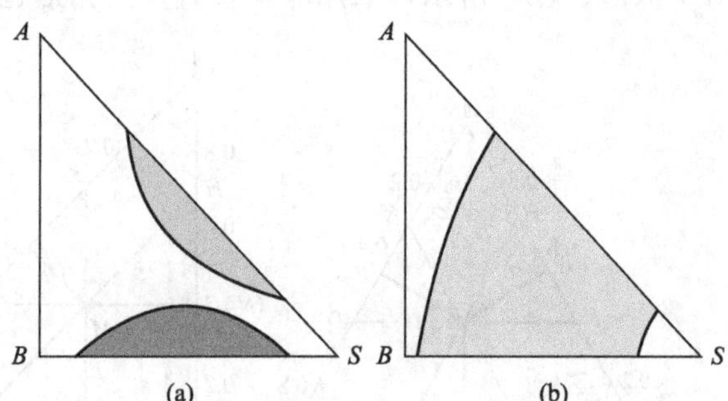

图 4-4　A 与 S 及 B 与 S 为两对部分互溶组分

通常，将只有一对部分互溶组分的三元混合物系称为第Ⅰ类物系；将具有两对部分互溶组分的三元混合物系称为第Ⅱ类物系。第Ⅰ类物系在萃取操作中较为常见，以下主要讨论这类物系的相平衡关系。

① 溶解度曲线和连接线　对第Ⅰ类物系，B 与 S 部分互溶，此类物系的溶解度曲线见图 4-5。溶解度曲线将三角形分为两个区域，曲线以内的区域为两相区，组成位于此区域的混合物必然分为两个液相，且两液相互为平衡；曲线以外的区域为单相区（也称均相区），三元混合物在此形成均一的液相。萃取操作只能在两相区进行。

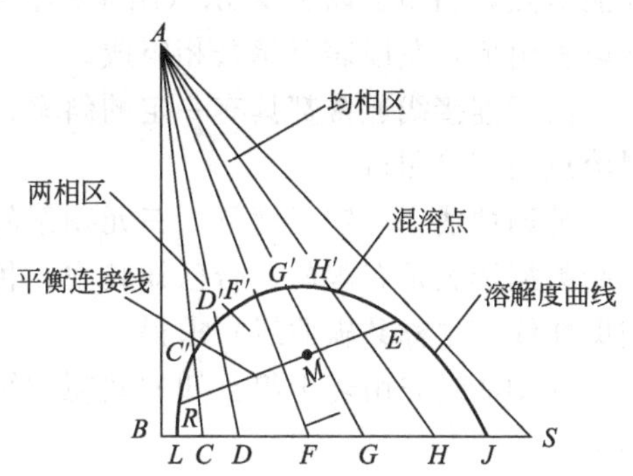

图 4-5　B 与 S 部分互溶的溶解度曲线和连接线

溶解度曲线是在一定温度下通过实验获得的。若 B 与 S 部分互溶，选一含有 B 与 S 的二元混合物，其总组成位于图中 L 与 J 之间的任一点上，必然得到两个互不相溶的平衡液相，图中点 L 与点 J 分别为两相的组成。以 C 点代表 B 与 S 的总组成，则加入组分 A 将使原来的 B、S 两元混合液成为 A、B、S 三元混合液，因为组分 B 与 S 的质量比不变，故三元混合液的组成点将随加入组分 A 的量的不同沿 AC 线而变化。当所加入 A 的量恰好使混合液变为均相时，相应组成坐标如点 C' 所示，点 C' 称为混溶点或分层点。取若干个 B 与 S 的总组成，如图中为 D、F、G、H 等，分别逐步加入 A 组分，同理可得到混溶点 D'、F'、G' 及 H'。将点 L、C'、D'、F'、G'、H' 及 J 诸点连接所得曲线即为实验温度下该三元物系的溶解度曲线。

若组分 B 与 S 完全不互溶，则点 L 与 J 分别与三角形顶点 B 与 S 相重合。

若以图中 M 点代表某三元混合物的组成，因 M 点落在两相区，所以混合物必形成两液相，两个平衡液层的组成用图中溶解度曲线上的 R 点和 E 点表示，R 相和 E 相称为共轭相，将共轭相的组成点用直线连接，如图 4-5 中的 RE 线，称该直线为平衡连接线。

类似地，可得到一定温度下第Ⅱ类物系的溶解度曲线和连接线，见图 4-6。

通常，在一定温度下，同一物系的连接线都不互相平行，但连接线倾斜方向一般是一致的。只有少数物系的连接线，其倾斜方向在不同的组成范围内是不同的，图 4-7 所示的吡啶(A)-氯苯(B)-水(S) 系统就是属于这种情况。

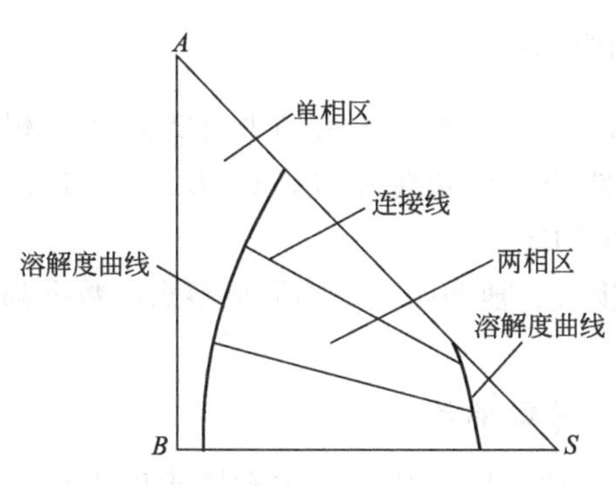

图 4-6　B 与 S、A 与 S 部分互溶的溶解度曲线与连接线

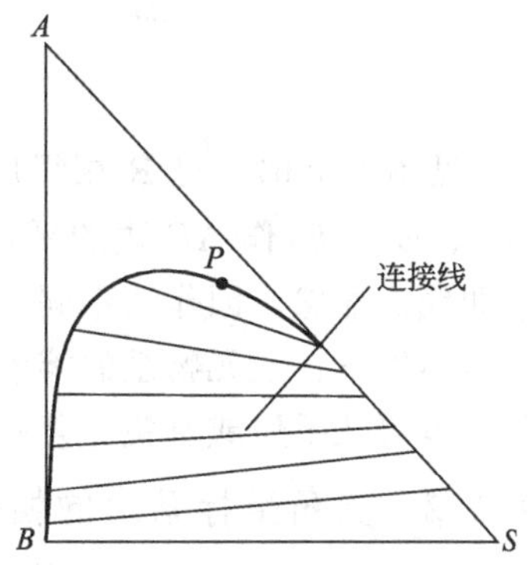

图 4-7　连接线斜率的变化

② 临界混溶点和辅助曲线

临界混溶点　由上述可知，平衡连接线的长度是随溶质 A 的增加而缩短的，即随着 A

含量的增大，两共轭相的组成不断接近，当两共轭相的组成无限趋近某一点时，称该点为临界混溶点，相图上以 P 表示（图 4-8）。临界混溶点将溶解度曲线分为左右两段，右段表示萃取相组成，左段表示萃余相组成。

由于连接线通常都具有一定的斜率，因而临界混溶点一般不在溶解度曲线的顶点。临界混溶点由实验测得。

辅助曲线　一定温度下，三元物系的溶解度曲线和连接线是根据实验数据而标绘的。但实验数据毕竟是有限的，若已知其中一相的组成，要确定与之平衡的另一相的组成，常借助辅助曲线（也称共轭曲线）求得。

辅助曲线先由若干组已知的共轭相组成数据（或平衡连接线）作出，具体介绍两种做法如下。

Ⅰ. 根据若干组已知的共轭相组成数据做平衡连接线，以连接线作斜边，过 E 相组成点作垂直线，过 R 相组成点作水平线，在相图上绘出若干直角三角形，将所有三角形的直角点平滑连接起来即得出辅助曲线，参见图 4-8(a)。利用辅助曲线便可从已知某相 R（或 E）确定与之平衡的另一相组成 E（或 R）。当已知的连接线很短时，可用外延辅助曲线与溶解度曲线的方法求出临界混溶点。

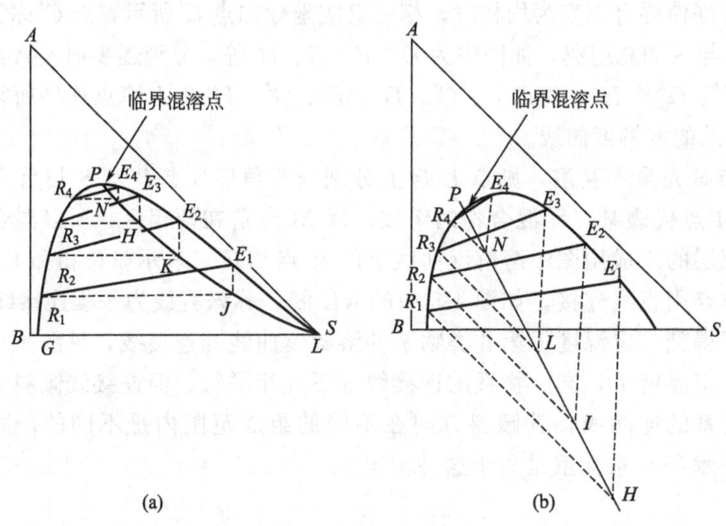

图 4-8　辅助曲线做法

Ⅱ. 参见图 4-8(b)，过 R 相组成点 R_1、R_2、R_3、R_4 作 AS 边的平行线，过 E 相组成点 E_1、E_2、E_3、E_4 作 AB 边的平行线，各组直线的交点分别为 H、I、L、N，连接各交点得辅助曲线。显然，因作法不同，可有不同的辅助线。

在一定温度下，三元物系的溶解度曲线、连接线、辅助曲线及临界混溶点的数据都是由实验测得，也可从手册或有关专著中查得。

4.1.1.2　直角坐标系上的相平衡关系——分配曲线

溶质 A 在三元物系互成平衡的两个液层中的组成，除了用三角形相图中的平衡连接线表示外，也可在 xOy 直角坐标系中用分配曲线表示。

在 xOy 直角坐标系中，以萃余相 R 中溶质 A 的组成 x_A 为横坐标，以萃取相 E 中溶质 A 的组成 y_A 为纵坐标，每一对共轭相（R 相和 E 相）中组分 A 的组成（x_A,y_A）在直角坐标图上表示为一个坐标点，如图 4-9 所示。若将若干共轭相对应的组分 A 的组成均标于

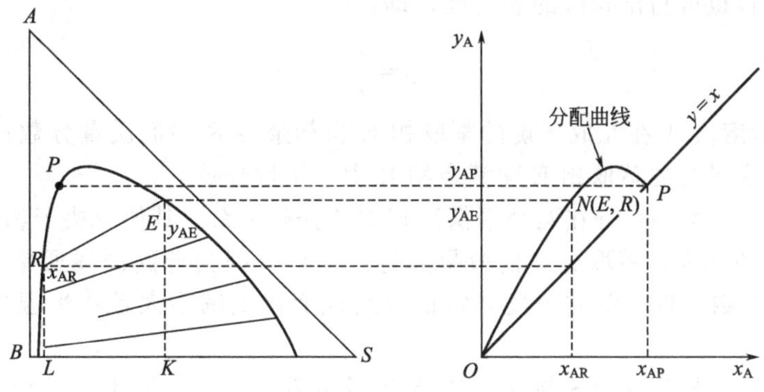

图 4-9　有一对组分部分互溶时的分配曲线

xOy 图上，连接这些点便得到曲线 ONP，称为分配曲线。分配曲线的形状随不同体系和不同温度而变。

与三角形相图相比，分配曲线以一个点的坐标值更直观地反映了溶质 A 在呈平衡的两相中的分配关系。但它没有反映出萃取剂和稀释剂的互溶状态和在两相间的数量关系，所以多用于萃取剂和稀释剂完全不互溶或基本不互溶的体系，这时采用分配曲线表示相平衡关系十分方便。

图示条件下，在分层区浓度范围内，连接线斜率大于 0，表明 E 相内溶质 A 的组成 y_A 均大于 R 相内溶质 A 的组成，即分配系数 $k_A>1$，故分配曲线位于 $y=x$ 线上侧。若连接线斜率等于 0，则分配曲线将于对角线出现交点，即 $k_A=1$，表明 B、S 对 A 的溶解度相同，这种物系称为等溶度体系。若连接线斜率小于 0，表明 E 相内溶质 A 的组成 y_A 均小于 R 相内溶质 A 的组成，即 $k_A<1$，这时分配曲线位于 $y=x$ 线下侧。

由于分配曲线表达了萃取操作中互成平衡的两个液层 E 相与 R 相中溶质 A 的分配关系，故也可利用分配曲线求得三角形相图中的任一连接线 ER。

同样方法可作出有两对组分部分互溶时的分配曲线，如图 4-10 所示。

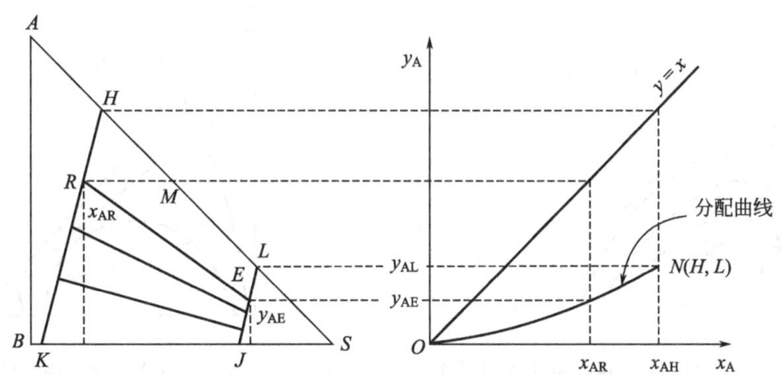

图 4-10　有两对组分部分互溶时的分配曲线

4.1.1.3　以分配系数表示相平衡

溶质 A 在两互成平衡的液相中的组成还可用分配系数表示，在一定温度下，当三元混合液的两个液相达到平衡时，溶质在 E 相与 R 相中的组成之比称为分配系数，以 k_A 表示，即：

$$k_A=\frac{y_A}{x_A} \tag{4-1}$$

同样，对于组分 B 也可写出相应的表达式，即：

$$k_B=\frac{y_B}{x_B} \tag{4-2}$$

y_A、x_A分别表示溶质 A 在互成平衡的萃取相 E 和萃余相 R 中的质量分数；y_B、x_B分别表示稀释剂 B 在互成平衡的萃取相 E 和萃余相 R 中的质量分数。

分配系数表达了某一组分在两个平衡液相中的分配关系。其值取决于物系、操作温度和溶液的组成。k_A值越大，萃取分离的效果越好。显然，因为分配曲线通常为一曲线，故分配系数一般不是常数。仅在溶质浓度非常低或组成变化范围不大且在恒温条件下，k_A值才可近似视作常数。

在操作条件下，若萃取剂 S 与稀释剂 B 互不相溶，且以质量比表示相组成的分配系数为常数时，则式(4-1) 可改写为如下形式，即：

$$Y=KX \tag{4-3}$$

式中，Y 为萃取相中溶质 A 的质量比组成；X 为萃余相中溶质 A 的质量比组成；K 为以质量比表示相组成的分配系数。

4.1.2 温度对相平衡关系的影响

由于温度会影响物系的互溶度，所以在三角形相图上的两相区面积的大小除了与物系性质有关外，还与操作温度有关。通常，物系的温度升高，溶质在溶剂中的溶解度加大，反之减小，因而，温度明显地影响溶解度曲线的形状、连接线的斜率和两相区面积，从而也影响分配曲线形状和分配系数值。

图 4-11 表示了一对组分部分互溶物系在 T_1、T_2 及 T_3（$T_1<T_2<T_3$）三个温度下的溶解度曲线、连接线和临界混溶点。一般来说，温度升高，萃取剂 S 与稀释剂 B 的互溶度增大，两相区面积缩小，对萃取操作不利。反之，温度降低，两相区面积相应增大，对萃取操作有利。但温度降低会引起液体黏度增大，界面张力增加，扩散系数减小，不利传质。因此，在确定萃取温度时应对利弊加以分析，作出合理的选择。

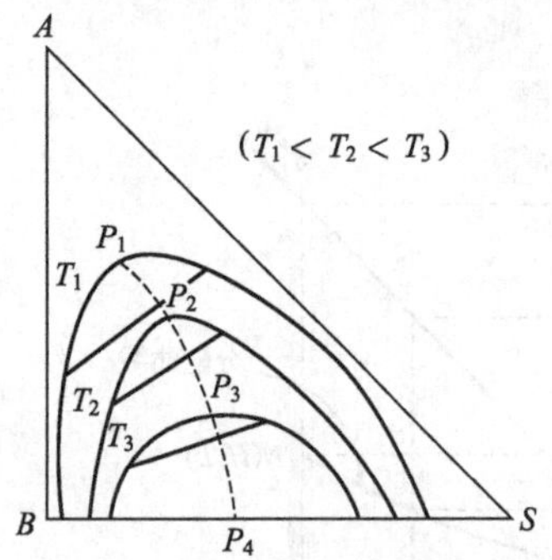

图 4-11 温度对互溶度的影响（第Ⅰ类物系）

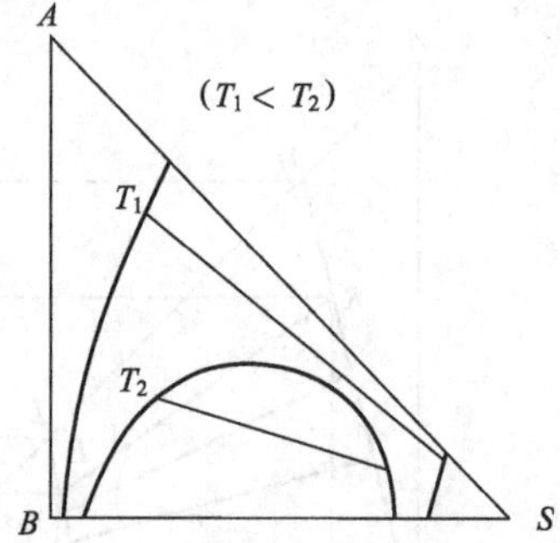

图 4-12 温度对互溶度的影响（第Ⅱ类物系）

图 4-12 表明，温度变化时，不仅分层区面积和连接线斜率改变，而且还可能引起物系类型的改变。如在 T_1温度时为第Ⅱ类物系，当温度升高至 T_2时变为第Ⅰ类物系。

4.1.3 萃取过程在三角形相图上的表示

4.1.3.1 杠杆规则

萃取包含两个重要过程：混合与分离。加入溶剂是混合过程，混合传质后澄清分层是分离过程。混合前后、分离前后各个液层之间存在一定量的关系，这些关系可以运用杠杆规则加以确定。如图 4-13 所示。将 R kg 的 R 相与 E kg 的 E 相相混合，得到 M kg 的混合液，其总组成为图中 M 点所示。反之，在两相区内，任一点 M 所代表的混合液可分为两个液层 R、E。M 点称为和点，R 点和 E 点称为差点。混合物 M 与两液相 E、R 之间的关系可用杠杆规则描述，即：

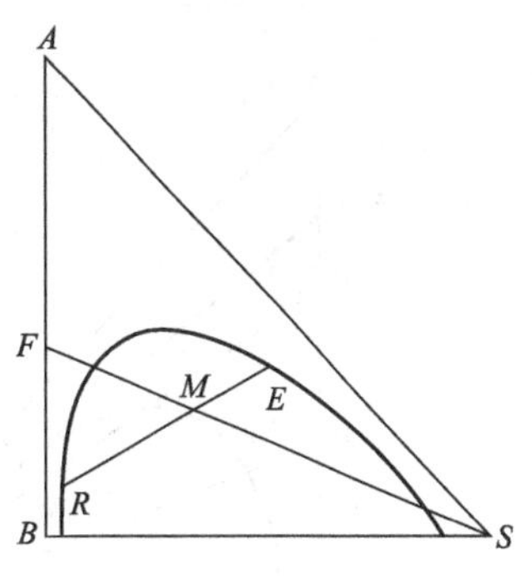

图 4-13 杠杆规则的应用

① 代表混合总组成的 M 点和代表两液层组成的 E 点及 R 点同处于一直线上；

② E 相与 R 相的质量之比等于线段 MR 与 ME 的长度之比，即

$$\frac{E}{R}=\frac{\overline{MR}}{\overline{ME}} \tag{4-4}$$

式中，E、R 分别为 E 相和 R 相的质量或质量流量，kg 或 $kg \cdot s^{-1}$；$\overline{MR}$、$\overline{ME}$分别为线段 MR 与 ME 的长度。

依照杠杆规则，已知 E 相与 R 相的质量之比，可以很方便地在 ER 连线上定出 M 点的位置，从而确定 M 点组成。总之，在 E 相、R 相及混合液 M 三者中，如果知道其中两相的量和组成，即可求得另一相的量和组成。

应说明的是，图中的点 R 及 E 代表相应液相组成的坐标，而式中的 R 及 E 代表相应液相的质量或质量流量。

若在 A、B 二元料液 F 中加入纯溶剂 S，则混合液总组成的坐标 M 点沿 SF 线而变，具体位置由杠杆规则确定，即：

$$\frac{S}{F}=\frac{\overline{MF}}{\overline{MS}} \tag{4-5}$$

杠杆规则是物料衡算的图解表示方法，也是萃取操作中物料衡算的基础。

4.1.3.2 单级萃取过程在三角形相图上的表示

图 4-14 所示为单级萃取流程。即在混合槽中加入原料液（两组分 A 和 B）和萃取剂 S，经过充分混合接触后达到平衡，得两平衡液相 E 和 R，完成一次混合接触平衡，称为单级萃取过程。在三角形相图上将萃取过程表示出来，可清晰了解萃取过程每一步骤各相的组成和量的变化，如图 4-14 所示。

萃取时，选用纯溶剂 S，则三角形顶点 S 为其组成，若溶剂循环使用，其中很可能含有少量的 A 和 B 组分，这时溶剂的组成坐标位置在三角形均相区内。

① 初始状态点　原料液 F 含 A、B 两组分，根据其组成在 AB 边上确定初始状态点 F；使用纯溶剂，三角形顶点 S 为其初始状态点。

② 混合状态点　原料液与纯溶剂混合，和点 M 在 FS 连线上，具体位置视 S 与 F 的相对用量由杠杆规则确定。显然，只有当加入 S 的量合适时，和点 M 才会落在两相区内，萃取才能进行。

③ 平衡状态点　若 M 点在两相区内，当 F、S 经充分混合后沉降分层得到两个平衡的 E 相和 R 相。利用辅助曲线用试差作图法作过 M 点的连接线 ER，得 E 点及 R 点。E 相和 R 相的数量关系可根据杠杆规则求算。

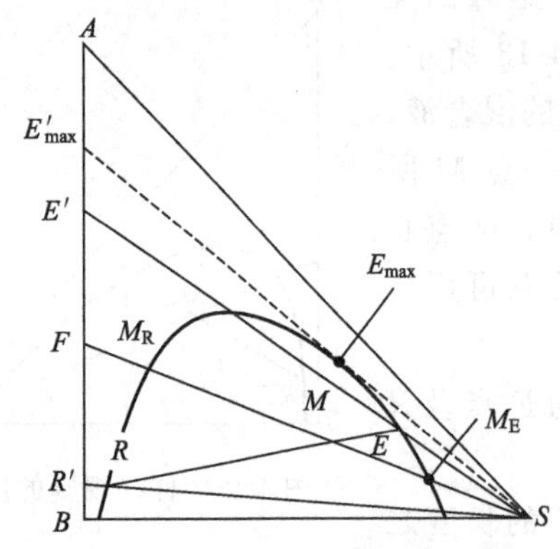

图 4-14　单级萃取在三角形相图上表达

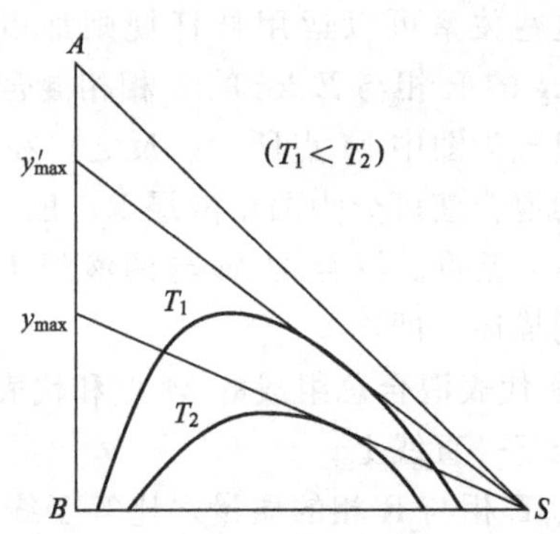

图 4-15　温度对萃取操作的影响

④ 回收溶剂后的状态点　若 E 相和 R 相中的溶剂全部被脱除出来，则得到萃取液 E′和萃余液 R′。延长 SE 和 SR 线，分别与 AB 边交于点 E' 及 R'，即为该两液体组成的坐标位置。E′和 R′的数量关系也用杠杆规则来确定，即：

$$\frac{E'}{R'}=\frac{\overline{FR'}}{\overline{FE'}} \quad 或 \quad \frac{E'}{F}=\frac{\overline{FR'}}{\overline{R'E'}}$$

⑤ 萃取液的最高浓度　由图 4-14 可看出，单级萃取效果取决于 R′及 E′的位置。若从顶点 S 作溶解度曲线的切线 SE_{max} 延长与 AB 边交于 E'_{max}，该点代表在一定条件下可能得到的最高浓度 y'_{max} 的萃取液。y'_{max} 与组分 B、S 之间的互溶度密切相关，互溶度越小，萃取操作的变化范围越大，可得到的 y'_{max} 便越高，如图 4-15 所示。

4.1.4　萃取剂的选择

萃取剂的选择是否合适，对萃取操作的分离效果和经济性起着至关重要的作用。选择萃取剂应从以下几方面考虑。

4.1.4.1　萃取剂的选择性

萃取剂的选择性可用选择性系数 β 表示，选择性系数的定义式为：

$$\beta=\frac{y_A/y_B}{x_A/x_B} \tag{4-6}$$

若 S 对溶质 A 的溶解能力比对稀释剂 B 的溶解能力大得多，即萃取相中 y_A 比 y_B 大得多，萃余相中 x_B 比 x_A 大得多，这时选择性系数 β 就大，表明这种萃取剂的选择性好。因为 $k_A=y_A/x_A$，$k_B=y_B/x_B$，所以

$$\beta=k_A/k_B \tag{4-6a}$$

β 为选择性系数，无量纲；y_A、y_B 分别为 A、B 组分在萃取相 E 中的质量分数；x_A、x_B 分别为 A、B 组分在萃余相 R 中的质量分数；k_A、k_B 分别为 A、B 组分的分配系数。

β 值直接与 k_A 有关，k_A 值越大，β 值也越大。凡是影响 k_A 的因素（如温度、浓度）也同样影响 β 值。

β 值越大，意味着萃取剂 S 对溶质 A 的溶解能力越大，对稀释剂 B 的溶解能力越小，越有利于 A、B 组分的分离；若 $\beta=1$，说明 A、B 组分在萃取相和萃余相的相对比例相同，并且等于它们在原料液中的相对比例，故无分离能力。

对于一定的分离任务，选用选择性高的萃取剂，既可减少萃取剂用量，降低回收溶剂操作的能量消耗，又可获得高纯度的产品A。

当组分B、S完全不互溶时，即 $y_B=0$，由式(4-6)可知，选择性系数 β 趋于无穷大。

4.1.4.2 萃取剂S与稀释剂B的互溶度

组分B与S的互溶度影响溶解度曲线的形状和两相区面积。B、S互溶度大则两相区面积小，B、S互溶度小则两相区面积大。图4-16表示了在相同温度下，同一种A、B二元料液与不同性能萃取剂 S_1、S_2 所构成的相平衡关系图。图4-16(a)表明B、S_1 互溶度小，可能得到的萃取液的最高浓度 y'_{max} 较高。所以说，B、S互溶度越小，越有利于萃取分离。

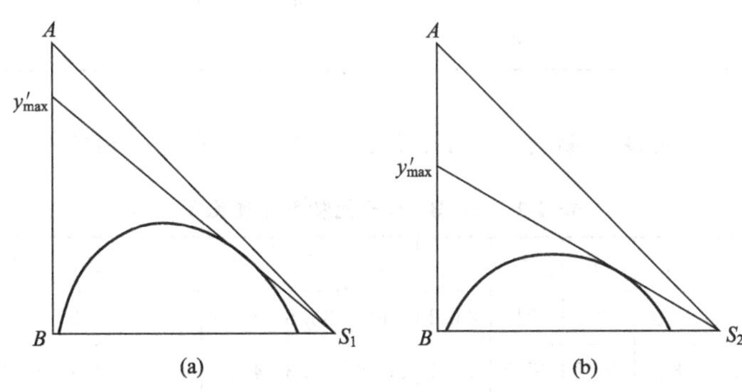

图4-16 萃取剂性能对萃取操作的影响

4.1.4.3 萃取剂回收的难易与经济性

萃取后所得到的E相和R相还是液体混合物，要回收萃取剂和得到高纯度的溶质产品，还需再作分离操作，通常以蒸馏方法进行分离。萃取剂回收的难易很大程度上决定了萃取过程的经济性。因此，所有有利于精馏操作的因素都成为对溶剂S的要求。例如，溶剂S与原料液中的组分的相对挥发度要大，不会形成恒沸物，组成低的组分最好是易挥发组分。

溶剂的萃取能力大，可减少溶剂的循环量，降低E相溶剂回收费用；溶剂在被分离混合物中的溶解度小，也可减少R相中溶剂回收的费用。

4.1.4.4 萃取剂的物性

要求萃取剂与稀释剂有较大的密度差，以使原料液与萃取剂混合后能较快地分为E相层和R相层，提高设备的生产能力。

两液相间的界面张力对分离效果的影响是两方面的。若界面张力大，细小的液滴易聚结，有利于两液相分层，但液滴分散程度差，接触界面小，不利于传质；若界面张力小，则易产生乳化现象，使两相难以分层。所以界面张力要适中。在实际操作中，通常侧重考虑分层问题，故一般选择界面张力较大的萃取剂。常见物系的界面张力列于表4-1中，以供参考。

此外，具有较低的黏度和凝固点、良好的化学稳定性和热稳定性、对设备腐蚀性小、价格较廉等，都是选择萃取剂时还应考虑的一般原则。

当然，要同时满足上述所有要求的萃取剂是不存在的，要根据实际情况，权衡萃取效果、技术指标和经济性，合理选用萃取剂，以保证满足主要要求。

表 4-1 常见物系的界面张力

物系	界面张力/$10^{-3}N\cdot m^{-1}$	物系	界面张力/$10^{-3}N\cdot m^{-1}$
氢氧化钠-水-汽油	30	苯-水	30
硫醇溶解加速溶液-汽油	2	醋酸丁酯-水	13
合成洗涤剂-水-汽油	<1	甲基异丁基甲酮-水	10
四氯化碳-水	40	二氯二乙醚-水	19
二硫化碳-水	35	醋酸乙酯-水	7
异辛烷-水	47	醋酸丁酯-水-甘油	13
煤油-水	40	异辛烷-甘油-水	42
异戊醇-水	4	煤油-水-蔗糖	23～40
甘油-水-异戊醇	4		

【例 4-1】 在一定温度下测得 A、B、S 三元物系两平衡液相的平衡数据见表 4-2。

表 4-2 A、B、S 三元物系平衡数据

项目		1	2	3	4	5	6	7	8	9	10	11	12	13	14
E 相 /%	y_A	0	7.9	15	21	26.2	30	33.8	36.5	39	42.5	44.5	45	43	41.6
	y_S	90	82	74.2	67.5	61.1	55.8	50.3	45.7	41.4	33.9	27.5	21.7	16.5	15
R 相 /%	x_A	0	2.5	5	7.5	10	12.5	15.0	17.5	20	25	30	35	40	41.6
	x_S	5	5.05	5.1	5.2	5.4	5.6	5.9	6.2	6.6	7.5	8.9	10.5	13.5	15

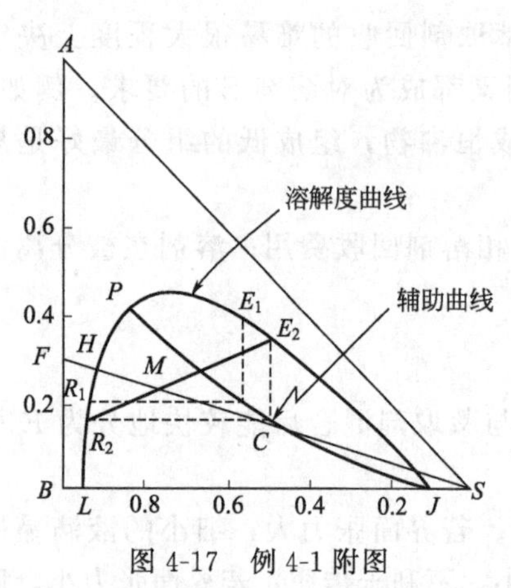

图 4-17 例 4-1 附图

表中的数据为质量分数。试求：(1) 溶解度曲线和辅助曲线；(2) 临界混溶点的组成；(3) 当萃余相中 $x_A=20\%$ 的分配系数 k_A 和选择性系数 β；(4) 在 300kg 含 30%A 的原料液中加入多少千克 S 才能使混合液开始分层？(5) 对第 (4) 项的原料液，欲得到含 36%A 的萃取相 E，试确定萃余相的组成及混合液的总组成。

解 (1) 根据所给平衡数据，将对应的 R 相与 E 相的组成点在三角形坐标图上标绘，连接各点得出溶解度曲线 LPJ，如图 4-17 所示，并根据连接线数据作出辅助曲线（共轭曲线）JCP。

(2) 辅助曲线和溶解度曲线的交点 P 即为临界混溶点，由附图读出该点处的组成为：

$$x_A=41.6\% \quad x_B=43.4\% \quad x_S=15.0\%$$

(3) 根据萃余相中 $x_A=20\%$，在图中定出 R_1 点，利用辅助曲线求出与之平衡的萃取相 E_1 点，从图读得两相的组成为：

萃取相 $y_A=39.0\%$ $y_B=19.6\%$

萃余相 $x_A=20.0\%$ $x_B=73.4\%$

分配系数　$k_A=\frac{y_A}{x_A}=\frac{39.0}{20.0}=1.95$

选择性系数　$\beta=k_A\frac{y_B}{x_B}=1.95\times\frac{73.4}{19.6}=7.303$

（4）根据原料液的组成在 AB 边上确定点 F，连点 F、S。当向原料液加入 S 后，混合液的组成即沿直线 FS 变化。直线 FS 与溶解度曲线的交点 H 点便是混合液开始分层的点。分层时溶剂的用量用杠杆规则求得。

因为

$$\frac{S}{F}=\frac{\overline{HF}}{\overline{HS}}=\frac{8}{96}$$

所以

$$S=F\times\frac{8}{96}=300\times\frac{8}{96}=25\text{kg}$$

（5）根据萃取相的 $y_A=36\%$ 在溶解度曲线上确定 E_2 点，借助辅助曲线作连接线获得与 E_2 平衡的点 R_2。由图读得 $x_A=17\%$，$x_B=77\%$。

R_2E_2 线与 FS 线的交点 M 为混合液的总组成点，由图读得 $x_A=23.5\%$，$x_B=55.5\%$，$x_S=21.0\%$。

4.2　萃取过程的计算

萃取操作设备可分为分级接触式和连续接触式两类。分级接触式萃取又分为单级萃取、多级错流萃取。

萃取过程计算要解决的是：①确定萃取过程的分离程度；②确定萃取剂的用量；③达到分离要求所需的萃取理论级数。

萃取过程计算的基本关系式是物料衡算和相平衡关系。计算方法有图解法和解析法。本章重点介绍图解法。

在分级式接触萃取过程计算中，无论是单级还是多级萃取操作，均假设各级为理论级，即离开每级的 E 相和 R 相互为平衡。在工程实际操作中，即使加入搅拌强化传质过程，每级要达到相平衡也需要相当长的时间，即理论级是难以达到的。引入理论级的概念，其意义在于求出萃取所需的理论级后，用级效率加以校正，进而求出实际级数。可以说，萃取操作中的理论级概念和蒸馏中的理论板相当。

4.2.1　单级萃取的计算

单级萃取流程如图 4-18(a) 所示，单级萃取可以进行连续操作或间歇操作。间歇操作时，各股物料的量均以 kg 表示，连续操作时，用 $\text{kg}\cdot\text{h}^{-1}$ 或 $\text{kg}\cdot\text{s}^{-1}$ 表示。为简便起见，萃取相组成 y 及萃余相组成 x 均是对溶质 A 而言。

在单级萃取操作中，一般已知物系在操作条件下的相平衡数据、原料液 F 的量及其组成 x_F，同时规定萃余相要达到的组成为 x_R，要求计算溶剂用量、萃余相及萃取相的量以及萃取相组成。

单级萃取操作的图解计算参见图 4-18(b)，根据 x_F、x_R 在三角形相图上确定点 F 及 R 点，借助辅助曲线，过点 R 作连接线与溶解度曲线交于 E 点，该点为萃取相组成点，RE 线与 FS 线交点 M 点为混合液组成点。延长 ES 线和 RS 线，分别与 AB 线相交于图中的 E'

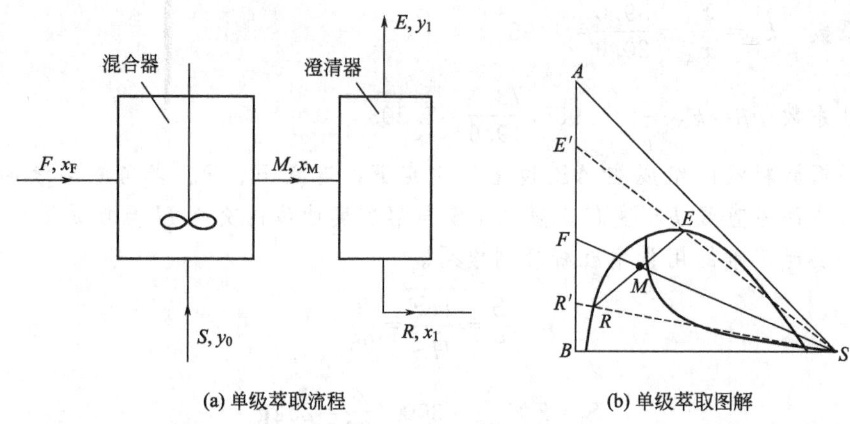

(a) 单级萃取流程　(b) 单级萃取图解

图 4-18　单级萃取

点和R'点，即为脱除全部溶剂后的萃取液及萃余液组成坐标点。各流股组成可直接从图上相应点读取。

4.2.1.1　图解法求各流股的质量

图解法求各流股的质量是依照杠杆规则进行的。在三角形相图上确定了各流股的组成后，再根据杠杆规则，有：

$$S=F\times\frac{\overline{MF}}{\overline{MS}} \tag{4-7}$$

$$E=M\times\frac{\overline{RM}}{\overline{RE}} \tag{4-8}$$

$$R=M-E \tag{4-9}$$

$$E'=F\times\frac{\overline{R'F}}{\overline{R'E'}} \tag{4-10}$$

$$R'=F-E' \tag{4-11}$$

4.2.1.2　物料衡算法求各流股的质量

对总物料衡算得：

$$F+S=R+E=M \tag{4-12}$$

对溶质 A 的物料衡算得：

$$Fx_{\mathrm{F}}+Sy_{\mathrm{S}}=Rx_{\mathrm{R}}+Ey_{\mathrm{E}}=Mx_{\mathrm{M}} \tag{4-13}$$

联立式(4-12)、式(4-13) 并整理得：

$$S=F\times\frac{x_{\mathrm{F}}-x_{\mathrm{M}}}{x_{\mathrm{M}}-y_{\mathrm{S}}} \tag{4-7a}$$

$$E=M\times\frac{x_{\mathrm{M}}-x_{\mathrm{R}}}{y_{\mathrm{E}}-x_{\mathrm{R}}} \tag{4-8a}$$

$$E'=F\times\frac{x_{\mathrm{F}}-x'_{\mathrm{R}}}{y'_{\mathrm{E}}-y'_{\mathrm{R}}}$$

依上述原则，可按照不同的要求，对各流股作物料衡算，得到相应的计算式。

【例 4-2】 在 25℃下，以水（S）为萃取剂从醋酸（A）与氯仿（B）的混合液中提取醋酸。已知原料液流量为 $1000\text{kg}\cdot\text{h}^{-1}$，其中醋酸的质量分数为 35%，其余为氯仿。用水量为 $800\text{kg}\cdot\text{h}^{-1}$。操作温度下，E 相和 R 相以质量分数表示的平衡数据列于表 4-3。试求：(1) 经单级萃取后 E 相和 R 相的组成及流量；(2) 若将 E 相和 R 相中的溶剂完全脱除，再求萃取液及萃余液的组成和流量。

表 4-3　例 4-2 附表

氯仿层(R 相)/%		水层(E 相)/%	
醋酸	水	醋酸	水
0.00	0.99	0.00	99.16
6.77	1.38	25.10	73.69
17.72	2.28	44.12	48.58
25.72	4.15	50.18	34.71
27.65	5.20	50.56	31.11
32.08	7.93	49.41	25.39
34.16	10.03	47.87	23.28
42.50	16.50	42.50	16.50

解　根据所给平衡数据，在等腰直角三角形坐标图中作出溶解度曲线和辅助曲线，如图 4-19 所示。

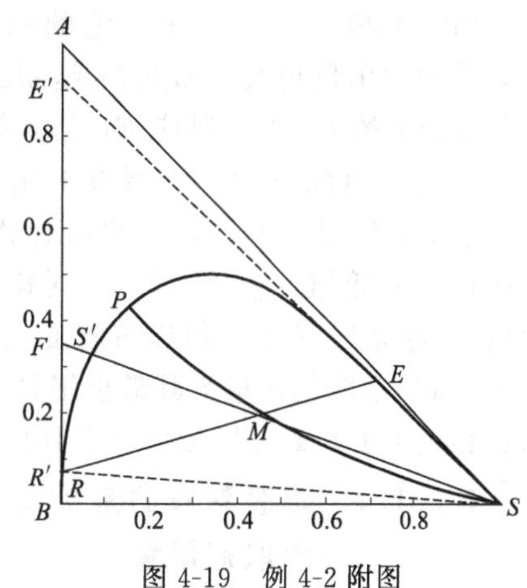

图 4-19　例 4-2 附图

(1) 两相的组成和流量　根据原料液中醋酸的质量分数为 35%，在 AB 边上确定 F 点，作点 F 与点 S 的连线，按 F、S 相的流量用杠杆定律在 FS 线上确定和点 M。

借辅助曲线用试差作图法确定通过 M 点的连接线 ER。由图读得两相的组成为：

E 相　$y_A=27\%$，$y_B=1.5\%$，$y_S=71.5\%$

R 相　$x_A=7.2\%$，$x_B=91.4\%$，$x_S=1.4\%$

依总物料衡算得：

$$M=F+S=1000+800=1800\text{kg}\cdot\text{h}^{-1}$$

由图量得　$\overline{RM}:\overline{RE}=31:50$

E 相的量为：

$$E=M\times\frac{\overline{RM}}{\overline{RE}}=1800\times\frac{31}{50}=1116\text{kg}\cdot\text{h}^{-1}$$

R 相的量为：　$R=M-E=1800-1116=684\text{kg}\cdot\text{h}^{-1}$

(2) 萃取液、萃余液的组成和流量　连接点 S、E，并延长 SE 与 AB 边交于 E'，由图读得 $y'_E=92\%$。连接点 S、R，并延长 SR 与 AB 边交于 R'，由图读得 $x'_R=7.3\%$。

萃取液和萃余液的量为：

$$E'=F\times\frac{x_F-x'_R}{y'_E-y'_R}=1000\times\frac{35-7.3}{92-7.3}=327\text{kg}\cdot\text{h}^{-1}$$

$$R'=F-E'=1000-327=673\text{kg}\cdot\text{h}^{-1}$$

萃取液的流量 E' 也可用式(4-10) 计算：

$$E'=F\times\frac{\overline{R'F}}{\overline{R'E'}}$$

由图量得 $\frac{\overline{R'F}}{\overline{R'E'}}=\frac{1}{3}$，所以

$$E'=1000\times\frac{1}{3}=333\text{kg}\cdot\text{h}^{-1}$$

$$R'=F-E'=1000-333=667\text{kg}\cdot\text{h}^{-1}$$

两种方法所得结果存在的差异为作图读图误差所致。

需要指出的是，在生产中通常溶剂是循环使用的，其中会含有少量的组分 A 与 B。同样，因脱溶剂不够完全，萃取液和萃余液中也会含少量 S。这种情况下，图解计算的原则和方法仍然适用，只是点 S、E' 及 R' 的位置均在三角形坐标图的均相区内。

4.2.1.3 萃取剂的最大用量与最小用量

如图 4-20 所示，对于一定的原料液流量 F 和组成 x_F，萃取剂用量越大，和点 M 越靠近 S 点，但不能超过溶解度线上的 E_c 点，对应 E_c 点的萃取剂用量为其最大用量 S_{max}，由图可知，当萃取剂用量为其最大用量时，所得萃余相组成和萃余液组成是操作条件下单级萃取所能达到的最低值 x_{min} 和 x'_{min}。同样，萃取剂用量越小，和点 M 越靠近 F 点，但以溶解度线上的 R_c 点为限，对应 R_c 点的萃取剂用量为其最小用量 S_{min}。因此，萃取剂用量必须小于其最大用量而大于其最小用量。

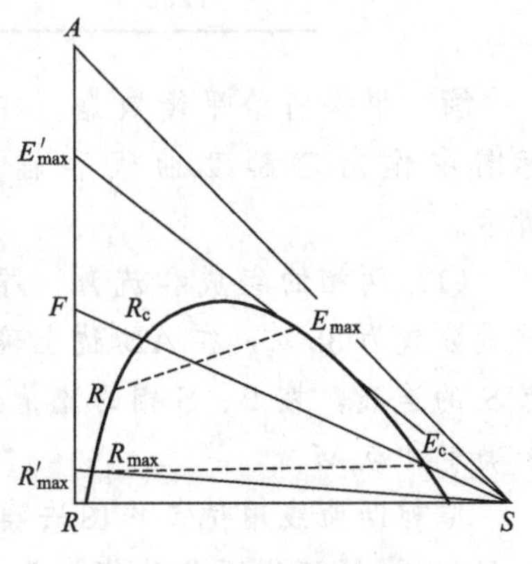

图 4-20 单级萃取的最大用量与最小用量

4.2.1.4 单级萃取的最大萃取液组成及相应的萃取剂用量

在三角形相图上应用杠杆规则，可确定单级萃取获得最高组成萃取液所需的萃取剂用量。从 S 点作溶解度曲线的切线与 AB 边相交与 E'_{max} 点，其组成 y'_{max} 为单级萃取所能得到的最大萃取液组成。过切点 E_{max} 作平衡连接线 $E_{max}R$ 与 FS 线交于 M 点，运用杠杆规则可求得为获得最大萃取液组成所需的萃取剂用量。

【例 4-3】 醋酸水溶液 100kg，在 25℃下用纯乙醚为溶剂作单级萃取。原料液含醋酸 $x_F=0.20$，欲使萃余相中含醋酸 $x_A=0.1$（均为质量分数，下同）。试求：(1) 萃余相、萃取相的量及组成；(2) 溶剂用量 S。

已知 25℃下 物系的平衡关系为 $y_A=1.356x_A^{1.201}$；$y_S=1.618-0.6399\exp(1.96y_A)$；$x_S=0.067+1.43x_A^{2.273}$，式中，$y_A$ 为与萃余相醋酸含量 x_A 成平衡的萃取相醋酸含量；y_S 为萃取相中溶剂的含量；x_S 为萃余相中溶剂的含量。

解 (1) $x_A=0.1$

则 $y_A=1.356x_A^{1.201}=1.356\times0.1^{1.201}=0.0854$

$y_S=1.618-0.6399\exp(1.96y_A)=1.618-0.6399\times\exp(1.96\times0.0854)=0.862$

$$y_B=1-y_A-y_S=1-0.0854-0.862=0.0562$$

$$x_S=0.067+1.43x_A^{2.273}=0.067+1.43\times0.1^{2.273}=0.0746$$

由物料衡算 $S+F=R+E$，$Fx_F=Rx_A+Ey_A$，$S=Rx_S+Ey_S$

即：$S+100=R+E$

$$0.2\times100=0.1R+0.0854E$$

$$S=0.0746R+0.862E$$

解得：$R=88.6\text{kg}$，$E=130.5\text{kg}$

(2) $S=R+E-F=88.6+130.5-100=119.1\text{kg}$

4.2.2 多级错流接触萃取的计算

单级萃取的萃余相中溶质含量往往还较高，为使萃余相中溶质含量低于规定值，采用多级萃取。图4-21所示为多级错流接触萃取流程示意图。

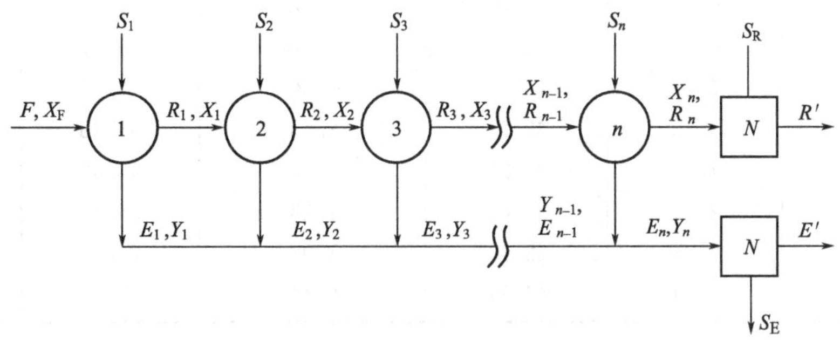

图4-21 多级错流接触萃取流程示意图

多级错流接触萃取的操作特点是：①每级都加入新鲜溶剂；②前级的萃余相为后级的原料。这种操作方式的传质推动力大，只要级数足够多，最终可得到溶质组成很低的萃余相，但溶剂的用量较多。

多级错流萃取设计型计算中，通常已知 F、x_F 及各级溶剂的用量 S_i，规定最终萃余相组成 x_n，要求计算理论级数。

根据多级错流接触萃取的操作特点，单级萃取的计算方法可用于多级错流萃取计算，只是前一级的萃余相作为后一级的原料液。

4.2.2.1 组分B、S部分互溶时的三角形坐标图图解法

对于组分B、S部分互溶物系，采用三角形相图图解计算比较方便清晰。图4-22所示是三级错流萃取的图解计算。

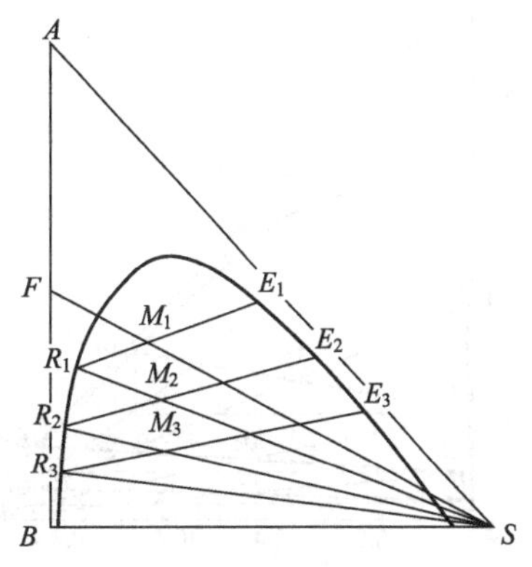

图4-22 三级错流萃取图解计算

通常已知物系的相平衡数据、原料液的质量 F 及其组成 x_F、萃取剂的组成 y_0，规定最终的萃余相组成 x_R，要选择萃取剂的用量，并求所需理论级数。下面举例说明错流萃取图解计算的方法。

若原料液为A、B二元溶液，各级均用纯溶剂进行萃取（即 $y_{S_1}=y_{S_2}=\cdots=0$）。首先，由原料 F 的组成 x_F 及萃取剂 S_1 的组成 y_{S_1} 作 FS_1 连线，由 F 和 S_1 的量依据杠杆规则在连线上确定第一级混合液的组成点 M_1，求得 M_1

的量和组成，通过 M_1 作连接线 E_1R_1，再依据杠杆规则求得萃取相 E_1 萃余相 R_1。在第二级中，由 R_1 与 S_2 的量确定混合液的组成点 M_2，过 M_2 作连接线 E_2R_2。如此重复，直到得到 x_n 达到或低于指定值 x_R 时为止。所作连接线的数目即为所需的理论级数。由图可见，多级错流萃取的图解法是单级萃取图解的多次重复。

溶剂总用量为各级溶剂用量之和，各级溶剂用量可以相等，也可以不等。但根据计算可知，只有在各级溶剂用量相等时，达到一定的分离程度，溶剂的总用量为最少。

【例 4-4】 25℃时丙酮（A）-水（B）-三氯乙烷（S）系统以质量分数表示的溶解度和连接线数据见表 4-4、表 4-5。

表 4-4　溶解度数据　单位：%

三氯乙烷	水	丙酮	三氯乙烷	水	丙酮
99.89	0.11	0	38.31	6.84	54.85
94.73	0.26	5.01	31.67	9.78	58.55
90.11	0.36	9.53	24.04	15.37	60.59
79.58	0.76	19.66	15.89	26.28	58.33
70.36	1.43	28.21	9.63	35.38	54.99
64.17	1.87	33.96	4.35	48.47	47.18
60.06	2.11	37.83	2.18	55.97	41.85
54.88	2.98	42.14	1.02	71.80	27.18
48.78	4.01	47.21	0.44	99.56	0

表 4-5　连接线数据　单位：%

水相中丙酮 x_A	5.96	10.0	14.0	19.1	21.0	27.0	35.0
三氯乙烷相中丙酮 y_A	8.75	15.0	21.0	27.7	32	40.5	48.0

用三氯乙烷为萃取剂在三级错流萃取装置中萃取丙酮水溶液中的丙酮。原料液的处理量为 $500\text{kg}\cdot\text{h}^{-1}$，其中丙酮的质量分数为 40%，第一级溶剂用量与原料液流量之比为 0.5，各级溶剂用量相等。试求丙酮的回收率。

解　丙酮的回收率可由下式计算，即：

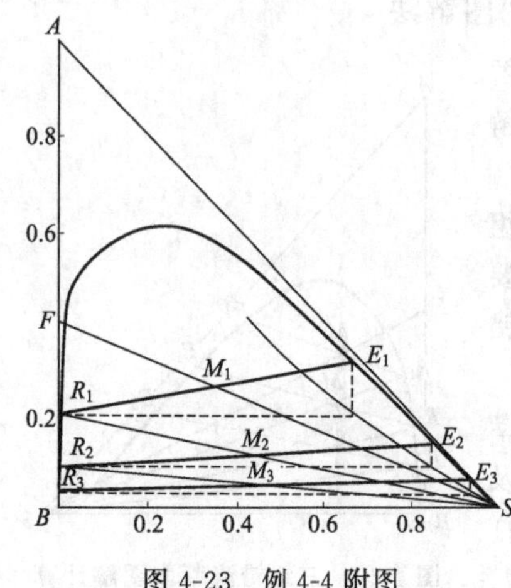

图 4-23　例 4-4 附图

$$\varphi_A=\frac{Fx_F-R_3x_3}{Fx_F}$$

上式中关键是求算 R_3 及 x_3。

由所给数据在等腰直角三角形相图中作出溶解度曲线和辅助曲线，如图 4-23 所示。每级加入的溶剂量相等，为：

$$S=0.5F=0.5\times500=250\text{kg}\cdot\text{h}^{-1}$$

由第一级的总物料衡算得：

$$M_1=S+F=250+500=750\text{kg}\cdot\text{h}^{-1}$$

由 F 和 S 的量用杠杆规则确定第一级混合液组成点 M_1，用试差法作过 M_1 点的连接线 E_1R_1。根据杠杆规则得：

$$R_1=M_1\times\frac{\overline{E_1M_1}}{\overline{E_1R_1}}=750\times\frac{33}{67}=369.4\text{kg}\cdot\text{h}^{-1}$$

再用 250kg·h^{-1}的溶剂对第一级的 R_1 相进行萃取。重复上述步骤计算第二级的有关参数，即：

$$M_2=S+R_1=250+369.4=619.4\text{kg}\cdot\text{h}^{-1}$$

$$R_2=M_2\times\frac{\overline{E_2M_2}}{\overline{E_2R_2}}=619.4\times\frac{43}{83}=321\text{kg}\cdot\text{h}^{-1}$$

同理，求得第三级的有关参数为：

$$M_3=571\text{kg}\cdot\text{h}^{-1}\qquad R_3=298\text{kg}\cdot\text{h}^{-1}$$

由图读得 $x_3=3.5\%$，丙酮的回收率为：

$$\varphi_A=\frac{Fx_F-R_3x_3}{Fx_F}=\frac{500\times0.4-298\times0.035}{500\times0.4}=94.8\%$$

4.2.2.2　组分 B、S 不互溶时理论级数的计算

(1) 直角坐标图解法

若组分 B、S 完全不互溶或互溶度很小，可视为不互溶，此时采用直角坐标图进行计算更为方便。

设每一级的溶剂加入量相等，则各级萃取相中的溶剂 S 的量和萃余相中的稀释剂 B 的量均保持不变，萃取相中只有 A、S 两组分，萃余相中只有 A、B 两组分。因此，物料衡算中的溶质组成采用质量比 Y（m_A/m_S）和 X（m_A/m_B）表示，并可在 XOY 坐标图上用图解法求解理论级数。

对图 4-21 中第一级萃取，作溶质 A 的衡算得：

$$BX_F+SY_S=BX_1+SY_1$$

$$Y_1-Y_S=-\frac{B}{S}(X_1-X_F)\tag{4-14}$$

式(4-14) 为第一级萃取过程中萃取相与萃余相组成变化的操作线方程。

同理，对第 n 级萃取作溶质 A 的衡算得：

$$Y_n-Y_S=-\frac{B}{S}(X_n-X_{n-1})\tag{4-15}$$

上式表示了任一级的萃取相组成 Y_n 与萃余相组成 X_n 之间的关系，为错流萃取的操作线方程。因为 B/S 为常数，故上式为通过点（X_{n-1},Y_S）的直线方程式。根据理论级的假设，离开任一级的 Y_n 与 X_n 处于平衡状态，故点（X_n,Y_n）也位于分配曲线上，为操作线与分配曲线的交点。据此，可在 XOY 直角坐标图上图解求所需的理论级，具体步骤如下（参见图 4-24）：

① 在直角坐标上作出分配曲线。

② 根据 X_F 和 Y_S 确定 L 点，过 L 点作斜率为 $-B/S$ 的操作线，与分配曲线相交于点 E_1（X_1,Y_1），表示离开第一级的萃取相 E_1 与萃余相 R_1 的组成。

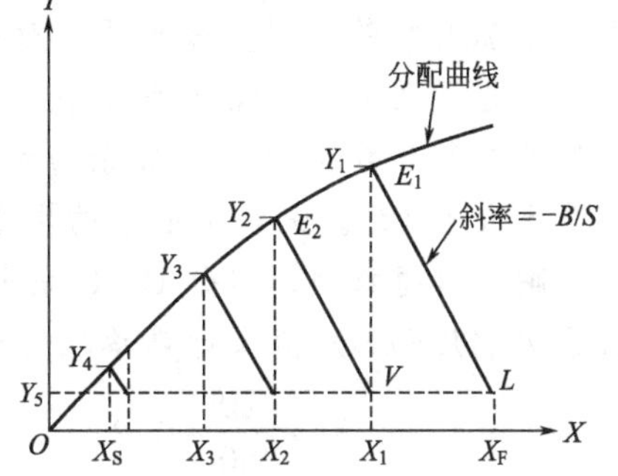

图 4-24　多级错流萃取直角坐标图解法

③ 过 E_1 作垂直线与 $Y=Y_S$ 线交于 V（X_1，Y_S），因各级萃取剂用量相等，通过 V 点作 LE_1 的平行线与分配曲线交于点 E_2，此点坐标为离开第二级的萃取相 E_2 与萃余相 R_2 的组成（X_2，Y_2）。以此类推，直到萃余相组成 X_n 等于或低于指定值为止。累计所作操作线的数目即为所需的理论级数 n。

值得一提的是：①若各级萃取剂用量不相等，则各操作线不相平行；②如果溶剂中不含溶质，即 $Y_S=0$，则 L、V 等点位于 X 轴上；③若在操作条件下分配系数可视作常数，即分配曲线为通过原点的直线，除图解法外，还可用解析法求理论级。

(2) 解析法

若在操作条件下分配系数可视作常数，则分配曲线可用下式表示：

$$Y=KX \tag{4-3}$$

式中，K 为以质量比表示相组成的分配系数。此时，就可用解析法求解理论级数。

图 4-24 中第一级萃取的相平衡关系为：

$$Y_1=KX_1$$

将上式代入式(4-14) 消去 Y 可解得：

$$X_1=\frac{X_F+\dfrac{S}{B}Y_S}{1+\dfrac{KS}{B}} \tag{4-16}$$

令 $KS/B=A_m$，则上式变为：

$$X_1=\frac{X_F+\dfrac{S}{B}Y_S}{1+A_m} \tag{4-17}$$

式中，A_m 为萃取因子，对应于吸收中的脱吸因子。

对第 n 级萃取则有：

$$X_n=(X_F-\frac{Y_S}{K})(\frac{1}{1+A_m})^n+\frac{Y_S}{K} \tag{4-18}$$

整理式(4-18) 并取对数得：

$$n=\frac{1}{\ln(1+A_m)}\ln\left[\frac{X_F-\dfrac{Y_S}{K}}{X_n-\dfrac{Y_S}{K}}\right] \tag{4-19}$$

式(4-18) 的关系可用图 4-25 所示的图线表示。

【例 4-5】 用含丙酮 1%（质量分数）的三氯乙烷作萃取剂，采用五级错流萃取，每级中加入的萃取剂量都相同，对丙酮 (A)-水 (B) 混合液进行萃取，水和三氯乙烷可视为完全不互溶。在操作条件下，丙酮的分配系数可视为常数，即 $K=1.71$。原料液中丙酮的质量分数为 20%，其余为水，处理量为 $1000\text{kg}\cdot\text{h}^{-1}$。要求最终萃余相中丙酮的含量不大于 1%。试求萃取剂的用量及萃取相中丙酮的平均组成。

解 由题意知，组分 B、S 完全不互溶，且分配系数 K 可视作常数，故可通过萃取因子 $A_m(KS/B)$ 值来计算萃取剂用量 S。A_m 可用图 4-25 或式(4-19) 求取。

$$X_F=\frac{20}{80}=0.25,\quad X_n=\frac{1}{99}=0.0101,\quad Y_S=\frac{1}{99}=0.0101$$

$$B=F(1-x_F)=1000\times(1-0.2)=800\text{kg}\cdot\text{h}^{-1}$$

$$\frac{X_F-\frac{Y_S}{K}}{X_n-\frac{Y_S}{K}}=\frac{0.25-\frac{0.0101}{1.71}}{0.0101-\frac{0.0101}{1.71}}=58.1$$

由上面的计算值和 $n=5$ 从图 4-25 查得：$A_m=1.23$ [也可由式(4-19) 求取 A_m]。

每级中纯溶剂的用量为：

$$S=\frac{A_m B}{K}=\frac{1.23\times 800}{1.71}=575.4\text{kg}\cdot\text{h}^{-1}$$

萃取剂的总用量为：

$$\sum S=\frac{5S}{1-0.01}=\frac{5\times 575.4}{0.99}=2906\text{kg}\cdot\text{h}^{-1}$$

设萃取相中溶质的平均组成为 $\overline{Y}$，对全系统作溶质的衡算得：

$$BX_F+\sum SY_S=BX_n+\sum S\overline{Y}$$

所以
$$\overline{Y}=\frac{B(X_F-X_n)}{\sum S}+Y_S=\frac{800\times(0.25-0.0101)}{2906}+0.0101=0.07614$$

即
$$\overline{y}=\frac{\overline{Y}}{1+\overline{Y}}=\frac{0.07614}{1.07614}=0.07075$$

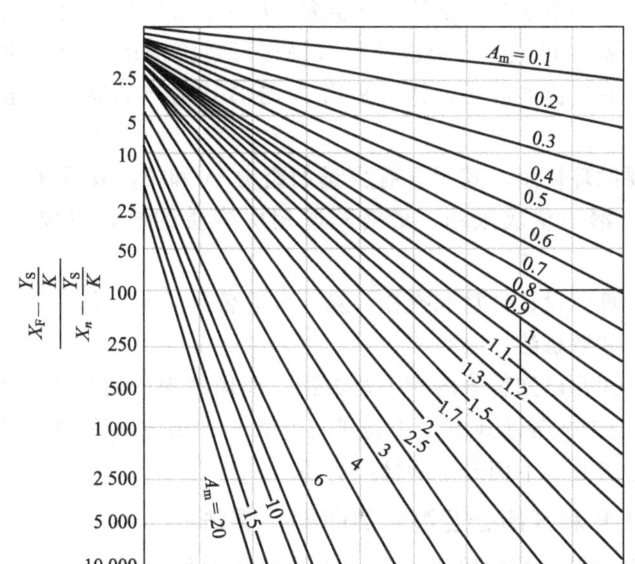

图 4-25 多级错流萃取 n 与 $\left(X_F-\frac{Y_S}{K}\right)\Big/\left(X_n-\frac{Y_S}{K}\right)$ 关系图（A_m为参数）

4.2.3 多级逆流接触萃取的计算

多级逆流萃取就是将若干个单级萃取串联起来，实现萃取相与萃余相的逆流操作。

多级逆流萃取操作流程如图 4-26(a) 所示。原料液由第一级进入，每一级的萃余相作为下一级的原料；萃取剂从最后一级进入，每一级的萃取相作为上一级的萃取剂。因此，在多

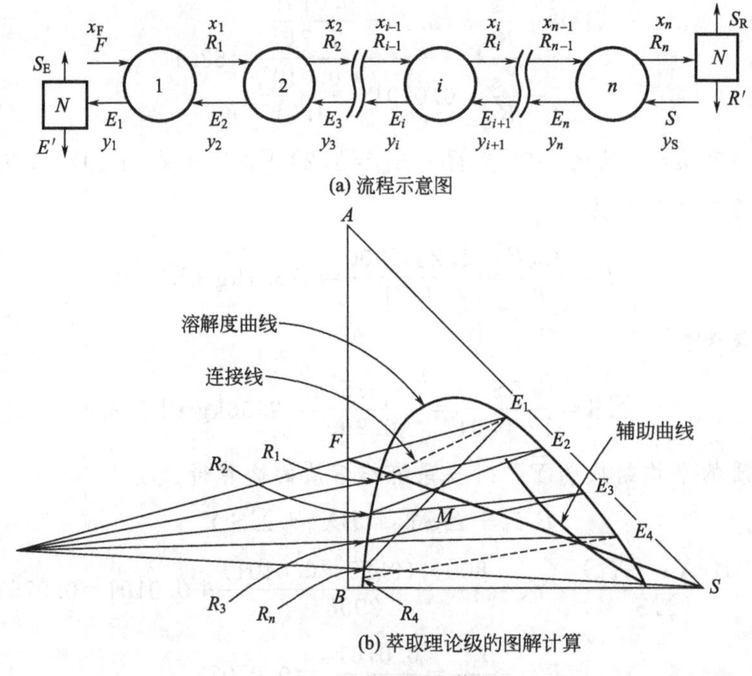

(a) 流程示意图

(b) 萃取理论级的图解计算

图 4-26　多级逆流萃取

级逆流萃取中，萃余相的溶质含量从第一级到第 N 级逐级降低，而萃取相的溶质含量从第 N 级到第一级逐级升高。可见，多级逆流萃取操作可在溶剂用量较少的情况下获得较高的分离效率，在工业上有广泛的应用，特别是当 A 与 B 均为产品需较完全分离时，一般采用多级逆流萃取。

通常萃取剂都要循环使用，其中含有少量的组分 A 和 B，故最终萃余相中可达到的溶质最低组成受溶剂中溶质组成限制，最终萃取相中溶质的最高组成受原料液中溶质组成制约。

多级逆流萃取计算分设计计算和操作计算，计算依据是相平衡关系和物料衡算关系，计算方法同样有图解法和解析法。

在设计计算中，通常已知物系的相平衡数据，而原料液的流量 F 和组成 x_F、最终萃余相中溶质组成 x_R 均由工艺条件规定，萃取剂的用量 S 和组成 y_S 根据经济因素而选定，要求计算萃取所需的理论级数。下面分不同情况讨论。

4.2.3.1　组分 B 和 S 部分互溶时的图解计算法

对于组分 B 和 S 部分互溶的物系，每一级的两相中均含有 3 个组分，故多级逆流萃取所需的理论级数需借助三角形相图，用图解法计算。

下面以选用纯溶剂为例，介绍图解求算步骤［参见图 4-26(b)］。

① 根据平衡数据，在三角形坐标图上绘出溶解度曲线和辅助曲线。

② 根据原料液组成 x_F 和萃取剂的组成 y_S，在图上定出 F 和 S 两点位置，再由溶剂比 S/F 在 FS 连线上定出和点 M 的位置。

③ 由规定的最终萃余相组成 x_R 在相图上确定 R_n 点，连点 R_n、M 并延 R_nM 与溶解度曲线交于 E_1 点，此点即为最终的萃取相状态点，由该点可读取最终萃取相的组成。再根据杠杆规则，计算最终萃取相及萃余相的流量，即：

$$E_1=M\times\frac{\overline{MR_n}}{\overline{R_nE_1}}\qquad R_n=M-E_1$$

④ 利用平衡关系和物料衡算，用图解法求理论级数。

在图 4-26(a) 所示的第一级与第 n 级之间作总物料衡算得：

$$F+S=R_n+E_1\qquad 或\qquad F-E_1=R_n-S$$

对第一级作总物料衡算得：

$$F+E_2=R_1+E_1\qquad 或\qquad F-E_1=R_1-E_2$$

对第二级作总物料衡算得：

$$R_1-E_2=R_2-E_3$$

以此类推，对各级作物料衡算，并对各衡算式进行整理得：

$$F-E_1=R_1-E_2=R_2-E_3=R_{n-1}-E_n=\cdots=R_n-S=\Delta \tag{4-20}$$

式(4-20) 为多级逆流萃取的操作线方程，它表明离开任意级的萃余相与进入该级的萃取相的流量差为常数，以 Δ 表示。Δ 是虚拟量，其组成也可以在三角形相图上用点 Δ 表示。由式(4-20) 知，Δ 点为各条操作线上的共有点，称为操作点。显然，Δ 点分别为 F 与 E_1、R_1 与 E_2、R_2 与 E_3、…、R_{n-1} 与 E_n、R_n 与 S 诸流股的差点。各直线 $FE_1\Delta$、$R_1E_2\Delta$、…、$R_nS\Delta$ 为各级操作线，通常由 FE_1 与 SR_n 的延长线交点来确定 Δ 点的位置。

操作点 Δ 确定后，过 E_1 点作连接线与溶解度曲线相交于 R_1 点，连点 R_1 和点 Δ 得操作线，该操作线与溶解度曲线相交得 E_2 点；以此类推，交替地作平衡连接线和作操作线，直至某连接线所得萃余相组成等于或小于所规定的最终萃余相组成 x_n 为止，所作连接线数目即为所需的理论级数。

需要指出，点 Δ 的位置与物系连接线的斜率、原料液的流量 F 及组成 x_F、萃取剂用量 S 及组成 y_S、最终萃余相组成 x_n 等参数有关，可能位于三角形相图左侧，也可位于三角形相图右侧。若其他条件一定，则点 Δ 的位置由溶剂比（S/F）决定。当 S/F 较小时，点 Δ 在三角形左侧，此时 R 为和点；当 S/F 较大时，点 Δ 在三角形右侧，此时 E 为和点；当 S/F 为某数值时，使点 Δ 无穷远，即各操作线交点在无穷远，这时可视为诸操作线是平行的。

【例 4-6】 每小时处理 500kg 含丙酮（A）50%（质量分数，下同）的水溶液（B），以氯苯（S）为萃取剂进行多级连续逆流萃取，所用溶剂比（S/F）为 1∶1，要求最终萃余相中丙酮组成不超过 7%。试求：(1) 最终萃取相以及溶剂全部脱除后的萃取液的组成与流量；(2) 所需的理论级数。

操作条件下的溶解度曲线和辅助曲线如图 4-27 所示。

解　(1) 由 $x_F=50\%$ 在 AB 边上定出 F 点，连接 FS。操作溶剂比为：$S/F=1$。由溶剂比在 FS 线上定出和点 $M(FM=MS)$。

由 $x_n=2\%$ 在相图上定出 R_n 点，延长点 R_n 及 M 的连线与溶解度曲线交于 E_1 点，此点即为最终萃取相组成点。

连接点 E_1、F 与点 S、R_n，并延长两连线交于点 Δ，此点即为操作点。

过 E_1 借助辅助线作连接线 E_1R_1（平衡关系），点 R_1 即代表与 E_1 成平衡的萃余相组成点。

连接点 Δ、R_1 并延长交溶解度曲线于点 E_2（操作关系），此点即为进入第一级的萃取相组成点。

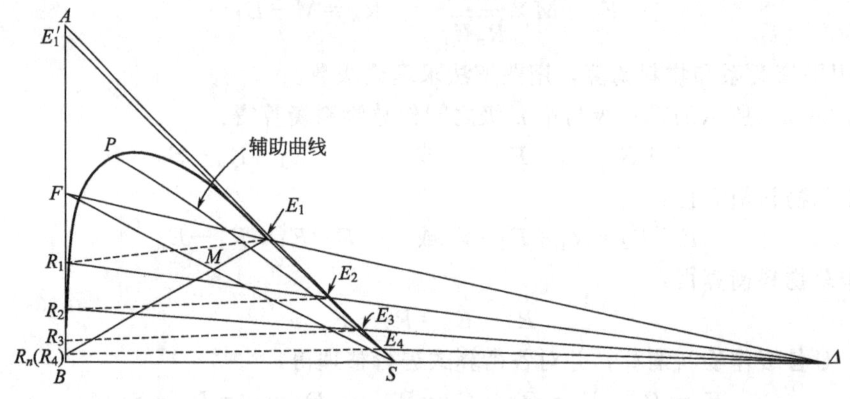

图 4-27 例 4-6 附图

重复上述步骤，过 E_2 作连接线 E_2R_2，连接点Δ、R_2 的延长线交溶解度曲线于点 E_3，依次连接，由图可看出，当作至连接线 E_4R_4 时，$x_4=2\%$，故知用四个理论级即可满足萃取分离要求。

连接点 S、E_1 的延长线与 AB 边交于点 E_1'，此点即代表最终萃取液的组成点。由图读得最终萃取相（E_1 相）组成 $y_1=36.3\%$，最终萃余相（E_1' 相）组成 $y_1'=97.5\%$。

利用杠杆规则求 E_1 的流量，即：

$$E_1=M\times\frac{\overline{MR_n}}{\overline{R_nE_1}}=(500+500)\times\frac{64}{85}=753\text{kg}\cdot\text{h}^{-1}$$

由图中可见，萃余相几乎没有溶剂，萃取液由 E_1 完全脱除所加溶剂 S 而得到，即：

$$E_1'=E_1-S=753-500=253\text{kg}\cdot\text{h}^{-1}$$

(2) 在直角坐标系中求解理论级数　若萃取过程所需理论级数较多时，在三角形坐标上进行图解会因线条过密而不够清晰，此时可用直角坐标图求解理论级数。参见图 4-28。具体做法如下。

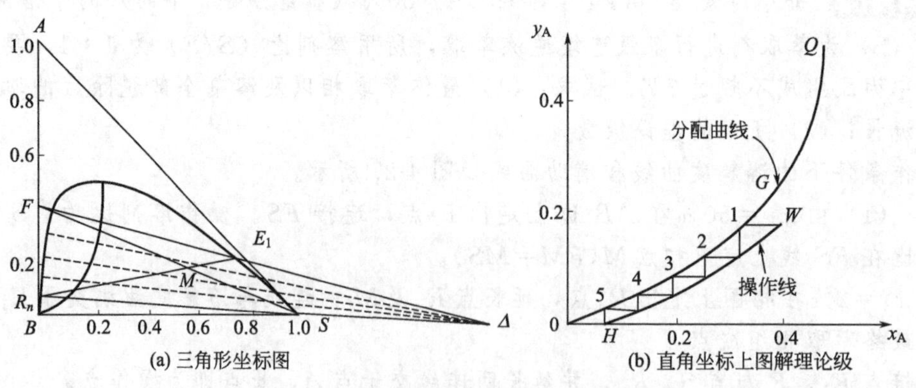

图 4-28　在直角坐标系中求解理论级数

① 由平衡数据在三角形坐标上绘出溶解度曲线和辅助曲线，确定 F、R_n、S 及 E_1 四个点，连接点 R_n、S 及点 F、E_1，并将连线延长交于Δ点，此点即为操作点。

② 借助辅助曲线确定任意若干组共轭相中溶质的平衡组成，在直角坐标上依平衡

数据作出分配曲线 $0GQ$。

③ 在直角坐标系中作操作线。于 $FE_1\Delta$ 与 $R_nS\Delta$ 两直线之间任意作若干条操作线，每条操作线均与溶解度曲线交于两点，将该两点的坐标 y_A 与 x_A 转移到直角坐标中便得到一个操作点 W。

④ 从 W 点开始在分配曲线与操作线之间画阶梯，直至某一阶梯所指的萃余相中溶质组成等于或小于要求的最终萃余相组成 x_R 为止，所绘阶梯为所需理论级数。

4.2.3.2 组分B和S完全不互溶时理论级数的计算

当组分B和S完全不互溶，或在操作范围内互溶度很小可忽略时，各级萃取相和萃余相中只有两个组分，即稀释剂B只在萃余相，而溶剂S只在萃取相，它们在各级的量维持不变。若物料衡算中的溶质组成采用质量比 $Y(m_A/m_S)$ 和 $X(m_A/m_B)$ 表示，则所得操作线在以直角坐标系上为一直线，求理论级数的方法与脱吸过程十分相似，可用图解法或解析法求解理论级数。图解法就是在直角坐标系上，从点（X_F、Y_1）开始，于分配曲线与操作线之间画阶梯直到 $X_n \leqslant X_R$，阶梯数即为理论级数。

若分配曲线不为直线，通常用直角坐标图解法计算萃取理论级数较为方便。具体求解步骤如下（参见图4-29）：①由平衡数据在直角坐标上绘出分配曲线；②在直角坐标上作出多级逆流萃取的操作线；③求解理论级数 n。

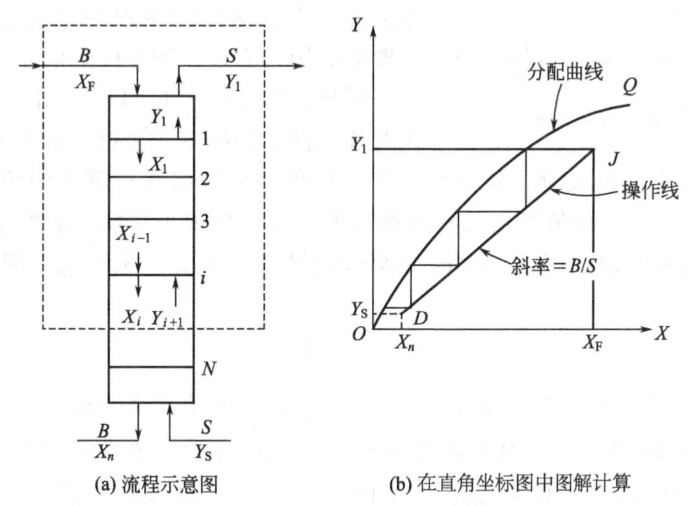

(a) 流程示意图　　(b) 在直角坐标图中图解计算

图4-29 B、S完全不互溶多级逆流萃取的图解计算

多级逆流萃取的操作线方程通过对溶质作衡算得到。在图4-29(a)中的第1级至第 i 级之间对溶质作衡算得：

$$BX_F + SY_{i+1} = BX_i + SY_1$$

整理得：

$$Y_{i+1} = \frac{B}{S}X_i + \left(Y_1 - \frac{B}{S}X_F\right) \tag{4-21}$$

式中，X_i 为离开第 i 级萃余相中溶质的质量比组成，$X_i = m_A/m_B$；Y_{i+1} 为离开第 $i+1$ 级萃取相中溶质的质量比组成，$Y_{i+1} = m_A/m_S$。

式(4-21)称为多级逆流萃取操作线方程式，斜率为 B/S，两端点 $J(X_F, Y_1)$ 和 $D(X_n, Y_S)$。将式(4-21)绘在直角坐标系上得操作线 DJ。

从 J 点开始，在分配曲线与操作线之间画阶梯直至到或过 D 点，阶梯数即为所求理论级数。

当分配曲线为通过原点的直线时，由于操作线也为直线，萃取因子 $A_m=KS/B$ 为常数，则可仿照脱吸过程的计算方式，用下式求解理论级数 n，即：

$$n=\frac{1}{\ln A_m}\ln\left[\left(1-\frac{1}{A_m}\right)\frac{X_F-\frac{Y_S}{K}}{X_n-\frac{Y_S}{K}}+\frac{1}{A_m}\right] \tag{4-22}$$

4.2.3.3 最小溶剂比和最小萃取剂用量

在萃取操作中，溶剂比对设备费和操作费的影响与吸收操作中的液-气比相似。以组分B和S完全不互溶体系为例，萃取分离任务一定，减小溶剂比 S/F，则回收溶剂所消耗的能量减少。但减小 S/F 会导致 B/S 增大，在直角坐标图（图 4-30）上可见，这时操作线向分配曲线靠拢，所需的理论级数增多；反之，增大溶剂比 S/F，使回收溶剂所消耗的能量增加。但由 S/F 增加引起的 B/S 减小，使所需的理论级数减少，所以，应根据经济效益来确定适宜的溶剂比。当萃取剂用量减小致使操作线和分配曲线相交（或相切）时，为达到规定的分离程度，所需的理论级数为无穷多。这时的萃取剂用量为最小用量 S_{min}。萃取剂的用量必须大于此极限值才能进行实际操作。

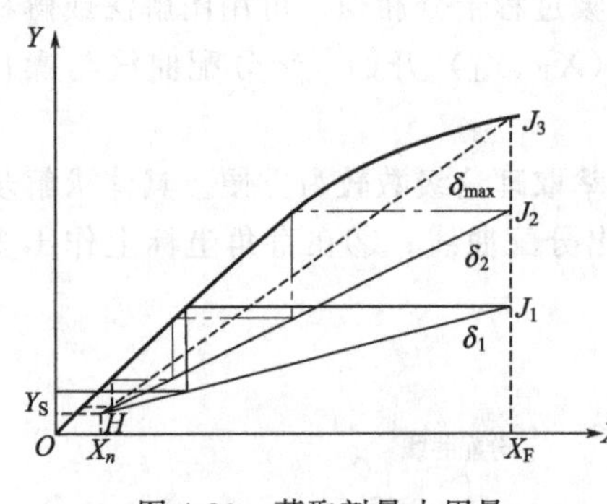

图 4-30 萃取剂最小用量

同样，由三角形相图也看出，S/F 值越小，操作线和连接线的斜率越接近，所需的理论级数越多。当萃取剂的用量减小至 S_{min} 时，就会出现某一操作线和连接线相重合的情况，此时所需的理论级数为无穷多。S_{min} 的值可由杠杆规则求得。用 δ 代表正常操作的操作线斜率，即 $\delta=B/S$，则当使用最小萃取剂用量 S_{min} 时的操作线斜率为 $\delta_{max}=B/S_{min}$，即最小萃取剂用量 S_{min} 的计算式为：

$$S_{min}=B/\delta_{max} \tag{4-23}$$

【例 4-7】 在多级逆流萃取装置中，用三氯乙烷从含丙酮 35%（质量分数，下同）的丙酮水溶液中萃取丙酮。原料液的流量为 $1000\text{kg}\cdot\text{h}^{-1}$，要求最终萃余相中丙酮的组成不大于 5%。萃取剂的用量为最小用量的 1.3 倍。水和三氯乙烷可视作完全不互溶，试在直角坐标系上求解所需的理论级数。(操作条件下的平衡数据见表 4-5)。

若操作条件下该物系的分配系数 K 取作常数 1.71，试用解析法求解所需的理论级数。

解 (1) 图解法求所需理论级数 将例 4-4 的连接线数据换算为质量比组成，换算结果列于表 4-6。

表 4-6 例 4-7 附表

X	0.0634	0.111	0.163	0.236	0.266	0.370	0.538
Y	0.0959	0.176	0.266	0.383	0.471	0.681	0.923

在直角坐标上标绘表 4-6 中数据，得分配曲线 OP，如图 4-31 所示。

由所给数据得：

$$X_F=\frac{35}{65}=0.538, \quad X_n=\frac{5}{95}=0.0526$$

$$B=F(1-x_F)=1000\times(1-0.35)=650\text{kg}\cdot\text{h}^{-1}$$

因 $Y_S=0$，故在图 4-31 横轴上确定 X_F 及 X_n 两点，过 X_F 作垂直线与分配曲线交于点 J，连 X_nJ 便得到 δ_{max}，即：

$$\delta_{max}=\frac{0.923-0}{0.538-0.0526}=1.9$$

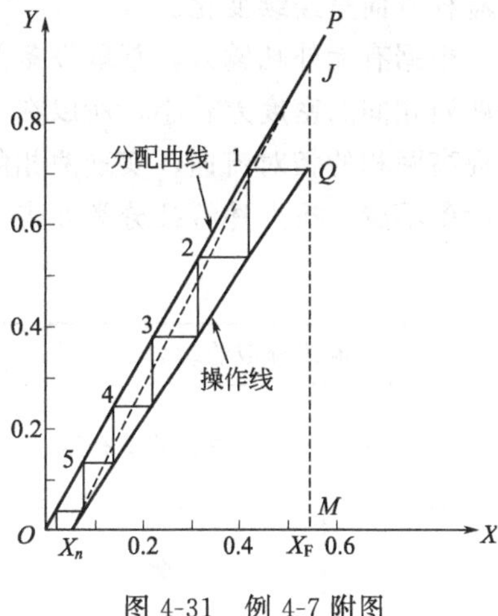

图 4-31 例 4-7 附图

最小萃取剂用量：

$$S_{min}=\frac{B}{\delta_{max}}=\frac{650}{1.9}=342\text{kg}\cdot\text{h}^{-1}$$

$$S=1.3S_{min}=1.3\times342=445\text{kg}\cdot\text{h}^{-1}$$

实际操作线斜率为：

$$\delta=\frac{B}{S}=\frac{650}{445}=1.46$$

于是，可作出实际操作线 QX_n。在分配曲线与操作线之间作阶梯，求得所需理论级数为 5.5。

（2）解析法求所需理论级数：

$$A_m=\frac{KS}{B}=\frac{1.71\times445}{650}=1.171 \quad , \quad \frac{X_F-\frac{Y_S}{K}}{X_n-\frac{Y_S}{K}}=\frac{0.538-0}{0.0526-0}=10.23$$

所以

$$n=\frac{1}{\ln A_m}\ln\left[\left(1-\frac{1}{A_m}\right)\frac{X_F-\frac{Y_S}{K}}{X_n-\frac{Y_S}{K}}+\frac{1}{A_m}\right]=\frac{1}{\ln1.171}\times\ln\left[(1-\frac{1}{1.171})\times10.23+\frac{1}{1.171}\right]=5.41$$

两种方法计算结果相近。

4.3 液-液萃取设备

萃取设备的作用是实现两液相之间的质量传递，并完成两组分的分离。因此，对萃取设备的基本要求是：萃取系统的两液相在萃取设备内能够密切接触，并伴有较高程度的湍动，使之能充分混合以实现两相之间的质量传递；随后又能使两相较快地分层，进而达到组分分离的目的。此外，还要求萃取设备生产强度大、操作弹性好、结构简单、易于制造和维修等。

萃取设备的种类很多，根据两液相的接触方式，萃取设备分为逐级接触式和连续接触式两大类。逐级接触式设备可以一级单独使用，也可以串联成多级使用。在分级接触设备中，每一级内两相都经历混合与分离两过程，在不同级之间两液相的组成呈阶梯式变化。在连续逆流接触式设备中，两相逆流，经历聚合、分散、再聚合、再分散的反复过程，两相的组成沿流程方向呈连续变化。

根据有无外功输入，萃取设备又可分为有外加能量和无外加能量两种。由于液-液萃取中两液相间的密度差较小，所以在无外加能量仅靠重力作用下两液相间的相对流速较小。为了提高两相的相对流速，实现两相的密切接触，可采用施加外力作用的方法。工业上常用萃取设备不少，按上述特征分类如表 4-7 所示。

表 4-7　萃取设备分类

流体分散的动力		逐级接触式	连续逆流接触式
无外加能量	重力差或初压	筛板塔 流动混合器	喷洒塔 填料塔
有外加能量	脉冲	脉冲混合-澄清器	脉冲填料塔 脉冲筛板塔
	旋转搅拌	混合-澄清器	转盘塔(RDC) 偏心转盘塔(ARDC)
	往复搅拌		往复振动筛板塔
	离心力	卢威式离心萃取器	波氏(POD)离心萃取器

4.3.1　混合-澄清槽

混合-澄清槽是一种典型的逐级接触式液-液萃取设备，是最早使用且目前仍然广泛用于工业生产的一种萃取设备。根据生产需要，混合-澄清槽可以单级操作，也可以将其按错流、逆流等方式组合成多级操作。每个萃取级均包括混合器和澄清槽两个主要部分。混合器内通常装有搅拌器，对加入混合器中的萃取剂和原料液进行搅拌，使其中的一相被分散为液滴，分散于另一相中，以增大两液相接触面积，增加湍动程度，促使传质表面更新，也可采用脉冲或喷射器来实现两相的充分混合，提高传质效率。图 4-32(a)、(b) 分别为机械搅拌混合槽和喷射混合槽示意图。

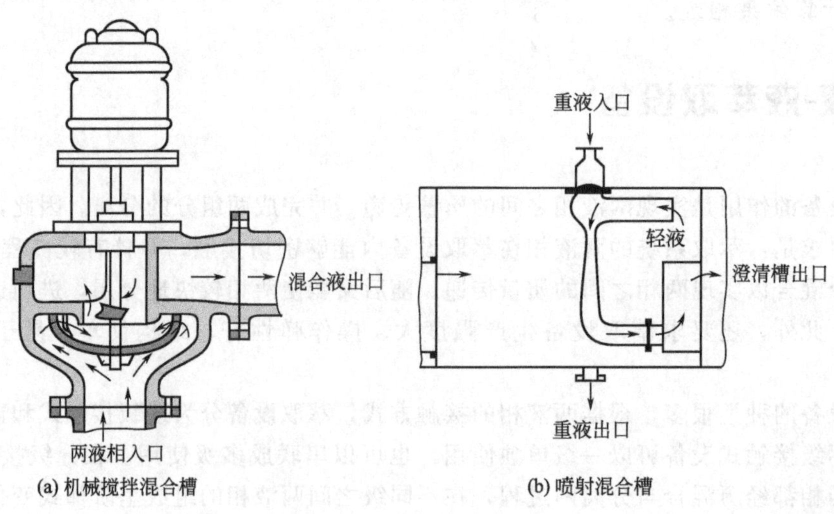

图 4-32　混合槽示意图

澄清器的作用是将经过充分接触传质后接近平衡状态的两液相分离开来，包括液滴沉降（或浮升）及凝聚分层两个步骤。对于易于澄清的混合液，依靠两相间的密度差借助重力便可有效进行沉降（或升浮）和凝聚分层。对于两相间的密度差和界面张力均很小的混合液，重力分离时间往往很长，可采用离心式澄清器（如旋液分离器、离心分离机）加速两相的分离过程。

典型的单级混合-澄清槽如图 4-33 所示。操作时，原料液和萃取剂先在混合槽内借助搅拌装置的作用充分混合，实现两相间的传质，随后进入澄清器中，在重力作用下，分散相液滴沉降（或浮升）分层，并在界面张力作用下凝聚，分离成萃取相和萃余相。

混合器和澄清槽有着不同的功能，它们可以是两个独立的设备，也可以将混合槽和澄清槽并成为一个装置。通常，混合传质过程较快而澄清分层速度较慢，故澄清槽较混合器大。

多级混合-澄清槽是由多个单级萃取单元组合而成。图 4-34 所示为水平排列的三级逆流混合-澄清萃取设备示意图。

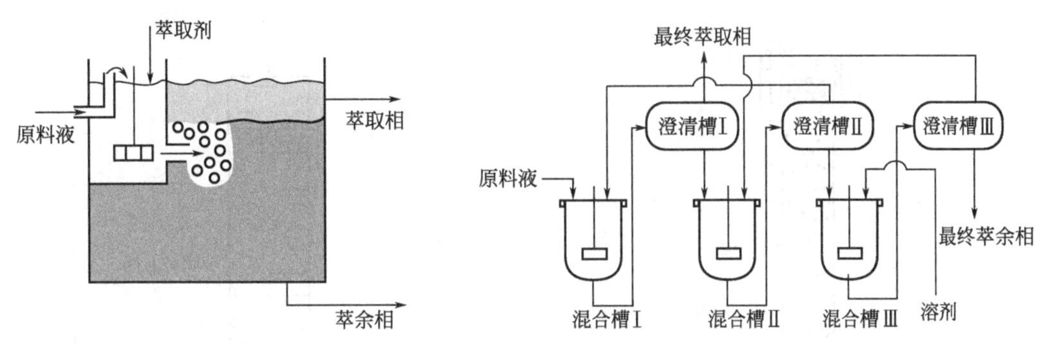

图 4-33　单级混合-澄清槽　　图 4-34　三级逆流混合-澄清萃取设备

混合-澄清槽的优点是：①两液相接触良好，混合充分，传质效率高，级效率可高于 75%；②结构简单，操作方便可靠，易实现多级连续操作；③两液相的流量可以在较大的范围内变化，还可处理含有悬浮固体的物料。因此，混合-澄清槽对大、中、小型生产均能应用，应用较广泛。

其缺点是：①每级内都设有搅拌装置，液体在级间流动需泵输送，所以能量消耗较多，操作费都较高；②每一级均需澄清器，加上设备水平排列占地面积大，因而设备费用较大。

4.3.2　塔式萃取设备

塔式萃取设备占地面积小，适用范围广，应用比较广泛。塔式萃取设备的结构形式很多，以下介绍工业上较常见的几种。

4.3.2.1　喷淋萃取塔

喷淋萃取塔是塔式萃取设备中结构最简单的一种，塔内无构件，只是在塔的上、下设有分散管，塔的两端各有一个澄清室，以供两相分层，如图 4-35 所示。

喷淋萃取塔操作时，重相由塔顶的分散管进入塔内，作为连续相充满全塔，最后由塔底流出；轻相由塔下部的分散管分成液滴通过连续相向上流动，最后聚集在塔顶而流出。两液相的分界面随着重相流出口高度的降低而下降。

塔下部分散管的作用是将轻相分散为液滴，但它也使两液相流动的自由截面积缩小，容易造成液泛。当塔中的液滴对连续相的相对速度为液滴自由沉降速度的 75%时就会出现液泛。此外，喷淋萃取塔轴向返混严重，传质效率低。因此喷淋塔在工业上已较少应用。

4.3.2.2 填料萃取塔

填料萃取塔的结构与吸收和精馏使用的填料塔基本相同，即在塔体内支承板上充填一定高度的填料层，如图 4-36 所示。萃取操作时，连续相充满整个塔，分散相以液滴状通过连续相。轻相入口管设在支承器之上 25～50mm 处，可有效防止分散相的液滴在填料层入口处聚集和过早出现液泛。选择填料材质时，不仅要考虑其耐腐蚀性，还要考虑它的被润湿性。为保证分散相与连续相有尽量大的接触面积，填料的材质应优先被连续相液体所湿润，若分散相比连续相更易湿润填料，则分散相液滴会在填料表面和填料间聚积形成小的流股，进而减少相际接触面积。通常，瓷质填料易被水溶液优先湿润；石墨或塑料填料易被大部分有机液体优先湿润；金属填料被水溶液和有机液体的湿润性能无显著差别，需通过实验而确定。

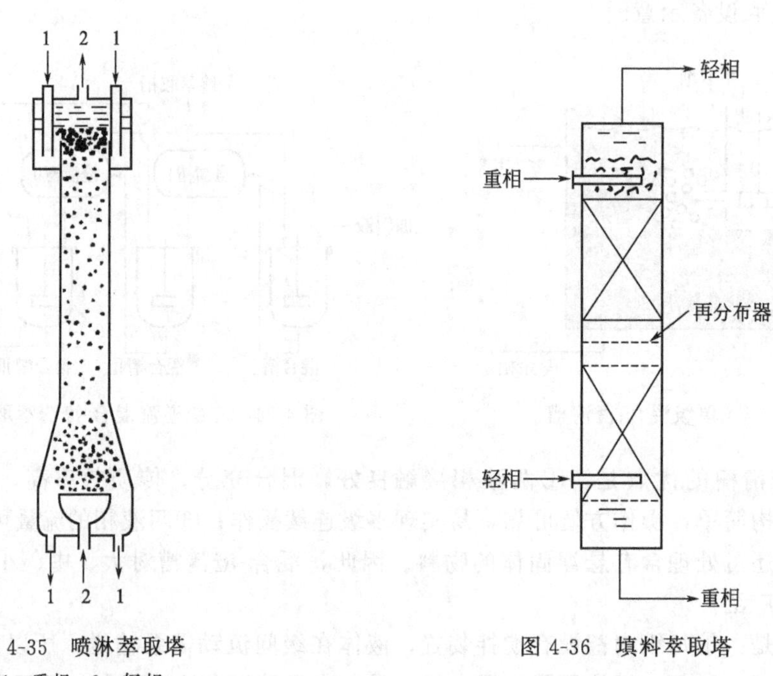

图 4-35　喷淋萃取塔

1—重相；2—轻相

图 4-36　填料萃取塔

4.3.2.3 筛板萃取塔

液-液萃取所采用的筛板萃取塔的结构如图 4-37 所示。塔体内装有若干层筛板，为使分散相产生较小的液滴，筛孔直径比气液传质的孔径要小。工业中所用的孔径一般为 3～9mm，孔距为孔径的 3～4 倍，筛孔的总开孔率一般为 10%～25%，板间距通常为150～600mm。

筛板萃取塔的降液管结构根据轻相为分散相或重相为分散相而异：对于轻相为分散相，轻相由塔板下方经筛孔分散成液滴而上升，在塔板上与连续相接触传质后分层凝聚并聚结在上一层筛板的下面，然后借助压强差的推动，再经上层筛板的筛孔分散到上层塔板，如此逐层向上流，最后由塔顶排出。重相（连续相）由上部进入，水平流经筛板与轻相（分散相）的液滴错流进行传质，然后经降液管进入下一层塔板。如此逐层向下流，最后由塔底排出（见图 4-37）。对于重相是分散相，则塔板上的降液管须改为升液管，重相的液滴聚集在筛板上面，穿过板上的筛孔，分散成液滴而落入连续相的轻相中，轻相则连续地从升液管进入上一层塔板，直到塔顶（见图 4-38）。

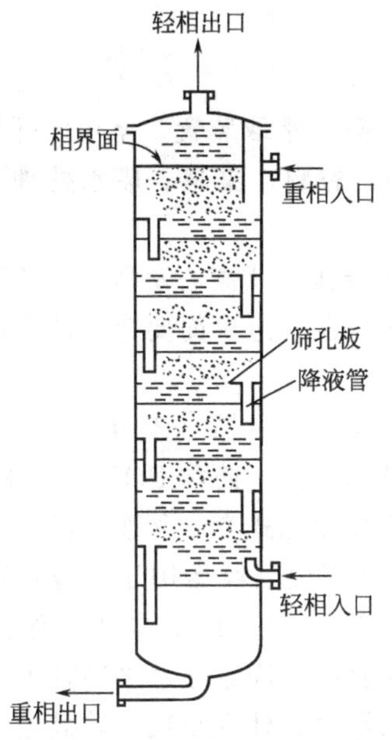

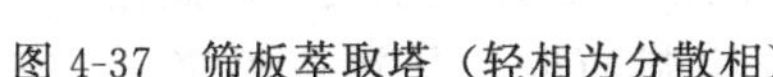
图 4-37 筛板萃取塔（轻相为分散相）

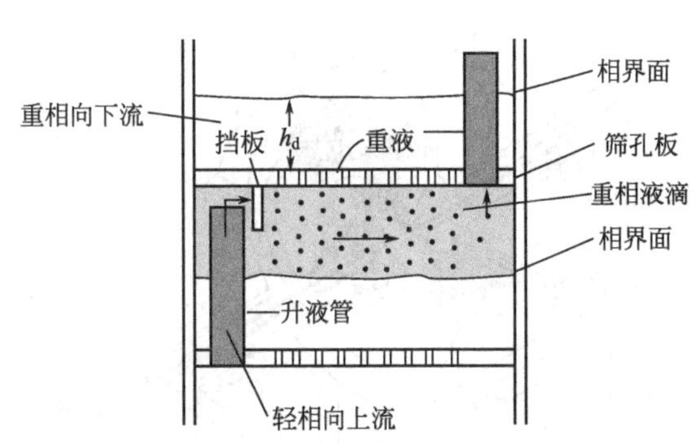

图 4-38 筛板结构示意图（重相为分散相）

由于多层筛板的限制，减小了轴向返混，同时由于分散相的反复分散和聚结，液滴表面不断更新，使筛板萃取塔的效率比填料塔有所提高，再加上筛板塔结构简单，价格低廉，可处理腐蚀性料液，因而在许多萃取过程中得到广泛应用。

4.3.2.4 脉冲筛板塔

脉冲筛板塔也称液体脉动筛板塔，是一种利用外力作用使塔内液体产生脉冲运动的筛板塔。其结构如图 4-39 所示。塔两端直径较大部分为上澄清段和下澄清段，中间为两相传质段，其中装很多块具有小孔的筛板，筛板间距通常为 50mm，不设降液管。脉冲作用使塔内液体反复做脉冲运动，迫使液体经过筛板上的小孔，使分散相以较小的液滴分散在连续相中，并形成强烈的湍动，促进传质过程的进行。操作时，轻、重液体皆穿过筛板而逆向流动，与筛板塔不同的是，分散相在脉冲塔的筛板之间不凝聚分层。

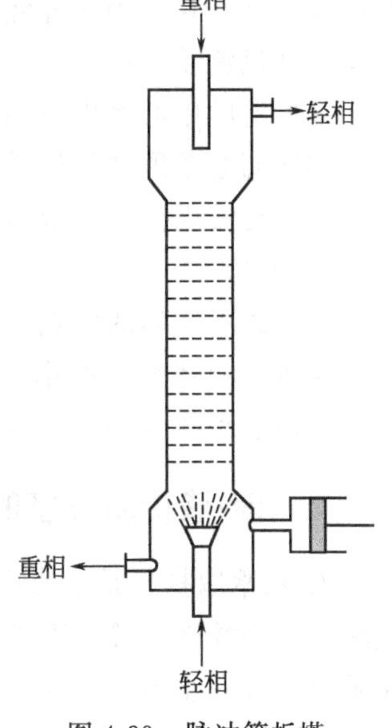

图 4-39 脉冲筛板塔

使液体产做脉冲运动的方法有许多种，其中，活塞型、膜片型、风箱型脉冲发生器是常用的机械脉冲发生器，也可用压缩空气驱动。

筛板塔内加入脉动，可以增加相际接触面积及湍动程度，故可提高传质效率。脉动筛板塔的效率与脉动的振幅和频率有密切关系，若脉动过分激烈，会导致塔内严重的纵向返混，反而使传质效率降低。根据研究结果和生产实践证明，萃取效率受脉动频率影响较大，受振幅影响较小。较高的频率和较小的振幅萃取效果较好。在液体脉动筛板塔中，脉动振幅的范围为 6～50mm，脉动频率的范围为 30～200 次 · min^{-1}。

脉动筛板塔的传质效率高（理论级当量高度小），结构也不复杂，可以处理含有固体粒子的料液，但生产能力较小，在化工生产应用上受到一定限制。

4.3.3 离心式萃取设备

离心萃取器是利用离心力使两相快速充分混合并快速分离的萃取装置。至今已开发出多种类型的离心萃取器，广泛应用于制药（如抗生素的提取）、香料、染料、废水处理、核燃料处理等领域。

离心萃取器有多种分类方法，按两相接触方式可分为微分接触式离心萃取器和逐级接触式离心萃取器。这里简要介绍波氏离心萃取器。

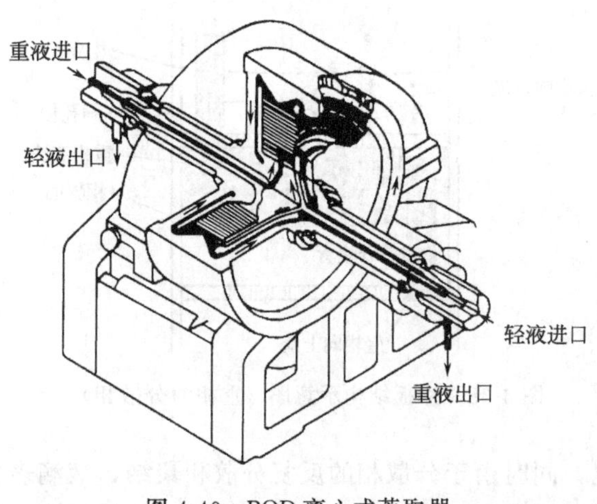

图 4-40　POD 离心式萃取器

波氏离心萃取器（Podbielniak）也称离心薄膜萃取器，简称 POD 离心萃取器，是卧式连续接触式离心萃取器的一种，在 20 世纪 50 年代已经运用于工业生产，目前仍被广泛采用。其基本结构如图 4-40 所示，主要由一固定在水平转轴上的圆筒形转鼓以及固定外壳组成，转鼓由一多孔的长带绕制而成，其转速很高，一般为 $2000 \sim 5000 \mathrm{r \cdot min^{-1}}$，操作时轻液从转鼓外缘引入，重液由转鼓的中心引入。由于转鼓旋转时产生的离心作用，重液从中心向外流动，轻液则从外缘向中心流动，同时液体通过螺旋带上的小孔被分散，两相在螺旋通道内逆流流动的过程中密切接触，进行传质，最后重液从转鼓外缘的出口通道流出，轻液则由萃取器的中心经出口通道流出。

连续离心萃取器的传质效率很高，其理论级数随所处理的物料性质、通量与流比而异。通常，一台波氏离心萃取器的理论级数可达 3～12。它适宜于处理两相密度差很小或易产生乳化的物系。

离心式萃取器的优点是结构紧凑、生产强度高、物料停留时间短、分离效果好，特别适用于轻重两相密度差很小、难以分离、易产生乳化及要求物料停留时间短、处理量小的场合。但离心萃取器的结构复杂、制造困难、操作费高，使其应用受到一定限制。

4.3.4 液-液传质设备的流体流动和传质特性

液-液萃取操作是依靠两相的密度差，在重力或离心力场作用下，使分散相和连续相产生相对运动并密切接触而进行传质。操作过程的流动状况直接影响两相之间的传质速率和传质效果，进一步地，主要流动状况和传质速率又决定了萃取设备的主要尺寸，如塔式设备的直径和高度。萃取设备内两液相的流动和它们之间的传质，与气液之间的情况有明显的差异，因此需要了解和研究萃取设备的流动特性和传质特性。

4.3.4.1 萃取设备的流动特性

(1) 分散相的形成与凝聚

分散相的形成与凝聚是萃取操作得以进行的两个基本因素。分散相液滴的形成方式有多种，液滴的尺寸和分布与它的形成方式有关。

① 通过多孔板形成液滴 当多孔板材质不被分散液体所润湿，而且液体流速小于 $10m \cdot s^{-1}$ 时，所形成的液滴尺寸与孔口直径有关，尺寸分布较为均匀，几乎不随流速而变。

② 通过填料层形成液滴 若所选用的填料直径大于填料的临界直径，所形成液滴的平均直径几乎与填料的尺寸和形状无关，而且流量对它的影响不大。

③ 通过外加机械能量形成液滴 通过外加机械能，如搅拌、离心泵等做功使液体在高度湍流中形成液滴，所形成的液滴直径大小不一。

液-液分散体系是热力学不稳定系统，所以大量的小液滴能自发地凝聚成大液滴直至澄清分层。萃取操作更多地关注凝聚的速率及其影响因素。液滴凝聚是一个复杂的过程，影响因素很多，如液滴的尺寸和表面形状、两相间的密度差、两相间的黏度比值、界面张力、温度等都影响凝聚的过程。

(2) 液泛

在逆流操作的塔式萃取设备内，分散相和连续相的流量不能任意加大。流量过大，一方面会引起两相接触时间减小，降低萃取效率；另一方面，流动阻力随两相流速增加而增加，当速度增大到一定程度时，两相之间会产生严重的夹带而发生液泛。液泛是萃取操作的负荷极限。

关于液泛速度，许多研究者针对不同类型的萃取设备提出了经验公式或半经验的公式，还有的绘制成关联线图。图 4-41 所示为填料萃取塔的液泛速度关联图。

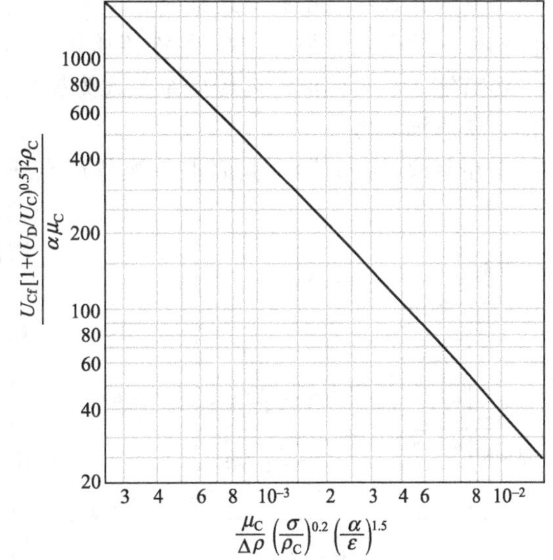

图 4-41 填料萃取塔的液泛速度关联图

U_{Cf}—连续相泛点表观速率，$m \cdot s^{-1}$；U_D、U_C—分散相和连续相的表观速率，$m \cdot s^{-1}$；ρ_C—连续相的密度，$kg \cdot m^{-3}$；$\Delta\rho$—两相密度差，$kg \cdot m^{-3}$；σ—界面张力，$N \cdot m^{-1}$；α—填料的比表面积，$m^2 \cdot m^{-3}$；μ_C—连续相的黏度，$Pa \cdot s$；ε—填料层的空隙率

实际设计时，空塔速度可取液泛速度的 50%～80%。根据适宜的空塔速度便可计算塔径，即：

$$D=\sqrt{\frac{4V_C}{\pi U_C}}=\sqrt{\frac{4V_D}{\pi U_D}} \tag{4-24}$$

式中，D 为塔径，m；V_C、V_D 分别为连续相和分散相的体积流量，$m^3 \cdot s^{-1}$；U_C、U_D 分别为连续相和分散相的表观速率，$m \cdot s^{-1}$。

4.3.4.2 萃取塔的传质特性

为了获得较高的萃取效率，必须提高萃取设备内的传质速率。传质速率与两相之间的接触面积、传质系数及传质推动力等因素有关。

(1) 相际接触面积

萃取设备内，相际接触面积的大小主要取决于分散相的滞液率和液滴尺寸。单位体积混合液所具有的相际接触面积可近似由下式计算，即：

$$\alpha=\frac{6\upsilon_D}{d_m} \tag{4-25}$$

式中，α 为单位体积内具有的相际接触面积，$m^2 \cdot m^{-3}$；υ_D 为分散相的滞液率（体积分数）；d_m为液滴的平均直径，m。

由式(4-25)可见，分散相的滞液率越大，液滴尺寸越小，则能提供的相际接触面积就越大，对传质越有利。但分散相液滴直径不宜过小，直径太小的液滴难于凝聚，增加轻重相的分离难度和澄清所需时间，还可能导致液滴被连续相夹带，造成返混而降低传质效果。乳化现象是萃取操作应避免的，而形成乳化液的原因之一是液滴太小，故应控制好液滴的大小。

在萃取操作中，不仅希望分散相液滴均布于连续相中，同时还期望分散相液滴能聚结成大液滴。在各种萃取装置中采取不同的措施促使液滴不断产生凝聚和再分散，从而使液滴表面不断更新，以加速传质过程，提高传质效率。

(2) 传质系数

在没有外加能量的萃取设备中，两相的相对速度决定于两相密度差。由于液-液两相的密度差很小，因此两相的传质分系数都很小。通常，液滴内传质分系数比连续相的更小。在有外加能量的萃取装置内，外加能量主要改变连续相的流动条件，而不能造成液滴内的湍动。但是液滴在连续相中相对运动时，由于相界面的摩擦力会使液滴内产生环流，从而加大液滴内的传质分系数。另外，在液-液传质设备内采用促使液滴凝聚和再分散、加速界面更新的一切措施，都会使液滴内传质系数大为提高。

(3) 传质推动力

如果在萃取设备的同一截面上各液体质点速率相等，则称之为柱塞流，是一种理想流动。此时，无返混现象，传质推动力最大。塔内组成变化如图 4-42 中的虚线所示。

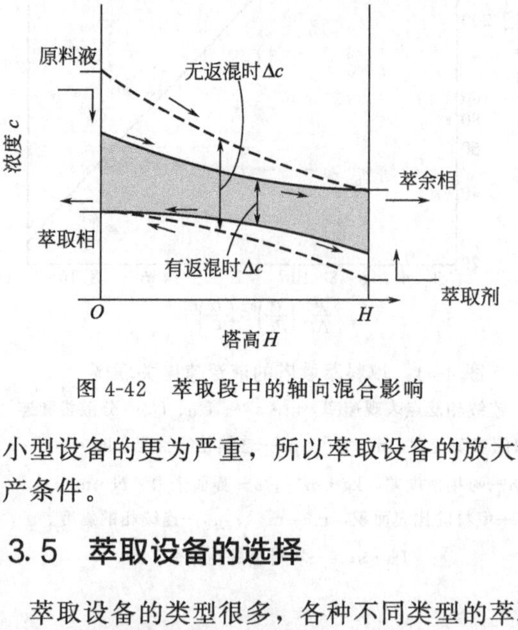

图 4-42 萃取段中的轴向混合影响

实际操作中，塔内液体的返混现象使两相之间的组成差减小（如图 4-42 中的粗实线所示），从而减小了传质推动力。返混降低了传质速率，也降低了萃取设备的生产能力。由于液-液萃取过程中两相密度差小、黏度大，两相的空塔速度都比较小，所以，与气-液系统相比，返混对萃取设备的不利影响更为严重。

有数据表明，大型萃取设备的返混程度比小型设备的更为严重，所以萃取设备的放大设计更困难，所以中试条件应当尽量接近实际生产条件。

4.3.5 萃取设备的选择

萃取设备的类型很多，各种不同类型的萃取设备各有特点，在进行萃取过程设计时，需根据处理物料的具体情况加以合理选择。对于具体的萃取过程选择适宜设备的原则是：首先要满足工艺条件和要求，然后进行经济核算，使设备费和操作费总和趋于最低。通常选用萃取设备时应考虑以下一些因素。

(1) 所需的理论级数

①当所需理论级数较少（大于 2～3 级）时，各种萃取设备均可满足要求，优先考虑采用结构与操作比较简单的设备，如填料塔、混合澄清器；②如需要的理论级数较多（如大于 4～5 级）时，可选用筛板塔；③当所需的理论级数再多（如 10～20 级）时，则宜选择有能

量输入、传质效率高、理论级当量高度小的设备，如脉冲筛板塔、振动筛板塔或转盘萃取塔等。

(2) 生产能力

①当处理量较小时，可选用填料塔、脉冲筛板塔；②当处理量大时，则选用放大效应较小的转盘塔和筛板塔。混合-澄清槽和离心萃取器的处理能力也相当大。

(3) 物系的物性

①对于界面张力较小、密度差较大的物系，可选用无外加能量的设备；②对于界面张力较大、密度差较小的物系，选用有外加能量的设备；③对于难以分散的物料，选用输入能量的萃取设备，但对因界面张力小、易于乳化以及密度差小而难以分层的物料，仅宜用离心萃取器，不宜用其他输入能量的萃取设备；④对于腐蚀性强的物料，宜用结构简单的喷洒塔和填料塔；⑤对于含固体悬浮物或会产生沉淀的物系，选用混合澄清器、转盘萃取塔或具有自清洗能力的振动筛板塔和脉冲筛板塔。

(4) 物系的稳定性和液体在设备内的停留时间

对生产中要考虑物料的稳定性、要求在萃取设备内停留时间短的物系，选用离心萃取器为宜；若萃取物系中伴有缓慢的化学反应，要求有足够的反应时间，则选用混合-澄清槽较为适宜。

习 题

4-1 现将含有15%（质量分数）的醋酸水溶液30kg，用60kg纯乙醚在25℃下作单级萃取，试求：(1) 在直角三角形相图上绘出溶解度曲线及辅助曲线；(2) 确定原料液与萃取剂混合后，混合液M的坐标位置；(3) 萃取相和萃余相的组成和质量；(4) 平衡两相中醋酸的分配系数 k_A 及溶剂的选择性系数 β。

25℃下，醋酸(A)-水(B)-乙醚(S) 系统的平衡数据如附表。

习题 4-1 附表 醋酸-水-乙醚系统的平衡数据（质量分数）

萃余相 R(水层)质量分数/%			萃取相 E(乙醚层)质量分数/%		
醋酸(A)	水(B)	乙醚(S)	醋酸(A)	水(B)	乙醚(S)
0	93.3	6.7	0	2.3	97.7
5.1	88.0	6.9	3.8	3.6	92.6
8.8	84.0	7.2	7.3	5.0	87.7
13.8	78.2	8.0	12.5	7.2	80.3
18.4	72.1	9.5	18.1	10.4	71.5
23.1	65.0	11.9	23.6	15.1	61.3
27.9	55.7	16.4	28.7	23.6	47.7

[(1) (2) 图略；(3) E相，$y_A=5.6\%$，$E=63.2$kg；R相，$x_A=6.9\%$，$R=26.8$kg；(4) $k_A=0.812$，$\beta=16.23$]

4-2 用单级接触式萃取器，以三氯乙烷为溶剂，由丙酮-水溶液中萃取出丙酮。若原料液的质量为120kg，其中含有丙酮54kg，萃取后所得萃余相中丙酮为10%（质量分数），求：(1) 所需萃取剂（三氯乙烷）的质量；(2) 所得萃取相的质量及含丙酮的质量分数；(3) 若将萃取相的溶剂全部回收后，所得萃取液的质量及组成。

丙酮-水-三氯乙烷系统的连接线数据如附表（表中各组分均为质量分数）

习题 4-2 附表 连接线数据

水相/%			三氯乙烷相/%		
三氯乙烷	水	丙酮	三氯乙烷	水	丙酮
0.52	93.52	5.96	90.93	0.32	8.75
0.60	89.40	10.00	84.40	0.60	15.00
0.68	85.35	13.97	78.32	0.90	20.78
0.79	80.16	19.05	71.01	1.33	27.66
1.04	71.33	27.63	58.21	2.40	39.39
1.60	62.67	35.73	47.53	4.26	48.21
3.75	50.20	46.05	33.70	8.90	57.40

［(1) 266kg；(2) 309kg，0.15；(3) 49.4kg，0.95］

4-3 在单级萃取装置中，用纯水萃取含醋酸 30%（质量分数，下同）的醋酸-3-庚醇混合液 1200kg，要求萃余相中醋酸组成不大于 10%。操作条件下的平衡数据见本题附表。试求：(1) 水的用量为多少千克？(2) 萃余相的量及醋酸的萃余率（即萃余相中的醋酸占原料液中醋酸的质量分数）。

习题 4-3 附表 1 溶解度曲线数据（质量分数） 单位：%

醋酸(A)	3-庚醇(B)	水(S)	醋酸(A)	3-庚醇(B)	水(S)
0	96.4	3.6	48.5	12.8	38.7
3.5	93.0	3.5	47.5	7.5	45.0
8.6	87.2	4.2	42.7	3.7	53.6
19.3	74.3	6.4	36.7	1.9	61.4
24.6	67.5	7.9	29.3	1.1	69.6
30.7	58.6	10.7	24.5	0.9	74.6
41.4	39.3	19.3	19.6	0.7	79.7
45.8	26.7	27.5	14.9	0.6	84.5
46.5	24.1	29.4	7.1	0.5	92.4
47.5	20.4	32.1	0.0	0.4	99.6

习题 4-3 附表 2 连接线数据

醋酸的质量分数/%											
	水层	6.4	13.7	19.8	26.7	33.6	38.2	42.1	44.1	48.1	47.6
	3-庚醇层	5.3	10.6	14.8	19.2	23.7	26.8	30.5	32.6	37.9	44.9

［(1) S=1800kg；(2) R=960kg，萃余率 26.7%］

4-4 在 25℃下，用甲基异丁基甲酮（MIBK）从含丙酮 40%（质量分数）的水溶液中萃取丙酮。原料液的流量为 1500kg·h^{-1}。操作条件下的平衡数据见本题附表。试求：(1) 当要求在单级萃取装置中获得最大组成的萃取液时，萃取剂的用量为多少（kg·h^{-1}）？(2) 若将 (1) 求得的萃取剂用量分作两等份进行两级错流萃取，试求最终萃余相的流量和组成。(3) 比较 (1)、(2) 两种操作方式中丙酮的回收率（即萃出率）。

习题 4-4 附表 1 溶解度曲线数据（质量分数） 单位：%

丙酮(A)	水(B)	MIBK(S)	丙酮(A)	水(B)	MIBK(S)
0	2.2	97.8	48.4	18.8	32.8
4.6	2.3	93.1	48.5	24.1	27.4
18.9	3.9	77.2	46.6	32.8	20.6
24.4	4.6	71.0	42.6	45.0	12.4
28.9	5.5	65.6	30.9	64.1	5.0
37.6	7.8	54.6	20.9	75.9	3.2
43.2	10.7	46.1	3.7	94.2	2.1
47.0	14.8	38.2	0	98.0	2.0

习题 4-4 附表 2 连接线数据

丙酮的质量分数/%											
	水层	5.58	11.83	15.35	20.6	23.8	29.5	32.0	36.0	38.0	41.5
	MIBK 层	10.66	18.0	25.5	30.5	35.3	40.0	42.5	45.5	47.0	48.0

［(1) $S=760\mathrm{kg}\cdot\mathrm{h}^{-1}$；(2) $R_2=1020\mathrm{kg}\cdot\mathrm{h}^{-1}$；$x_2=0.18$；
(3) 单级 $\varphi_A=59.4\%$，两级错流 $\varphi_A=69.4\%$］

4-5 原料液中溶质 A 的浓度为 28.6%（质量分数），其余为稀释剂 B。原料液的流率为 $3.5\mathrm{kg}\cdot\mathrm{s}^{-1}$。稀释剂 B 与溶剂 S 不互溶。若用四级错流接触萃取，每一级加入纯溶剂 S 的流率均为 $1.5\mathrm{kg}\cdot\mathrm{s}^{-1}$。试求离开第四级的萃余相流率及组成。习题的平衡数据如附表。

习题 4-5 附表 平衡数据

萃余相中溶质 A 的浓度 X/kg(A)·kg^{-1}(B)	0	0.05	0.10	0.15	0.20	0.25	0.30	0.35	0.40	0.45
萃取相中溶质 A 的浓度 Y/kg(A)·kg^{-1}(S)	0	0.05	0.096	0.135	0.170	0.203	0.232	0.256	0.275	0.280

［$2.67\mathrm{kg}\cdot\mathrm{s}^{-1}$；6.4%］

4-6 以异丙醚为萃取剂，从浓度为 50%（质量分数）的醋酸水溶液中萃取醋酸。在单级萃取器中，用 600kg 异丙醚萃取 500kg 醋酸水溶液，20℃时，醋酸-水-异丙醚系统的平衡数据如本题附表所示。试求：(1) 在直角三角形相图上绘出溶解度曲线及辅助曲线。(2) 确定原料液与萃取剂混合后，混合液 M 的坐标位置。(3) 由三角形相图求出此混合液分为两个平衡液层 E 与 R 后，两液层的组成和质量。(4) 上述两液层的分配系数 K_A 及溶剂的选择性系数 β。

习题 4-6 附表 醋酸-水-异丙醚系统的平衡数据（质量分数）

萃余相 R(水层)组成/%			萃取相 E(异丙醚层)组成/%		
醋酸(A)	水(B)	异丙醚(S)	醋酸(A)	水(B)	异丙醚(S)
0.70	98.1	1.2	0.2	0.5	99.3
1.4	97.1	1.5	0.4	0.7	98.9
2.7	95.7	1.6	0.8	0.8	98.4
6.4	91.7	1.9	1.9	1.0	97.1
13.3	84.4	2.3	4.8	1.9	93.3
25.5	71.1	3.4	11.40	3.9	84.7
37.0	58.6	4.4	21.60	6.9	71.5
44.3	45.1	10.6	31.10	10.8	58.1
46.4	37.1	16.5	36.20	15.1	48.7

［(1) 图略；(2) M 点：22.7%A，22.7%B，54.6%S；(3) E 相：$y_A=19.3\%$，
$E=780\mathrm{kg}$；R 相：$x_A=31.1\%$，$R=320\mathrm{kg}$；(4) $k_A=0.561$，$\beta=6.02$］

4-7 在多级逆流接触萃取装置中用纯氯苯萃取吡啶水溶液中的吡啶。原料液中吡啶的质量分数为35%，要求最终萃余相中吡啶组成不大于5%。操作溶剂比为0.8。操作条件下的平衡数据如本题附表所示。若将水和氯苯视作完全不互溶，试在直角坐标系上求解所需的理论级数，并求操作溶剂用量为最小用量的倍数。

习题 4-7 附表 吡啶-水-氯苯系统的平衡数据（质量分数）（单位：%）

萃取相			萃余相		
吡啶(A)	水(B)	氯苯(S)	吡啶(A)	水(B)	氯苯(S)
0	0.05	99.95	0	99.92	0.08
11.05	0.67	88.28	5.02	94.82	0.16
18.95	1.15	79.90	11.05	88.71	0.24
24.10	1.62	74.28	18.9	80.72	0.38
28.60	2.25	69.15	25.50	73.92	0.58
31.55	2.87	65.58	36.10	62.05	1.85
35.05	3.95	61.0	44.95	50.87	4.18
40.60	6.40	53.0	53.20	37.90	8.90
49.0	13.20	37.80	49.0	13.20	37.80

[$n=2.8$，$S/S_{\min}=1.19$]

4-8 含醋酸0.2（质量分数，下同）的水溶液100kg，用纯乙醚为溶剂作多级逆流萃取，采用溶剂比S/F为1，以使最终萃余相中含醋酸不高于0.02。操作在25℃下进行，物系的平衡方程为$y_A=1.356x_A^{1.201}$；$y_S=1.618-0.6399\exp(1.96y_A)$；$x_S=0.067+1.43x_A^{2.273}$，式中$y_A$为与萃余相醋酸含量$x_A$成平衡的萃取相醋酸含量；$y_S$为萃取相中溶剂的含量；$x_S$为萃余相中溶剂的含量。

试求：最终萃取相的量及组成、最终萃余相的量及组成。

[125kg，0.148；75kg，0.089]

思考题

4-1 对于一种液体混合物，根据什么原则决定是采用蒸馏方法还是萃取方法进行分离？

4-2 临界混溶点的物理意义是什么？

4-3 温度对于萃取分离效果有何影响？如何选择萃取操作的温度？

4-4 何谓分配系数？分配系数$K_A<1$，是否说明所选择的萃取剂不适宜？如何判断用某种溶剂进行萃取分离的难易与可能性？

4-5 如何确定单级萃取操作中可能获得的最大萃取液组成？对于$K_A>1$和$K_A<1$两种情况，确定方法是否相同？

4-6 如何选择萃取剂用量或溶剂比？

4-7 何谓萃取操作的选择性系数？试由选择系数β值的大小分析它的含义。什么情况下，$\beta=\infty$？

4-8　根据哪些因素来决定是采用错流萃取操作还是逆流萃取操作？

4-9　萃取塔在操作时，液体流速的大小对操作有何影响？何谓“液泛”和“轴向返合”？它们对萃取操作有何影响？

4-10　脉冲萃取塔的脉冲振幅与脉冲频率是否可以任意选定？为什么？

4-11　萃取操作中，稀释剂与萃取剂浓度增加，选择性系数如何变化？得到的萃取液浓度如何变化？

4-12　在液-液萃取三元体系的三角形相图上画出部分混溶体系的溶解度曲线和几条连接线，并解释连接线的物理意义。

4-13　萃取操作中，一般情况下，稀释剂 B 组分的分配系数 K_B 值应大于 1 还是小于 1 或等于 1？

第5章 干燥

5.1 概述

5.1.1 干燥的目的

干燥通常是指将热量加于湿物料并排除挥发性湿分（大多数情况下是水）而获得一定湿含量固体产品的过程。

本章主要讨论的是用空气将水分从被处理物质中除去。术语“干燥”也用于去除固体中的其他有机液体，如苯和有机溶剂。去除水分的许多设备和计算方法对于去除固体中的溶剂也适用。

干燥方法通常用于去除物质中相对少的水分。蒸发方法则用于去除物质中相对较多的水分。蒸发是在溶液的沸点下将水分以蒸汽的方式去除；干燥则是以空气携带蒸汽的方式去除水分。有些时候也可以通过加压、离心或其他机械方法除去固体材料中的水分。干燥通常是工业处理过程的最后步骤。

本章是使用加热干燥的方法除去水分。这种干燥方法所得到的产物的湿度与产品的特性有关。经干燥后，盐的含水量约为0.5%，煤约为4%，其他食品类产品约为5%。

对于生物材料，特别是食品，干燥或脱水是一种保鲜技术。在没有水存在的情况下，微生物无法生长和繁殖。在食品和其他生物材料中许多酶在没水的情况下不易变质，也不容易引起化学变化。在材料中，水含量低于10%（质量分数），微生物就失去活性。然而，通常食品中的湿含量要低于5%（质量分数）才能保存风味。干燥的食品可以延长储存时间。

不能加热干燥的生物材料和药物，可以采用冷冻干燥。

5.1.2 干燥方法

干燥有几种分类方法。根据加料和出料情况，可分为连续干燥和间歇干燥。按照加热和除湿的方法可分为：①物料与空气直接接触加热，蒸发的水蒸气由加热空气带走；②采用真空干燥，加热方式以间壁加热或辐射加热进行，水在真空状态下蒸发；③冷冻干燥，在冷冻干燥中水分从冰冻材料中升华。

当湿物料作热力干燥时，有以下两种过程相继发生。

过程一：能量（大多数是热量）从周围环境传至物料。

过程二：物料中的湿分被蒸发，湿分的蒸发包括物料表面水分的蒸发和物料内部水分的蒸发两个过程。干燥的快慢由上述两个过程中较慢的一个速率所控制。

热能从周围环境传递到湿物料的方式有对流、传导和辐射。在某些情况下可能是这些传热方式联合作用，工业干燥器在形式和设计上的差别与采用的传热方法有关。在大多数情况下，热量先传到湿物料的表面，然后传入物料内部。采用介电、射频或微波干燥时则不同，其能量首先在物料内部产生热量，然后传至外表面。

根据干燥过程的干燥速率，可将该过程划分为两个干燥阶段。

第一阶段：液体以蒸汽形式从物料表面排除，此过程的速率取决于空气温度、湿度和流速、暴露的表面积和压力等外部条件。过程称为外部条件控制过程，此过程的干燥速率恒定，又称为恒速干燥过程。

第二阶段：物料内部湿分的迁移取决于物料性质、温度和湿含量。过程称为内部条件控制过程。过程的干燥速率随时间的增加而下降，也称降速干燥过程。

选择干燥器时除需要考虑上述情况外，还需考虑其他诸多因素的影响。

5.1.3 对干燥过程的影响因素

5.1.3.1 加热方法对干燥过程的影响

(1) 对流

对流加热是干燥颗粒、粉状或膏状物料最通用的方式。由热气体流过湿物料表面或穿过物料层提供热量，而蒸发的湿分由干燥介质带走。空气是最常见的干燥介质，惰性气体（如N_2，在干燥物料的湿分为有机溶剂时采用）、直接燃烧气体或过热蒸汽（或溶剂蒸气）均可用作对流干燥系统的加热和载湿介质。

在直接加热干燥中，在恒速干燥阶段，物料表面温度与加热介质的湿球温度相同。在降速干燥阶段，物料的温度逐渐逼近介质的干球温度。干燥热敏性物料时，必须考虑这些因素。

对流干燥中有气流干燥、流化床干燥、转筒干燥、喷雾干燥、固定床或穿透干燥、隧道干燥等。

(2) 传导

传导或间接加热适用于干燥薄层物料或很湿的物料。热量是由安置在干燥器内的加热面供给，蒸发出的湿分通过真空操作或少量气流带走，真空操作更适合于热敏性物料。在对流干燥器中，由于热能随干燥介质逸失很大，故其热效率很低，而传导干燥器热效率则较高。干燥膏状物料的干燥器、内部装有蒸汽管的转筒干燥器、干燥薄层糊状物的转鼓干燥器均属间接干燥器。

(3) 辐射

用于辐射干燥的波长范围为0.2μm～0.2m。太阳能辐射仅仅照射在物料的表层上，它仅吸收一部分入射能，吸收能量的大小取决于入射能的波长、物料的性质和温度。例如波长为4～8μm的远红外辐射常用于涂膜、薄形带状物和膜的干燥。由于水分子选择性地吸收能量，使物料干燥时消耗较少的能量。但由于投资和操作费用较高，故这种技术可用于干燥高值产品或产品湿度的最终调整，因为这种干燥适用于去除少量难以排除的水分，如纸的湿度用射频（RF）加热来调整。有时使用辐射与对流联合的方式干燥，如远红外加空气干燥或微波与冲击联合干燥薄片状的食品等。

5.1.3.2 操作温度和操作压力对干燥过程的影响

大多数干燥器是在接近大气压时操作。微弱的正压干燥可避免外界向内部泄漏气体；但是，如果不允许向外界泄漏则采用微负压操作。

当物料必须在低温、无氧条件下干燥，或在中温或高温干燥操作时会产生异味的干燥过程以真空操作为宜，但是真空操作是昂贵的。

就干燥而言，高温操作更为有效，因为对于给定蒸发量的操作可采用较低的气体流量和较小的设备。在可获得低温度热能或从太阳能收集器获得热能的情况下，可选择低温操作，但这时需要干燥器的尺寸较大。

在真空和温度低于水的三相点下操作的冷冻干燥是一种特殊情况。冷冻干燥时冰直接升华为水蒸气。虽然升华需要的热量比蒸发低数倍，但真空操作是昂贵的。例如，咖啡的冷冻干燥其价格为喷雾干燥的 2～3 倍。但从另一方面看，冷冻干燥的产品保存了质量和香味。

5.2 湿空气的性质及应用

5.2.1 湿空气的性质

由于空气无毒、容易获得，所以除特殊需要外，多数工业干燥过程采用预热后的空气作为干燥介质。预热后的空气在与湿物料接触时把热量传递给湿物料，同时又带走从湿物料中逸出的水蒸气，从而使湿物料干燥。在干燥过程的计算中，必须知道湿空气的基本热力学性质，如湿度、相对湿度、温度等。

本节主要讨论总压为 0.101MPa（1atm）的空气和水蒸气组成的湿空气的性质和各种计算湿空气性质的关系式。对于总压大于或小于 0.101MPa 的系统，以及由其他惰性气体和挥发性组分组成的混合气系统也是适用的。

5.2.1.1 绝对湿度 *H*

空气-水蒸气混合物的湿度 H 被定义为空气中含有水蒸气的质量与 1kg 绝干空气质量的比值，可表示为：

$$H=\frac{\text{空气中水蒸气的质量}}{\text{空气中绝干空气的质量}}=\frac{m_v}{m_g} \tag{5-1}$$

由于干燥过程的操作压力一般在常压下或常压附近，因此气体的行为符合理想气体。根据理想气体状态方程：

$$pV=nRT=\frac{m}{M}RT \tag{5-2}$$

式中，M 为摩尔质量，$g\cdot mol^{-1}$；m 为质量，kg。

空气的湿度通常取决于湿空气中的水蒸气分压，将式(5-2) 代入式(5-1)，并整理得：

$$H=\frac{M_v p_v}{M_g p_g} \tag{5-3}$$

式中，M_v 为水的摩尔质量，$M_v=18.0$，$g\cdot mol^{-1}$；M_g 为空气的平均摩尔质量，$M_g=29.0$，$g\cdot mol^{-1}$；p_v 为水蒸气的分压，kPa；p_g 为空气的分压，kPa。

将水蒸气和空气的摩尔质量代入式(5-3)，并代入总压 p 得：

$$H=\frac{18}{29}\times\frac{p_v}{p-p_v}=0.622\,\frac{p_v}{p-p_v} \tag{5-4}$$

如果干燥介质不是干空气和水蒸气的混合物，上式的系数不为 0.622。本章内容主要是以空气作为干燥介质，湿分为水。

饱和空气是在给定的温度和压力下，空气中的水蒸气压与液体水相平衡时的空气。在这个条件下，空气混合物中的水蒸气分压 p_v 达到给定温度下纯水的饱和蒸气压 p_s 时，因此空气的饱和湿度 H_s 为：

$$H_s=0.622\frac{p_s}{p-p_s} \tag{5-5}$$

饱和时，湿空气中含有的水气量最多。总压一定，由于水的饱和蒸气压仅与温度有关，所以空气的饱和湿度只与温度有关。如果 $H \geqslant H_s$，空气中就会析出水珠，因此用空气作为干燥介质时，其绝对湿度不能大于或等于空气的饱和湿度 H_s。

5.2.1.2　相对湿度 φ

湿空气中的水蒸气分压与相同温度下纯水的饱和蒸气压之比，称为相对湿度，表示为：

$$\varphi=\frac{p_v}{p_s} \tag{5-6}$$

相对湿度习惯上用百分数表示。由于 p_s 随温度升高而增大，故当 p_v 一定时，空气的相对湿度随温度升高而减小。当湿空气被水蒸气饱和，或一定湿含量的空气被冷却到 $p_v=p_s$ 时，相对湿度 $\varphi=1$，这种空气叫饱和空气。当空气的相对湿度 $\varphi=1$ 时，这种状态的空气不能作为干燥介质。在干燥计算中，通常认为空气的饱和相对湿度与相对湿度的差值是干燥过程的推动力，差值越大干燥过程的推动力越大，因此进入干燥器之前干燥介质先经预热，以便提高干燥介质的温度、降低相对湿度。

将式(5-6) 代入式(5-5)，可得：

$$H=0.622\frac{\varphi p_s}{p-\varphi p_s} \tag{5-7}$$

【例 5-1】 已知湿空气的（干球）温度为 50℃，湿度为 0.02kg・kg^{-1}（绝干空气），试计算下列两种情况下的相对湿度及同温度下容纳水分的最大能力（即饱和湿度），并分析压力对干燥操作的影响。(1) 总压为 101.3kPa；(2) 总压为 26.7kPa。

解　(1) $p=101.3\text{kPa}$ 时

由
$$H=0.622\frac{p_v}{p-p_v}$$

所以
$$p_v=\frac{Hp}{0.622+H}=\frac{0.02\times101.3}{0.622+0.02}=3.156\text{kPa}$$

查得 50℃ 水的饱和蒸气压为 12.34kPa，则相对湿度

$$\varphi=\frac{p_v}{p_s}\times100\%=\frac{3.156}{12.34}\times100\%=25.57\%$$

饱和湿度：
$$H_s=0.622\frac{p_s}{p-p_s}=0.622\times\frac{12.34}{101.3-12.34}=0.086\text{kg}\cdot\text{kg}^{-1}\text{(绝干空气)}$$

(2) $p'=26.7\text{kPa}$ 时

$$p_v'=\frac{Hp'}{0.622+H}=\frac{0.02\times26.7}{0.622+0.02}=0.832\text{kPa}$$

$$\varphi'=\frac{p_v'}{p_s}\times100\%=\frac{0.832}{12.34}\times100\%=6.74\%$$

$$H_s'=0.622\frac{p_s}{p'-p_s}=0.622\times\frac{12.34}{26.7-12.34}=0.535\text{kg}\cdot\text{kg}^{-1}(\text{绝干空气})$$

由此可知，当操作压力下降时，相对湿度减小，饱和湿度增大，可吸收更多的水分，即减压对干燥有利。

5.2.1.3　湿空气的湿比容 v_H

湿比容 v_H 是湿空气在一定温度和压力下，以 1kg 绝干空气作为基准的湿空气的体积。根据定义：v_H =1kg 绝干空气的体积(m^3)＋水蒸气占的体积(m^3)。则：

$$v_H=\left(\frac{1}{29}+\frac{H}{18}\right)\times22.4\times\frac{273+t}{273}\times\frac{101.3\times10^3}{p}$$

或写成下列表达式：

$$v_H=(0.772+1.244H)\times\frac{273+t}{273}\times\frac{101.3\times10^3}{p}\qquad(5\text{-}8)$$

式中，v_H 为湿空气的比容，m^3(湿空气)·kg^{-1}(绝干空气)；t 为温度，℃。

5.2.1.4　湿空气的比热容（又称湿比热容）C_H

湿空气的比热容是 1kg 绝干空气和其中含有的水蒸气组成的混合湿空气的比热容。故有：

$$C_H=C_g+C_vH$$

式中，C_g 为绝干空气的比热容，kJ·kg^{-1}(绝干空气)·K^{-1}；C_v 为水蒸气的比热容，kJ·kg^{-1}(绝干空气)·K^{-1}。

在常压和 0～200℃ 的温度范围内，可近似地把 C_g 和 C_v 视为常数，其值分别为 1.01kJ·kg^{-1}·K^{-1} 和 1.88kJ·kg^{-1}·K^{-1}，因此，湿空气的湿比热容仅随湿度 H 而变。

$$C_H=1.01+1.88H\qquad(5\text{-}9)$$

5.2.1.5　湿焓 I

湿空气的焓是湿空气中的 1kg 绝干空气及其挟带的水蒸气焓值之和。即：

$$I=I_g+HI_v$$

式中，I_g 为绝干空气的焓，kJ·kg^{-1}（绝干空气）；I_v 为水蒸气的焓，kJ·kg^{-1}（水蒸气）。

焓是一个状态函数，计算时只有相对值才有实际意义。因此对干燥过程作热量衡算时，为方便起见，常取 0℃的水作为基准。另外，在传热的计算中，习惯于用温度和比热容计算焓。当不考虑比热容随温度的变化时，湿空气的焓值可表示为：

$$I=1C_H(t-0)+Hr_0=(C_g+HC_v)t+Hr_0$$

式中，r_0 为 0℃时水的汽化潜热，$r_0\approx2490$kJ·kg^{-1}。

因此，上式表示为：

$$I=(1.01+1.88H)t+2490H\qquad(5\text{-}10)$$

【例 5-2】 常压下某湿空气的温度为 20℃、湿度为 0.014673kg·kg^{-1}(绝干空气)，试求：(1) 湿空气的相对湿度；(2) 湿空气的比容；(3) 湿空气的比热容；(4) 湿空气的焓。若将上述空气加热到 50℃，再分别求上述四项值。

解　20℃时空气的性质：

(1) 相对湿度　可以由水的热力学性质表查出20℃时水蒸气的饱和蒸气压 p_s = 2.3346kPa。

用式(5-7) 求相对湿度，即：

$$H=0.622\frac{\varphi p_v}{p-\varphi p_v}\quad,\quad 0.014673=\frac{0.622\times 2.3346\varphi}{101.3-2.3346\varphi}$$

解得 $\varphi=1=100\%$。该空气已饱和，不能作干燥介质用。

(2) 比容 v_H　由式(5-8) 求比容，即：

$$v_H=(0.722+1.244H)\times\frac{273+t}{273}\times\frac{101.3\times 10^3}{p}$$

$$=(0.772+1.244\times 0.014673)\times\frac{273+20}{273}=0.848\text{m}^3(\text{湿空气})\cdot\text{kg}^{-1}(\text{绝干空气})$$

(3) 比热容 C_H　因为 $C_H=1.01+1.88H$。

故　$C_H=1.01+1.88\times 0.014673=1.038\text{kJ}\cdot\text{kg}^{-1}(\text{绝干空气})\cdot\text{K}^{-1}$

(4) 焓 I　用式(5-10) 求湿空气的焓，即：

$$I=(1.01+1.88H)t+2490H$$

所以　$I=(1.01+1.88\times 0.014673)\times 20+2490\times 0.014673=57.29\text{kJ}\cdot\text{kg}^{-1}(\text{绝干空气})$

50℃时空气的性质：

(1) 相对湿度　查出50℃时水蒸气的饱和蒸气压为12.340kPa。当空气从20℃加热到50℃时，湿度没变化，仍为 $0.014673\text{kg}\cdot\text{kg}^{-1}$(绝干空气)，故：

$$0.014673=\frac{0.622\times 12.34\varphi}{101.3-12.34\varphi}$$

解得 $\varphi=0.1892=18.92\%$。计算结果表明，加热湿空气，其状态变化是：湿度不变，相对湿度降低。所以在干燥操作中，总是先将空气加热后再送入干燥器内，目的是降低相对湿度以提高干燥推动力。

(2) 比容　同理由式(5-8) 求比容，即：

$$v_H=(0.772+1.244\times 0.014673)\times\frac{273+50}{273}=0.935\text{m}^3(\text{湿空气})\cdot\text{kg}^{-1}(\text{绝干空气})$$

湿空气被加热后体积膨胀，所以湿比容加大。常压下湿空气可视为理想混合气体，故50℃时的湿比容也可用下法求得：

$$v_H=0.848\times\frac{273+50}{273+20}=0.935\text{m}^3(\text{湿空气})\cdot\text{kg}^{-1}(\text{绝干空气})$$

(3) 比热容　由式(5-9) 可知湿空气的比热容只是湿度的函数，因此20℃与50℃时的湿空气比热容相同，均为 $1.038\text{kJ}\cdot\text{kg}^{-1}$(绝干空气)。

(4) 焓　同理由式(5-10) 求湿空气的焓，即：

$$I=(1.01+1.88\times 0.014673)\times 50+2490\times 0.014673=88.42\text{kJ}\cdot\text{kg}^{-1}(\text{绝干空气})$$

湿空气被加热后虽然湿度没有变化，但温度增高，焓值加大。

5.2.1.6　温度

根据干燥计算及操作的特点，系统的温度有几种表示法：干球温度、湿球温度、绝热饱和温度和露点温度。

(1) 干球温度 t

用普通温度计在空气中测得的温度称为干球温度。温度通常用摄氏温度（℃）表示，但在国际单位制（SI）中采用绝对温度（K）。其换算关系为：

$$T = t + 273$$

式中，t 为摄氏温度，℃；T 为绝对温度，K。

(2) 露点温度 t_d

给定的空气-水蒸气混合物冷却达到饱和的温度称为露点温度，或叫露点。如在 27℃时，水的饱和蒸气压为 $p_s = 3.50\text{kPa}$。则当含水蒸气的空气中水汽的分压为 3.50kPa 时露点温度为 27℃。那么，如果空气-水蒸气混合物的干球温度为 38℃时，测得其水蒸气分压为 $p_v = 3.50\text{kPa}$，此时湿空气未达到饱和状态；如果把该湿空气冷却到 27℃，此时空气达到饱和，因为该温度为它的露点温度。如果将该空气继续冷却，就会有水析出，因为分压不能大于饱和蒸气压。

处于露点温度的湿空气的相对湿度为 100%，即湿空气中的水蒸气分压等于饱和蒸气压，湿含量为：

$$H_s = 0.622 \frac{p_s}{p - p_s} \tag{5-11}$$

露点温度与饱和蒸气压 p_s 的关系由实测制成的图表中查得。在一定的温度范围内，也可采用实测数据整理的经验公式计算，如用安托万（Antoine）蒸气压方程计算。如果已知空气的露点，就可以算出空气的湿度；反过来，如果知道空气的湿度，就可以通过式(5-11)计算出饱和蒸气压来求露点温度。

(3) 湿球温度 t_w

湿球温度是在测量时，使测温仪器的感温部分处于润湿状态时所测量到的温度。由于液体量很少，气体量很大，因此可以认为在气液接触的过程中，气体的湿度和温度不发生变化。

湿球温度常用的测量方法是在温度计的感温部分包裹棉织品，并使棉织品与储水部分接触，通过毛细管的作用使温度计的感温部分保持润湿（见图 5-1）。

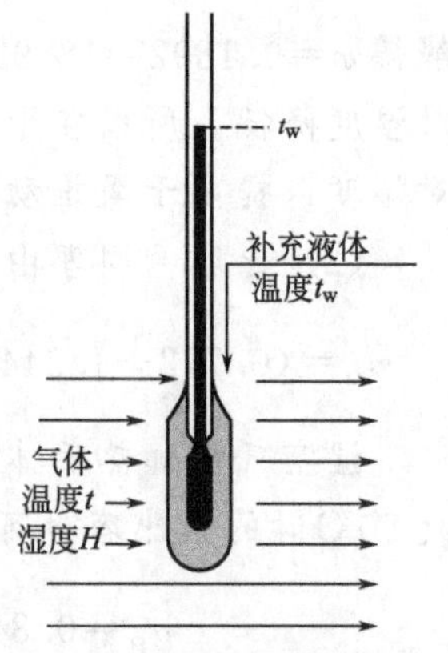

图 5-1 湿球温度的测量

将湿球温度计置于温度为 t、湿度为 H 的流动不饱和空气中，假设开始时棉布中水分（以下简称水分）的温度与空气的温度相同，因不饱和空气与水分之间存在湿度差，水分必然要汽化，汽化所需的汽化热只能由水分本身温度下降所引起的热传递供给。水温下降后，与空气之间出现了温度差；在温度差的作用下，使得空气把显热传给水分。这种热、质交换过程直至空气传给水分的显热等于水分汽化所需的汽化热时为止，此时湿球温度计上的温度才达到稳定，稳定时的温度称为该湿空气的湿球温度，以 t_w 表示。前面假设初始水温与湿空气温度相同，但实际上，不论初始温度如何，最终必然达到这种稳定的温度，但到达稳定状态所需的时间不同。

利用干球温度和湿球温度可以算出湿空气的湿度。水分由湿棉布汽化并向空气主流扩散，由于水分汽化引起湿棉布温度下降，使得空气反过来将显热传给湿棉布，虽然质量传递和热量传递在水分与空气间并进，但因空气流量很大，因此可以认为湿空气的温度与湿度一直恒定，保持在初始温度 t 和湿度 H 的状态。当热、质交换过程达到稳定时，空气对湿棉布的热传递速率为：

$$q=h(t-t_{w}) \tag{5-12}$$

式中，q 为空气对湿布的传热速率，$W \cdot m^{-2}$；h 为对流传热系数，$W \cdot m^{-2} \cdot ℃^{-1}$；$t$ 为空气温度，℃；t_w 为空气湿球温度，℃。

湿布对空气的传质速率 m 为：

$$m=k_{H}(H_{t_w}-H) \tag{5-13}$$

式中，m 为湿布对空气的质量传递速率（即向空气汽化的水量），$kg \cdot m^{-2} \cdot s^{-1}$；$k_H$ 为以湿度差为推动力的传质系数，$kg \cdot m^{-2} \cdot s^{-1} \cdot \Delta H^{-1}$；$H_{t_w}$ 为湿球温度下空气的饱和湿度，$kg \cdot kg^{-1}$(绝干空气)。

根据热量衡算关系，可得：

$$q=mr_{t_w}$$

式中，r_{t_w} 为湿球温度下水的汽化热，$kJ \cdot kg^{-1}$。

因此湿球温度和干球温度、湿度之间的数学关系为：

$$t_{w}=t-\frac{k_{H}r_{t_w}}{h}(H_{t_w}-H) \tag{5-14}$$

湿空气的温度一定，若湿度越高测得的湿球温度也越高，可见空气的湿球温度受湿空气的温度和湿度控制。对于一定的气体，当干球温度一定时，气体中可凝组分的含量越高，湿球温度也越高。空气达到饱和时湿球温度等于干球温度。

由湿球温度方程求湿球温度时，除了要知道湿气体的状态参数外，还需要知道对流传热系数 h 与传质系数 k_H 之比（h/k_H）。

Bedingfeld 和 Drew 用空气与不同的液体（水、苯、三氯化碳、氯苯、醋酸、四氯化碳、甲苯、丙醇、甲醇、萘、对二氯苯、樟脑、对二溴基苯）进行试验，在流体处于湍流流动条件下，得到如下关联式：

$$h/k_{H}=0.294Sc^{0.56} \tag{5-15}$$

式中，$Sc=\mu/(\rho D)$，Sc 为施密特数；D 为扩散系数，$m^2 \cdot s^{-1}$。

不同资料对于含水蒸气的湿空气得到的 h/k_H 值略有差别，此值约等于湿比热容 c_H，故式(5-14) 可近似地写成：

$$t_{w}=t-\frac{r_{t_w}}{c_H}(H_{s,t_w}-H) \tag{5-16}$$

为了准确测量湿球温度，空气的流速应大于 $5m \cdot s^{-1}$，以减少热辐射和热传导的影响。

(4) 绝热饱和温度 t_{as}

理想的绝热饱和过程见图 5-2。湿空气进入喷雾室与水接触，不断向喷雾室补充水分以补偿空气带走的部分水分，过程保持绝热。未饱和的湿空气进入绝热室后与液体接触足够长的时间达到平衡时，湿空气便达到饱和。循环水达到稳定的平衡温度称为绝热饱和温度 t_{as}，此时气相和液相为同一温度。由于过程是绝热过程，在湿空气达到平衡的过程中，液体汽化所需的潜热是由气体的温度下降放出显热供给，因而湿空气在绝热饱和过程中的焓保持不变。绝热饱和方程可通过焓衡算来建立。

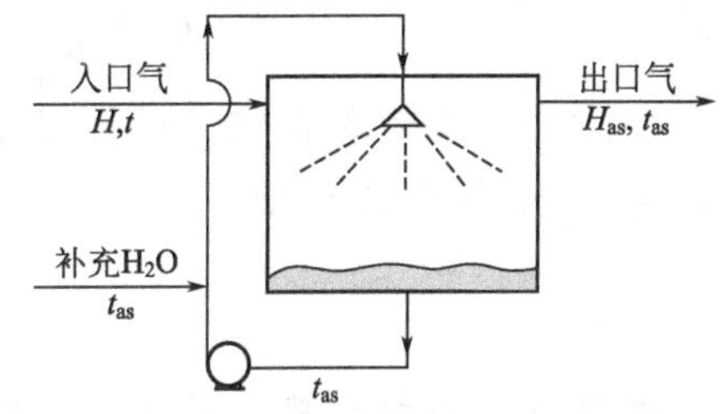

图 5-2　空气-水绝热饱和器

进入绝热系统时不饱和湿空气的焓为：

$$I_1=(C_g+HC_v)t+Hr_0$$

离开绝热系统时饱和湿空气的焓为：

$$I_{as}=(C_g+H_{as}C_v)t_{as}+H_{as}r_0$$

因为是绝热饱和过程，进出系统的焓不变，所以：

$$(C_g+HC_v)t+Hr_0=(C_g+H_{as}C_v)t_{as}+H_{as}r_0 \tag{5-17}$$

一般地说，湿含量的值都很小，故可认为：

$$C_g+HC_v\approx C_g+H_{as}C_v=C_H$$

将上式代入式(5-17) 并整理得：

$$t_{as}=t-\frac{r_0}{C_H}(H_{as}-H) \tag{5-18}$$

式(5-18) 便是湿空气的绝热饱和方程。比较式(5-18) 和式(5-16) 可见，湿球温度方程和绝热饱和方程相类似。对空气-水蒸气混合气而言，湿球温度近似等于绝热饱和温度，故可用绝热饱和方程求湿球温度。但这种关系对其他蒸气-气体混合气系统并不适合。其他系统的不饱和混合气的湿球温度通常高于相应的绝热饱和温度。

绝热饱和温度和湿球温度的区别是：绝热饱和温度是在绝热情况下湿空气与大量的水接触时的稳态温度。湿球温度则是大量的湿空气与少量的水接触时热、质传递过程的稳态非平衡温度。测量湿球温度时，在进行热量和质量传递的过程中，气体的状态（湿度和温度）不发生变化。这与绝热饱和过程不同，在绝热饱和过程中，气体的这两个量都在改变。

【例 5-3】 温度为 30℃、总压强为 101.3kPa 的湿空气中，若含水量为 1.86×10^{-2} $kg(H_2O)\cdot m^{-3}$(湿空气)。试求：(1) 湿空气的相对湿度；(2) 将湿空气的相对湿度降至 15% 时的相应温度。

解 以下标 1 和 2 分别表示相对湿度改变前、后的情况。

(1) 湿空气的相对湿度 $1m^3$ 湿空气中水蒸气的体积为：

$$\frac{1.86\times10^{-2}}{18}\times22.4\times\frac{273+30}{273}=0.0257m^3$$

因总压为 101.3kPa 的湿空气可视为理想气体，故：

湿空气中水气的摩尔分数： $y_1=0.0257/1=0.0257$

湿空气中水气的分压： $p_1=py_1=101.3\times0.0257=2.60kPa$

查得 30℃下水的饱和蒸气压 p_{s_1} 为 4.242kPa。

所以 $$\varphi_1=\frac{p_1}{p_{s_1}}=\frac{2.60}{4.242}=0.613=61.3\%$$

(2) 相对湿度降至 15% 时的温度 因在加热过程中，湿空气中的水气分压保持不变，即 p_2 仍等于 2.60kPa。

故 $$p_{s_2}=\frac{p_2}{\varphi_2}=\frac{2.60}{0.15}=17.33kPa$$

查得与水的饱和蒸气压 p_{s_2} 为 17.33kPa 对应的温度约为 57℃，即将湿空气的相对湿度降至 15% 时的相应温度为 57℃。

5.2.2 湿空气的焓-湿图及应用

湿空气的各个物理量之间的关系可以用两种图示的方法表示。一种是焓-湿图，此图的纵

坐标是焓 I，横坐标是绝对湿度 H。另一种是温-湿图，此图的纵坐标是干球温度 t，横坐标是绝对湿度 H。这些图用于热力学干燥过程的计算非常方便。本节只介绍湿空气的焓-湿图。

5.2.2.1　湿空气的焓-湿图

在焓-湿图中，为了使湿空气在不饱和蒸汽区的线条不太密，采用两坐标夹角为 135°的方法绘制，即横坐标与水平线倾斜 45°的等焓线，使此区扩大。横坐标上的湿度则是斜坐标的投影，如图 5-3 所示。该图是按总压为常压（即 101.3×10^3Pa）制得的，若系统的总压偏离常压较远，则不能应用此图。

在 I-H 图上包括以下图线。

① 等湿度（H）线　是一组与纵坐标平行的垂直线。

② 等焓线（等 I 线）　是一组与水平线倾斜 135°的斜线。

③ 干球温度线（等 t 线）　该组曲线是以干球温度 t 为参数，在固定总压下，当给定不同的温度 t 值时以湿度 H 为变量，焓 I 为因变量，由式(5-10) 作出的曲线。是一组相互不平行并且向右上方倾斜的直线，由式(5-10) 可见其斜率为（$1.88t+2490$），温度越高，其斜率越大。由式(5-10) 计算出对应 I 和 H 数据标绘于 I-H 图上，即为一系列的等干球温度线（即等 t 线）。

④ 相对湿度线（等 φ 线）　等 φ 线是由式(5-7) 标绘的一组曲线。曲线是以相对湿度 φ 为参数，在一定总压下，对于给定的不同相对湿度值，由自变量 p_s 可以通过式(5-7) 计算出一系列对应的 H 数据。将这些数据标绘于 I-H 图上，即为一系列的等相对湿度线。等 φ 线是一组向右上方延伸的曲线。$\varphi=1$ 为饱和相对湿度线，饱和相对湿度线上方为不饱和区(此线是从坐标原点向右上方延伸)。

⑤ 蒸气分压线　将式(5-4) 改为：

$$p_v=\frac{Hp}{0.622+H} \tag{5-19}$$

总压一定时，上式表示水蒸气分压 p_v 与湿度 H 间的关系。因 $H\ll0.622$，故上式可近似地视为线性方程。按式(5-19) 算出若干组 p_v 与 H 的对应关系，并标绘于 I-H 图上。得到蒸气分压线。为了保持图面清晰，蒸气分压线标绘在 $\varphi=100\%$曲线的下方。从式(5-19) 可见水蒸气分压 p_v 与湿度 H 之间不是互为独立的变量。

【例 5-4】 湿度为 $H=0.030\text{kg}(H_2O)\cdot\text{kg}^{-1}$(绝干空气)，温度 t 为 87.8℃的空气流在绝热饱和器中与水接触，使空气冷却并增湿达到 90%的饱和度。试求：(1) 增湿后的 H 和 t 为多少？(2) 当达到 100%的饱和度时，H 和 t 又是多少？

解　(1) 因为 $\dfrac{H}{H_s}\times100\%=\dfrac{\dfrac{p_v}{p-p_v}}{\dfrac{p_s}{p-p_s}}\times100\%=\dfrac{p_v(p-p_s)}{p_s(p-p_v)}\times100\%\approx\dfrac{p_v}{p_s}\times100\%=\varphi$

因此，根据条件 $H=0.030\text{kg}(H_2O)\cdot\text{kg}^{-1}$(绝干空气)、温度 t 为 87.8℃，从焓-湿图由该点开始沿等焓线到 $\varphi=90\%$查得 $H=0.050\text{kg}(H_2O)\cdot\text{kg}^{-1}$(绝干空气)，温度 t 为 42.5℃。

(2) 沿同一等焓绝热线到 $\varphi=100\%$查得 $H=0.0505\text{kg}(H_2O)\cdot\text{kg}^{-1}$(绝干空气)，温度 t 为 40.5℃。

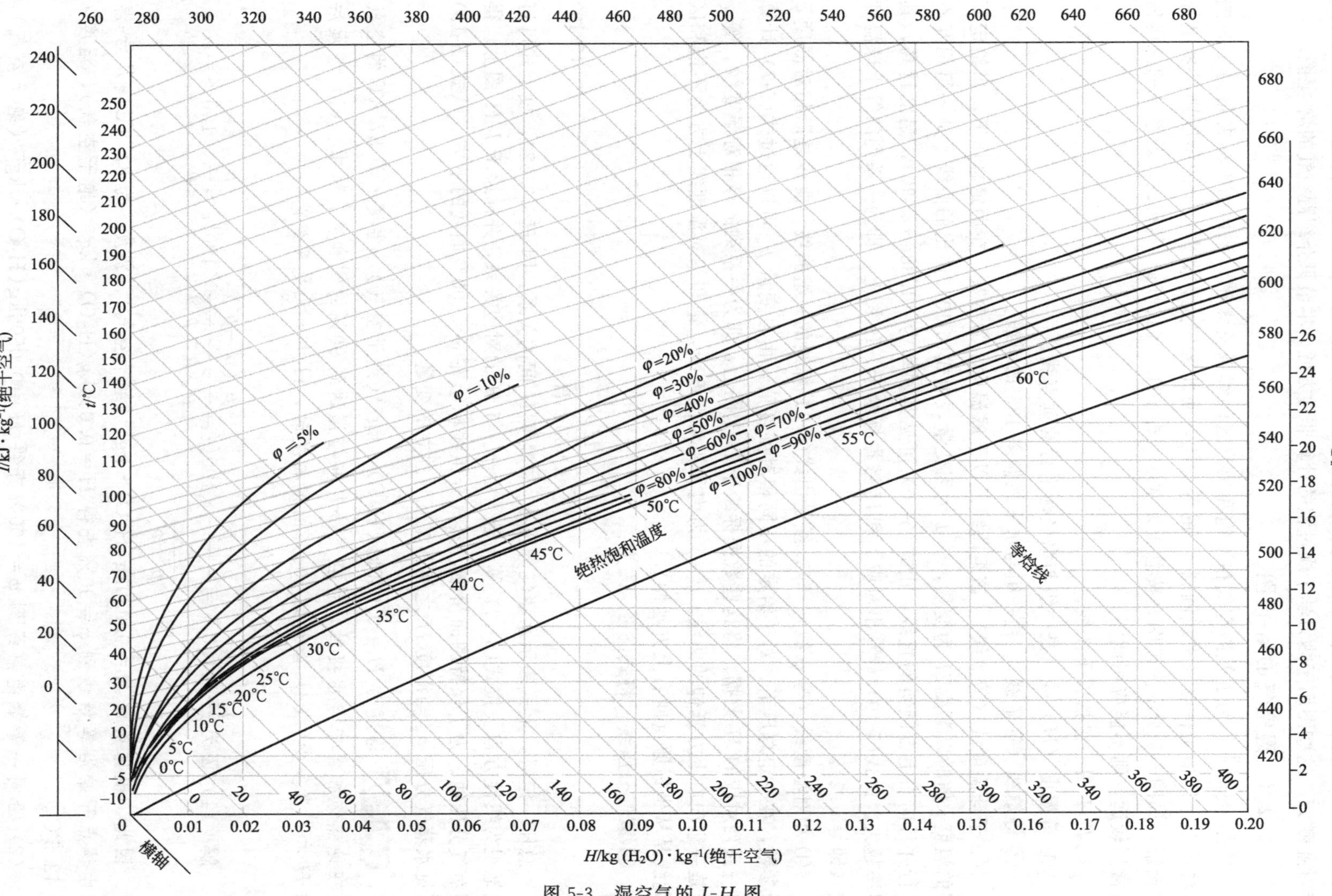

I/kJ·kg^{-1}(绝干空气)
t/℃
p_v/kPa
H/kg (H_2O)·kg^{-1}(绝干空气)
横轴
等焓线
绝热饱和温度
φ=5%
φ=10%
φ=20%
φ=30%
φ=40%
φ=50%
φ=60%
φ=70%
φ=80%
φ=90%
φ=100%
0℃
5℃
10℃
15℃
20℃
25℃
30℃
35℃
40℃
45℃
50℃
55℃
60℃

图 5-3 湿空气的 I-H 图

【例 5-5】 进入干燥器的空气温度为 60℃，露点温度为 26.7℃。使用焓-湿图求湿度 H，相对湿度 φ，湿球温度 t_w，绝热饱和湿含量和湿比容 v_H。

解　根据给定的露点温度 26.7℃在该温度下与 $\varphi=100\%$的曲线相交。由该交点垂直向下查得此空气的湿度为 $H=0.0225\text{kg}(H_2O)\cdot\text{kg}^{-1}$（绝干空气）。从交点垂直向上与 60℃干球温度线相交，由交点查得空气的相对湿度 $\varphi=18\%$，从该交点沿等焓线向下交于相对湿度 $\varphi=100\%$，查得 $t_w=32.5℃$，$H_w=0.033(H_2O)\cdot\text{kg}^{-1}$（绝干空气）。见图 5-4。由式(5-8) 求湿比容 v_H 为：

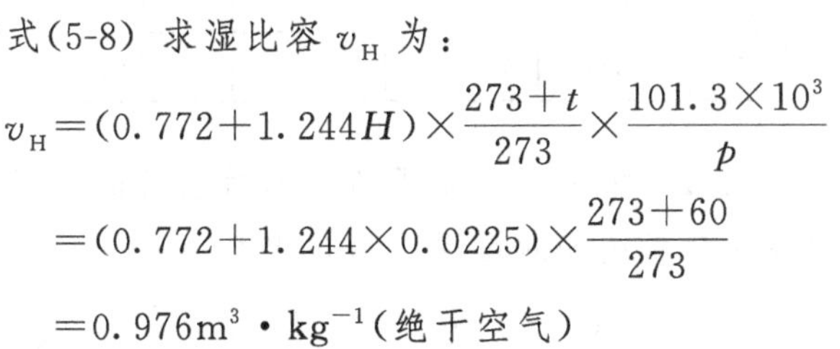

$$v_H=(0.772+1.244H)\times\frac{273+t}{273}\times\frac{101.3\times10^3}{p}$$

$$=(0.772+1.244\times0.0225)\times\frac{273+60}{273}$$

$$=0.976\text{m}^3\cdot\text{kg}^{-1}(\text{绝干空气})$$

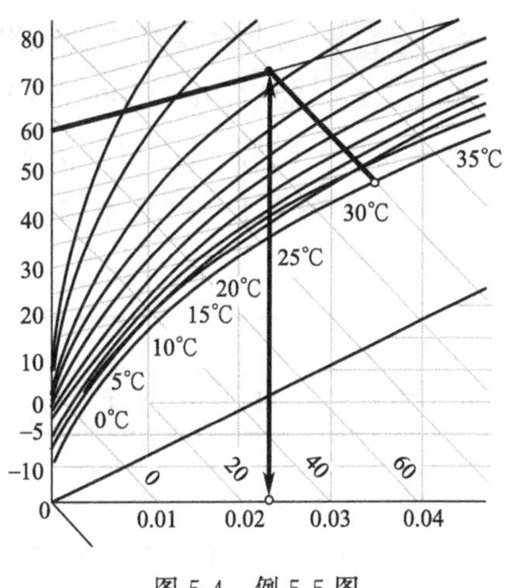

图 5-4　例 5-5 图

5.2.2.2　*I-H* 图的说明与应用

湿空气的性质由任两个独立参数确定，根据给定的两个参数先在 *I-H* 图上确定该空气的状态点，即可查出空气的其他性质。

图 5-5　*I-H* 图的应用

不是所有湿空气参数都是独立的，例如 t_d-H、p_v-H、t_d-p_v、t_w-I、t_{as}-I 等组中的两个参数都不是独立的，因此由上述各组数据不能在 *I-H* 图上确定空气状态点。

例如，若已知湿空气的干球温度 t 和湿含量 H，则此空气的状态点为已知，设为 A 点，由该点可以查到空气的其他参数。方法示于图 5-5 中。露点温度 t_d 是在湿空气湿度 H 不变的条件下冷却至饱和时的温度。因此，通过点 A 沿等 H 线向下并与等相对湿度线 $\varphi=100\%$的饱和空气线的交点所示的温度即为露点。过 A 点沿等 I 线并与等相对湿度线 $\varphi=100\%$的饱和空气线的交点所示的温度即为绝热饱和温度 t_{as}。对水蒸气-空气系统，湿球温度 t_w 与绝热饱和温度 t_{as} 近似相等，此交点所示的温度也可视为湿球温度 t_w。

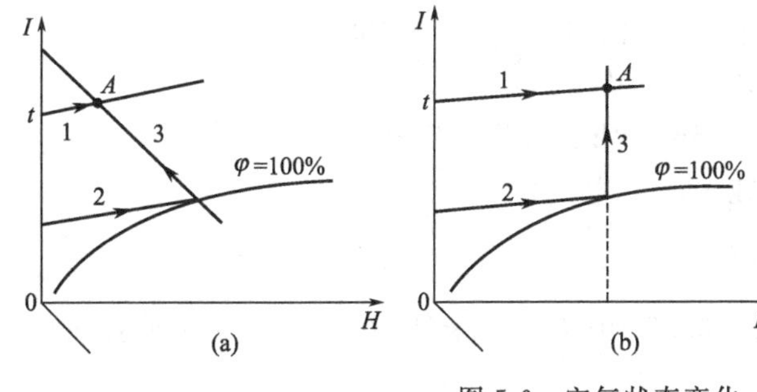

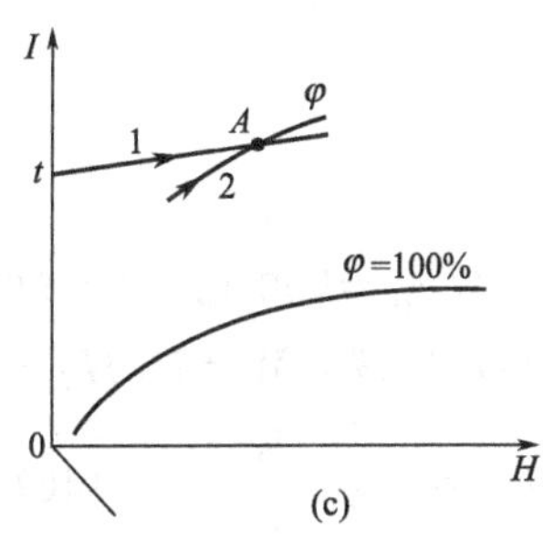

图 5-6　空气状态变化

若已知湿空气的一对参数各为：t-t_w、t-t_d、t-φ，这三种条件下湿空气的状态点 A 的确定方法分别示于图 5-6(a)、(b)、(c) 中。

【例 5-6】 调节干燥需要的空气状态，干燥操作如图 5-7 所示。已知：状态 A 中，$t_A=30℃$，$t_d=20℃$，$V=500m^3 \cdot h^{-1}$（湿空气）；状态 B 中，通过冷凝器后，空气中的水分除去 $2kg \cdot h^{-1}$；状态 C 中，通过加热器后，空气的温度 $t_c=60℃$（干球），干燥器在常压、绝热条件下进行。水在不同温度下的饱和蒸气压见附表。

表 5-1 例 5-6 附表

温度/℃	10	15	20	30	40	50	60
蒸气压 p_v/kPa	1.2263	1.7069	2.3348	4.2477	7.3771	12.3410	19.9241

试求：(1) 空气状态变化的 I-H 图（或 t-H 图）；(2) 离开冷凝器后空气的温度 t_B 为多少？湿度 H_B 为多少？(3) 离开加热器后空气的相对湿度 φ 为多少？

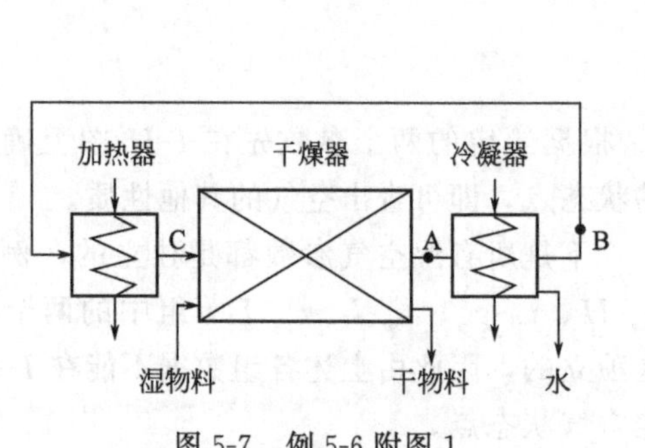

图 5-7 例 5-6 附图 1

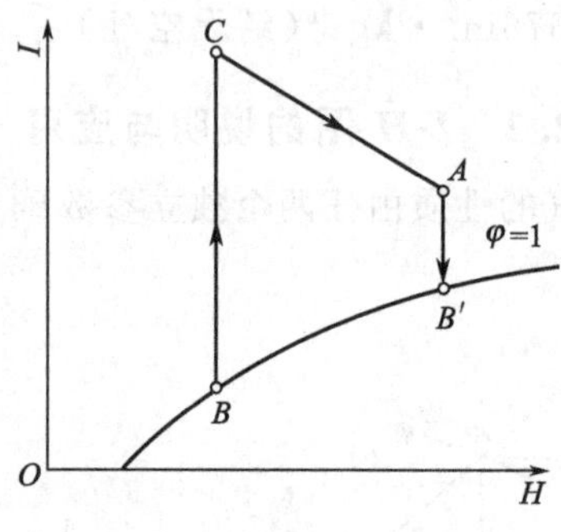

图 5-8 例 5-6 附图 2

解 (1) 画出空气状态变化的 I-H 图 见图 5-8。

(2) 根据露点温度 t_d 可从给出的水的饱和蒸气压数据中查到 $p_s=2.3348kPa$，此值即为进入换热器的空气的水蒸气分压 p_v，因此：

$$H_A=0.622\frac{p_v}{p-p_v}=\frac{0.622\times 2.3348}{101.3-2.3348}=0.01467$$

空气的湿比容 v_H 为：

$$v_H=\left(\frac{1}{29}+\frac{H_A}{18}\right)\times 22.4\times\frac{273+30}{273}$$

$$=\left(\frac{1}{29}+\frac{0.01467}{18}\right)\times 22.4\times\frac{303}{273}$$

$$=0.878m^3 \cdot kg^{-1}(\text{绝干空气})$$

故 $L=V/v_H=500/0.878=569.5kg(\text{绝干空气}) \cdot h^{-1}$

由物料衡算：$W=L(H_A-H_B)$

所以 $H_B=H_A-\frac{W}{L}=0.01467-2/569.5=0.01116kg(H_2O) \cdot kg^{-1}(\text{绝干空气})$

(3) 根据湿含量的定义，在空气达到饱和时：

$$H_B=0.622\frac{p_s}{p-p_s}$$

所以
$$p_s=\frac{H_B p}{0.622+H_B}=\frac{0.01116\times101.3}{0.622+0.01116}$$

解得 $p_s=1.785\text{kPa}$，查得温度为 $t_B=16℃$。此时的 p_s 等于 C 点的空气中的水蒸气分压 p_v。另外，由 $t_C=60℃$，从给出的数据中查到水的饱和蒸汽分压 $p_s=19.9241\text{kPa}$。因此，该处空气的相对湿度为：$p_v/p_s=1.785/19.9241=0.0896=8.96\%$。

5.3 湿物料的性质

如同其他质量传递过程一样，物质的干燥过程是基于平衡和速率关系。在多数干燥设备中，物料是与湿空气接触而被干燥的。因此，干燥过程中空气与物料之间的平衡关系很重要。

待干燥物料通常是由各种类型的干骨架（绝干物料）和液状湿分组成的湿物料。不同的湿物料具有不同的物理、化学、结构力学、生物化学等性质。虽然所有参数都会对干燥过程产生影响，但最重要的因素是湿分的类型及其与骨架的结合方式。

5.3.1 物料的湿含量

物料中湿含量有多种表示方法，在干燥操作中常用的两种表示法是：干基湿含量和湿基湿含量。

5.3.1.1 干基湿含量

在干燥过程中，绝干物料的质量不发生改变，因此为了计算方便起见，故定义物料中的水分含量为干基湿含量，用 X 表示：

$$X=\frac{\text{湿物料中水分的质量}}{\text{湿物料中绝干物料的质量}}$$

式中，X 为湿物料的干基含水量，kg(水分)·kg^{-1}(绝干物料)。

5.3.1.2 湿基湿含量

工业上常用质量分数表示湿物料的含水量，称为湿基湿含量，用 w 表示：

$$w=\frac{\text{湿物料中的水分质量}}{\text{湿物料的总质量}}\times100\%$$

干基湿含量和湿基湿含量之间可互相换算，其关系为：

$$X=\frac{w}{1-w} \tag{5-20}$$

或
$$w=\frac{X}{1+X} \tag{5-21}$$

5.3.2 物料的分类

干燥过程中常见的物料有成千上万种。对物料的分类方法至今还不完善。通常，按照物料的吸水特征可分为以下几类。

(1) 非吸湿毛细孔物料

如砂子、碎矿石、非吸湿结晶、聚合物颗粒和某些瓷料等。其特征为：①具有明显可辨的孔隙，当完全被液体饱和时，孔隙被液体充满，而当完全干燥时，孔隙中充满空气；②可以忽略物理结合湿分，即物料是非吸水的；③物料在干燥期间不收缩。

(2) 吸湿多孔物料

如黏土、分子筛、木材和织物等。其特征为：①具有明显可辨的孔隙；②具有大量物理结合水；③在初始干燥阶段经常出现收缩。这种物料可进一步分为：a. 吸水毛细孔物料（半径大于 10^{-7}m 的大毛细孔和半径小于 10^{-7}m 的微毛细孔同时存在），如木材、黏土和织物等；b. 严格的吸水物料（仅有微孔），如硅胶、氧化铝和沸石等。

(3) 胶体（无孔）物料

如肥皂、胶、某些聚合物（如尼龙）和各种食品等。其特征为：①无孔隙，湿分只能在表面汽化；②所有液体均为物理结合。

上述分类法仅适用于均质物料，即湿分可在其内连续传递的物料。

5.3.3 物料与水分的结合状态

已观察到，物料微孔中湿分的蒸气压小于相同温度下自由液体的蒸气压，这种现象称为物料的吸湿性。这种吸湿现象可用吸附模型解释。Brunauer、Emmett 和 Teller 提出的多分子吸附过程（BET 方程）对此解释为：在相对湿度小于 0.2 时，湿分的吸附取决于水分子在孔壁上的单分子结构；对于较高的相对湿度 $0.2<\varphi<0.6$ 时，在单分子层上相继形成水的多分子层；当 $\varphi>0.6$ 时，形成毛细孔凝聚过程。

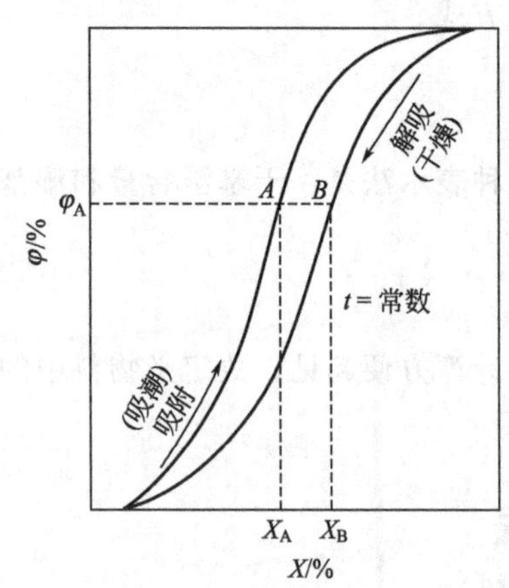

图 5-9 吸附和解吸曲线

可以用实验的方法测定物料湿含量与空气湿度之间的平衡关系。在恒定温度下，使物料与空气经过足够长的接触时间来测定其平衡关系。在一定温度下，不同空气湿度测得的物料平衡湿含量所形成的曲线，称为吸附等温线。

等温吸附平衡关系可由湿分被物料吸附或解吸两种方法获得，前者称吸附等温线，后者称解吸等温线，如图5-9所示。实际上，当物料被放置在相对湿度等于 φ_A 的空气中时，湿含量低于 X_A 的物料是不能被干燥的；相反，物料将吸湿。干燥过程是一个解吸过程。

干燥时，一个重要的变量是与湿物料接触的空气的湿度。如果湿物料与湿度和温度均为常数的大量空气接触，在这种条件下空气状态能够维持常数。

当一定湿度和温度的空气与物料长时间接触，物料与空气之间的水分传递将达到平衡，此时物料中的湿分含量称为平衡水分，又称为平衡湿含量或平衡含水量，物料的湿含量通常以干基湿含量（X^*）表示，单位为 kg(水分)·kg^{-1}(绝干物料)。平衡湿含量也与物料的性质有关。

5.3.3.1 平衡水分及自由水分

当一定含水量的物料与特定温度和湿度的空气接触时，如果物料的含水量大于平衡含水量，则物料在与空气的接触过程中物料被干燥，直到其含水量达到平衡值；如果物料含水量比平衡含水量少，物料将从空气中吸收水分直到平衡值。空气的湿含量为零时，物料的平衡含水量也为零，因此湿物料只有与绝干空气相接触才能获得绝干物料。

各种物料的平衡含水量由实验测得。不同材料其平衡含水量相差很大，图 5-10 是室温下三种典型材料的平衡含水量。曲线表示平衡含水量与空气相对湿度间的关系，该关系曲线又称为平衡曲线。由图 5-10 可以看出，不同种物料与同一状态的空气接触达到平衡时，物料的平衡湿含量不同，比如 $t=25$℃、$\varphi=60\%$时，陶土的 $X^*=0.01\text{kg}\cdot\text{kg}^{-1}$（绝干物料）（见曲线 1 的 A 点），而烟叶的 $X^*\approx0.23\text{kg}\cdot\text{kg}^{-1}$（绝干物料）（见曲线 3 上的 B 点）；同一种物料与不同状态的空气接触达到平衡时，物料的平衡湿含量也不同，比如羊毛，当空气的$t=25$℃、$\varphi=20\%$时，$X^*=0.073\text{kg}\cdot\text{kg}^{-1}$（绝干物料）（曲线 2 上 C 点），而当 $\varphi=60\%$时，$X^*\approx0.145\text{kg}\cdot\text{kg}^{-1}$（绝干物料）（曲线 2 上 D 点）。

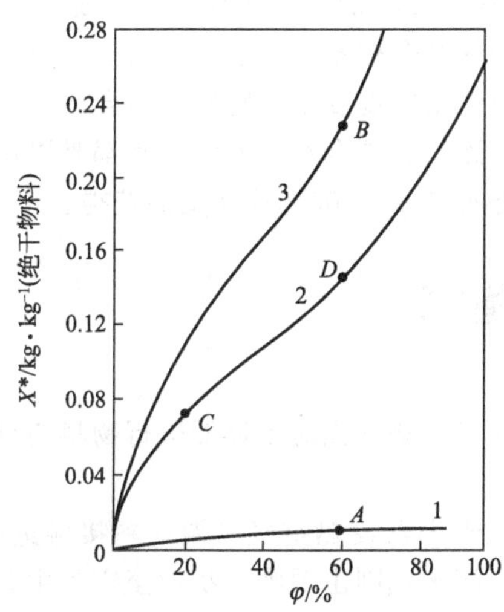

图 5-10 平衡含水量与相对湿度的关系

1—陶土；2—羊毛；3—烟叶

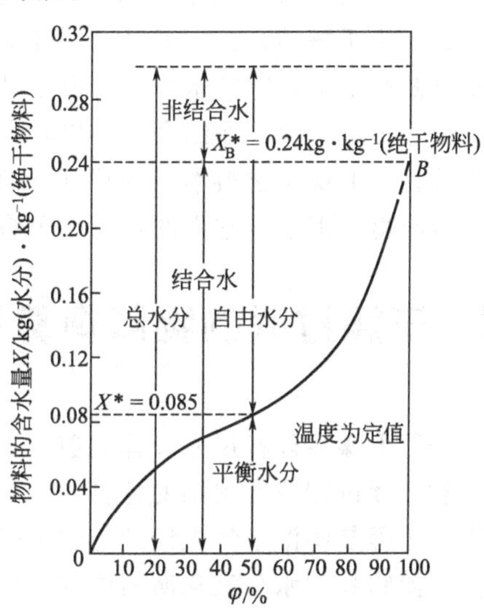

图 5-11 物料含水分的性质

由此可见，不同物料的平衡水分数值差异很大，同一物料的平衡水分随空气状态而变。

物料中平衡含水量随空气温度升高略有减少，例如棉花与相对湿度为 50%的空气相接触。当空气温度由 37.8℃升高到 93.3℃时，平衡含水量 X^* 由 0.073 降至 0.057，约减少25%。由于缺乏各种温度下平衡含水量的实验数据，因此只要温度变化范围不太大，一般可近似地认为物料的平衡含水量与空气的温度无关。

物料中的水分超过 X^* 的那部分水分称为自由水分，这种水分可以用干燥方法除去。因此，平衡含水量是湿物料在一定的空气状态下干燥的极限。

5.3.3.2 结合水分与非结合水分

湿分以松散的化学结合形式或以液态溶液存在于固体中，或积聚在固体的毛细微结构中。这种液体，当其蒸气压低于纯液体蒸气压时，称之为结合水分；而游离在表面的湿分则称为非结合水分。

图 5-11 中，对于一定的物料，当平衡湿含量的实验曲线延伸到与空气相对湿度等于100%线相交于 B 时，该点以下的水分称为结合水分，此时固体中水分的蒸气压要小于同温度下液体水的蒸气压；B 点以上的部分湿分称为非结合水分，这种湿分在物料中水分的蒸气压与同温度下普通水的蒸气压一样，这部分水分主要是在固体的孔隙中。含有结合水分的

材料称为吸湿性材料。

结合水分以不同的形式存在于物质中。如细胞内和纤维壁面的湿分可能有固体溶解在其中，因而饱和蒸气压较低。在很小直径的毛细管内的液体水，由于受表面凹液面曲率的影响而产生饱和蒸气压下降。在天然有机物内的水，其结合形式可能是化学结合和化学-物理结合形式。

图 5-11 是在恒定温度下由实验测得丝的平衡含水量 X^* 与空气相对湿度 φ 之间的关系曲线。若将该线延长与 $\varphi=100\%$线交于点 B，该点相应的 $X_B^*=0.24\text{kg}\cdot\text{kg}^{-1}$(绝干物料)，此时物料表面水汽的分压等于同温度下纯水的饱和蒸气压 p_s，即等于同温度下饱和空气中的水汽分压。当湿物料中的含水量大于 X_B^* 时，物料表面水汽的分压不会再增大，仍为 p_s。高出 X_B^* 的水分为非结合水，汽化这种水分与汽化纯水相同，极易用干燥方法除去。它与物料的结合为机械结合，一般结合力不强。物料中小于 X_B^* 的水分为结合水，通常细胞壁内的水分及小毛细管内的水分，都属于结合水，与物料结合较紧，其蒸气压低于同温度下纯水的饱和蒸气压，故较非结合水难以除去。因此，在恒定的温度下，物料的结合水与非结合水的划分，只取决于物料本身的特性，而与空气状态无关。结合水与非结合水都难以用实验方法直接测得，但根据它们的特点，可将平衡曲线外延与 $\varphi=100\%$线相交而获得。

5.4 干燥过程的物料衡算和热量衡算

在进行干燥器设备尺寸计算之前，要根据给定的工艺条件先对干燥器进行物料衡算、热量衡算和干燥过程速率关系的计算。

干燥过程是将湿空气先经预热器加热后，再通入干燥器使热空气与湿物料接触进行热、质交换，湿物料中水分汽化所需的热量由空气供给，而水汽则由湿物料扩散至空气中并由其带走。完成某一定的干燥生产任务，需要配置多大的风机、多少传热面积的预热器、多大干燥器的尺寸以及其他辅助设备等，必须通过干燥器的物料和热量衡算确定。

5.4.1 物料衡算

在干燥操作中，通常已知每小时（或每批）被干燥物料的质量、物料在干燥前后的含水量、湿空气进入干燥器的状态（主要是湿度和温度），如果确定了湿空气离开干燥器时的状态，即可求得单位时间（或每批）水分的蒸发量、空气的消耗量和干燥产品的质量。

图 5-12 物料和空气通过干燥器各物理量的改变

图 5-12 是干燥器的物料衡算关系，进入干燥器的湿物料中绝干物料单位时间的质量速率为 G_c，干燥前后物料的干基含水量分别为 X_1 和 X_2，进出干燥器空气的湿含量分别为 H_1 和 H_2，单位时间进入和离开干燥器的干空气质量速率为 L。另外，设进出干燥器物料的质量流量分别为 G_1 和 G_2，干燥前后物料的湿基含水量分别为 w_1 和 w_2。由于干燥前后物料中绝干物料的质量不变，所以：

$$G_c=G_1(1-w_1)=G_2(1-w_2) \tag{5-22}$$

式中，G_c 为湿物料中绝干物料的质量，$\text{kg}\cdot\text{h}^{-1}$。

在干燥过程中，湿物料中蒸发出来的水分由空气带走，因此湿物料中水分的减少量等于空气中水分的增加量，即：

$$G_c(X_1-X_2)=L(H_2-H_1) \tag{5-23}$$

式中，L 为绝干空气量，$kg \cdot h^{-1}$。

设干燥过程的水分蒸发量为 W，则：

$$W=G_c(X_1-X_2) \tag{5-24}$$

蒸发 W 的水分，所消耗的干空气量为：

$$L=\frac{W}{H_2-H_1} \tag{5-25}$$

计算空气量的主要目的是为选用干燥所需风机和计算干燥器的尺寸提供数据。干燥装置所需风机的风量根据湿空气的体积流量 V 确定。湿空气的体积流量可由干空气的质量流量和湿空气的湿比容求得，即：

$$V=Lv_H \tag{5-26}$$

【例 5-7】 在常压干燥器中将某物料从湿基含水量 10%干燥至 2%，湿物料处理量为 $300kg \cdot h^{-1}$。干燥介质为温度 80℃、相对湿度 10%的空气，其用量为 $900kg \cdot h^{-1}$。试计算水分汽化量及空气离开干燥器时的湿度。

解 $t=80℃$，$\varphi=10\%$，在 H-I 图中查得 $H_1=0.031kg \cdot kg^{-1}$(绝干空气)，绝干空气质量

$$L=\frac{L'}{1+H_1}=\frac{900}{1+0.031}=872.94\text{kg(绝干空气)} \cdot h^{-1}$$

物料干基含水量

$$X_1=\frac{w_1}{1-w_1}=\frac{0.1}{1-0.1}=0.1111\text{kg} \cdot \text{kg}^{-1}\text{(绝干物料)}$$

$$X_2=\frac{w_2}{1-w_2}=\frac{0.02}{1-0.02}=0.0204\text{kg} \cdot \text{kg}^{-1}\text{(绝干物料)}$$

绝干物料量 $G_c=G_1(1-w_1)=300\times(1-10\%)=270kg \cdot h^{-1}$

汽化水分量 $W=G_c(X_1-X_2)=270\times(0.1111-0.0204)=24.49kg \cdot h^{-1}$

又 $W=L(H_2-H_1)$，则干燥器空气出口湿度

$$H_2=H_1+\frac{W}{L}=0.031+\frac{24.49}{872.94}=0.059\text{kg} \cdot \text{kg}^{-1}\text{(绝干空气)}$$

5.4.2 热量衡算

干燥器的热量衡算可以确定各项热量的分配情况和热量消耗量，可作为空气预热器的传热面积、加热剂用量、干燥器尺寸、干燥器的热效率计算依据。

图 5-13 中湿空气（其初态为 t_0、H_0）经预热器加热使其温度升至 t_1，预热过程除空气的湿度不变外，其他各项参数都发生变化。当热空气通过干燥器时，由于空气吸收了湿物料汽化的蒸汽，所以其湿度增加，温度也发生变化，离开干燥器时空气的温度为 t_2、湿度为 H_2、相对湿度为 φ_2。设物料进入和离开干燥器时的温度各为 θ_1 和 θ_2。对预热器和干燥器分别作热量衡算。

5.4.2.1 预热器

设空气的预热过程为稳定传热。当忽略热损失时，根据热量是守恒定律：

$$LI_0+Q_p=LI_1 \tag{5-27}$$

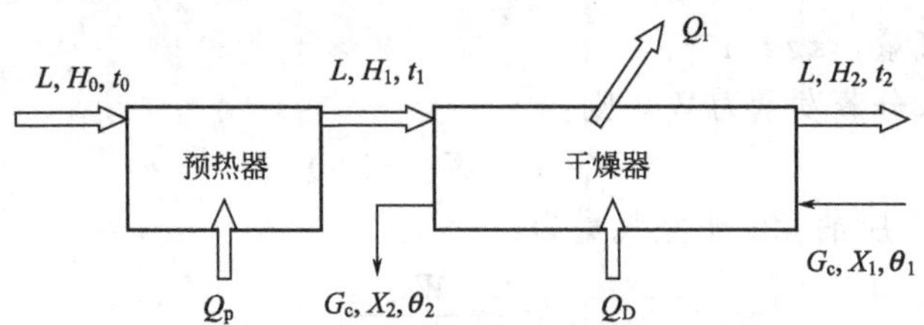

图 5-13 干燥系统的物料衡算和热量衡算

因此
$$Q_p=L(I_1-I_0) \tag{5-28}$$
式中，Q_p 为预热器的给热量，$kJ \cdot h^{-1}$；I_0、I_1 分别为空气进出预热器的焓，$kJ \cdot kg^{-1}$。

在干燥操作中，空气的已知状态参数一般是以温度居多，直接给出焓值的情况很少。当忽略温度变化对空气比热容的影响时，式(5-28) 可以换成：
$$Q_p=L(1.01+1.88H_0)(t_1-t_0) \tag{5-29}$$
上式即为预热器提供给空气的热量。

5.4.2.2 干燥器

带入干燥器的热量包括：空气和湿物料带进的热量、外界供给的热量。即 $LI_1+G_cI'_1+Q_D$。

带出干燥器的热量包括：空气和湿物料带出的热量、干燥过程中损失到环境的热量。即 $LI_2+G_cI'_2+Q_l$。

根据能量守恒，则：
$$LI_1+G_cI'_1+Q_D=LI_2+G_cI'_2+Q_l \tag{5-30}$$
式中，I_1、I_2 分别为进出干燥器的空气的焓；I'_1、I'_2 分别为进出干燥器的物料的焓；Q_D 为对干燥器的输入热量，$kJ \cdot h^{-1}$；Q_l 为热损失，$kJ \cdot h^{-1}$。

式(5-30) 移项之后可得干燥器的加热量为：
$$Q_D=L(I_2-I_1)+G_c(I'_2-I'_1)+Q_l \tag{5-31}$$

5.4.2.3 总的热量衡算

式(5-27) 与式(5-30) 相加并整理得：
$$Q=Q_D+Q_p=L(I_2-I_0)+G_c(I'_2-I'_1)+Q_l \tag{5-32}$$
式中，Q 为干燥系统的总加热量，$kJ \cdot h^{-1}$。

5.4.2.4 干燥系统需要加热量的近似计算

先作两点假设：

① 新鲜空气中水蒸气的焓等于离开干燥器废气中水蒸气的焓 即：
$$I_{v_0}=I_{v_2}$$

② 湿物料进出干燥器时比热容取平均值 C_m 根据焓的定义，湿空气进出干燥系统的焓分别为：
$$I_0=C_gt_0+I_{v_0}H_0 \tag{5-33}$$
$$I_2=C_gt_2+I_{v_2}H_2 \tag{5-34}$$

上两式相减，并将第一点假设所得的关联式代入，为了简便起见，取湿空气的焓为 I_{v_2}，故：
$$I_2-I_0=C_g(t_2-t_0)+I_{v_2}(H_2-H_0)$$

$$I_2-I_0=C_g(t_2-t_0)+(r_0+C_{v_2}t_2)(H_2-H_0)$$
$$=1.01(t_2-t_0)+(2490+1.88t_2)(H_2-H_0) \tag{5-35}$$

湿物料进出干燥器的焓分别为：

$$I'_1=C_{m_1}\theta_1 \tag{5-36}$$
$$I'_2=C_{m_2}\theta_2 \tag{5-37}$$

式中，C_{m_1}、C_{m_2} 分别为湿物料进出干燥器的比热容，kJ·kg^{-1}(绝干物料)·K^{-1}，其值可由下式计算：

$$C_m=C_s+XC_w$$

式中，C_s 为绝干物料的比热容，kJ·kg^{-1}·K^{-1}；C_w 为水的比热容，kJ·kg^{-1}·K^{-1}。

综合以上各式，并代入式(5-32) 得：

$$Q=Q_p+Q_D=1.01L(t_2-t_0)+W(2490+1.88t_2)+G_cC_m(\theta_2-\theta_1)+Q_L \tag{5-38}$$

分析上式可看出，向干燥系统输入的热量用于：①加热空气；②蒸发水分；③加热物料；④热损失。

【例 5-8】 在一常压转筒干燥器中，将某物料从含水量 4.0%干燥到 0.5%（均为湿基），干燥产品质量流量为 600kg·h^{-1}，空气进预热器前 $t_0=25$℃，相对湿度 $\varphi_0=55\%$，经过预热器加热到 $t_1=85$℃后再进入干燥器，出干燥器时 $t_2=30$℃。物料进干燥器时 $\theta_1=24$℃，出干燥器时 $\theta_2=60$℃，绝干物料的比热容为 0.52kJ·kg^{-1}(绝干物料)·K^{-1}。假设干燥器的热损失为 18000kJ·h^{-1}，试求：(1) 绝干空气流量；(2) 预热器中的传热量。(25℃时水的饱和蒸气压=3.168kPa)

解 $X_1=\dfrac{0.04}{1-0.04}=0.0417$kg(水分)·kg^{-1}(绝干物料)

$X_2=\dfrac{0.005}{1-0.005}=0.0050$kg(水分)·kg^{-1}(绝干物料)

物料衡算： $L(H_2-H_1)=G_c(X_1-X_2)=W$

$G_c=G_2(1-w_2)=600\times(1-0.005)=597$kg(绝干物料)·h^{-1}

$W=597\times(0.0417-0.0050)=21.9$kg(水分)·h^{-1}

$p_v=\varphi p_s=0.55\times3.168=1.7424$kPa

$H_0=H_1=0.622\dfrac{p_v}{p-p_v}=0.622\times\dfrac{1.7424}{101.3-1.7424}=0.0109$kg(水分)·kg^{-1}(绝干空气)

所以 $$L(H_2-0.0109)=21.9\text{kg}\cdot\text{h}^{-1} \tag{a}$$

热量衡算：

$$L(I_1-I_2)=G_c(I'_2-I'_1)+Q_l$$
$$Q_p=L(I_1-I_0)$$

其中 $I_0=(1.01+1.88\times0.0109)\times25+2490\times0.0109=52.9$kJ·kg^{-1}(绝干空气)

$I_1=(1.01+1.88\times0.0109)\times85+2490\times0.0109=114.7$kJ·kg^{-1}(绝干空气)

$I_2=(1.01+1.88H_2)\times30+2490H_2=30.3+2546.4H_2$

湿物料的焓 $I'=(C_s+XC_w)\theta$，故：

$I'_1=(0.52+4.187\times0.0417)\times24=16.67$kJ·kg^{-1}(绝干物料)

$I'_2=(0.52+4.187\times0.0050)\times60=32.46$kJ·kg^{-1}(绝干物料)

$Q_p=L(I_1-I_0)=L(114.7-52.9)=61.8L$

$Q_l=18000$kJ·h^{-1}

所以 $L(114.7-30.3-2546.4H_2)=597\times(32.46-16.67)+18000$

$$L(84.4-2546.4H_2)=27426.6\text{kJ}\cdot\text{h}^{-1} \quad \text{(b)}$$

联立式(a)及式(b)解得：

$$H_2=0.0258\text{kg(水分)}\cdot\text{kg}^{-1}\text{(绝干空气)}$$

$$L=1468.7\text{kg(绝干空气)}\cdot\text{h}^{-1}$$

$$Q_p=L(I_1-I_0)=61.8L=90765.7\text{kJ}\cdot\text{h}^{-1}$$

5.4.3 空气通过干燥器时的状态变化

5.4.3.1 干燥器出口空气状态的确定

干燥时空气原始状态，如 H_0、φ_0 及 I_0 等，可根据其湿球温度 t_w 及干球温度 t_0 通过计算或由图 5-14 查得。空气的预热是一个等湿升温过程，空气状态变化简单。但是，空气通过干燥器时由于进行了湿与热的交换，因此干燥过程中湿空气状态的变化比较复杂，不像预热器预热这么简单。

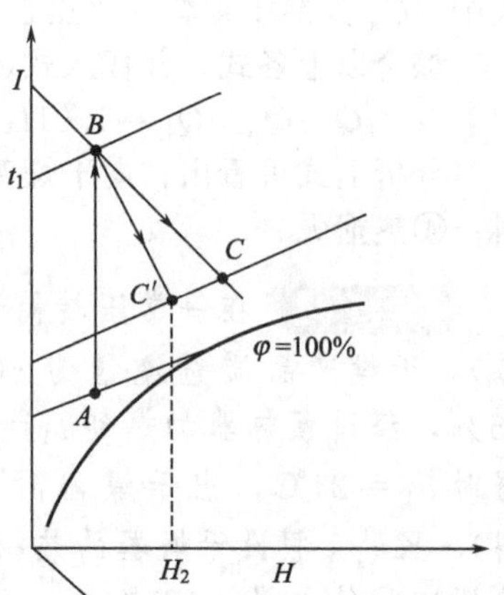

图 5-14 干燥过程中空气状态的变化

在干燥器的物料和热量衡算中，要求取空气消耗量及干燥中有关热量时，都须明确干燥器出口的空气状态。在干燥操作中，通常只能测出空气温度或者在设计计算时可以假定 t_2 或 H_2，而不能同时假定两个参数。空气离开干燥器时的温度 t_2 一般须比热空气进入干燥器时的绝热饱和温度高 20～50℃左右，这样才能保证空气在干燥器以后在分离设备中不致析出水滴，否则将会使产品回潮，而且容易造成管道堵塞和设备材料的腐蚀。因此，在干燥器设计计算时需要关注干燥器中废气的出口温度。

图 5-14 中 A 点表示原始空气的状态，经预热器等湿升温至 B 点，该点表示干燥器进口的空气状态，空气在干燥器中逐渐增湿和降温。干燥操作过程中，湿空气的状态究竟沿什么轨迹变化，需由干燥器的热量衡算确定。

确定这些参数涉及空气在干燥器内所经历的过程性质。在干燥器内空气与物料间既有热量传递也有质量传递，有时还要向干燥器补充热量，而且又有热量损失于周围环境中，故确定干燥器出口处空气状态参数颇为烦琐。一般根据空气在干燥器内焓的变化，将干燥过程分为等焓过程与非等焓过程两大类。

5.4.3.2 等焓干燥过程

等焓干燥过程又称绝热干燥过程。人为地对这种过程规定一些条件，使得式(5-31)满足：

$$L(I_2-I_1)=0$$

即

$$I_1=I_2$$

此干燥操作过程中空气的各参数是沿着等 I 线变化的。干燥操作时空气中所放出的显热，全部用于蒸发湿物料中的水分，物料汽化的水汽又将潜热带回空气中去。如果假定干燥器出口的空气温度为 t_2，则 I-H 图上通过 B 点沿着等 I 线与温度为 t_2 的等 t 线相交，交点 C 即表示干燥器出口的空气状态，由点 C 即可查得所需的空气参数。实际上，只有热绝缘良好的干燥器和物料进出口温度相差不大的情况下，方可近似地当作绝热干燥过程来处理。

实际操作中很难实现这种等焓过程，故等焓干燥过程称为理想干燥过程，但它能简化干燥的计算，并能在 I-H 图上迅速确定空气离开干燥器时的状态参数。

绝热干燥器干燥过程中空气状态变化如下：新鲜空气的状态参数为 t_0 及 H_0，在图 5-14 上确定状态点 A。空气在预热器内被加热到 t_1，湿度不变，故从点 A 沿等 H 线上升到温度为 t_1 与等温线交于点 B，该点为进入干燥器空气的状态点。由于空气在干燥器内是等焓变化过程，即过点 B 沿等 I 线改变，故只要知道空气离开干燥器任一参数，比如温度 t_2，则过 B 点的等焓线与等 t_2 线交于点 C 即为空气出干燥器的状态点。过点 B 的等焓线是理想干燥过程的操作线。

【例 5-9】 在某干燥器中干燥砂糖晶体，处理量为 $100\mathrm{kg\cdot h^{-1}}$，要求将湿基含水量由 40%减至 5%。干燥介质为干球温度 20℃、湿球温度 16℃的空气，经预热器加热至 80℃后送至干燥器内。空气在干燥器内为等焓变化过程，空气离开干燥器时温度为 30℃，总压为 101.3kPa。试求：(1) 水分汽化量；(2) 干燥产品量；(3) 湿空气的消耗量；(4) 预热器向空气提供的热量。

解　(1) 水分汽化量

$$W=G_1-G_2=G_1-\frac{1-w_1}{1-w_2}G_1=\frac{w_1-w_2}{1-w_2}G_1=\frac{0.4-0.05}{1-0.05}\times 100=36.84\mathrm{kg\cdot h^{-1}}$$

或

$$X_1=\frac{w_1}{1-w_1}=\frac{0.4}{1-0.4}=\frac{2}{3}\mathrm{kg\cdot kg^{-1}}\text{(绝干物料)}$$

$$X_2=\frac{w_2}{1-w_2}=\frac{0.05}{1-0.05}=\frac{1}{19}\mathrm{kg\cdot kg^{-1}}\text{(绝干物料)}$$

$$G_c=G_1(1-w_1)=100\times(1-0.4)=60\mathrm{kg\cdot h^{-1}}$$

$$W=G_c(X_1-X_2)=60\times\left(\frac{2}{3}-\frac{1}{19}\right)=36.84\mathrm{kg\cdot h^{-1}}$$

(2) 干燥产品量

$$G_2=G_1-W=100-36.84=63.16\mathrm{kg\cdot h^{-1}}$$

(3) 由 $t_0=20℃$，$t_{w0}=16℃$查图，得 $H_0=0.01\mathrm{kg\cdot h^{-1}}$(绝干空气)；预热后 $t_1=80℃$，$H_1=0.01\mathrm{kg\cdot kg^{-1}}$(绝干空气)

$$I_1=(1.01+1.88H_1)t_1+2490H_1=(1.01+1.88\times0.01)\times80+2490\times0.01=107.2\mathrm{kJ\cdot kg^{-1}}\text{(绝干空气)}$$

出口空气：等焓过程 $I_2=I_1$，即

$$(1.01+1.88H_2)t_2+2490H_2=107.2$$

$$(1.01+1.88H_2)\times30+2490H_2=107.2$$

得 $H_2=0.03\mathrm{kg\cdot kg^{-1}}$(绝干空气)。而 $W=L(H_2-H_1)$

$$L=\frac{W}{H_2-H_1}=\frac{36.84}{0.03-0.01}=1842\mathrm{kg\cdot h^{-1}}$$

湿空气用量　$L'=L(1+H_0)=1842\times(1+0.01)=1860\mathrm{kg\cdot h^{-1}}$

(4) 预热器中的加热量：

$$Q_p=L(I_1-I_0)=Lc_H(t_1-t_0)=1842/3600\times(1.01+1.88\times0.01)\times(80-20)=31.58\mathrm{kW}$$

5.4.3.3　非等焓干燥过程

大多数干燥过程都是在非绝热情况下进行的。此时，空气的状态不是沿着等 I 线变化，

干燥器出口的空气状态，可根据假定的出口温度 t_2 由式(5-24)、式(5-25) 和式(5-38) 求得。在图 5-14 上的 C'点即为非绝热干燥器出口的空气状态，干燥器中空气的状态是由 B 点沿 BC'线改变至 C'点的。

5.4.3.4 空气的混合和循环

(1) 空气流的混合

干燥操作是能耗较大的单元操作过程，采用废气循环可以节省能量。另一方面废气循环还能改善块状物料干燥时的变形问题。部分气体再循环的干燥过程中会遇到两种湿空气的混合问题。两种空气混合前后的状态变化关系可以通过图解法（见图 5-15），或由质量衡算和热量衡算求得。

总的物料衡算：

$$L_m = L_1 + L_2 \tag{5-39}$$

式中，L_m 为两股空气混合后的总绝干空气量，$kg \cdot h^{-1}$；L_1、L_2 分别为两股空气中绝干空气量，$kg \cdot h^{-1}$。

对水分的物料衡算：

$$L_m H_m = L_1 H_1 + L_2 H_2 \tag{5-40}$$

式中，H_m 为两股空气混合后的湿含量，$kg \cdot kg^{-1}$（绝干空气）；H_1、H_2 分别为两股空气的湿含量，$kg \cdot kg^{-1}$(绝干空气)。

对混合过程的热衡算：

$$L_m I_m = L_1 I_1 + L_2 I_2 \tag{5-41}$$

由式(5-39) 及式(5-40) 可推得：

$$H_m = \frac{L_1}{L_1 + L_2} H_1 + \frac{L_2}{L_1 + L_2} H_2 \tag{5-42}$$

由式(5-39) 及式(5-41) 可推得：

$$I_m = \frac{L_1}{L_1 + L_2} I_1 + \frac{L_2}{L_1 + L_2} I_2 \tag{5-43}$$

由以上各式可求得混合后的气量和参数 H_m 和 I_m。

(2) 废气循环

干燥器废气中热量的利用对于提高热效率具有重要的意义。图 5-16 是部分废气再循环连续干燥过程及空气状态变化。进口空气的流量 L_1 (A) 与部分废气 L_2 (B) 混合。混合前后空气状态的变化可以用物料衡算和热量衡算求取，也可以在 I-H 图上用“杠杆规则”确定。混合气的状态点 M 的位置落在 A 点和 B 点的连线上，按 L_1 和 L_2 的比例在图上确定 M 点。

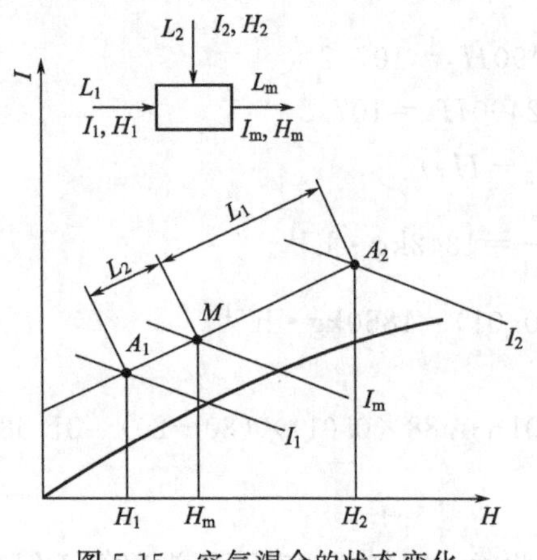

图 5-15 空气混合的状态变化

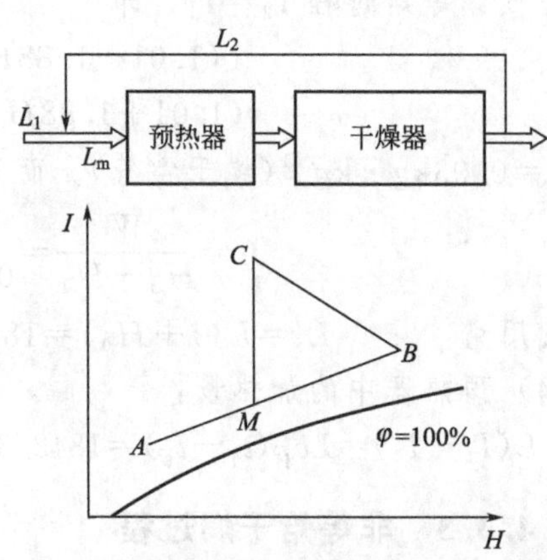

图 5-16 废气再循环连续干燥过程及空气状态变化

【例 5-10】 在常压连续逆流干燥器中将某物料自湿基含水量 50%干燥至 6%、采用废气循环操作，即由干燥器出来的一部分废气和新鲜空气相混合，混合气经预热器加热到必要的温度后再送入干燥器。循环比（废气中绝干空气质量和混合气中绝干空气质量之比）为 0.8。设空气在干燥器中经历等焓增湿过程。

已知新鲜空气的状态为 $t_0=25℃$、$H_0=0.005\text{kg(水分)}\cdot\text{kg}^{-1}\text{(绝干空气)}$。废气的状态为：$t_2=38℃$、$H_2=0.034\text{kg(水分)}\cdot\text{kg}^{-1}\text{(绝干空气)}$。试求每小时干燥 1000kg 湿物料所需的新鲜空气量及预热器的传热量。设预热器的热损失可忽略。

附流程示意图见图 5-17。

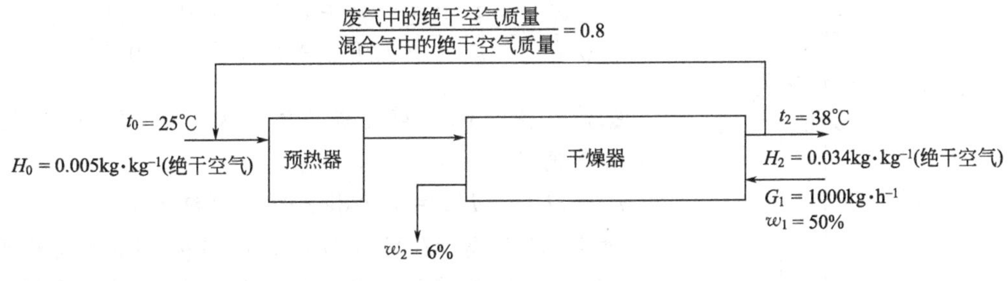

图 5-17　例 5-10 附图 1

解　由式(5-42) 得：

$$H_m=\frac{L_1}{L_1+L_2}H_1+\frac{L_2}{L_1+L_2}H_2=0.2H_0+0.8H_2=0.0282\text{kg}\cdot\text{kg}^{-1}\text{(绝干空气)}$$

由式(5-43) 得：

$$I_m=\frac{L_1}{L_1+L_2}I_1+\frac{L_2}{L_1+L_2}I_2=0.2I_0+0.8I_2=107.962\text{kJ}\cdot\text{kg}^{-1}\text{(绝干空气)}$$

其中：

$$I_0=(1.01+1.88H_0)t_0+2490H_0=(1.01+1.88\times0.005)\times25+2490\times0.005=37.935\text{kJ}\cdot\text{kg}^{-1}$$

$$I_2=(1.01+1.88H_2)t_2+2490H_2=(1.01+1.88\times0.034)\times38+2490\times0.034=125.469\text{kJ}\cdot\text{kg}^{-1}$$

水分蒸发量为：

$$W=G_c(X_1-X_2)$$

其中 $G_c=G_1(1-w)=1000\times(1-0.5)=500\text{kg(绝干物料)}\cdot\text{h}^{-1}$，$X_1=50/50=1$，$X_2=6/94$，所以

$$W=500\times(1-6/94)=468\text{kg}\cdot\text{h}^{-1}$$

绝干空气消耗量可由整个干燥系统的物料衡算求得，即：

$$L(H_2-H_0)=W$$

或

$$L=\frac{W}{H_2-H_0}=\frac{468}{0.034-0.005}=1.614\times10^4\text{kg(绝干空气)}\cdot\text{h}^{-1}$$

故新鲜空气用量为：

$$L_0=L(1+H_0)=1.614\times10^4\times(1+0.005)=1.622\times10^4\text{kg}\cdot\text{h}^{-1}$$

预热器的传热速率为：

$$Q_p=L_m(I_1-I_m)$$

因为干燥过程为等焓过程，所以：

$$I_1=I_2=125.469\text{kJ}\cdot\text{kg}^{-1}$$

$$L_m=\frac{L}{0.2}=\frac{1.614\times10^4}{0.2}=8.07\times10^4\text{kg(绝干空气)}\cdot\text{h}^{-1}$$

$$Q_p=8.07\times10^4\times(125.469-107.962)=1.413\times10^6\text{kJ}\cdot\text{h}^{-1}$$

本例也可以用杠杆规则确定混合气的状态点 M。由 $t_0=25℃$、$H_0=0.005\text{kg}\cdot\text{kg}^{-1}$ 绝干空气确定新鲜空气的状态点 A，由 $t_2=38℃$、$H_2=0.034\text{kg}\cdot\text{kg}^{-1}$（绝干空气）确定废气状态点 B。连接点 A 及点 B，在 AB 线上确定混合点 M。取混合气中 1kg 绝干空气为计算基准，则：

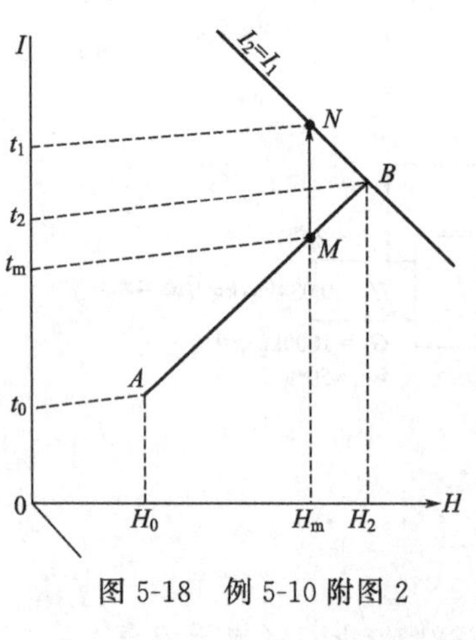

图 5-18 例 5-10 附图 2

$$\frac{\overline{BM}}{\overline{MA}}=\frac{\text{新鲜空气中绝干空气的质量}}{\text{废气中绝干空气的质量}}=\frac{0.2}{0.8}=\frac{1}{4}$$

据此在图 5-18 上确定混合气的状态点 M，由点 M 读出混合气的参数为：

$t_m=36℃$，$H_m=0.028\text{kg}\cdot\text{kg}^{-1}$（绝干空气）

过点 M 的等 H 线［$H=0.028\text{kg}\cdot\text{kg}^{-1}$（绝干空气)］与过点 B 的等 I 线相交于点 N，点 N 为空气离开预热器即进入干燥器的状态点，由此读出空气的参数为：

$t_1=54℃$，$H_1=H_m=0.028\text{kg}\cdot\text{kg}^{-1}$（绝干空气）

其余计算同上。

5.4.4 干燥器的热效率和干燥器节能

5.4.4.1 干燥器的热效率

干燥器的热效率 η 是指干燥过程中用于水分蒸发所需要的热量与热源提供的热量之比，即：

$$\eta=\frac{\text{水分蒸发需要的热量}}{\text{热源提供的热量}}\times100\% \tag{5-44}$$

式中，η 为干燥器的热效率，%。

干燥器的热能消耗主要包括：水分蒸发所需要的热量，物料升温所需要的热量以及补充热损失三部分。对流干燥器的热平衡统计数据表明，供给干燥器热量的 20%～60%用于水分蒸发，5%～25%用于加热物料，15%～40%为废气排空损失掉，3%～10%作为热损失散失到大气中，5%～20%为其他损失。

对于无内热、无废气循环的绝热对流干燥器，若忽略由于温度和湿度引起湿空气的比热容变化，干燥器的热效率定义如下。

空气经过预热器时所获得的热量为：

$$Q_p=L(1.01+1.88H_0)(t_1-t_0)$$

空气通过干燥器时，温度由 t_1 降至 t_2 所放出的热量为：

$$Q_d=L(1.01+1.88H_0)(t_1-t_2)$$

干燥器的热效率 η 定义为空气在干燥器内所放出热量 Q_d 与空气在干燥过程中所获得的热量 Q_p 之比。即：

$$\eta=\frac{Q_d}{Q_p}\times100\%=\frac{L(1.01+1.88H_0)(t_1-t_2)}{L(1.01+1.88H_0)(t_1-t_0)}\times100\%=\frac{t_1-t_2}{t_1-t_0}\times100\% \tag{5-45}$$

干燥效率的定义还没有统一，有些是以干燥器中蒸发水分所需的热量与空气在预热器中接受的热量之比作为干燥效率。

干燥器的热效率表示干燥器操作的性能，效率越高表示热的利用程度越高。

干燥器操作过程中，废气中热量的利用对于提高热效率具有重要的意义，例如采用废气部分循环，利用废气预热冷空气、冷物料以及对湿物料进行预干燥等。

此外，由式(5-25) 可见当干燥器的除湿量一定时，空气出口湿度提高，则能节省空气的消耗量，也能降低输送空气的能量消耗。由式(5-45) 得知，若将空气离开干燥器时的温度降低一些，则可以提高干燥器的热效率。但是，空气中湿度的增高将使传质推动力下降。对于吸湿性物料的干燥，空气出口温度需高一些，而湿度则要求低一些，即空气通过干燥器的饱和程度取的低一点。确定 t_2 时需要顾及吸湿物料的回潮。

【例 5-11】 某湿物料在气流干燥器内进行干燥，操作压力为 101kPa，湿物料的处理量为 $1\text{kg}\cdot\text{s}^{-1}$，湿物料的含水率为 10%，产品的含水率不高于 2%（以上均为湿基），空气的初始温度为 20℃，湿度为 $0.006\text{kg}(\text{水})\cdot\text{kg}^{-1}$(绝干空气)。空气预热至 140℃后进入干燥器，假定干燥过程近似为等焓过程，试求：(1) 若气体出干燥器的温度选定为 80℃，则预热器所提供的热量及热效率；(2) 若气体出干燥器的温度选定为 45℃，气体离开干燥器后，因在管道和旋风分离器中散热，温度又下降 10℃，问此时是否会发生物料返潮现象？已知水在不同温度下的饱和蒸气压如表 5-2 所示。

表 5-2 例 5-11 附表

温度/℃	10	15	20	30	40	50	60
蒸气压/kPa	1.228	1.705	2.332	4.242	7.375	12.333	19.92

解 (1) 蒸发水蒸气量

$$W=G_1\frac{w_1-w_2}{1-w_2}=1\times\frac{0.1-0.02}{1-0.02}=0.0816\text{kg}\cdot\text{s}^{-1}$$

$$H_0=H_1=0.006\text{kg}(\text{水})\cdot\text{kg}^{-1}(\text{绝干空气})$$

$$I_0=(1.01+1.88H_0)t_0+2490H_0=(1.01+1.88\times0.006)\times20+2490\times0.006$$
$$=35.37\text{kJ}\cdot\text{kg}^{-1}(\text{绝干空气})$$

$$I_1=(1.01+1.88H_1)t_1+2490H_1=(1.01+1.88\times0.006)\times140+2490\times0.006$$
$$=157.92\text{kJ}\cdot\text{kg}^{-1}(\text{绝干空气})$$

由于是等焓过程

$$I_1=I_2=(1.01+1.88H_2)t_2+2490H_2=157.92\text{kJ}\cdot\text{kg}^{-1}(\text{绝干空气})$$

$$H_2=0.0292\text{kg}(\text{水})\cdot\text{kg}^{-1}(\text{绝干空气})$$

干空气用量

$$L=\frac{W}{H_2-H_1}=\frac{0.0816}{0.0292-0.006}=3.52\text{kg}\cdot\text{s}^{-1}$$

预热器提供的热量

$$Q_p=L(I_1-I_0)=3.52\times(157.92-35.37)=431.4\text{kJ}\cdot\text{s}^{-1}$$

热效率

$$\eta=\frac{t_1-t_2}{t_1-t_0}=\frac{140-80}{140-20}=0.5$$

（2）判断物料是否会返潮，关键在于确定出口时，与物料相接触的湿空气是否会由于温度的下降而使其最大含水量（饱和湿含量）低于空气实际湿度，若实际湿度大于饱和湿度，会有水从空气中析出进入物料，则物料会返潮；否则不会返潮。

当空气出干燥器的温度为45℃时，重新计算 H_2。

$$I_1=I_2=(1.01+1.88H_2)\times 45+2490H_2=157.92$$

$$H_2=0.0437\text{kg(水)}\cdot\text{kg}^{-1}\text{(绝干空气)}$$

35℃时的饱和蒸气压由内插可知为 5.808kPa，此时空气的饱和湿度为

$$H_s=0.622\frac{p_s}{p-p_s}=0.622\times\frac{5.808}{101.3-5.808}=0.0378\text{kg(水)}\cdot\text{kg}^{-1}\text{(绝干空气)}$$

由于 $H_s<H_2$，所以物料会返潮。

5.4.4.2 典型干燥器热效率的数据

① 热风式对流干燥器的热效率　用热空气作为干燥介质的干燥器热效率 $\eta=30\%\sim60\%$，η 随进气温度 t_1 的提高而上升，但理论上也不会达到 100%。当采用部分废气循环时，$\eta=50\%\sim75\%$。

② 过热蒸汽干燥器的热效率　采用过热蒸汽作为干燥介质时，从干燥器中排出的已降温的过热蒸汽并不向环境排放，而是在排除干燥过程中所增加的那一部分蒸汽后，其余作为干燥介质的那部分过热蒸汽将经预热器加热提高过热度后，重新进入干燥器。因此，理论上过热蒸汽干燥器的热效率可达 100%，但实际一般为 70%～80%。

③ 传导式干燥器的热效率　在传导式干燥器中，有时为了移走干燥过程中蒸发的湿分，会通入少量空气（或其他惰性气体），这样可及时移走水蒸气，可提高干燥速率 20%左右，因而少量空气（或其他惰性气体）的排放而损失少量热量，使干燥过程的热效率稍有降低。若不通入少量空气（或其他惰性气体）带走水蒸气，则干燥器热效率会提高，但干燥速率下降，意味着需要较大的干燥器容积。这种干燥器的热效率一般为70%～80%。

④ 辐射干燥器的热效率　这种形式的干燥器，由于需要大量的热量去加热湿物料周围的空气，故热效率较低，一般只有 30%左右。

5.4.4.3 干燥过程的节能

干燥是能量消耗较大的单元操作之一。这是由于无论是干燥液体物料、浆状物料，还是含湿的固体物料，都要将液态水分变成气态，因此需要供给较大的汽化潜热。通常把干燥过程中蒸发 1kg 水分所消耗的能量称为单位能耗。理论上，在标准条件下（即干燥在绝热条件下进行，固体物料和水蒸气不被加热，也不存在其他热量交换）蒸发 1kg 水分所需的能量为 2200～2700kJ，其中上限为除去结合水分的情况。实际干燥过程的单位能耗比理论值要高得多，据统计，干燥介质逆流循环的连续式木材干燥，其单位能耗为 3000～4000kJ·kg^{-1}；而一般的间歇式干燥为 2700～6500kJ·kg^{-1}；对某些软薄层物料（如纸张、纺织品等）高达 5000～8000kJ·kg^{-1}。

统计资料表明，干燥过程的能耗约占整个加工过程能耗的 12%左右。因此，必须设法提高干燥设备的能量利用率，节约能源。

5.4.4.4 干燥操作的节能途径

前已述及，干燥操作的能耗如此之大，而能量利用率又很低（对流式干燥器尤其如此），

因此，必须采取措施改变干燥设备的操作条件；选择热效率高的干燥装置，回收排出的废气中部分热量等来降低能耗。

(1) 减少干燥过程的各项热量损失

一般说来，干燥器的热损失不会超过10%。若保温适宜，大中型生产装置热损失约为5%。因此，要做好干燥系统的保温工作，但也不是保温层越厚越好，应当求取一个最佳保温层厚度。

为防止干燥系统的渗漏，一般在干燥系统中采用送风机和副风机串联使用，经合理调整使系统处于零表压状态操作，这样可以避免对流干燥器因干燥介质的漏入或漏出造成干燥器热效率的下降。

(2) 降低干燥器的蒸发负荷

物料进入干燥器前，通过过滤、离心分离或蒸发等预脱水方法，增加物料中固体含量，降低干燥器蒸发负荷，这是干燥器节能的最有效方法之一。例如，将固体含量为30%的料液增浓到32%，其产量和热量利用率提高约9%。对于液体物料（如溶液、悬浮液、乳浊液等），干燥前进行预热也可以节能，因为在对流式干燥器内加热物料利用的是空气显热，而预热则是利用水蒸气的潜热或废热等。对于喷雾干燥，料液预热还有利于雾化。

(3) 提高干燥器入口空气温度、降低出口废气温度

由干燥器热效率定义可知，提高干燥器入口热空气温度，有利于提高干燥器热效率。但是，入口温度受产品允许温度限制。在并流的颗粒悬浮干燥器中，颗粒表面温度比较低，因此，干燥器入口热空气温度可以比产品允许温度高得多。

一般来说，对流式干燥器的能耗主要由蒸发水分和废气带走这两部分组成，而后一部分大约占15%～40%，有的高达60%，因此，降低干燥器出口废气温度比提高进口热空气温度更经济，既可以提高干燥器热效率，又可增加生产能力。但出口废气温度受两个因素限制：一是要保证产品湿含量（出口废气温度过低，产品湿度增加，产品含水量可能达不到要求）；二是废气进入旋风分离器或布袋过滤器时，要保证其温度高于露点20～60℃。

(4) 部分废气循环

采用部分废气循环的干燥系统如图5-16所示。由于利用了部分废气中的部分余热使干燥器的热效率有所提高，但随着废气循环量的增加而使热空气的湿含量增加，干燥速率将随之降低，使湿物料干燥时间增加而带来干燥装置费用的增加，因此，存在一个最佳废气循环量。一般的废气循环量为20%～30%。

5.5 干燥动力学及干燥时间

在各种干燥操作过程中，通常需要估算干燥器的尺寸、所使用空气的温度和湿度、干燥过程需要的时间。此外，需要知道各种被干燥材料的平衡湿含量，这些平衡湿含量是由试验确定的。由于干燥速率的基本机理仍需要完善，在多数情况下，干燥速率仍然需要由实验测定。

在设计干燥设备之前，必须对未知干燥特性的物料进行干燥动力学试验。在大型干燥器上进行干燥动力学试验很困难。在小型设备上进行试验的优点是：只需较少物料，容易调整干燥条件。将小型试验结果与有关知识相结合，就可以以试验结果为依据设计大型工业干燥器。若直接将小型试验结果用于大型干燥器的设计会有风险。

干燥器类型众多，而干燥过程又比较复杂，干燥设备的模拟放大设计尚无统一的准则可循。实验数据与设计放大的关系归纳如下：①对于托盘或厢式干燥，只要试验时物料层厚度和流体力学的热力条件相同，便可将小试结果用于工业型托盘或厢式干燥器的设计；②对于穿透式干燥器，只要物料的颗粒度分布及床层深度相同，便可在相同热力条件下获得相近结果；③对于搅拌颗粒物料的干燥器，小型试验结果可直接放大；④对于气流干燥器的小型试验装置，其管径小于 7.5cm 是不适宜的；⑤对于回转圆筒的小型试验设备，其筒径应大于 30cm，而对停留时间和翻料装置应另行试验；⑥对于转鼓干燥器，试验转鼓的直径不应小于 30cm，长度不小于 30cm，且应注意小型试验设备情况可能与工业设备不同；⑦对于流化床，其试验设备的多孔板面积不宜小于 $0.1m^2$，而试验时难以评价大型设备中的加料情况；⑧对于喷雾干燥器，难以从小型试验结果设计大型设备，其小型试验设备通常较大，蒸发能力应达到 $200\sim500kg\cdot h^{-1}$。

各种干燥器模拟放大的细节可参考有关资料。需要注意的是：做动力学实验的小型设备的类型必须与工业规模干燥器类型相同，因为物料的干燥特性在不同类型的干燥设备中有时差异很大。

5.5.1 干燥动力学试验

干燥试验的目的主要是测定物料平均湿含量和平均温度（通常是测定物料的表面温度）随时间而变化的数据。物料湿含量变化可取试样测定或由排气湿度的变化来测定。

为了实验测定给定物料的干燥速率，样品通常放置于一个托盘上。如果物料是固体，将其平展于盘上并让其表面与空气接触。将盘悬挂于有空气通过的箱中或管道的测量装置（称）上，取不同的时间间隔连续测量干燥过程中物料湿分的减少量。

根据试验结果整理的一组数据，绘制成曲线：物料湿含量 X 与干燥时间关系曲线以及物料温度与物料干燥时间关系曲线见图 5-19；干燥速率与物料湿含量关系曲线见图 5-20。

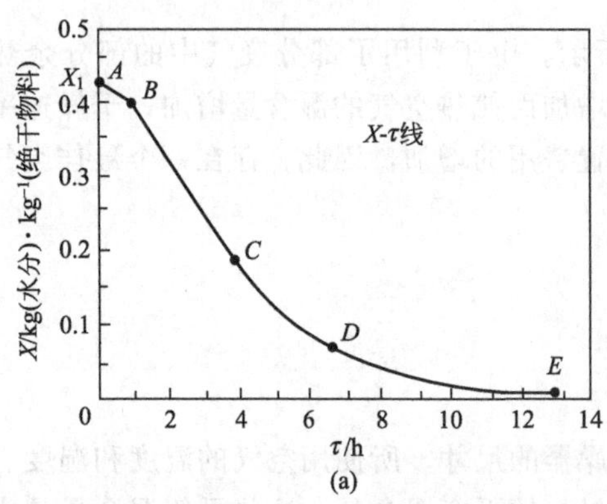

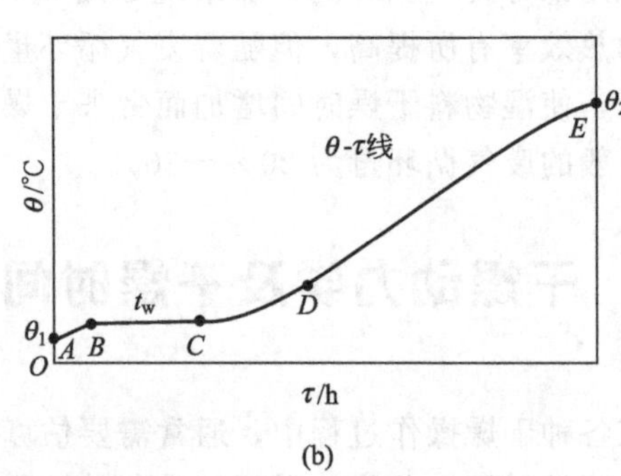

图 5-19 恒定干燥条件的干燥曲线

图 5-19 中 A 点表示物料初始含水量为 X_1，温度为 θ_1，干燥开始后，物料含水量及其表面温度均随时间而变化。在 AB 段末物料的温度升到空气的湿球温度 t_w。AB 段为物料的预热段，空气中的部分热量用于汽化物料中的水分，部分用于加热物料，物料的含水量及温度均随时间变化不大，即曲线斜率较小。BC 段的斜率 $dX/d\tau$ 变大，X 与 τ 基本呈直线关系，此阶段内空气传给物料的热能全部用于物料中水分的汽化；这个过程物料表面的温度等

于热空气的湿球温度 t_w。进入 CD 段后，物料即开始升温，热空气中部分热量用于加热物料使其由 t_w 升高到 θ_2，另一部分热量用于汽化水分，因此该段斜率 $dX/d\tau$ 逐渐变为平坦，直到物料中所含水分降至平衡含水量 X^*，干燥过程终止。

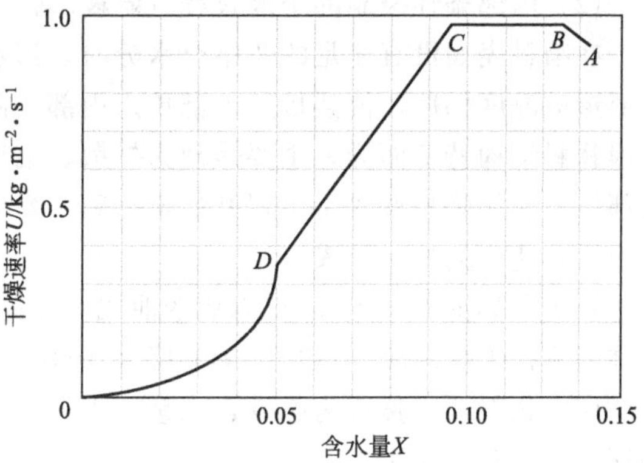

图 5-20　干燥速率曲线

5.5.1.1　干燥速率曲线

干燥速率是指单位时间内单位干燥面积上汽化的水分质量，即：

$$U=\frac{dW}{S d\tau} \tag{5-46}$$

式中，U 为干燥速率，又称干燥通量，$kg \cdot m^{-2} \cdot s^{-1}$；$S$ 为干燥面积，m^2；W 为操作中汽化的水分量，kg；τ 为干燥时间，s。

因为 $$dW=-G_C dX$$

式中，G_C 为绝干物料的质量，kg。式中负号表示 X 随干燥时间的增加而减小。

式(5-46) 可以改写为：

$$U=-\frac{G_C dX}{S d\tau} \tag{5-47}$$

式(5-46) 和式(5-47) 即为干燥速率的微分表达式。式中绝干物料的质量及干燥面积可由实验测得，因此根据动力学实验数据绘制出干燥曲线，如图 5-20 所示。

干燥速率曲线的形状因物料种类不同而异，图 5-21 所示为恒定干燥条件下的各种典型干燥速率曲线。但是无论哪一种类型的干燥速率曲线，都可将干燥过程明显地划分为两个阶段。

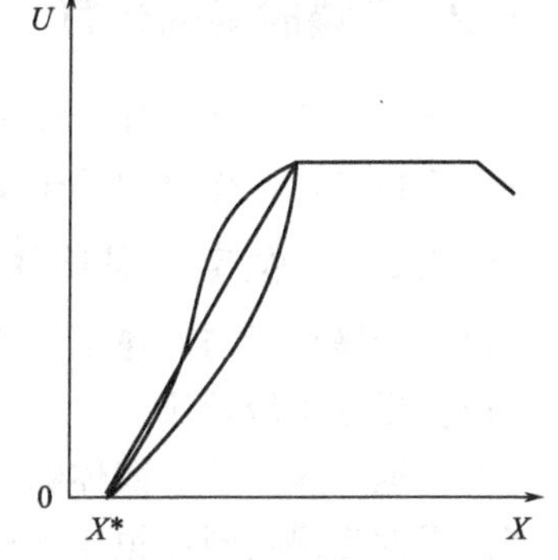

图 5-21　干燥速率曲线的类型

5.5.1.2　干燥过程

(1) 外部条件控制的干燥过程（阶段一）

在干燥过程中基本的外部变量为温度、湿度、空气的流速和方向、物料的物理形态、搅动状况，以及在干燥操作时干燥器的持料方法。外部干燥条件在干燥的初始阶段，即在去除非结合表面湿分时特别重要，因为物料表面的水分以蒸汽形式通过物料表面的气膜向周围扩散，这种传质过程伴随传热进行，强化传热可加速干燥过程。

在某些情况下，要对干燥速率加以控制，例如瓷器和原木类物料在非结合湿分排除后，从内部到表面产生很大的湿度梯度，过快的表面蒸发将导致显著的收缩，此即过度干燥和过度收缩。这样会在物料内部造成很高的应力，致使物料龟裂或弯曲。此时为了避免物料出现质量缺陷，应采用相对湿度较高的空气。此外，根茎类蔬菜和水果切片如在阶段一中干燥过快，会导致临界含水量的提高而不利于干燥全过程速率的提高。

这个阶段的动力学特征如图 5-20 中的 BC 段所示。BC 段内干燥速率保持恒定，即基本上不随物料的含水量而变，故称为恒速干燥阶段。AB 段为物料的预热阶段，但此段所需的时间较短，计算干燥时间时一般将其并入 BC 段。

(2) 内部条件控制的干燥过程（阶段二）

在物料表面没有充足的非结合水分时，当热量传至湿物料表面后，物料开始升温并在其内部形成温度梯度，使热量从外部传入内部。湿分则从物料内部向表面迁移。这种过程的机理因物料结构特征而异，主要表现为扩散、毛细管流和由于物料在干燥过程中收缩而产生的内部压力。从临界湿含量出现开始至物料干燥到很低的最终湿含量的间隔中，内部湿分迁移成为干燥速率的控制因素。

该过程如图 5-20 中 C 点以后的曲线。在此阶段内干燥速率随物料含水量的减少而降低，故称为降速干燥阶段。恒速干燥和降速干燥两个干燥阶段之间的交点 C 称为临界点，与该点对应的物料含水量称为临界含水量，以 X_C 表示，而该点的干燥速率仍等于恒速阶段的干燥速率，以 U_C 表示。

(3) 临界含水量

如前所述，物料在干燥过程中，一般均经历预热阶段、恒速干燥阶段和降速干燥阶段，而其中后两个干燥阶段是以湿物料中的临界含水量来区分的。临界含水量 X_C 值越大便会使干燥过程越早地转入降速干燥阶段，使得在相同的干燥任务下所需的干燥时间加长，无论从经济角度还是从产品质量来看，都是不利的。

临界含水量的大小随物料的性质、厚度及干燥速率的不同而异。例如无孔吸水性物料的 X_C 值比多孔物料的大；在一定的干燥条件下，物料层越厚，X_C 值也越大。注意掌握 X_C 的影响因素，以便控制干燥操作。例如降低物层的厚度、对物料加强搅拌、将物料分散则既可增大干燥面积，又可减小 X_C 值。流化干燥设备（如气流干燥器和沸腾干燥器）中物料的 X_C 值一般均较低。

湿物料的临界含水量通常由实验测定，若无实验数据，可查有关手册。

5.5.2 干燥时间的计算

干燥过程的干燥条件，即干燥介质的状态参数（t、H、I 等）及其流动状态可以恒定也可以不恒定，干燥过程的干燥条件不同，干燥时间的计算也不同。

5.5.2.1 恒定干燥条件下的干燥时间计算

恒速干燥阶段与降速干燥阶段中的干燥机理及影响因素各不相同，下面分别进行讨论。

(1) 恒速干燥阶段

在恒速干燥阶段，固体物料的表面非常润湿，其状况与湿球温度计的湿棉布表面的状况类似。因此当湿物料在恒定干燥条件下进行干燥时，物料表面的温度等于空气的湿球温度 t_w（假设湿物料受辐射传热的影响可忽略不计），当 t_w 为定值时，物料表面的空气湿含量 H_{t_w} 也为定值。由于物料表面和空气间的传热和传质过程与测量湿球温度时的情况基本相同，故由式(5-12) 和式(5-13) 及干燥速率的定义［式(5-46)］得：

$$U=\frac{\mathrm{d}W}{S\mathrm{d}\tau}=m=k_H(H_{t_w}-H) \tag{5-48}$$

及

$$U=\frac{\mathrm{d}W}{S\mathrm{d}\tau}=\frac{\mathrm{d}Q}{r_{t_w}S\mathrm{d}\tau}=\frac{h}{r_{t_w}}(t-t_w) \tag{5-49}$$

由于干燥是在恒定的空气条件下进行的，故随 h 和 k_H 值均保持恒定不变，而且（$t-t_w$）及（$H_{t_w}-H$）也为恒定值，因此由式(5-12) 及式(5-13) 可知，湿物料和空气间的传热速率及传质速率均保持不变，即湿物料以恒定的速率向空气中汽化水分。

恒速干燥阶段中，要求湿物料内部的水分向其表面传递的速率能够与水分自物料表面汽化的速率相适应，使物料表面始终维持恒定状态。一般来说，此阶段汽化的水分为非结合水分。因此，恒速干燥阶段的干燥速率的大小取决于物料表面水分的汽化速率，亦决定于物料外部的干燥条件，所以恒定干燥阶段又称为表面汽化控制阶段。

根据恒速干燥阶段的传质及传热特点，由干燥速率的定义式(5-47) 可得：

$$d\tau=-\frac{G_C dX}{US} \tag{5-50}$$

恒速干燥阶段 U 为常数，故求干燥时间是一个简单的积分，只要确定一下积分限即可。因为恒速干燥阶段是由物料进口（物料的湿含量为 X_1）开始，到物料的临界湿含量 X_C 为止，所以恒速干燥阶段所需要的时间 τ_1 就是物料湿含量从 X_1 降到 X_C 的时间。积分结果为：

$$\tau_1=\frac{G_C}{U_C S}(X_1-X_C) \tag{5-51}$$

式中，U_C 为临界干燥速率，$kg \cdot m^{-2} \cdot s^{-1}$。

当缺乏 U_C 的数值时，可将式(5-49) 应用于临界点处，从而算出 U_C，即：

$$U_C=\frac{h}{r_{t_w}}(t-t_w)$$

式中，t 为恒定干燥条件下空气的平均温度，℃；t_w 为初始状态空气的湿球温度，℃。

对流传热系数 h 随物料与介质的接触方式的不同而不同，下面给出几种情况下的经验公式。

① 空气平行流过静止物料层的表面：

$$h=0.0204(L')^{0.8} \tag{5-52}$$

式中，h 为对流传热系数，$W \cdot m^{-2} \cdot ℃^{-1}$；$L'$为湿空气的质量流速，$kg \cdot m^{-2} \cdot h^{-1}$。

式(5-52) 的应用条件为 $L'=2450 \sim 29300 kg \cdot m^{-2} \cdot h^{-1}$、空气的平均温度为45～150℃。

② 空气垂直流过静止物料层的表面：

$$h=1.17(L')^{0.37} \tag{5-53}$$

式(5-53) 的应用条件为 $L'=3900 \sim 19500 kg \cdot m^{-2} \cdot h^{-1}$。

③ 气体与运动颗粒之间的传热：

$$h=\frac{\lambda}{d_p}\left[2+0.54\left(\frac{d_p u_t}{\nu}\right)^{0.6}\right] \tag{5-54}$$

式中，d_p 为颗粒的平均直径，m；u_t 为颗粒的沉降速度，$m \cdot h^{-1}$；λ 为空气的热导率，$W \cdot m^{-1} \cdot ℃^{-1}$；$\nu$ 为空气的运动黏度，$m^2 \cdot s^{-1}$。

(2) 降速干燥阶段

当湿物料中的含水量降到临界含水量 X_C 以下，便转入降速干燥阶段。此时，干燥过程进行到物料表面不能维持全部润湿，且在部分表面上汽化出的是结合水分时，汽化面逐渐向物料内部移动，汽化所需的热量通过已被干燥的固体层传递到汽化面。由于水分自物料内部向表面迁移速率赶不上物料表面水分汽化速率，因此干燥速率逐渐减小。干燥面越往内移动，过程的传热和传质就越困难，干燥速率下降得越快，到达平衡点时干燥速率降至零，见图 5-20，此时物料中所含的水分即为该空气状态下的平衡水分。

降速阶段干燥速率曲线的形状随物料内部的结构而异。物料内部的结构是多种多样的，有些是多孔的，有些是无孔的，有些是易吸水的，有些是难吸水的。所以降速阶段干燥情况也是多样的，见图 5-21 所示。

降速阶段的干燥速率取决于物料本身结构、形状和尺寸，而与干燥介质的状态参数关系不大，故降速阶段又称为物料内部迁移控制阶段。

根据干燥速率的定义，降速阶段干燥时间的计算由式(5-47) 可得：

$$d\tau = -\frac{G_C dX}{US}$$

如果干燥过程中，绝干物料 G_C 和物料的干燥面积 S 不随物料的湿含量 X 的改变而变。则只要确定干燥速率 U 与物料的湿含量 X 的数学关系即可将其代入上式，积分求解降速干燥阶段的干燥时间 τ_2。

$$\tau_2 = -\frac{G_C}{S}\int \frac{dX}{U} \tag{5-55}$$

干燥速率 U 与物料的湿含量 X 之间的最简单关系是线性关系（见图 5-22），此时它们之间的关系为：

$$\frac{U-0}{X-X^*} = \frac{U_C-0}{X_C-X^*} = k_x$$

式中，k_x 为降速干燥阶段干燥速率曲线的斜率，kg(绝干物料)$\cdot m^{-2}\cdot s^{-1}$。

因此整理上式得：

$$U = \frac{U_C(X-X^*)}{X_C-X^*} \tag{5-56}$$

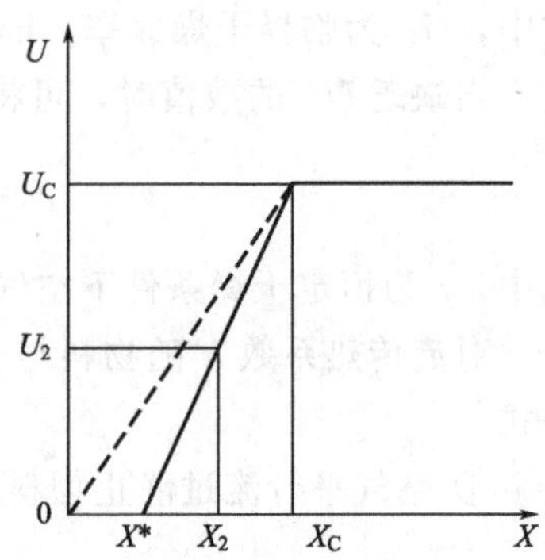

图 5-22　干燥速率曲线示意图

所以

$$\tau_2 = -\frac{G_C}{S}\int \frac{X_C-X^*}{U_C(X-X^*)}dX$$

降速干燥阶段是从物料的临界湿含量 X_C 开始，直到物料的湿含量 X_2 达到工艺所要求的湿含量为止。因此积分的上下限分别为 X_C 和 X_2，即：

$$\tau_2 = -\frac{G_C(X_C-X^*)}{SU_C}\int_{X_C}^{X_2} \frac{dX}{X-X^*}$$

积分上式得：

$$\tau_2 = \frac{G_C(X_C-X^*)}{SU_C}\ln\frac{X_C-X^*}{X_2-X^*} \tag{5-57}$$

实际上，在降速干燥阶段干燥速率 U 与物料湿含量 X 之间的关系很少符合线性关系，而且 U 与 X 之间很难用数学表达式描述。因此降速阶段干燥时间的计算，需要借助于实验数据，用图解法计算更符合生产实际。

【例 5-12】 在恒定干燥条件下，将物料由干基含水量 0.33kg·kg^{-1}干料干燥到 0.09kg·kg^{-1}干料，需要 7h，若继续干燥至 0.07kg·kg^{-1}干料，还需多少时间？

已知物料的临界含水量为 0.16kg·kg^{-1}（干料），平衡含水量为 0.05kg·kg^{-1}（干料）。设降速阶段的干燥速率与自由水分成正比。

解

$$\tau = \tau_1 + \tau_2 = \frac{G_C(X_1-X_C)}{U_CA} + \frac{G_C(X_C-X^*)}{U_CA}\ln\frac{X_C-X^*}{X_2-X^*}$$

即

$$7 = \frac{G_C}{U_CA}\left[0.33-0.16+(0.16-0.05)\times\ln\frac{0.16-0.05}{0.09-0.05}\right]$$

解得

$$\frac{G_C}{U_C A}=24.9$$

当 $X_2'=0.07$ 时：

$$\tau=24.9\times\left[0.33-0.16+(0.16-0.05)\times\ln\frac{0.16-0.05}{0.07-0.05}\right]=8.9\text{h}$$

所以

$$\Delta\tau=8.9-7=1.9\text{h}$$

5.5.2.2 干燥介质状态参数变化时的干燥时间计算

通常物料的干燥过程不是瞬间就能完成的，而且干燥过程中的干燥介质有限，因此干燥介质在干燥过程中会不断地增湿，所以干燥介质在干燥过程中其状态很难保持恒定，尤其是干燥介质与物料长距离长时间接触的干燥过程。这种情况下干燥时间不能按恒定干燥条件计算。

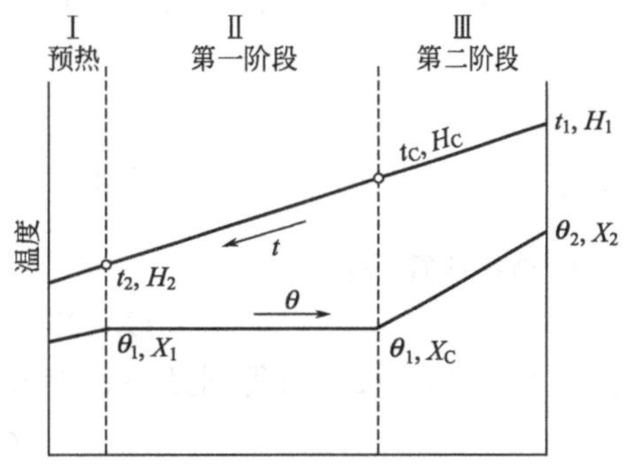

图 5-23 连续逆流干燥的湿含量和温度分布

尽管过程中干燥介质的状态参数发生了变化，但物料在干燥过程中，其水分的汽化特征仍然与恒定干燥条件时的特征相似（见图 5-23）。第一阶段为表面汽化过程，主要是汽化非结合水分；第二阶段是迁移汽化过程，汽化主要是结合水分和物料内部水分。

(1) 表面汽化阶段的干燥时间

前面已论述过，物料中的湿分在干燥过程中属于表面汽化阶段时，干燥过程的速率由干燥介质的状态（如空气的温度、湿度及空气的流动状态等）所控制。由式(5-48)、式(5-49)得：

$$U=k_H(H_{t_w}-H) \tag{5-58}$$

及

$$U=\frac{h}{r_{t_w}}(t-t_w) \tag{5-59}$$

图 5-23 说明干燥过程中干燥介质的湿含量不断改变，因此干燥推动力也在改变。从以上两式可见，在该干燥阶段中干燥速率不为常数。要求得干燥时间，必须建立干燥速率与物料湿含量或与空气的湿含量之间的数学关系。

根据干燥速率的定义式，参照上面的计算，第一阶段的干燥时间为：

$$\tau_1=-\frac{G_C}{S}\int\frac{dX}{U}$$

将式(5-58) 代入上式得：

$$\tau_1=-\frac{G_C}{S}\int_{X_1}^{X_C}\frac{dX}{k_H(H_{t_w}-H)} \tag{5-60}$$

对于稳态干燥操作，干燥介质通过物料表面的流动状态为恒定。在气流干燥器中，干燥介质与物料颗粒的运动比较特殊，物料颗粒的运动速度划分为加速段和恒速段，但是计算时仍可分段取平均值进行计算。传质系数 k_H 可作常数处理。

第一阶段的干燥过程主要是表面汽化过程，这时物料的表面温度维持在湿球温度 t_w 下干燥，故 H_{t_w} 为定值。因此只要将积分式(5-60) 中干燥介质的湿含量 H 变换成物料的湿含量 X，或者反过来，即可积分上式。

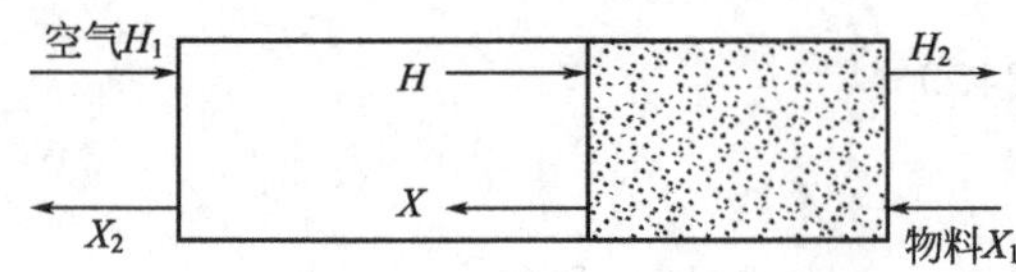

图 5-24　通过控制体的变量关系

设干燥过程为逆流操作，在干燥器的任意长度位置上取一控制体，并在控制体内作物料衡算，见图 5-24 得：

$$L(H_2-H)=G_C(X_1-X)$$

移项并整理得：

$$H=H_2-\frac{G_C}{L}X_1+\frac{G_C}{L}X$$

将上式代入积分式(5-60)，整理得：

$$\tau_1=-\frac{G_C}{Sk_H}\int_{X_1}^{X_C}\frac{dX}{H_{t_w}-H_2+\frac{G_C}{L}X_1-\frac{G_C}{L}X} \tag{5-61}$$

积分得：

$$\tau_1=\frac{G_C}{Sk_H}\ln\frac{L(H_{t_w}-H_2)+G_C(X_1-X_C)}{L(H_{t_w}-H_2)} \tag{5-62}$$

由物料衡算得：

$$G_C(X_1-X_C)=L(H_2-H_C)$$

将上式代入式(5-62) 可得到另一表达式：

$$\tau_1=\frac{G_C}{Sk_H}\ln\frac{(H_{t_w}-H_C)}{(H_{t_w}-H_2)} \tag{5-63}$$

(2) 第二阶段的干燥时间计算

根据湿物料中水分汽化的基本概念，降速干燥阶段的干燥速率取决于物料本身结构、形状和尺寸，而与干燥介质的状态参数关系不大，属于物料内部迁移控制阶段。因此干燥时间的计算实质上与恒定干燥条件下的降速干燥阶段干燥时间的计算是一致的。因此有：

$$\tau_2=\frac{G_C(X_C-X^*)}{SU_C}\ln\frac{X_C-X^*}{X_2-X^*}$$

【例 5-13】 在恒定干燥条件下对物料进行间歇干燥实验的数据列于表 5-3。

表 5-3　例 5-13 附表 1

时间/h	0	2	2.5	4	5	6	8
物料湿含量(干基)/kg·kg^{-1}(绝干物料)	1.040	0.840	0.791	0.639	0.539	0.439	0.320
时间/h	10	12	14	16	18	20	
物料湿含量(干基)/kg·kg^{-1}(绝干物料)	0.219	0.140	0.080	0.050	0.030	0.015	

求该物料的临界湿含量和平衡湿含量。

在同样的情况下，若将该物料从干基湿含量 0.7 干燥到 0.04，求所需的干燥时间。

解　为求物料的临界湿含量及平衡湿含量，需根据间歇干燥实验的结果画出干燥速率曲线。

由干燥速率的定义，见式(5-47)：

$$U=-\frac{G_C dX}{S d\tau}$$

如果取 S 为单位质量绝干物料的干燥面积，则上式可表示为：

$$U=-\frac{\mathrm{d}X}{S\mathrm{d}\tau} \quad 或 \quad 3600US=\frac{-\mathrm{d}X}{\frac{\mathrm{d}\tau}{3600}}=-\frac{\mathrm{d}X}{\mathrm{d}\tau_h}$$

式中，τ_h 为干燥时间，h。

当单位质量绝干物料的干燥面积 S 一定时，$-\frac{\mathrm{d}X}{\mathrm{d}\tau_h}$-$X$ 曲线与 U-X 曲线具有完全相同的形状。可以用前者表示干燥速率曲线。按前者关系转换得到的数据列于表 5-4。

表 5-4　例 5-13 附表 2

X/kg·kg^{-1}（绝干物料）	ΔX/kg·kg^{-1}（绝干物料）	τ/h	$\Delta\tau$/h	$3600US\approx\left(-\frac{\Delta X}{\Delta\tau_h}\right)$	与$\left(-\frac{\Delta X}{\Delta\tau_h}\right)$对应的 X
1.040		0			
	−0.200		2.0	0.100	0.940
0.840		2			
	−0.049		0.5	0.098	0.816
0.791		2.5			
	−0.152		1.5	0.101	0.715
0.639		4			
	−0.100		1.0	0.100	0.589
0.539		5			
	−0.100		1.0	0.100	0.489
0.439		6			
	−0.119		2.0	0.0595	0.380
0.320		8			
	−0.101		2.0	0.0505	0.270
0.219		10			
	−0.079		2.0	0.0395	0.180
0.140		12			
	−0.060		2.0	0.030	0.110
0.080		14			
0.050		16			
	−0.020		2.0	0.010	0.040
0.030		18			
	−0.015		2.0	0.0075	0.0225
0.015		20			

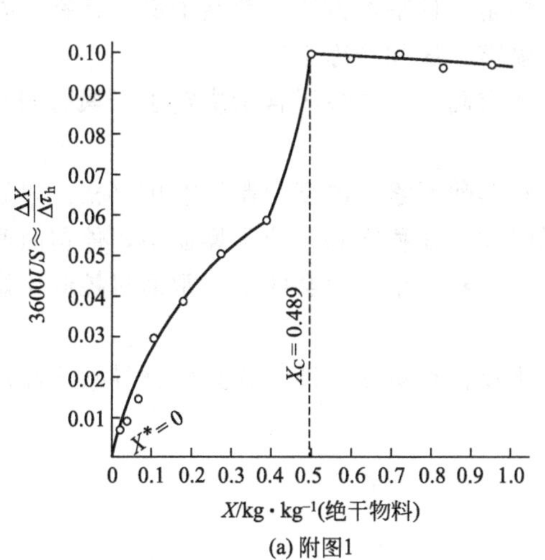

(a) 附图1

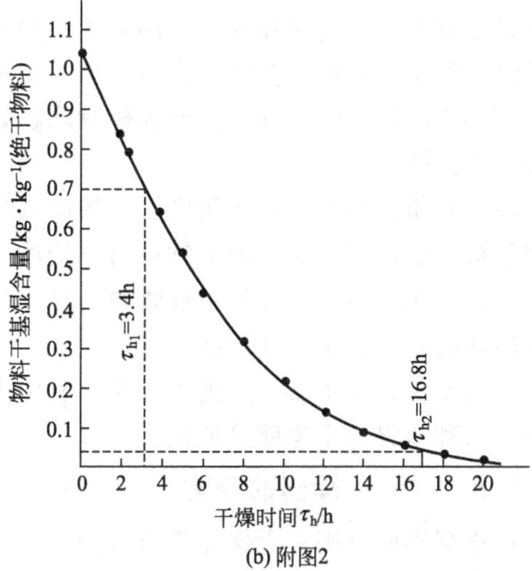

(b) 附图2

图 5-25　例 5-13 附图

由表 5-4 最右边两行的数据画出干燥速率曲线，见图 5-25(a)。

由图 5-25(a) 可查到如下数据：临界湿含量 $X_C=0.489\text{kg}\cdot\text{kg}^{-1}$（绝干物料），平衡湿含量 $X^*=0\text{kg}\cdot\text{kg}^{-1}$（绝干物料）。根据题目给出的数据绘制 X-τ_h 曲线，见图 5-25(b)，由图查得物料湿含量为 0.70（干基）$\text{kg}\cdot\text{kg}^{-1}$（绝干物料）时，相应的干燥时间 τ_{h_1} 为 3.4h；物料干基湿含量为 $0.04\text{kg}\cdot\text{kg}^{-1}$（绝干物料）时，相应的干燥时间 τ_{h_2} 为 16.8h。

故物料从干基湿含量 $0.70\text{kg}\cdot\text{kg}^{-1}$（绝干物料）干燥到 $0.04\text{kg}\cdot\text{kg}^{-1}$（绝干物料）时所需要的干燥时间为：

$$\tau_{h_2}-\tau_{h_1}=16.8-3.4=13.4\text{h}$$

5.6 干燥器

5.6.1 干燥器的分类和选择

5.6.1.1 概况

除少数情况外，现今大多数工业产品均在某个生产阶段需要干燥处理。物料需要有特定的湿含量以便加工、成型或造粒。在陶瓷和冶金加工中，产品在烧制时必须加热到很高的温度，从节能的角度出发，在进入燃烧炉之前应在低温下作预干燥。热力干燥在颜料和染料制造中是一个极重要的阶段。

干燥时的时间-温度关系不仅会影响产品的色调，并且还是避免产品热力降质的关键。许多无机颜料和有机染料是热敏性物料，颜料干燥常在低温和无空气条件下进行，最为广泛采用的干燥器是再循环型小推车和托盘厢式干燥器。大多数药物和精细化工制品均要求在包装前干燥，常采用大型涡轮盘式干燥和穿透循环式干燥。极度热敏性物料如抗生素、血浆原生质要求特殊的干燥处理，要采用冷冻干燥或高真空托盘干燥。连续转筒式干燥器常用于处理大吨位的天然矿砂、无机物及重化工产品。

干燥设备中需求量最大的一类是纸的连续干燥设备，烘缸最常见。温度和湿度条件对纸的质量很重要。在食品和农副产品加工中热力干燥是一种基本方法。食品干燥，特别重要的是干燥后保留其香味、美味，在该领域广泛采用喷雾干燥和冷冻干燥。

干燥产品的最终湿含量主要由储存和稳定性要求确定。最终湿含量决定了干燥时间和干燥操作的条件。

由于降质、相变、褪色污染、尘埃的可燃性和其他因素，温度限制可能更严格。热敏性确定了最高温度以及此温度下物质可承受的干燥时间。在喷雾和气流干燥器中，停留时间仅几秒钟，可在高温下干燥热敏性物料。许多吸水性物料在干燥时会收缩。常通过控制干燥速率来防止物料外表结壳和龟裂。

应该避免过度干燥，过度干燥是一种浪费，不仅消耗更多热能，而且经常导致产品质量下降，纸和木材的干燥就是如此。

5.6.1.2 干燥器的分类

可根据不同准则对干燥器进行分类。

第一种分类是以传热方法为基础的。可分为：①传导加热；②对流加热；③辐射加热；④微波和介电加热。冷冻干燥可认为是传导加热的一种特殊情况。

第二种分类是根据干燥器的类型，如托盘、转鼓、流化床、气流或喷雾。也可按原料的物理形状来分类。

按照产品在干燥器中的停留时间分类，则有：①停留很短时间的（<1min)，如气流、喷雾、转鼓干燥器；②停留很长时间的（>1h)，如隧道、小推车或带式干燥器。在大多数干燥器中的停留时间居于其间。

5.6.2 厢式干燥器和隧道干燥器

厢式干燥器和隧道干燥器是有悠久历史的干燥设备，适用于有爆炸性和易碎的物料，胶黏性、可塑性物料，粒状物料，膏浆状物料，陶瓷制品，棉纱纤维及其他纺织物等，以及无需用盘架的物料。

5.6.2.1 厢式干燥器

厢式干燥器中，一般用盘架盛放物料。优点是：容易装卸，物料损失小，盘易清洗。因此对于需要经常更换产品、价高的成品或小批量物料，厢式干燥器有明显优势。如今随着新型干燥设备的不断出现，厢式干燥器在干燥工业生产中仍占有一席之地。

厢式干燥器的主要缺点是：物料得不到分散，干燥时间长；若物料量大，所需的设备容积也大；劳动强度大，定时装卸或翻动物料时，粉尘飞扬，环境污染严重；热效率低，一般在40%左右。每干燥1kg水分约需消耗加热蒸汽2.5kg以上。此外，产品质量不够稳定。因此随着干燥技术的发展将逐渐被新型干燥器所取代。

(1) 干燥机理

厢式干燥器是外形像箱子的干燥器，外壁是绝热保温层。根据物料的性质、状态和生产能力的大小分为：水平气流厢式干燥器、穿流气流厢式干燥器、真空厢式干燥器、隧道（洞道）式干燥器、网带式干燥器等。

厢式干燥器内部主要结构有：逐层存放物料的盘子、框架、蒸汽加热翅片管（或无缝钢管）或裸露电热元件加热器。由风机产生的循环流动的热风吹到潮湿物料的表面以达到干燥的目的。在大多数设备中，热空气被反复循环通过物料。

(2) 厢式干燥器结构和分类

厢式干燥器分为热风沿着物料表面通过的水平气流厢式干燥器和热风垂直穿过物料层的穿流气流厢式干燥器（见图5-26)。当干燥室内的空气被抽成真空状态时，就成为真空厢式干燥器。

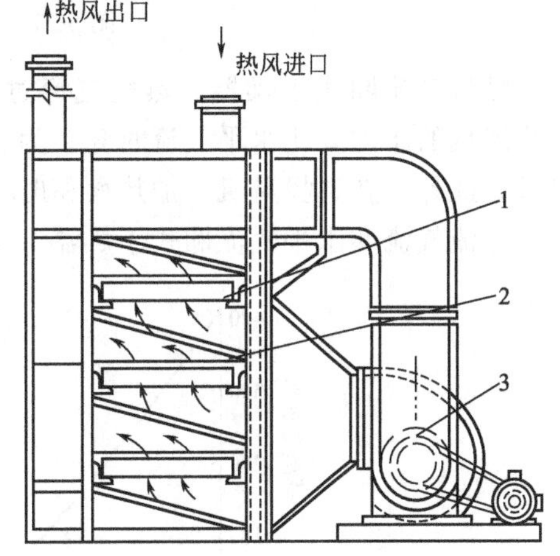

图5-26 穿流气流厢式干燥器

1—料盘；2—盖网；3—风机

① 水平气流厢式干燥器

热风的速度 为了提高干燥速度，需有较大的传热系数 h，为此须加大热风的速度。但是为了防止物料带出，风速应小于物料带出速度。因此，被干燥物料的密度、粒径以及干燥结束时的状态等成为决定热风速度的因素。

物料层的间距 在干燥器内，空气流动的通道大小对空气流速影响很大。空气流向和在物料层中的分布又与流速有关。因此，适当考虑物料层的间距和控制风向是保证流速的重要因素。

物料层的厚度 为了保证干燥物料的质量，常常采取降低烘箱内循环热风温度和减薄物料层厚度等措施来达到目的。物料层的厚度由实验确定，通常为 10～100mm。

风机的风量 风机的风量根据计算所得的理论值（空气量）和干燥器内泄漏量等因素决定。但是在有小车的厢式干燥器内，干燥室和小车之间有一定的空隙，尤其在空气阻力小的安装车轮的空间内，通过的空气量多。所以在决定风量时，应考虑这些因素。

目前，效率较高的厢式干燥器的热风速度为 6700kg・m^{-2}・h^{-1}左右。用于颜料干燥的厢式干燥器的热风量约为 27000kg・h^{-1}。

② 穿流气流厢式干燥器 热风形成穿流气流容易引起物料的飞散，对于小颗粒物料更为明显。必须控制盘中的风速，以防止物料的飞散。需要合理选择鼓风机功率及压头损失。一般取风机的静压头为400～650Pa。根据动力费用、设备费用与网带面积的关系，见图5-27(a)。穿流干燥器最适宜风速约为 0.6m・s^{-1}，见图 5-27(b)。

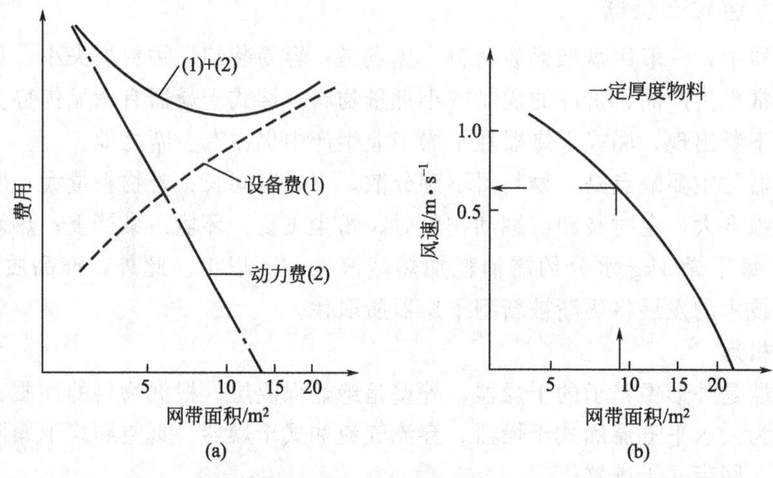

图 5-27 穿流干燥器最适宜风速

穿流气流厢式干燥器，热气流穿过物料时的压头损失较大（约 500Pa），易造成泄漏，因此风机的压力要比水平气流时高。为了防止和减少热风的泄漏，对设备的密封结构有较高要求。此外，在选择风机、加热面积时也要考虑热风泄漏问题。

穿流气流和水平气流厢式干燥器中干燥速度的比较。从图 5-28 和图 5-29 中可看出，干

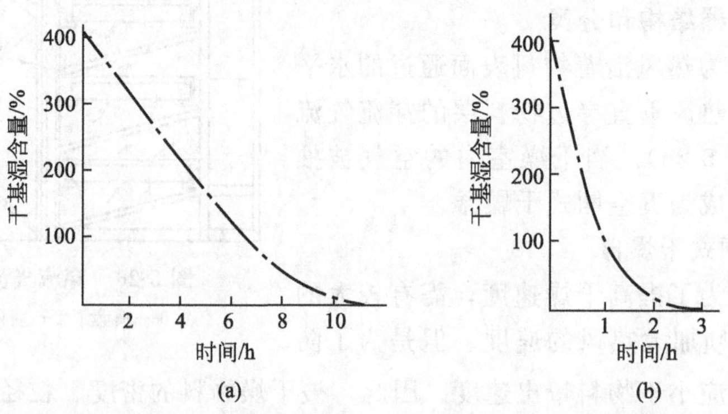

图 5-28 穿流气流与水平气流厢式干燥器中干燥曲线的比较

	气流	物料厚/mm	温度/℃	风速/m・s^{-1}
(a)	水平气流	30 (17kg・m^{-2})	80	1.2
(b)	穿流气流	50 (25kg・m^{-2})	80	0.5

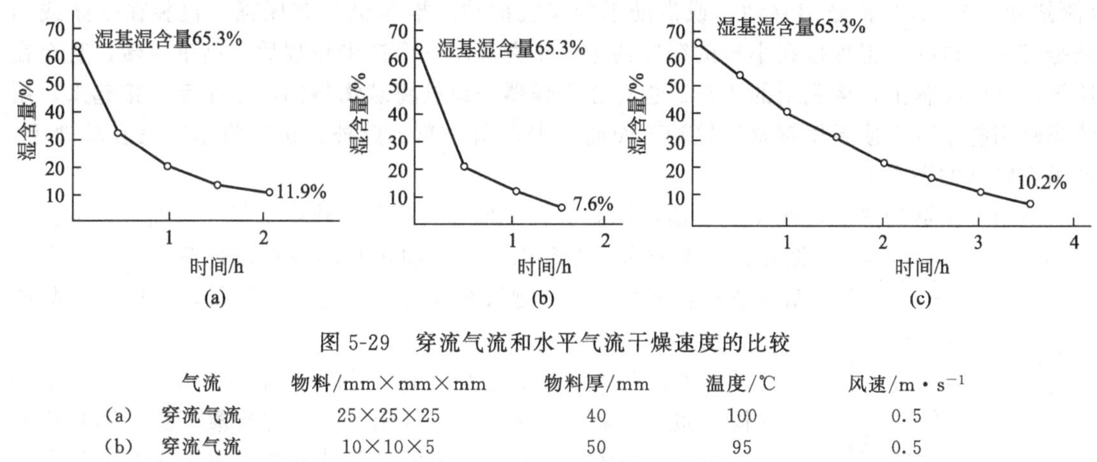

图 5-29　穿流气流和水平气流干燥速度的比较

	气流	物料/mm×mm×mm	物料厚/mm	温度/℃	风速/m·s^{-1}
(a)	穿流气流	25×25×25	40	100	0.5
(b)	穿流气流	10×10×5	50	95	0.5
(c)	水平气流	65×25×5	20	100	1.4

燥物料散布方式对水平气流干燥速度影响不大，而对穿流气流干燥速度影响较大。由于物料放置条件不同，干燥时间和最终湿含量均有较大差异。穿流气流干燥速度比水平气流干燥速度约快 2～4 倍。

5.6.2.2　隧道干燥器（洞道式干燥器）

将被干燥物料放置在小车内、运输带上、架子上或自由地堆置在运输设备上。物料沿着干燥室中通道，向前移动，并一次通过通道。被干燥物料的加料和卸料在干燥室两端进行。这种干燥器称为隧道干燥器，又称洞道式干燥器，见图 5-30。其制造和操作都比较简单，能量的消耗也不大。但物料干燥时间较长，生产能力较低、劳动强度大。主要用于需要较长干燥时间及大件物料如木材、陶瓷制品和各种散粒状物料的干燥和煅烧。

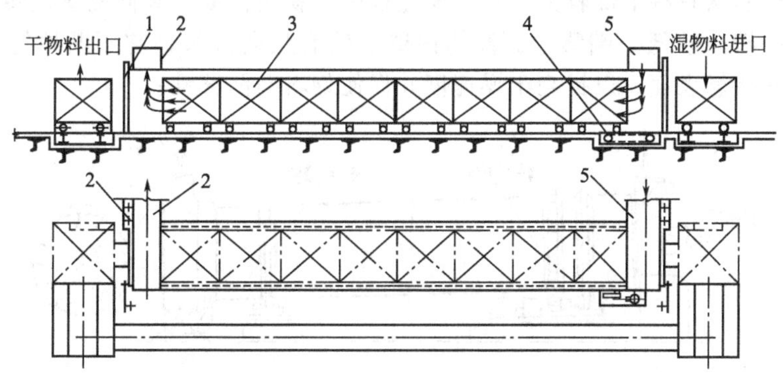

图 5-30　旁堆式洞道式干燥器

1—拉开式门；2—废气出口；3—小车；4—移动小车的机构；5—干燥介质进口

(1) 隧道干燥器的结构和分类

隧道干燥器通常由隧道和小车两部分组成。隧道干燥器的器壁用砖或带有绝热层的金属材料构成。隧道的宽度主要决定于洞顶所允许的跨度，一般不超过 3.5m。干燥器长度由物料干燥时间、干燥介质流速和允许阻力确定。干燥器越长，则干燥越均匀，阻力亦越大。长度通常不超过 50m，截面流速一般不大于 2～3m·s^{-1}。

将被干燥物料放置在小车上，送入隧道干燥器内（见图 5-30）。载有物料的小车布满整个隧道。当推入一辆小车时，彼此紧跟的小车都向出口端移动。小车借助于轨道的倾斜度

（倾斜度为 1/200）沿隧道移动，或借助于推车机推动。推车机具有压辊，它装在一条或两条链带上，这些压辊焊接在小车的缓冲器上，车身移动一个链带行程后，链带空转，直至在压辊运动的路程上再遇到新的小车。也有在干燥器进口处将载物料的小车相互连接起来，用绞车牵引整个列车或者用钢索从轮轴下面通过去牵引小车。此外，也有将小车吊在单轨上，或吊在特别的平车上。

隧道干燥器的热源可用废气、蒸汽加热空气、烟道气或电加热空气等。流向可分为自然循环、一次或多次循环以及中间加热和多段再循环等。其中，自然循环是不合理的，因为物料在设备中停留的时间长，会影响产品质量，而且消耗热能。

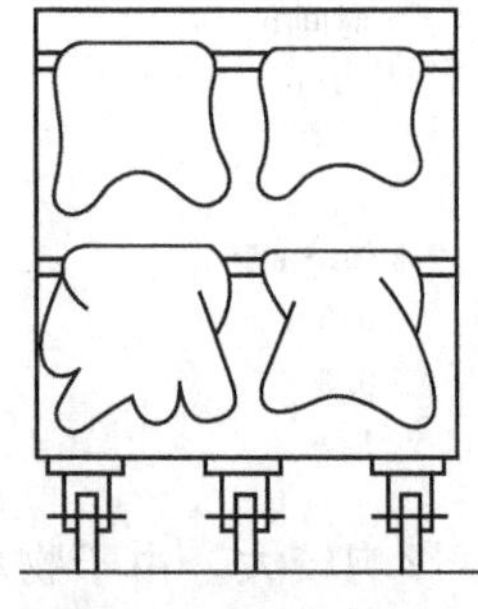

图 5-31　载物小车

近年来，在隧道式干燥器内采用逆流-并流操作流程。对于很多的物料，如果只采取逆流操作，可能引起局部冷凝现象，影响产品质量。如果只采用并流操作，干燥过程开始进行得较顺利，但在干燥过程后段时间，干燥强度降低。

（2）干燥器小车

厢式或隧道式干燥器常将被干燥物料放置在小车上进行干燥。根据物料的外形和干燥介质的循环方向设计不同结构和尺寸的小车。图 5-31 是小车支架上挂皮革的方法。

5.6.3　转筒干燥器

（1）转筒干燥器的工作原理

转筒干燥器的主体是略带倾斜并能回转的圆筒体。这种装置的工作原理见图 5-32。湿物料从左端上部加入，经过圆筒内部时，与通过筒内的热风或加热壁面进行有效接触被干燥，干燥后的产品从右端下部收集。在干燥过程中，物料借助于圆筒的缓慢转动，在重力的作用下从较高一端向较低一端移动。筒体内壁上装有顺向抄板，它不断地把物料抄起又撒下，增大物料的接触表面，以提高干燥速度并促使物料向前移动。

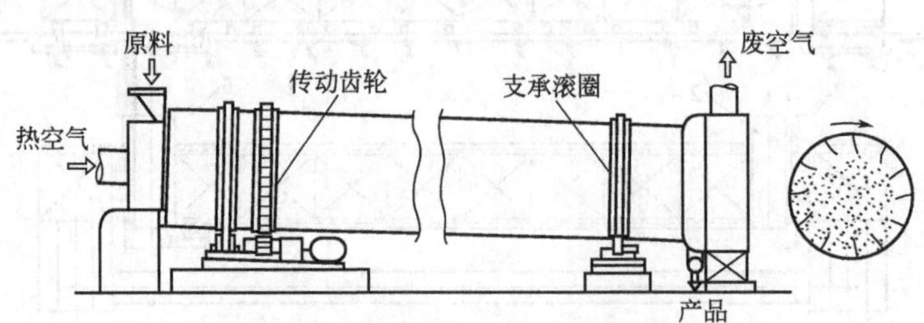

图 5-32　转筒干燥器工作原理简图

干燥过程中所用的热载体一般为热空气、烟道气或水蒸气等。如果热载体直接与物料接触，则经过干燥器后，通常要用旋风除尘器将气体中挟带的细粒物料捕集下来，废空气则经旋风除尘器后放空。转筒干燥器是最古老的干燥设备之一，目前仍被广泛使用于冶金、建材、化工等领域。

（2）转筒干燥器的特点

转筒干燥器与其他干燥设备相比，具有以下优点：①生产能力大，可连续操作；②结构简单，操作方便；③故障少，维修费用低；④适用范围广，可用于干燥颗粒状物料，对于那些附着性大的物料也很有利；⑤操作弹性大，生产上允许产品的产量有较大波动范围，不致影响产品的质量；⑥清扫容易。

缺点是：①设备庞大，一次性投资多；②安装、拆卸困难；③热容量系数小，热效率低（但蒸汽管式转筒干燥器热效率高）；④物料在干燥器内停留时间长，且物料颗粒之间的停留时间差异较大，因此不适合于对温度有严格要求的物料。

(3) 转筒干燥器的分类和适用范围

按照物料和热载体的接触方式，将转筒干燥器分为三种类型，即直接加热式、间接加热式、复合加热式。

① 直接加热转筒干燥器　在这种干燥设备中被干燥的物料与热风直接接触，以对流传热的方式进行干燥。按照热风与物料之间的流动方向，分为并流式和逆流式。在并流式中热风与物料移动方向相同，入口处温度较高的热风与湿含量较高的物料接触。因物料处于表面汽化阶段，故产品温度仍然大致保持湿球温度。出口侧的物料虽然温度在升高，但此时的热风温度已经降低，故产品的温度升高不会太大。因此选用较高的热风入口温度，不会影响产品的质量。

对于热敏性物料的干燥包括那些含有易挥发组分物料的干燥，例如肥料行业中铵盐的干燥是适宜的。但对于铵盐的干燥，物料温度应低于 90℃，以免发生燃烧。另外，对于附着性较大的物料，选用并流干燥也十分有利的。在逆流式干燥中，热风流动方向和物料移动方向相反。对于耐高温的物料，采用逆流干燥，热利用率高。干燥器的空气出口温度在并流式干燥中一般应高于物料出口温度约 10～20℃。在逆流式干燥中，空气出口温度没有明确规定，但设计时采用 100℃作为出口温度比较合理。

② 间接加热转筒干燥器　载热体不直接与被干燥的物料接触，而干燥所需要的全部热量都是经过传热壁面传给被干燥物料的。间接加热转筒干燥器根据热载体的不同，分为常规式和蒸汽管式两种。

常规间接加热转筒干燥器　这种干燥器的整个干燥筒砌在炉内，用烟道气加热外壳。此外，在干燥筒内设置一个同心圆筒。热风和物料走向示意见图 5-33。烟道气进入外壳和炉壁之间的环状空间后，经过连接管进入干燥筒内的中心管。烟道气的另一种走向是首先进入中心管，然后折返到外壳和炉壁的环状空间，被干燥的物料则在外壳和中心管之间的环状空间通过。

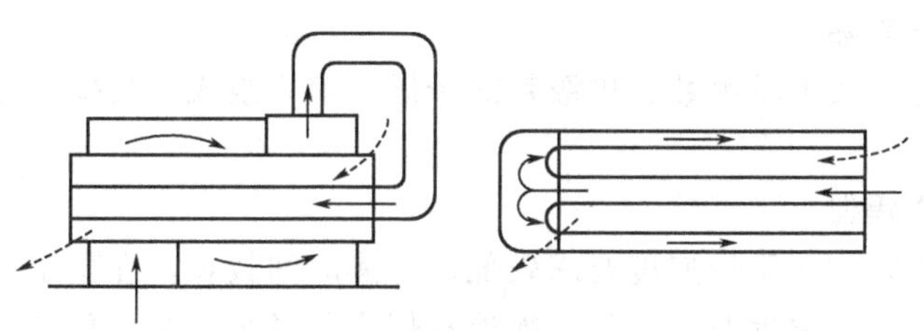

图 5-33　热风和物料走向示意

- - -→物料；——→热空气

这种干燥器特别适用于干燥那些降速干燥阶段较长的物料。物料有足够的停留时间，同时可以借转筒的回转作用，有效地防止物料结块。这种干燥器还适用于干燥热敏性物料，但不适用于黏性大、特别易结块的物料。

蒸汽管间接加热转筒干燥器　蒸汽管间接加热转筒干燥器汽化出的是有机溶剂，采用密闭系统，回收溶剂。惰性气体则循环使用。蒸汽管间接加热转筒干燥器具有常规间接加热转筒干燥器的所有优点，它的单位容积干燥能力是常规直接加热式转筒干燥器的 3 倍左右，传热系数约为每平方米加热面积 40～120W・m^{-2}・$℃^{-1}$，热效率高达 80%～90%，物料的填充率为 0.1～0.2。

5.6.4 带式干燥器

带式干燥器由若干个独立的单元段所组成。每个单元段包括循环风机、加热装置、单独或公用的新鲜空气抽入系统和尾气排出系统。因此，对干燥介质温度、湿度和尾气循环量等操作参数，可进行独立控制，从而保证带式干燥器工作的可靠性和操作条件的优化。

带式干燥器操作灵活，湿物料进料，干燥过程在完全密封的箱体内进行，劳动条件较好，避免了粉尘的外泄。与转筒式、流化床和气流干燥器相比较，带式干燥器中的被干燥物料随同输送带移动时，物料颗粒间的相对位置比较固定，具有基本相同的干燥时间。对干燥物料色泽变化或湿含量均匀等至关重要的某些干燥过程来说，带式干燥器是非常适用的。此外，物料在带式干燥器上受到的振动或冲击轻微（冲击式带式干燥机除外），物料颗粒不易粉化破碎，因此也适用于干燥某些不允许碎裂的物料。

带式干燥器不仅供物料干燥，有时还可对物料进行焙烤、烧成或熟化处理操作。

带式干燥器结构不复杂，安装方便，能长期运行，发生故障时可进入箱体内部检修，维修方便。缺点是占地面积大，运行时噪声较大。

带式干燥器广泛应用于食品、化纤、皮革、林业、制药和轻工行业中，在无机盐及精细化工行业中也常有采用。

(1) 单级带式干燥器

被干燥物料由进料端经加料装置被均匀分布到输送带上。输送带通常用穿孔的不锈钢薄板制成，由电机经变速箱带动。最常用的干燥介质是空气。空气用循环风机由外部经空气过滤器抽入，并经加热器加热后，垂直吹向物料。空气流过干燥物料层时，部分湿空气排出箱体，另一部分则在循环风机吸入口前与新鲜空气混合再行循环。为了使物料层上下脱水均匀，空气吹向物料的方式可以有多种。最后干燥产品经外界空气或其他低温介质直接接触冷却后，由出口端卸出。

干燥介质以垂直方向向上或向下穿过物料层进行干燥的，称为穿流式带式干燥器。干燥介质在物料层上方作水平流动进行干燥的，称为水平气流式带式干燥器。后者使用不广。

(2) 多级带式干燥器

多级带式干燥器实质上是由数台单级带式干燥器串联组成，其操作原理与单级带式干燥器相同。

(3) 多层带式干燥器

多层带式干燥器常用于干燥速度要求较低、干燥时间较长，在整个干燥过程中工艺操作条件（如干燥介质流速、温度及湿度等）能保持恒定的场合。层数可达 15 层，最常用 3～5 层。最后一层或几层的输送带运行速度较低，使料层加厚，这样可使大部分干燥介质流经开始的几层较薄的物料层，以提高总的干燥效率。层间设置隔板以组织干燥介质的定向流动，使物料干燥均匀。

多层带式干燥器占地少，结构简单，广泛使用于干燥谷物类物料。但由于操作中要多次装料和卸料，因此不适用于干燥易黏着输送带及不允许碎裂的物料。

(4) 冲击式带式干燥器

图 5-34 为冲击式带式干燥器结构和操作原理图。冲击式（或称喷流式）带式干燥器适用于干燥织物、烟叶、基材的表面涂层及其他薄片状物料。

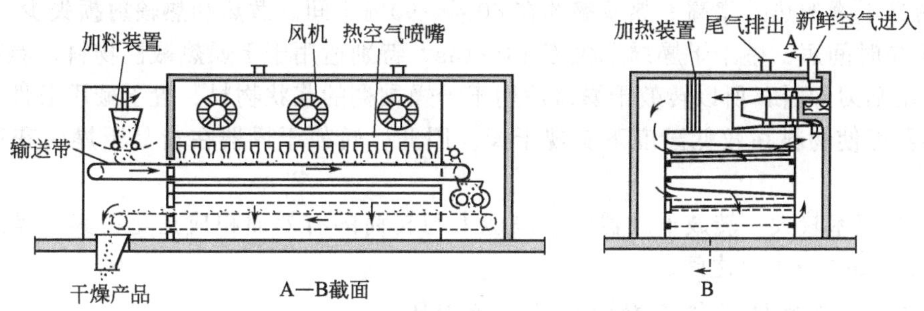

图 5-34 冲击式带式干燥器

冲击式带式干燥器通常由两条输送带组成。上部带由不穿孔的薄钢板制造，干燥介质由喷嘴向下喷向干燥物料表面及料层内部，由于喷流速度很大（$5\sim20\mathrm{m\cdot s^{-1}}$），边界层极薄，传热和传质总系数大大高于水平气流接触时的情况，因而干燥速度较高。冲击式带式干燥器的下部输送带由网目板组成，干燥介质穿流经物料进行最终的干燥。冲击式带式干燥器可分隔成单元段进行独立控制。干燥介质增湿后，部分排出，另一部分返回掺入新鲜干燥介质后再行循环。

5.6.5 转鼓干燥器

转鼓干燥器是一种内加热传导型转动干燥设备。湿物料在转鼓外壁上获得以导热方式传递的热量，脱除水分，达到所要求的湿含量。在干燥过程中，热量由鼓内壁传到鼓外壁，再穿过料膜，其热效率高，可连续操作，故广泛用于液态物料或带状物料的干燥。液态物料在转鼓的一个转动周期中完成布膜、脱水、刮料、得到干燥制品的全过程。因此，在转鼓干燥操作中，可通过调整进料浓度、料膜厚度、转鼓转速、加热介质温度等参数获得预期湿含量的产品和相应的产量。由于转鼓干燥器结构和操作上的特点，对膏状和黏稠物料更适用。

5.6.5.1 转鼓干燥器的结构形式和特点

(1) 结构形式

转鼓干燥器分为三种形式：单鼓干燥器、双鼓干燥器和多鼓干燥器。其中双鼓干燥器按照两鼓的转动方向和进料方式又可分为双鼓与对鼓两种形式。转鼓干燥器亦可根据其操作压力分为常压和减压两种形式。图 5-35 为双鼓干燥器结构示意图。

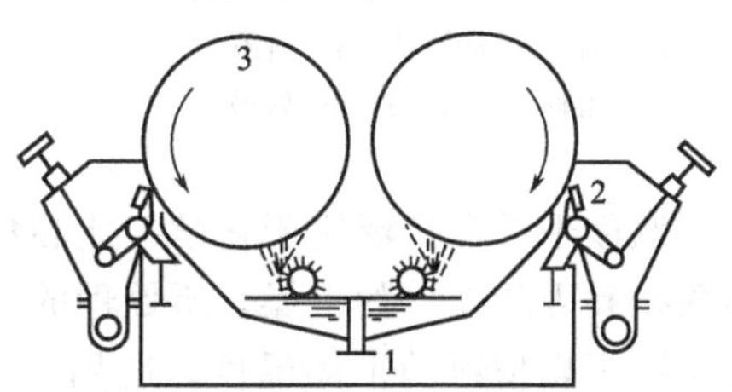

图 5-35 双鼓干燥器

1—飞溅进料；2—刮刀；3—转鼓

转鼓转速大都在 $4\sim6\mathrm{r\cdot min^{-1}}$ 的范围内。被干燥物料由布膜到干燥、卸料，一般均在10～15s 的时间内完成，加热介质多采用 $2\times10^5\sim6\times10^5$Pa 的蒸汽，其温度约在 120～150℃之间。刮料装置由刀片、支持架、支承轴和压力调节器等组成。

(2) 特点

① 操作弹性大、适应性广　转鼓干燥器的操作弹性很大。在影响转鼓干燥的诸多因素中改变其一，而不会使其他因素对干燥操作产生影响。影响转鼓干燥的几个主要因素有加热介质温度、物料性质、料膜厚度、转鼓转速等。如改变其中任一参数都会对干燥速率产生直接的影响，而诸因素之间却没有牵连。这给转鼓干燥的操作带来了很大的方便，使之能适应多种物料和不同产量的要求。

② 转鼓干燥的热效率高　热效率约在 80%～90%之间。散热和热辐射损失少。

③ 干燥时间短　整个干燥周期仅需 10～15s，特别适用于干燥热敏性物料。湿物料脱除水分后，用刮刀卸料，所以转鼓干燥器适用于干燥黏稠的浆状物料。置于减压条件下操作的转鼓干燥器可使物料在较低温度下实现干燥。因此，转鼓干燥器在食品干燥中获得广泛的应用。

④ 干燥速率较大　转鼓干燥器的干燥能力与转筒的有效面积成正比，其干燥能力通常在 $5\sim50\mathrm{kg}\cdot\mathrm{m}^{-2}\cdot\mathrm{h}^{-1}$之间。

5.6.5.2　常用的转鼓干燥器及其应用范围

(1) 单鼓干燥器

单鼓和多个压辊的组合装置多用于生产薄而密实的片状干制品，如膏状、含淀粉物料或许多种类的食品的干燥操作。单鼓和压辊的组合结构是防止被干燥物料在转鼓表面成膜不均匀而设计的，单鼓干燥器的主要生产过程如图 5-36 所示。单鼓干燥器可用于干燥明胶、糊精、合成树脂等物料。

(2) 双鼓干燥器

双鼓干燥器多为飞溅式和浸液式进料，如图 5-37 所示。物料可以从上、下不同方向进入干燥器，但浸液式进料无论是从上下哪个方向进入干燥器，均以鼓间隙控制料膜厚度。

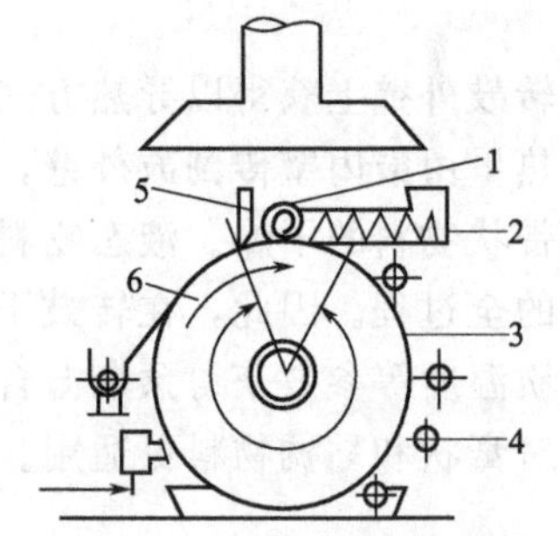

图 5-36　带压辊单转鼓干燥器

1—辊；2—进料器；3—料膜；4—压辊；5—刮刀；6—转鼓

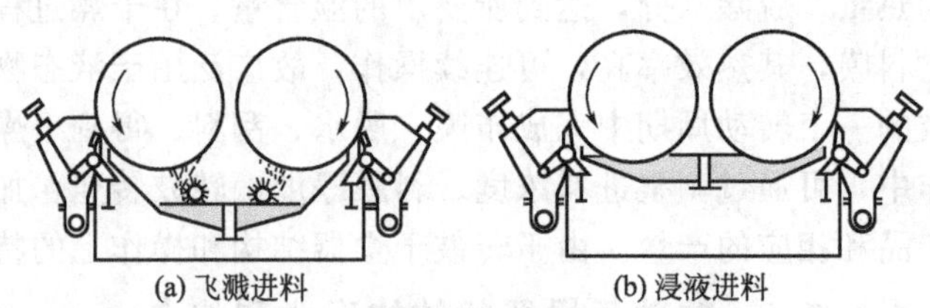

图 5-37　不同进料方式双鼓干燥器

双鼓干燥器广泛用于化学工业和食品工业的干燥操作中，如酵母、淀粉、聚丙烯酸酯、醋酸盐和丙酸盐等的干燥，所处理的物料可从溶液到膏状黏稠物。此外，双鼓干燥器能严格控制被干燥物料的干燥温度，适用于干燥某些水合化合物。双鼓干燥器特别适用于食品工业。这类物料大多数是热敏性的，有的是膏状的，有的是能吸水的片状或速溶的粉剂，如苹果酱、香蕉脆片以及谷物熟食干制品和干燥的汤料混合物等。

5.6.6　喷雾干燥

喷雾干燥是采用雾化器将原料液分散为雾滴，并用热气体干燥雾滴而获得产品的一种干燥方法。原料液可以是溶液、乳浊液、悬浮液，也可以是熔融液或膏糊液。干燥产品根据需要可制成粉状、颗粒状、空心球或团粒状。

5.6.6.1　液体的雾化

将料液分散为雾滴的雾化器是喷雾干燥的关键部件，目前常用的有三种雾化器。

① 气流式雾化器　采用压缩空气或蒸汽以很高的速度（$\geqslant300\mathrm{m}\cdot\mathrm{s}^{-1}$）从喷嘴喷出，

靠气液两相间的速度差所产生的摩擦力，使料液分裂为雾滴。

② 压力式雾化器 用高压泵使液体获得高压，高压液体通过喷嘴时，将压力能转变为动能而高速喷出时分散为雾滴。

③ 旋转式雾化器 料液在高速转盘（圆周速度 $90\sim160\mathrm{m\cdot s^{-1}}$）中受离心力作用从盘边缘甩出而雾化。

5.6.6.2 喷雾干燥流程

(1) 喷雾干燥的典型流程

喷雾干燥的典型流程如图 5-38 所示，包括空气加热系统、原料液供给系统、干燥系统、气固分离系统以及控制系统。

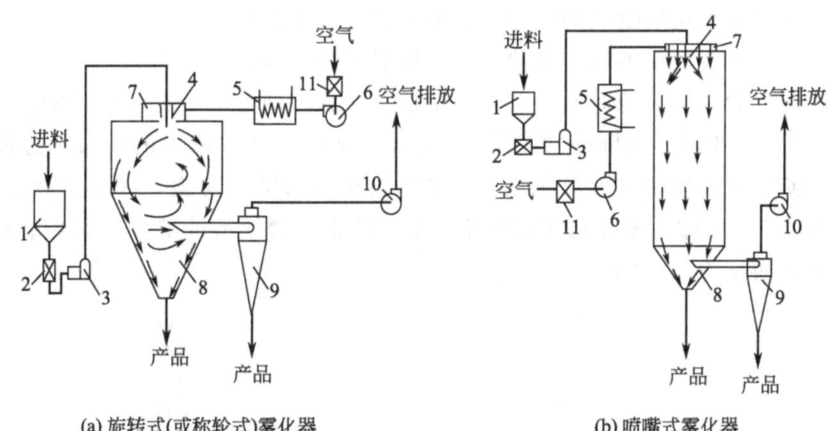

(a) 旋转式(或称轮式)雾化器　(b) 喷嘴式雾化器

图 5-38 喷雾干燥的典型流程

1—料罐；2—过滤器；3—泵；4—雾化器；5—空气加热器；6—鼓风机；7—空气分布器；8—干燥室；9—旋风分离器；10—排风机；11—过滤器

(2) 闭路循环喷雾干燥系统

有下列情况之一者应采用闭路循环干燥系统：①固体中含有机溶剂需要回收或与空气接触可能产生燃烧或爆炸危险；②干燥有毒、有臭味的产品；③粉尘在空气中会形成爆炸混合物；④成品避免和氧接触，否则会发生氧化而影响产品质量。

闭路循环干燥系统具有下述主要特点：①用惰性气体（通常用 N_2 气）作干燥介质；②设置一洗涤冷凝器，以冷凝回收的有机溶剂蒸气及洗涤除去气体中的粉尘，防止堵塞加热器；③整个系统在正压下操作要防止泄漏。

5.6.6.3 喷雾干燥的优缺点

(1) 喷雾干燥的优点

喷雾干燥具有下述优点：①雾滴表面积很大，物料所需的干燥时间很短（以秒计）。②在高温气流中，表面润湿的物料温度不超过干燥介质的湿球温度，由于迅速干燥，最终的产品温度也不高。因此，喷雾干燥特别适用于热敏性物料。③简化工艺流程。在干燥塔内可直接将溶液制成粉末产品。此外，喷雾干燥容易实现自动化，减轻粉尘飞扬，改善劳动环境。

(2) 喷雾干燥的缺点

喷雾干燥也存在以下缺点：①当空气温度低于 150℃时，容积传热系数较低（23～

116W·m^{-3}·K^{-1}），所用设备容积大；②对气固混合物的分离要求较高，一般需两级除尘；③热效率不高，一般顺流塔型为30%～50%，逆流塔型为50%～75%。

5.6.6.4　雾化器的结构

雾化溶液所用的雾化器是喷雾干燥装置的关键部件。雾化器有几种，本节将分别叙述气流式、压力式和旋转式三种雾化器的结构、性能。

(1) 气流式喷嘴

① 气流式喷嘴的操作原理和优缺点　二流体气流式喷嘴如图5-39所示，中心管走料液，压缩空气走环隙，当气液两相在出口端面接触时，由于从环隙喷出的气体流速很大（200～340m·s^{-1}），液体流速很小（<2m·s^{-1}），在两流体之间产生很大的摩擦力，此力将料液雾化。喷雾所用压缩空气的压力一般为0.32～0.7MPa。

气流式喷嘴在一般情况下属于膜状雾化，所以雾滴比较细。

当气液相对速度足够大的时候，一个正常的雾化状态应是一个充满空气的锥形薄膜，薄膜不断地膨胀扩大，然后分裂成极细雾滴，其形状见图5-40。薄膜的残余周边则分裂为较大的雾滴。雾滴群离开喷嘴时的形状是一个被空气充满的锥形薄膜，因而也称空心锥喷雾。空心锥的锥角 θ，一般称为喷雾角或雾化角。上述的锥形薄膜雾滴群称为雾炬或喷雾锥。气流式的喷雾角 θ 通常为20°～30°。

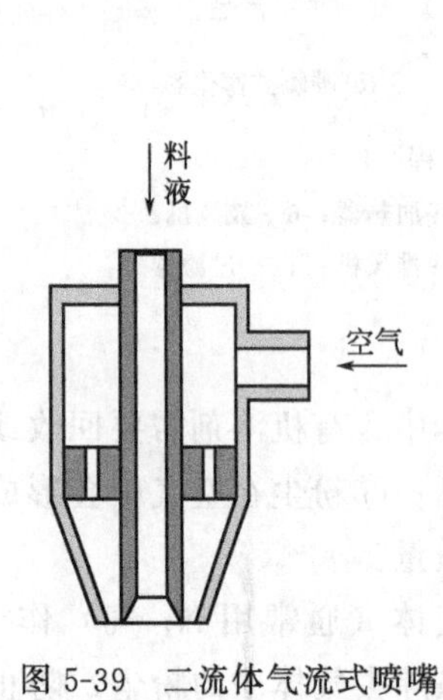

图5-39　二流体气流式喷嘴

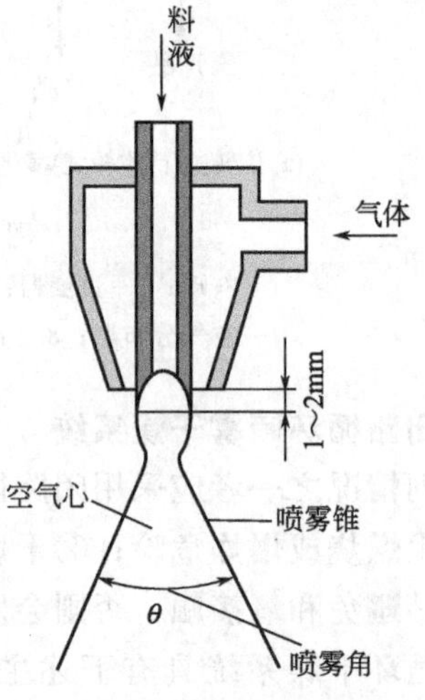

料液
气体
1～2mm
空气心
喷雾锥
θ
喷雾角

图5-40　喷雾锥示意图

② 气流式喷嘴的特点　气流式喷嘴具有下列特点：a. 喷嘴结构简单，磨损小；b. 对于低黏度或高黏度料液，特别是含有少量杂质的物料，均可雾化，因此适用范围很广；c. 气流式喷嘴所得雾滴较细；d. 气流式喷嘴操作弹性大，即处理量有一定伸缩性，且调节气液比可控制雾滴大小，因而也就控制了成品粒度。

气流式喷嘴和压力式或旋转式喷嘴相比，主要缺点是动力消耗较大，约为它们的5～8倍。由于气流式喷嘴制造简单，操作和维修方便，因此在中等规模或实验规模干燥中获得广泛的应用。降低动力消耗的途径是：改进喷嘴结构，降低气液比，提高雾化能力；料液直接喷雾；以水蒸气或过热蒸汽代替压缩空气。

(2) 压力式喷嘴

① 操作原理　压力式喷嘴（也称机械式喷嘴）主要由液体切线入口、液体旋转室、喷

嘴孔等组成，如图 5-41 所示。利用高压泵使液体获得很高的压力（2～20MPa），从切线入口进入喷嘴的旋转室中，液体在旋转室获得旋转运动。根据旋转动量矩守恒定律，旋转速度与旋涡半径成反比。因此，越靠近轴心，旋转速度越大，其静压力亦越小［见图 5-41(a)］，结果在喷嘴中央形成一股压力等于大气压的空气旋流，而液体则形成绕空气心旋转的环形薄膜，液体静压能在喷嘴处转变为向前运动的液膜的动能，从喷嘴喷出。液膜伸长变薄，最后分裂为小雾滴。这样形成的液雾为空心圆锥形，又称空心锥喷雾。

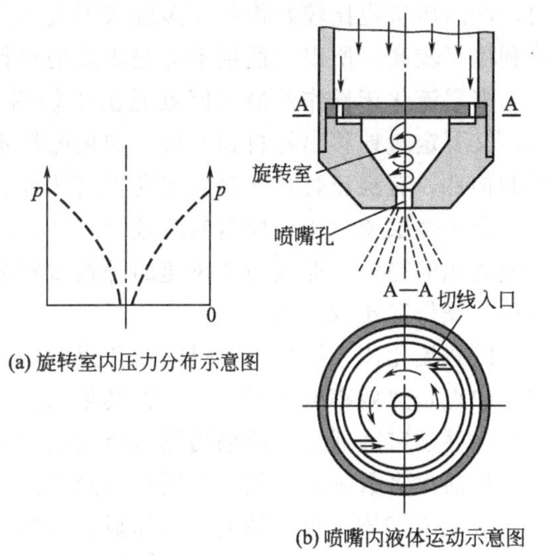

图 5-41　压力式喷嘴操作示意图

压力喷嘴所形成的液膜厚度范围大致是 0.5～4μm。

在设计压力喷嘴的内部结构时，要能使液体在形成锥形薄膜的过程中，用最小的外界扰动就可使其分裂。

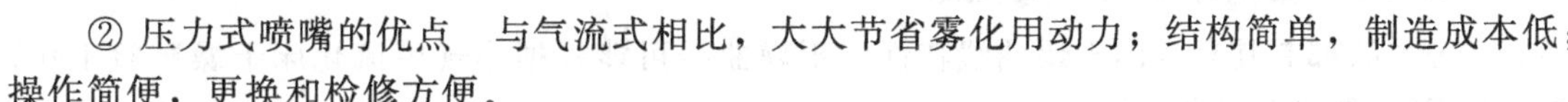

② 压力式喷嘴的优点　与气流式相比，大大节省雾化用动力；结构简单，制造成本低；操作简便，更换和检修方便。

对于低黏度的料液，采用压力式喷嘴较适宜。由于压力式喷嘴所得雾滴较气流式大，所以喷雾造粒一般都采用压力式喷嘴。如洗衣粉、速溶奶粉、粒状染料等均用压力式喷嘴。

③ 压力式喷嘴的缺点

a. 需要一台高压泵，因此，广泛采用有一定限制；b. 由于喷嘴孔很小，最大也不过几毫米，极易堵塞，因此，进入喷嘴的料液必须严格过滤，过滤器至喷嘴的料液管道宜用不锈钢管，以防铁锈堵塞喷嘴；c. 喷嘴磨损大，对于具有磨损较大的料液，喷嘴要采用耐磨材料制造；d. 高黏度物料不易雾化。

5.6.7　流化床干燥

流化床是 20 世纪 60 年代发展起来的一种干燥技术，目前在化工、轻工、医药、食品以及建材工业都得到了广泛的应用。由于干燥过程中固体颗粒悬浮于干燥介质中，因而流体与固体接触面较大，热容量系数可达 8000～25000kJ・m^{-3}・h^{-1}・℃$^{-1}$（按干燥器总体积计算），又由于物料剧烈搅动，大大地减少了气膜阻力，因而热效率较高，可达 60％～80％（干燥结合水时为 30％～40％）。流化床干燥装置密封性能好，传动机械又不接触物料，因此不会有杂质混入，这对要求纯洁度高的制药工业来说也是十分重要的。

目前，国内流化床干燥装置，从其类型看主要分为单层、多层（2～5 层），卧式和喷雾流化床、喷动流化床等。从被干燥的物料来看，大多数的产品为粉状（如阿司匹林、乌洛托品等）、颗粒状（如各种片剂、谷物等）、晶状（如氯化铵、涤纶、硫铵等）。被干燥物料的湿含量一般为 10％～30％，物料颗粒度在 120 目以内。

单层流化床可分为连续、间歇两种操作方法。连续操作多应用于比较容易干燥的产品，或干燥程度要求不很严格的产品。

多层流化床干燥装置与单层相比，在相同条件下设备体积较小，产品干燥程度亦较为均匀，产品质量也比较好控制。多层床因气体分布板数增多，床层阻力也相应地增加。多层床热利用率较高，所以它适用于降速阶段的物料干燥。

多层流化床操作的最大困难是由于物料与热风的逆向流动，各层既要形成稳定的沸腾层，又要定量地移出物料到下层，如果操作不妥，则沸腾层即遭破坏。目前将物料送到下一段的构件，有溢流管式和穿流多孔板式两种。国内多层流化床多数是采用溢流管式结构。

由于多层流化床干燥器制造较为复杂，操作控制也不容易掌握，故近年来有将其改为多室流化床的趋势，即改为低风速的卧式多室流化床干燥器。这种设备高度可以降低，结构也简单，操作又比较方便。

卧式流化床干燥器停留时间可任意调节，压力损失小，并可得到干燥均匀的产品。它的主要缺点是热效率低于多层床，尤其是采用较高风温时。但如果能够调节各室的进风温度和风量，并逐室降低之；或采用热风串联通过各室的办法，那么热效率也是可以提高的。

目前大多数卧式流化床采用负压操作。

流化床气体分布板的类型有筛板、筛网以及烧结密孔板等。国内各厂多采用筛板式气体分布板，也有一些工厂，在流化床气体分布板上再铺一层绢丝或 300 目以上的不锈钢网，以保证物料颗粒不漏。筛孔板开孔率一般在 1.5％～30％之间。

5.6.7.1 流化粒子的干燥性能

每种产品都有其自身的干燥曲线特性。干燥曲线可能根据小规模流化床干燥试验工作，图 5-42 则为典型的干燥曲线。

从图 5-42 中可以看出，表面湿分迅速蒸发进入干燥气体中，物料很快达到临界湿含量。然而在较低的湿含量条件下，干燥是由颗粒内部湿分扩散率控制，这时干燥速率大大降低；如要求最终产品达到非常低的湿含量，需要几个小时的干燥时间。在初始阶段之后产品温度将上升到接近于干燥气体的入口温度。

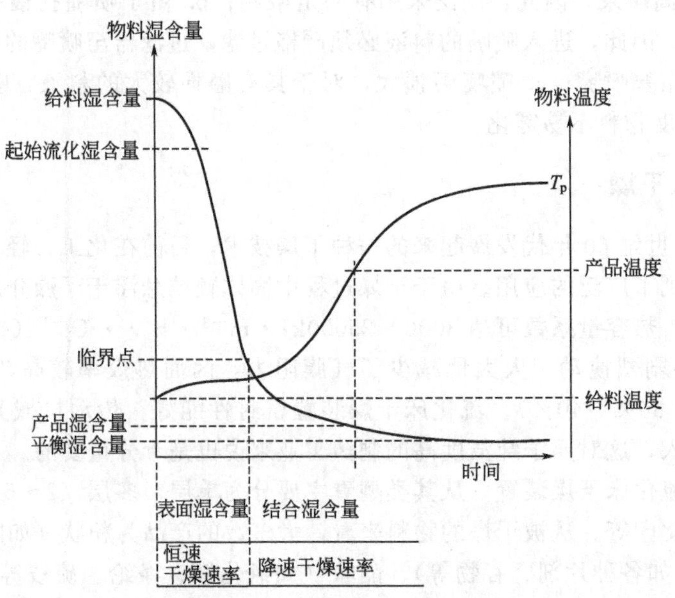

图 5-42 颗粒状产品的干燥曲线与温度曲线

一些研究者指出，在气流迅速被饱和的情况下，热量和湿分交换在间歇式流化床中将会受到限制。

最高的干燥空气温度将由产品的热敏性和热塑性来决定。如果超过了最高温度，则可能在气体分布板上形成沉积物，此时，流化床可以停止。极限温度可以通过小规模流化床干燥试验来确定。小型试验也可以确定流化空气的临界速度。低于某一个值，将发生不均匀流化，物料中比较大的颗粒不流化；超过某一空气速度，则较细颗粒将大量从流化床带出。因而在此情况下，干燥器的大小是热输入量的函数。

5.6.7.2　流化床干燥器的类型与工艺过程

目前常用的流化床干燥器的类型，从其结构上来分，大体上可分为以下几种：单层圆筒型、多层圆筒型、卧式多室型、喷雾型、惰性粒子式、振动型和喷动型等。

(1) 单层圆筒型流化床干燥器

图 5-43 所示为典型的流化床干燥器流程。湿物料由皮带输送机运送到加料斗上，然后均匀地抛入流化床内，与热空气充分接触而被干燥。干燥后的物料由溢流口连续溢出。空气经鼓风机、加热器后进入筛板底部，并向上穿过筛板，使床层内湿物料流化起来形成沸腾层。尾气进入旋风分离器并联组成的旋风分离器组，将所夹带的细粉除下，然后由排气机排到大气。在该流程中，主要设备为单层圆筒形流化床。气体分布板是多孔筛板，板上钻有小孔，开孔率为 7.2%。与回转干燥器相比，流化床操作简单，劳动强度低，劳动条件好，检修方便，运转周期长，生产能力比回转干燥器大。建造每台干燥器需用钢材也比回转式干燥器低，设备运转率提高 35%，电力消耗也降低许多。由于床层温度平稳，干燥效果也比较好。

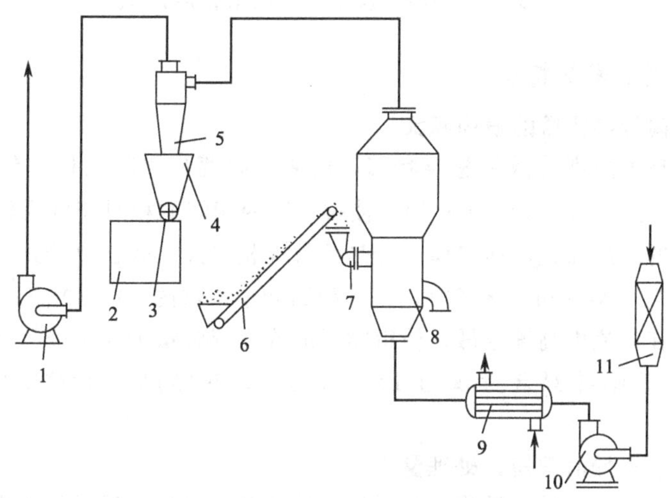

图 5-43　流化床干燥器流程

1—抽风机；2—料仓；3—星形卸料器；4—集灰斗；5—旋风分离器；6—皮带输送器；7—抛料机；8—流化床；9—换热器；10—鼓风机；11—空气过滤器

(2) 多层流化床干燥器

单层流化床干燥器的缺点是物料在流化床中停留时间分布不均匀，所以干燥后得到的产品湿度不均匀。为了改善此状况，发展了多层流化床干燥器。在此设备中湿物料从床顶加入，并逐渐往下移，由床底排出。热空气则由床底送入，并向上通过各层，由床顶排出。这样，就形成了物流与气流成逆向流动的状况，因而物料的停留时间分布、物料的干燥程度都比较均匀，产品的质量也比较容易控制。又由于气体与物料多次接触，使废气的水蒸气饱和度提高，热利用率也得到了提高。因此，多层流化床干燥器比较适用于干燥降速阶段的物料，或干燥那些要求产品的终了湿含量很低的物料。

多层流化床干燥器的结构与板式蒸馏塔相似。

5.6.8 气流干燥

气流干燥也称“瞬间干燥”，是固体流态化中稀相输送在干燥方面的应用。该法是使热介质和待干燥固体颗粒直接接触，并使待干燥固体颗粒悬浮于流体中，因而两相接触面积大，强化了传热传质过程，广泛应用于散状物料的干燥。气流干燥基本流程如图 5-44 所示。

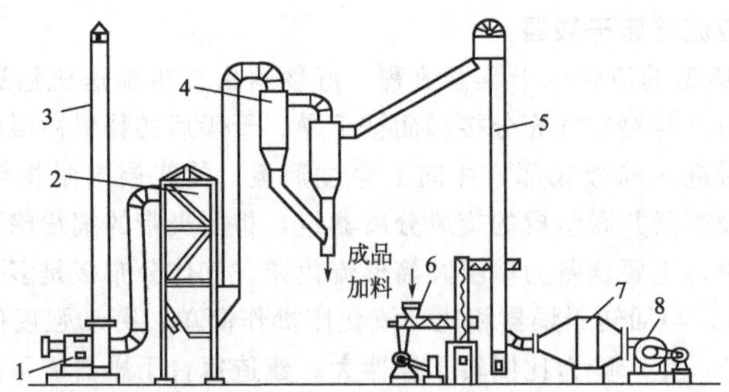

图 5-44 气流干燥基本流程

1—抽风机；2—袋式除尘器；3—排气管；4—旋风除尘器；5—干燥管；6—螺旋加料器；7—加热器；8—鼓风机

5.6.8.1 气流干燥的特点

(1) 气固两相间传热传质的表面积大

固体颗粒在气流中高度分散呈悬浮状态，这使气固两相之间的传热传质表面积大大增加。由于采用较高气速（$20\sim40\mathrm{m\cdot s^{-1}}$），使得气固两相间的相对速度也较高，不仅使气固两相之间具有较大的传热面积，而且体积传热系数也相当高。普通直管式气流干燥器的体积传热系数为 $2300\sim7000\mathrm{W\cdot m^{-3}\cdot K^{-1}}$，是一般回转干燥器的 20～30 倍。

由于固体颗粒在气流中高度分散，使得物料的临界湿含量大大下降。例如，合成树脂在进行气流干燥时，其临界湿含量仅为 1%～2%；某些结晶盐颗粒的临界湿含量更低(0.3%～0.5%)。

(2) 热效率高、干燥时间短、处理量大

气流干燥采用气固两相并流操作，这样可以使用高温的热介质进行干燥，且物料的湿含量越大，干燥介质的温度可以越高。例如，干燥某些滤饼时，入口气温可达 700℃以上；干燥煤时，入口气温 650℃；干燥氧化硅胶体粉末时，入口气温 384℃；干燥黏土时，入口气温 525℃；干燥含水石膏时，入口气温可达 400℃。

相应的气体出口温度则较低，干燥某滤饼时为 120℃；干燥煤时为 80℃。从上述情况可以看出干燥气体进出口温差是很大的。干物料的出口温度约比干燥气体出口温度低 20～30℃。高温干燥介质的应用可以提高气固两相间的传热传质速率，提高干燥器的热效率。例如，干燥介质温度在 400℃以上时，其干燥效率为 60%～75%。

气流干燥器的管长一般为 10～20m，管内气速为 $20\sim40\mathrm{m\cdot s^{-1}}$，因此湿物料的干燥时间仅 0.5～2s，所以物料的干燥时间很短。

(3) 气流干燥器结构简单、紧凑，体积小，生产能力大

气流干燥的体积传热系数 h 值也很大，于是在所需求的热量 Q 值为某一定值时，气流干燥管体积必定很小。换句话说，体积很小的气流干燥器可以处理很大量的湿物料，例如直径为 0.7m、长为 10～15m 的垂直气流管可以用来干燥 $25t \cdot h^{-1}$ 的煤或 $15t \cdot h^{-1}$ 的硫铵。设备占地面积少。

气流干燥器结构简单，在整个气流干燥系统中，除通风机和加料器以外，别无其他转动部件，设备投资费用较少。

(4) 操作方便

在气流干燥系统中，把干燥、粉碎、筛分、输送等单元过程联合操作，流程简化并易于自动控制。

(5) 气流干燥的缺点

气流干燥系统的流动阻力降较大，一般为 3000～4000Pa，必须选用高压或中压通风机，动力消耗较大。气流干燥所使用的气速高、流量大，经常需要选用尺寸大的旋风分离器和袋式除尘器。

气流干燥对于干燥载荷很敏感，固体物料输送量过大时，气流输送就不能正常操作。

5.6.8.2 气流干燥的适用范围

(1) 物料状态

气流干燥要求以粉末或颗粒状物料为主，其颗粒粒径一般在0.5～0.7mm 以下，至多不超过 1mm。对于块状、膏糊状及泥状物料，应选用粉碎机和分散器与气流干燥串联的流程。

气流干燥中的高速气流易使物料破碎，故高速气流干燥不适用于需要保持完整的结晶形状和结晶光泽的物料。极易黏附在干燥管的物料如钛白粉、粗制葡萄糖等物料不宜采用气流干燥。如果物料粒度过小，或物料本身有毒，很难进行气固分离，也不宜采用气流干燥。

(2) 湿分和物料的结合状态

气流干燥采用高温高速的气体作为干燥介质，且气固两相间的接触时间很短。因此气流干燥仅适用于物料湿分进行表面蒸发的恒速干燥过程；待干物料中所含湿分应以润湿水、孔隙水或较粗管径的毛细管水为主。此时，可获得湿分低达 0.3%～0.5%的干物料。对于吸附性或细胞质物料，若采用气流干燥，一般只能干燥到含湿分 2%～3%。

5.6.9 微波和高频干燥

随着无线电工程技术的发展，科学家们开始使用无线电频率（理论上，其频率范围为 $10^4 \sim 3\times10^{12}$ Hz）加热干燥食品、木材、纸、纺织品等，从而产生了一种非常规的干燥技术——介电干燥，即在高频率的电磁场作用下，物料吸收电磁能量，在内部转化为热，用于蒸发湿分，而普通干燥方法（对流、传导、红外辐射）蒸发水分所需的热量通过物料的外表面向内部传递。一般地，用于加热和干燥的频率分为两个范围，即 1～300MHz（高频，RF）和 300MHz～300GHz（微波，MV）。在这里，实际上将理论意义上的“高频”（HF，3～30MHz）和“超高频”（VHF，30～300MHz）合称为高频（RF）。

5.6.9.1 介电加热原理

微波和高频是一种能量（而不是热量）形式，但在电介质中可以转化为热量。能量转化的机理有许多种，如离子传导、偶极子转动、界面极化；磁滞、压电现象、电致伸缩、核磁共振、铁磁共振等，其中离子传导及偶极子转动是介电加热的主要原因。

5.6.9.2　介电加热干燥的特点

(1) 介电加热的特点

① 加热速度快。普通加热方法采用热空气、燃气、蒸汽（或过热蒸汽）等对物料进行加热，通过物料内外的温度梯度传递热量，因此加热速度慢。采用介电加热，电磁场与物料的整体发生作用，在物体内迅速地产生热效应，加热速度很快，通常在几秒钟内便可完成加热过程。如对于塑料丝，加热速度可以达到 30000℃·s^{-1}，塑料丝被加热 100℃左右，大约只需 3ms。该加热方法的控制参数与物料的质量、比热容、介电常数和几何形状、热损耗机理、能量耦合效率、物料中产生的功率以及介电加热系数的输出功率有关。

② 均匀加热。尽管介电加热并不总是能够保证加热均匀，但通常情况下，其体积热效应将导致均匀加热，避免了普通加热系统中出现大的温度梯度。

③ 有效利用能量。电磁能直接与物料耦合，不需要加热空气、器壁及输送设备等，而且加热室为由金属制造的密封空腔，它们反射电磁波，使之不向外泄漏，而只能被物料吸收。

④ 过程控制迅速。能量的输出可通过开或关闭发生器的电源而实现，操作便利；而且加热强度可通过控制功率的输出而实现。

⑤ 选择性加热。一般地，电磁场只与物料中的溶剂而不与基质耦合。因此，湿分被加热、排出，而湿分的载体（基质）则主要是通过传导给热。但应注意热击穿现象的发生，因为温度提高，物料吸收微波的能力也相应提高。

⑥ 有助于产品质量的提高。因为表面温度不会变得很高，所以物料表面过热和结壳现象很少发生，从而降低了产品的不合格率。对食品、药品加热干燥时，电磁波的生物效应能在较低温度下杀死细菌。热效率高、受热时间短，从而使产品的色、香、味、维生素等不致受到破坏。

⑦ 产生所希望的物化效应。许多化学、物理反应是通过介电加热的方法促进的，可导致膨化、干燥、蛋白质变性、淀粉胶化等。

⑧ 占地面积小。

⑨ 避免环境高温，改善劳动条件。

(2) 介电干燥的特点

介电干燥机理与普通干燥有很大差别。普通干燥时水分开始从表面蒸发，内部的水分慢慢扩散至表面，加热的推动力是温度梯度，通常需要很高的外部温度来形成所需的温度差，传质的推动力是物料内部和表面之间的浓度梯度。

在介电干燥过程中，物料内部产生热量，传质推动力主要是物料内部迅速产生的蒸汽所形成的压力梯度。如果物料开始很湿，物料内部的压力非常快地升高，则液体可能在压力梯度的作用下从物料中被排出。初始湿含量越高，压力梯度对湿分排除的影响也越大，即产生一种“泵”效应，驱使液体（经常是以气态的形成）流向表面，这使干燥进行得非常快。这种加热方式的特点是产生异乎寻常的温度梯度。

5.6.9.3　介电干燥的优点

介电干燥的优点是能量的有效利用，无破坏性；在较低的环境温度下进行干燥，不需要高的表面温度，物料的温度分布平稳；其他挥发性物质迁移量少溶剂经常以气态形式排出，不会使其他物质传递至表面。其具体优点归纳如下。

① 均匀作用　介电干燥将能量均匀施加在湿润区；

② 干燥迅速　干燥时间可缩短 50%或更多；

③ 干燥均匀　形成更加均匀的温度场和湿度分布；

④ 系统占地面积少　减少操作步骤；

⑤ 产品质量改善　避免表面硬化（结壳）、内应力和其他质量问题。

对于介电干燥系统，令人最感兴趣的是其节能潜力。

须注意的是，此种系统虽然可以迅速地加热，但是加热速度太快可能是有害的，即可能使物料焦化、燃烧，或由于蒸汽不能相应地逸出，导致物料内部压力骤增而使被干燥物料撕裂或爆裂。

介电加热干燥系统，特别是微波干燥系统，经常与热空气联合，这样可提高干燥过程的效率和经济性。这是因为热空气能有效地排除物料表面的自由水分，而介电加热独特的“泵”效应提供了排除内部自由水分和结合水分的有效方法。这样，就有可能发挥其各自的优点并使干燥成本下降。

习 题

5-1　湿空气在总压 101.3kPa、温度 10℃下，湿度为 0.005kg·kg^{-1}（绝干空气）。试计算：(1) 相对湿度 φ_1；(2) 温度升高到 35℃时的相对湿度 φ_2；(3) 总压提高到 115kPa，温度仍为 35℃时的相对湿度 φ_3；(4) 如总压提高到 1471kPa，温度仍维持 35℃，每 100m^3 原湿空气所冷凝出的水分量。

[(1) $\varphi_1=65.9\%$；(2) $\varphi_2=14.4\%$；(3) $\varphi_3=16.3\%$；(4) 0.322kg]

5-2　1.0133×10^5Pa (1atm)、温度为 50℃的空气，如果湿球温度为 30℃，计算：(1) 湿度；(2) 焓；(3) 露点；(4) 湿比容。

[(1) $H=0.021$kg(水)·kg^{-1}(绝干空气)；
(2) $I=116$kJ·kg^{-1}；(3) $t_d=25$℃；
(4) $v_H=0.12$m^3(湿空气)·kg^{-1}(绝干空气)]

5-3　附图为某物料在 25℃时的平衡曲线。如果将含水量为 0.35kg(水)·kg^{-1}(绝干物料) 的此种物料与 $\varphi=50\%$的湿空气接触，试确定该物料平衡水分、自由水分、结合水分和非结合水分的大小。

[平衡水分 0.095kg(水)·kg^{-1}(绝干物料)，
自由水分 0.255kg(水)·kg^{-1}(绝干物料)，
结合水分 0.185kg(水)·kg^{-1}(绝干物料)，
非结合水分 0.165kg(水)·kg^{-1}(绝干物料)]

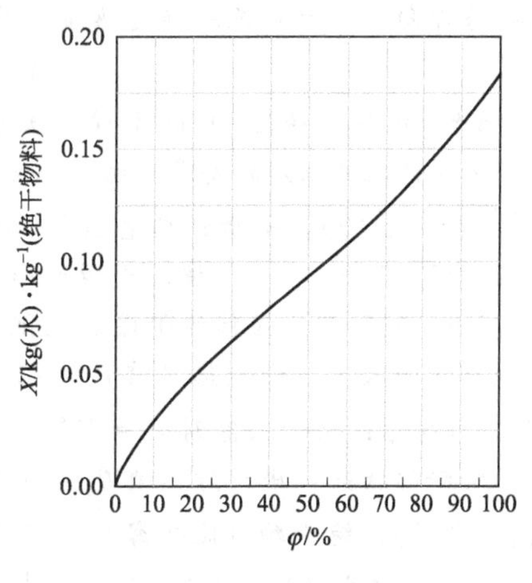

习题 5-3 附图

5-4　已知一个干燥系统的操作示意图如附图所示。在 I-H 图中画出过程示意图，求循环空气量 L。

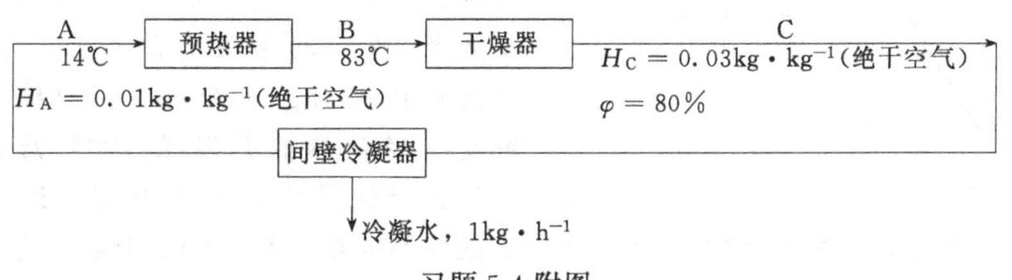

习题 5-4 附图

[$L=50$kg·h^{-1}]

5-5　在一连续干燥器中干燥盐类结晶，每小时处理湿物料为 1000kg，经干燥后物料的含水量由 40%减至 5%（均为湿基），以热空气为干燥介质，初始湿度 H_1 为 0.009kg(水分)·kg^{-1}(绝干空气)，离开干燥器时湿度 H_2 为 0.039kg(水分)·kg^{-1}(绝干空气)，假定干燥过程中无物料损失，试求：(1) 水分蒸发量 W；(2) 空气消耗量 L，原湿空气消耗量 L'；(3) 干燥产品量 G_2。　[(1) $W=368.6kg\cdot h^{-1}$；(2) $L=12286.7kg$（绝干空气）$\cdot h^{-1}$，$L'=12397.3kg\cdot h^{-1}$；(3) $G_2=631.6kg\cdot h^{-1}$]

5-6　湿物料含水量为 42%，经常压干燥后为 4%（均为湿基），产品量为 $0.126kg\cdot s^{-1}$。空气的干球温度为 21℃，相对湿度 40%，经预热器加热至 93℃后再送入干燥器中，离开干燥器时空气的相对湿度为 60%。若空气在干燥器中经历等焓干燥过程，试求：(1) 绝干空气的消耗量 L [kg(绝干空气)·s^{-1}]。已查得 $H_0=0.008$kg(水)·kg^{-1}(绝干空气)，$H_2=0.03$kg(水)·kg^{-1}(绝干空气)；(2) 预热器提供的热量 Q_p（单位为 kW），忽略预热器的热损失。　[(1) $L=3.76$kg(绝干空气)·s^{-1}；(2) $Q_p=274kW$]

5-7　有一连续干燥器在常压下操作，生产能力为 $1000kg\cdot h^{-1}$（以干燥产品计）物料水分由 12%降为 3%（均为湿基），物料温度则由 15℃升至 28℃，绝干物料的比热容为 1.3kJ·kg^{-1}（绝干物料）·℃$^{-1}$，空气的初温为 25℃，湿度为 0.01kg·kg^{-1}（绝干空气），经预热器后升温至 70℃，干燥器出口废气为 45℃，设空气在干燥器进出口处焓值相等，干燥系统热损失可忽略不计，试求：(1) 在 H-I 图上（或 t-H 图上）画出湿空气在整个过程中所经历的状态点；(2) 空气用量（初始状态下）；(3) 为保持干燥器进出口空气的焓值不变，是否需要另外向干燥器补充或移走热量？其值为多少？

[(1) 略；(2) $V=8757m^3\cdot h^{-1}$；(3) $Q_D=11640kJ\cdot h^{-1}$]

5-8　湿物料经过 7h 的干燥，含水量由 28.6%降至 7.4%。若在同样操作条件下，由 28.6%干燥至 4.8%需要多少时间（以上均为湿基）？已知物料的临界含水量 $X_C=0.15$kg·kg^{-1}(绝干物料)，平衡含水量 $X^*=0.04$kg·kg^{-1}(绝干物料)，设降速阶段中的干燥速度为 $U=K_X(X-X^*)$，该段干燥速率曲线为直线。　[9.96h]

5-9　采用常压操作的干燥装置干燥某种湿物料，已知操作条件如下。

空气的状况：进预热器前 $t_0=20$℃，$H_0=0.01$kg(水分)·kg^{-1}(绝干空气)；进干燥器前 $t_1=120$℃；出干燥器时 $t_2=70$℃，$H_2=0.05$kg(水分)·kg^{-1}(绝干空气)。

物料的状况：进干燥器前 $\theta_1=30$℃，$w_1=20\%$（湿基）；出干燥器时 $\theta_2=50$℃，$w_2=5\%$（湿基）；绝干物料比热容 $C_S=1.5kJ\cdot kg^{-1}\cdot ℃^{-1}$。

干燥器的生产能力为 $53.5kg\cdot h^{-1}$（按干燥产品计）。试求：(1) 绝干空气流量 L；(2) 预热器的传热量 Q_p；(3) 干燥器中补充的热量 Q_D。(假设干燥装置热损失可以忽略不计)

[(1) $L=250kg\cdot h^{-1}$；(2) $Q_p=25720kJ\cdot h^{-1}$；(3) $Q_D=13843kJ\cdot h^{-1}$]

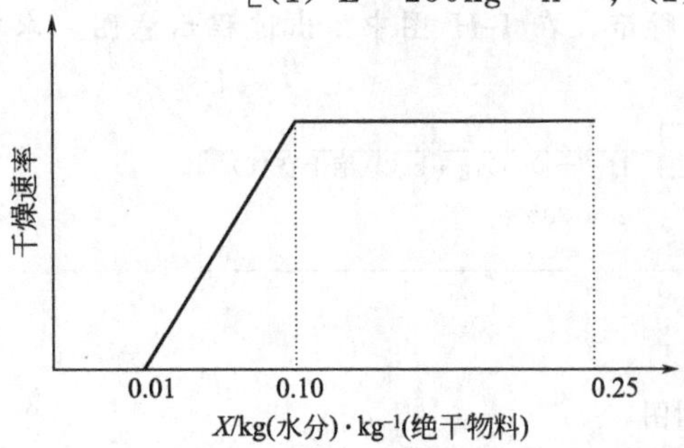

5-10　在常压绝热干燥器内干燥某湿物料，湿物料的流量为 $600kg\cdot h^{-1}$，从含水量 20%干燥至 2%（均为湿基含水量）。温度为 20℃，湿度为 0.013kg(水分)·kg^{-1}(绝干空气）的新鲜空气经预热器升温至 100℃后进入干燥器，空气出干燥器的温度为 60℃。试求：(1) 完成上述任务需要绝干空气的流量 L 是多少？(2) 空气经预热器获得了多少热量？(3) 在恒定干燥条件下对该物料测得干燥速率曲线如附图所

干燥速率
0.01　0.10　0.25
X/kg(水分)·kg^{-1}(绝干物料)

习题 5-10 附图

示，已知恒速干燥段时间为1h，求降速阶段所用的时间。

[(1) L=6935kg·h^{-1}；(2) Q_p=573907kJ·h^{-1}；(3) τ_2=1.295h]

5-11 用连续并流干燥器干燥含水2%物料9000kg·h^{-1}，物料进出口温度分别为25℃、35℃，产品要求含水0.2%（湿基，下同），绝干物料比热容1.6kJ·kg^{-1}·℃$^{-1}$；空气干球温度为27℃，湿球温度为20℃，预热至90℃，空气离开干燥器时温度为60℃；干燥器无额外补充热量，热损失为600kJ·kg^{-1}(水)；试求：(1) 产品量；(2) 绝干空气用量和新鲜空气体积流量；(3) 预热器耗热量；(4) 热效率；(5) 判断产品是否会发生返潮现象。

[(1) 8837.68kg·h^{-1}；(2) 2.08×10^{4}kg·h^{-1}，1.80×10^{4}m^3·h^{-1}；(3) 376kW；(4) 29.5%，(5) 不会返潮]

思考题

5-1 用湿空气干燥某湿物料，该物料中含水量为0.5kg·kg^{-1}(绝干物料)，已知其临界含水量为1.20kg·kg^{-1}(绝干物料)。有人建议提高空气温度来加速干燥，你认为他的建议是否可取？为什么？

5-2 湿空气的干球温度、湿球温度、露点在什么情况下相等，什么情况下不等？

5-3 湿空气在进入干燥器前，往往进行预热，这样做有什么好处？

5-4 什么是湿空气的绝热饱和温度和湿球温度？两者有何关系？

5-5 用一个什么量区分恒速干燥阶段和降速阶段，这个量在干燥过程中有什么意义？

5-6 在干燥过程中需要用低温而且湿度较低的空气调节干燥产品的水含量，这些空气如何进行预处理？

5-7 就传热和传质而言，滚筒式干燥器与气流式干燥器有什么区别？

5-8 什么叫做空气的露点？若已知空气的总压和温度应如何求出该空气的露点？试列出所用的公式并加以说明？

参 考 文 献

[1] Porter M C. Handbook of Separation Techniques for Chemical Engineering. New York：McGraw-Hill，1979.

[2] 陈涛，张国亮．化工传递过程基础．3 版．北京：化学工业出版社，2009.

[3] 伍钦，钟理，邹华生，等．传质与分离工程．广州：华南理工大学出版社，2005.

[4] Warren L McCabe，Julian C Smith，Peter Harriott. Unit Operations of Chemical Engineering. Sixth Edition. New York：McGraw-Hill，2001.

[5] Christie J Geankoplis. Transport Processes and Unit Operations. Third Edition. Englewood Cliffs，New Jersey ：Prentice-Hall，1993.

[6] Robert S Brodkey，Harry C Hershey. Transport Phenomena A Unified Approach. New York：McGraw-Hill，1988.

[7] Donald Q Kern. Process Heat Transfer. New York：McGraw-Hill，1990.

[8] Simth H K. Transport Phenomena，Oxford：Clarendon Pr.，1989.

[9] 姚玉英等. 化工原理：下册. 天津：天津科学技术出版社，2002.

[10] 姚玉英. 化工原理例题与习题. 3 版．北京：化学工业出版社，2004.

[11] Berd R B，Stewart W E，Lightfoot E N. Transport Phenomena. New York：Wiley，1960.

[12] 杨祖荣，刘丽英，刘伟. 化工原理. 4 版．北京：化学工业出版社，2020.

[13] 黄少烈，邹华生. 化工原理. 北京：高等教育出版社，2002.

[14] 陈东，谢继红. 热泵技术及其应用. 北京：化学工业出版社，2006.

[15] 冯霄，王彧斐. 化工节能原理与技术. 4 版．北京：化学工业出版社，2015.

[16] 姚玉英，黄凤廉，陈常贵等. 化工原理：下册. 天津：天津科学技术出版社，2006.

[17] 吕树申，祁存谦，莫冬传. 化工原理. 3 版．北京：化学工业出版社，2015.

[18] 崔克清. 化工单元运行安全技术. 北京：化学工业出版社，2006.

[19] 潘艳秋，吴雪梅．化工原理：下册．北京：化学工业出版社，2017.

[20] 潘鹤林．化工原理考研复习指导．北京：化学工业出版社，2017.

[21] 蒋维钧，雷良恒，刘茂村. 化工原理：下册. 2 版．北京：清华大学出版社，2003.

[22] 柯尔森等. 化学工程（卷Ⅱ）单元操作. 3 版．丁绪淮等译. 北京：化学工业出版社，1997.

[23] Christie J Geankoplis. Transport Process and Unit Operations. Third Edition. New Jersey：A Simon & Sechsuter Company，1993.

[24] ［美］沃伦 L. 麦克凯布等．化学工程单元操作．伍钦，等改编．北京：化学工业出版社，2008.